普通高等教育“十三五”规划教材
军队院校士官职业技术教育适用教材

高等数学

基础与应用

主 编 胡超斌 柴春红 闵先雄
副主编 胡军涛 刘 明 田 菲
编 者 蔡 威 张 敏 刘清国
翁晓龙 杜春彦 刘家学

華中科技大學出版社
http://www.hustp.com
中国·武汉

内容提要

本书是根据士官职业技术教育实战化改革要求，为适应士官数学教学"理实一体"化教学模式，由空军预警学院黄陂士官学校、空军第一航空学院和武汉军械士官学校的资深数学教师合作编写而成的. 内容设计注重打好知识基础、降低理论难度，面向专业和实战，强化应用，体现了"向前延伸、向后拓展、实用够用、生动易懂、贴近军事"的特点. 内容体系设计有弹性，不同院校和专业可根据自身要求选择教学，并给出了课时安排建议.

本书内容分为 8 章：第 1 章解析几何与代数，第 2 章行列式与矩阵，第 3 章函数及其应用，第 4 章函数的极限与连续，第 5 章函数的导数及应用，第 6 章不定积分与定积分，第 7 章常微分方程，第 8 章空间解析几何与向量代数. 本书是面向军事院校士官电类大专业的数学教材，也可供士官工程类专业和地方工程技术类高职院校参考使用.

图书在版编目(CIP)数据

高等数学基础与应用 / 胡超斌，柴春红，闵先雄主编. —武汉：华中科技大学出版社，2016.9（2020.7重印）
普通高等教育"十三五"规划教材
ISBN 978-7-5680-2155-5

Ⅰ.①高… Ⅱ.①胡… ②柴… ③闵… Ⅲ.①高等数学-高等学校-教材 Ⅳ.①O13

中国版本图书馆 CIP 数据核字(2016)第 202995 号

高等数学基础与应用
Gaodeng Shuxue Jichu yu Yingyong

胡超斌 柴春红 闵先雄 主编

策划编辑：王汉江
责任编辑：王汉江
责任校对：李 琴
封面设计：原色设计
责任监印：周治超
出版发行：华中科技大学出版社(中国·武汉) 电话：(027)81321913
武汉市东湖新技术开发区华工科技园 邮编：430223
录 排：武汉市洪山区佳年华文印部
印 刷：武汉市金港彩印有限公司
开 本：880mm×1230mm 1/16
印 张：15.5 插页：1
字 数：420 千字
版 次：2020 年 7 月第 1 版第 3 次印刷
定 价：59.80 元

序

士官职业技术教育在全军士官院校开展至今已有三十年，近十年来各院校积极探索士官职业技术教育的改革和转型，基本转变了教学理念和方法，相比学历教育有了较大改变，重在培养士官的岗位任职能力.自习近平主席向全军提出“要坚持从实战需要出发，从难从严训练部队，提高军事训练实战化水平，确保能打仗、打胜仗”建设要求以来，实战化改革已成为军校教育训练改革的最新方向.

士官数学课程属于士官职业技术教育课程体系中任职基础类科学文化课程，相比任职岗位类和任职拓展类课程，与实战能力的关系相对间接一些，相比军事基础类和政治理论类课程，缺少上级部门统一、明确的要求，也因此当前各有关士官院校对数学课程实战化改革的认识还偏于笼统，存在一些认识上的差异，如：淡化基础理论知识的作用；过于强调动手能力，忽视动脑能力；对数学课程要求过高；追求形式上的实战化.

士官学员的职业技术教育，应该坚持通过五类课程的教学，帮助学员构建自身知识、能力、素质的体系.作为任职基础类科学文化课程，数学教学培养学员的逻辑思维和定量分析能力，其作用是为专业基础课程、任职岗位课程和任职拓展课程打下理论基础.因此，数学课程实战化改革应具有“两面向一结合”的特征：面向专业基础课程，提供必备的知识基础，培养学员基本的抽象思维能力；面向任职岗位课程，提供必备的实验操作技能基础，培养学员基本的动手能力；结合军事应用，讲解装备、战法的基本原理.按专题式、模块化构建教学内容体系和教材；按“理—实—装”融合理念创新教学方法；按“理实一体”要求建设教学平台.针对士官数学课程的教学现状，要在充分认识数学课程作用的基础上，创造性地改革数学课程的教学.这包括科学地建构数学课程的教学体系和内容，编写对应的支撑性教材，创新教学方法并运用于教学，升级教员的知识能力结构，建设配套的教学平台，等等.

教材是教学行为的客体，也是教学内容和教学模式方法的载体.现有士官数学教材偏重理论和运算，操作和应用内容不足，局限较大，已不太适应士官职业技术教育的需求，需要按照“理实一体”理念编写一本合适的教材.一是体现教学内容创新的成果，联系军事应用和专业知识展开教学内容，简化理论、推导、计算内容，加强对理论的通俗化阐述，加强方法归纳，增加数学实验、软件教学等应用环节，以此提高学员阅读兴趣,降低学习难度,抓住学习重点,体现实战特色和专业衔接.二是融入教学模式方法改革成果,根据教学内容的不同特点,以更适合的教学方法灵活呈现.三是修订完善必要的中等数学内容,帮助学员进一步打牢基础.

该教材的编者对教材改革进行了认真、深入的探索,获得了一些有价值的成果,汇集成本书,是实战化教学改革的一次有益的实践.该教材的编写理念和内容组材均有创新,对士官数学教学同行具有较大的启发意义,期待该教材在教学实践中获得好的教学效果,切实打牢士官学员的任职能力基础.

解放军武汉地区院校协作中心数学协作组组长

海军工程大学理学院应用数学系教授

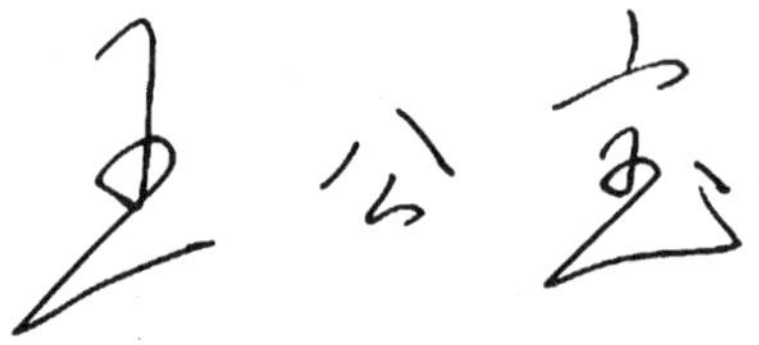

二〇一六年六月十八日

前　言

士官职业技术教育在军事院校开展至今已满三十年，近十年来各院校积极探索士官职业技术教育的改革和转型，基本转变了教学理念和方法，当前实战化教学改革是军校教育训练改革的最新方向．士官数学课程实战化教学改革尚处起步阶段，迫切需要在教学理念、教学内容、教学模式上创新突破，编写适应实战要求的新教材．

近几年，编者潜心研究士官数学教学改革，创造性地提出了“理—实—装”一体教学模式，先后参编、主编士官数学教材两本，积累了较为丰富的编写经验，在此基础上编写了本教材．教材在充分研读雷达、电子对抗专业的岗位任职课程教材的基础上，借鉴现有士官数学教材的优点，开展教学内容的开发改造，取得了很好的效果．具体体现在：一是以军事应用为牵引，通过装备介绍提出问题，启发分析工作原理，引出数学知识，讲解概念、定理和计算方法，通过设定案例，组织研讨，运用数学知识解决问题，体现了“理实一体”的教学理念，实现了数学知识和军事应用的紧密结合；二是针对学员数学基础比较薄弱的现状，修订完善了必要的初等数学的教学内容，体现了向前延伸理念；三是配合“理实一体”化教学模式改革，简化了部分理论、推导、计算内容，增加数学实验等数学应用的内容和环节，以此提高学员的阅读兴趣，降低学习难度，培养学员应用能力；四是补充了与数学理论相关联的专业知识和实例，为学员学习专业课做好铺垫，体现了向后拓展理念．

整体上看，新教材较好地体现了“向前延伸、向后拓展、实用够用、生动易懂、贴近军事”的编写理念，较以往教材进步明显，适合士官职业技术教育教学使用．

前言后面给出了各章、节的课时安排建议，不同院校和专业可根据自身要求，模块化地选择教学内容．

本书由胡超斌、柴春红、闵先雄任主编，确定整体框架和各章节内容要求．胡军涛、刘明、田菲任副主编，蔡威、张敏、刘清国、翁晓龙、杜春彦、刘家学参加了编写．刘明、田菲编写第 1 章、第 3 章，刘明编写第 2 章以及函数和导数的专业应用内容，胡超斌、胡军涛编写第 4 章，胡超斌、杜春彦编写第 5 章，胡超斌、刘家学编写第 6 章，胡超斌、蔡威编写第 7 章，张敏、闵先雄编写第 8 章，刘明、田菲、翁晓龙编写全书的习题，胡超斌完成了全书的统稿和修订，刘清国、柴春红、闵先雄先后对全书作了审查和修订.

本书在编写过程中,参考了众多教材和书籍,借鉴吸收了相关成果,在此表示衷心感谢.由于编者水平所限,书中难免有不妥之处,敬请读者指正.

编　者

2016 年 8 月

课时安排建议

章节名称	理论课时	实践课时	备注
第 1 章　解析几何与代数	16	2	
1.1　代数概论	2		选学
1.2　平面直角坐标系与直线	2		按需略学
1.3　圆与椭圆	2		按需略学
1.4　抛物线	2		按需略学
1.5　双曲线	2		按需略学
1.6　极坐标系与球坐标系	2		
1.7　向量	2		如学第 8 章本节可不学
1.8　复数	2		
1.9　解析几何与代数的软件求解		2	选学
第 2 章　行列式与矩阵	6	2	
2.1　行列式	2		
2.2　矩阵	4		
2.3　矩阵与行列式的应用		2	选学
第 3 章　函数及其应用	16	2	
3.1　函数的概念与几何性质	2		
3.2　幂函数	2		按需略学
3.3　指数函数	2		按需略学
3.4　对数函数	2		按需略学
3.5　三角函数	6		按需略学
3.6　初等函数	2		
3.7　函数的专业应用和软件求解		2	选学
第 4 章　函数的极限与连续	10	1	
4.1　函数的极限	3		
4.2　无穷小与无穷大	1		
4.3　函数极限的求解	3		
4.4　极限的软件求解		1	选学
4.5　函数的连续和间断	3		

续表

章节名称	理论课时	实践课时	备注
第 5 章　函数的导数及应用	12	2	
5.1　导数的概念	2		
5.2　函数的求导	4		
5.3　导数的应用	4		
5.4　函数的微分	2		选学
5.5　导数的专业应用和软件求解		2	选学
第 6 章　不定积分与定积分	14	2	
6.1　原函数与不定积分	2		
6.2　不定积分的计算	4		
6.3　定积分的概念	2		
6.4　微积分基本公式	2		
6.5　定积分的计算	2		
6.6　不定积分和定积分的软件求解		2	选学
6.7　定积分的应用	2		
第 7 章　常微分方程	4	1	
7.1　常微分方程的基本概念	1		
7.2　可分离变量的微分方程	1		
7.3　齐次方程	1		
7.4　一阶线性微分方程	1		
7.5　常微分方程的软件求解		1	选学
第 8 章　空间解析几何与向量代数	10		选学
8.1　空间直角坐标系与曲面	2		
8.2　向量及其线性运算	2		
8.3　数量积与向量积	2		
8.4　空间平面及其方程	2		
8.5　空间直线及其方程	2		
总　计	88	12	100

※　正文中用楷体字编排的内容属于难度较大的理论性知识或数学科普知识，可选讲或学生自学.

目　录

第 1 章 解析几何与代数

本章讲解几何学与代数学中的基本知识. 代数部分简要叙述因式分解、方程、不等式、集合的知识；平面几何部分讨论平面直角坐标系中的直线、圆、椭圆、抛物线、双曲线的图形特征和方程表示，并融合了一些军事和专业应用的知识；作为几何与代数的拓展，讲解了雷达专业中常用的极坐标系、球坐标系、向量、复数的知识. 最后将学习 MATLAB 软件的基本操作，并将以上知识用 MATLAB 命令实现. 学习几何与代数知识，要注意数形结合，抓住曲线的几何本质，掌握图形和方程的对应关系.

1.1 代数概论

【学习要求】

1. 记住因式分解的定义，掌握常用的因式分解方法.
2. 掌握一元二次方程的求解方法；掌握简单绝对值不等式和一元二次不等式的求解方法.
3. 掌握二元一次方程组的消元求解法.
4. 记住集合与元素的定义，理解集合的表示方法，理解集合的包含和相等关系.
5. 理解区间和邻域的相关概念.

1.1.1 多项式与因式分解

由变量、系数以及它们之间的加、减、乘、正整数幂运算得到的表达式称为**多项式**. 例如 x^2+2x+1 是二次多项式，$a_0+a_1x+a_2x^2+a_3x^3$ 是三次多项式.

把一个多项式在给定范围内(如有理数范围内，即所有项均为有理数)化为几个最简整式的积的形式，这种变形叫做**因式分解**. 因式分解的常用方法有提取公因式法、运用公式法、分组分解法和十字相乘法.

(1) 提取公因式法

这是最基本的方法，常与其他方法配合使用. 例如 $ka+kb+kc=k(a+b+c)$.

(2) 运用公式法

运用平方差公式、立方和差公式、完全平方公式、完全立方公式作因式分解.

平方差公式

$$a^2-b^2=(a+b)(a-b).$$

立方和差公式

$$a^3+b^3=(a+b)(a^2-ab+b^2),\quad a^3-b^3=(a-b)(a^2+ab+b^2).$$

完全平方公式

$$a^2+2ab+b^2=(a+b)^2,\quad a^2-2ab+b^2=(a-b)^2.$$

完全立方公式

$$a^3+3a^2b+3ab^2+b^3=(a+b)^3,\quad a^3-3a^2b+3ab^2-b^3=(a-b)^3.$$

(3) 分组分解法

先将多项式分组,提取公因式或运用公式将组分解,然后再考虑组之间的联系继续分解.

例如,$2ax-10ay+5by-bx=(2ax-10ay)-(bx-5by)$
$=2a(x-5y)-b(x-5y)=(x-5y)(2a-b).$

例如,$x^2-y^2+ax+ay=(x+y)(x-y)+a(x+y)=(x+y)(x-y+a).$

(4) 十字相乘法

对形如 $ax^2+bxy+cy^2$ 的二次三项式,在满足下面 3 个条件时,可以按右边十字相乘的方式因式分解.

$$\begin{cases}a=a_1a_2,\\c=c_1c_2,\\b=a_1c_2+a_2c_1.\end{cases}$$

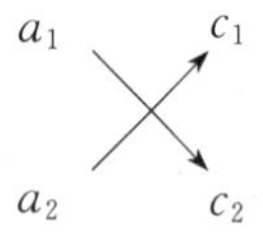

分解结果:$ax^2+bxy+cy^2=(a_1x+c_1y)(a_2x+c_2y).$

例如,$3x^2-11x+10=(x-2)(3x-5)$,$2x^2-7xy+6y^2=(x-2y)(2x-3y).$

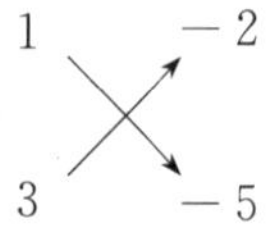

$1\times(-5)+3\times(-2)=-11$

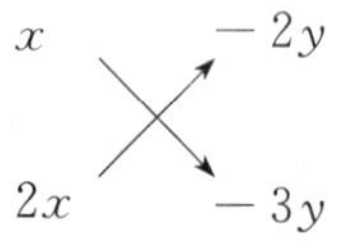

$x(-3y)+2x(-2y)=-7xy$

1.1.2 方程与不等式

1. 一元二次方程

只含有一个未知数,并且未知数的最高幂次是 2,形如 $ax^2+bx+c=0(a\neq 0)$,这样的方程称为**一元二次方程**.

一元二次方程的求解方法有因式分解法和求根公式法.

(1) 因式分解法

将式子 ax^2+bx+c 因式分解,如果两个因式的积等于零,那么这两个因式至少有一个等于零,从而得出方程的根.

例如 $x^2+x-6=0$,可以因式分解为 $(x-2)(x+3)=0$,所以方程的两个根为 $x_1=2$,$x_2=-3$.

(2) 求根公式法

方程的两个根为

$$x_{1,2}=\frac{-b\pm\sqrt{b^2-4ac}}{2a}$$

这里 b^2-4ac 称为**根的判别式**,记作 $\Delta=b^2-4ac$. 当 $\Delta>0$ 时,方程有两个不等实根;当 $\Delta=0$ 时,方程有两个相等实根;当 $\Delta<0$ 时,方程没有实数根.

2. 不等式

用不等号"$>$","$\geqslant$","$<$"或"$\leqslant$"连接两个代数式所成的式子,称为**不等式**.

(1) 绝对值不等式

含有未知数的绝对值的不等式,叫做**绝对值不等式**.

一般地,不等式 $|x|\leqslant a(a>0)$ 的解是 $-a\leqslant x\leqslant a$;不等式 $|x|\geqslant a(a>0)$ 的解是 $x\leqslant -a$ 或 $x\geqslant a$. 不等式中的"$\leqslant$"可以换成"$<$","$\geqslant$"可以换成"$>$".

若把 x 换成 $x+b$(b 的正负任意),对于不等式 $|x+b|\leqslant a$,去掉绝对值得到 $-a\leqslant x+b\leqslant a$,移项得解 $-a-b\leqslant x\leqslant a-b$;对于不等式 $|x+b|\geqslant a$,去掉绝对值得到 $x+b\leqslant -a$ 或 $x+b\geqslant a$,移项得解 $x\leqslant -a-b$ 或 $x\geqslant a-b$.

(2) 一元二次不等式

只含有一个未知数且未知数的最高次数为 2 的不等式,称为**一元二次不等式**. 它的一般形式是 $ax^2+bx+c>0$,其中 $a\neq 0$. 不等式中的"$>$"可以换成"$\leqslant$","$\geqslant$"或"$<$".

例 1.1.1 解不等式 $x^2-2x-15>0$.

分析 对式子 $x^2-2x-15$ 进行因式分解,当且仅当两个因式同号(同为正或同为负)时,它们的积才大于零;同样,当且仅当两个因式异号时,它们的积才小于零.

解 原不等式通过因式分解可化为 $(x+3)(x-5)>0$,即

$$(\text{I})\begin{cases}x+3>0,\\x-5>0;\end{cases}\quad\text{或}\quad(\text{II})\begin{cases}x+3<0,\\x-5<0.\end{cases}$$

(Ⅰ)的解为 $x>5$,(Ⅱ)的解为 $x<-3$,所以不等式的解为 $x>5$ 或 $x<-3$.

3. 二元一次方程组

例如

$$\begin{cases}x+y=35,\\2x+4y=94.\end{cases}$$

上面列出的这两个方程中,每个方程都含有两个未知数,并且未知数的次数都是 1,这样的方程称为**二元一次方程**,把这两个二元一次方程合在一起,就组成了一个**二元一次方程组**(又称二元线性方程组).

求解二元一次方程组,一般采用**消元法**,步骤如下:

(1) 方程组中一个方程的两边都乘以一个适当的数,或者分别在两个方程的两边都乘以一个适当的数,使其中某一个未知数的系数的绝对值相等;

(2) 把方程两边分别相加或相减,消去这个未知数,使解二元一次方程组转化为解一元一次方程;

(3) 求出该一元一次方程的未知数的值，然后代入二元一次方程组中任意一个方程，求出另一个未知数的值.

例 1.1.2 解方程组

$$\begin{cases} 3x+4y=16, & (1) \\ 5x-6y=33. & (2) \end{cases}$$

解 式(1)×3 得 $9x+12y=48$, (3)

式(2)×2 得 $10x-12y=66$, (4)

式(3)+式(4)得 $19x=114$, 即 $x=6$.

把 $x=6$ 代入式(1)，得 $y=-\frac{1}{2}$，所以方程组的解为 $x=6, y=-\frac{1}{2}$.

1.1.3 集合的概念

1. 集合与元素

考察下面一些对象：某连所有的战士、某团所有的重机枪、平面上所有的直角三角形、自然数的全体等，它们分别是由具有某种特定性质的战士、重机枪、图形、数组成的总体.

我们把具有某种特定性质的对象组成的总体称为**集合**；组成集合的每个对象称为这个集合的**元素**.

集合通常用大写字母 $A, B, C, \cdots$ 表示，元素通常用小写字母 $a, b, c, \cdots$ 表示. 如果 a 是集合 A 的元素，就称**元素 a 属于集合 A**，记作 $a \in A$；如果 b 不是集合 A 的元素，就称**元素 b 不属于集合 A**，记作 $b \notin A$.

2. 集合的分类

集合按其所含元素的个数可划分为下列几种.

(1) 单元素集

只含有一个元素的集合.

(2) 有限集

含有有限个元素的集合.

例如，某培训基地实习车间的所有机床、某技术学院图书馆的全部藏书，都是有限集.

(3) 无限集

含有无限个元素的集合.

例如，不等式 $3x-5>1$ 的所有解是无限集.

(4) 空集

不含任何元素的集合，用 $\varnothing$ 表示.

例如，在实数范围内，方程 $4x^2+9=0$ 的解集为空集.

(5) 非空集合

至少含有一个元素的集合.

3. 集合的表示方法

表示集合的方法，常用的有列举法和描述法.

把集合的元素一一列举出来，写在大括号内，元素间用逗号隔开，这种表示集合的方法称为**列举法**. 例如，由数1,2,3,4,5组成的集合，可以表示为$\{1,2,3,4,5\}$.

把集合中所有元素具有的共同性质描述出来，写在大括号内，这种表示集合的方法称为**描述法**. 用描述法表示集合的一般形式是

$$A=\{x \mid x\text{ 具有的性质}\},$$

大括号内竖线左边为集合中元素的一般形式，竖线右边为集合中元素共有的特定性质. 例如，由方程$x^2-2x=0$的解组成的集合(解集)，可以表示为$S=\{x \mid x^2-2x=0\}$；圆$x^2+y^2=5^2$上所有的点组成的集合可以表示为$A=\{(x,y) \mid x^2+y^2=5^2, x\in\mathbf{R}, y\in\mathbf{R}\}$.

4. 常用集合及表示

由数组成的集合叫做**数集**. 数学中一些常用的数集，用固定的大写字母表示.

(1) 所有自然数组成的集合，称为**自然数集**，用$\mathbf{N}$表示. 注意：自然数是全体非负整数，0也是自然数.

(2) 所有整数组成的集合，称为**整数集**，用$\mathbf{Z}$表示.

(3) 所有有理数组成的集合，称为**有理数集**，用$\mathbf{Q}$表示.

(4) 所有实数组成的集合，称为**实数集**，用$\mathbf{R}$表示.

5. 子集与集合相等

设$A=\{1,2,3\}$，$B=\{1,2,3,4\}$，容易看出，集合A的每一个元素都是集合B的元素. 一般地，对于两个集合A与B，如果集合A的任何一个元素都是集合B的元素，则称集合A是集合B的**子集**，记为$A\subseteq B$(或$B\supseteq A$)，读作"A包含于B"(或"B包含A").

规定：**空集是任何集合的子集**. 也就是说，对于任何一个集合A，都有$\varnothing\subseteq A$.

对于集合A,B,C，如果$A\subseteq B$，$B\subseteq C$，那么$A\subseteq C$.

对于集合A与B，如果$A\subseteq B$，同时$B\subseteq A$，则称集合A与集合B**相等**，记作$A=B$，读作"A等于B".

例如，$A=\{x \mid x^2+3x+2=0\}$，$B=\{-1,-2\}$，则$A=B$.

例 1.1.3 用适当的符号($\in,\notin,\subseteq,\supseteq,=$)填空：

(1) a ______ $\{a,b\}$；　　(2) $\{a\}$ ______ $\{a,b\}$；

(3) $\varnothing$ ______ $\{a,b\}$；　　(4) $\{a,b\}$ ______ $\{b,a\}$；

(5) $\{2,4,6,8\}$ ______ $\{4,6\}$；　　(6) $\{x \mid x^2+2x-3=0\}$ ______ $\{-3,1\}$；

(7) 0 ______ $\varnothing$；　　(8) $\{x \mid x=2n, n\in\mathbf{N}\}$ ______ $\{x \mid x=4n, n\in\mathbf{N}\}$.

解 (1) 这是元素与集合之间的关系，所以$a\in\{a,b\}$；

(2) 这是集合与集合之间的关系，所以$\{a\}\subseteq\{a,b\}$；

(3) $\varnothing\subseteq\{a,b\}$；

(4) $\{a,b\}=\{b,a\}$；

(5) $\{2,4,6,8\}\supseteq\{4,6\}$；

(6) 方程$x^2+2x-3=0$的解是$x_1=-3$，$x_1=1$，所以$\{x \mid x^2+2x-3=0\}=\{-3,1\}$；

(7) 这是元素与集合的关系，$0\notin\varnothing$；

(8) $\{x \mid x=2n, n\in\mathbf{N}\}\supseteq\{x \mid x=4n, n\in\mathbf{N}\}$.

例 1.1.4 写出集合$\{a,b\}$的所有子集.

解 集合$\{a,b\}$的子集有$\varnothing$，$\{a\}$，$\{b\}$，$\{a,b\}$.

1.1.4　区间与邻域

1. 区间

区间是实数集及某些特殊子集的一种表示法，是常用的一类数集.

设 $a,b\in\mathbf{R}$，且 $a<b$，数集 $\{x\,|\,a\leqslant x\leqslant b\}$ 称为**闭区间**，记为 $[a,b]$，a 和 b 称为区间的**端点**，$b-a$ 称为区间的**长度**. 如图 1.1.1 所示，在数轴上表示介于点 a 和 b 之间的所有点，包括端点 a、b，用**实心点**表示端点.

数集 $(a,b)=\{x\,|\,a<x<b\}$ 称为**开区间**，如图 1.1.2 所示，它表示数轴上介于点 a 和 b 之间的所有点，但不包括端点 a、b，用**空心点**表示端点.

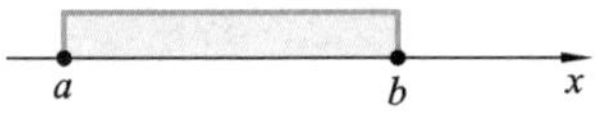

图 1.1.1

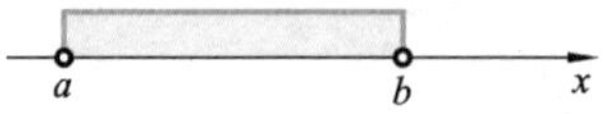

图 1.1.2

数集 $[a,b)=\{x\,|\,a\leqslant x<b\}$ 和 $(a,b]=\{x\,|\,a<x\leqslant b\}$ 为**半开半闭区间**，如图 1.1.3 和图 1.1.4所示.

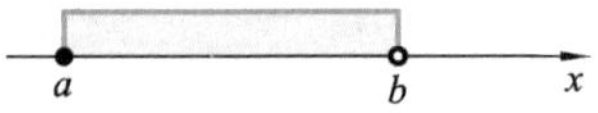

图 1.1.3

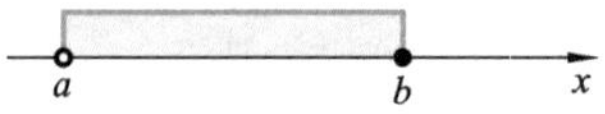

图 1.1.4

以上这些区间都称为**有限区间**，亦即这些区间的长度是有限的. 此外还有**无限区间**，如 $[a,+\infty)=\{x\,|\,x\geqslant a\}$，$(a,+\infty)=\{x\,|\,x>a\}$，$(-\infty,b]=\{x\,|\,x\leqslant b\}$，$(-\infty,b)=\{x\,|\,x<b\}$，如图 1.1.5 (a)、(b)、(c)、(d) 所示. 记号 $+\infty$ 读作**正无穷大**，$-\infty$ 读作**负无穷大**.

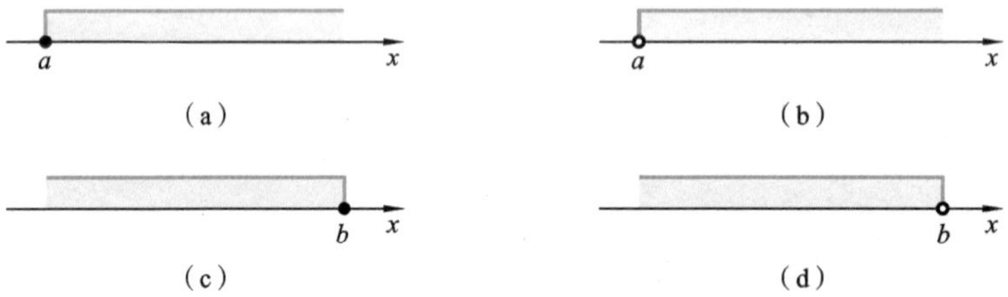

图 1.1.5

全体实数的集合 $\mathbf{R}$ 也可记为 $(-\infty,+\infty)$，它也是一个无限区间.

2. 邻域

设 $a,\delta\in\mathbf{R}$，且 $\delta>0$，称开区间 $(a-\delta,a+\delta)=\{x\,|\,|x-a|<\delta\}$ 为点 a 的 δ **邻域**，记为 $U(a,\delta)$. $U(a,\delta)$ 在数轴上表示与点 a 的距离小于 δ 的一切点 x 的集合，如图1.1.6所示.

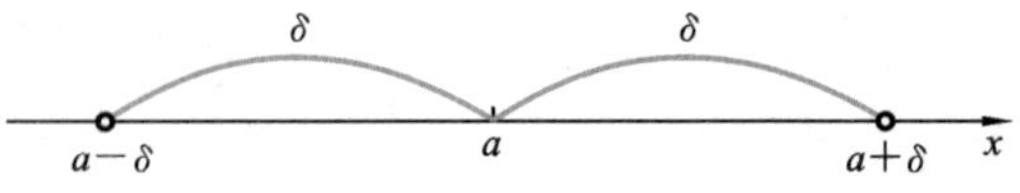

图 1.1.6

如果去掉邻域的中心,称为点 a 的**去心 δ 邻域**,记作 $\mathring{U}(a,\delta)$,即

$$\mathring{U}(a,\delta)=\{x\mid 0<|x-a|<\delta\}.$$

当不需要指明邻域的大小时,可以简单地用 $U(a)$ 或 $\mathring{U}(a)$ 表示点 a 的邻域或去心邻域.

习　　题

1. 分解下列因式:

(1) x^4-y^4;　(2) $x-xy^3$;

(3) $-6y^2+11y+10$;　(4) $3ax^2+6axy+3ay^2$;

(5) $x^3+x^2y-xy^2-y^3$;　(6) $a^2-2a+b^2-2b+2ab+1$.

2. 解下列方程:

(1) $3x^2-75=0$;　(2) $y^2+2y-48=0$;

(3) $x(x+5)=24$;　(4) $(y+3)(1-3y)=6+2y^2$.

3. 解下列不等式:

(1) $|2x+5|<6$;　(2) $|4x-1|\geqslant 9$;　(3) $x^2-4x+4\leqslant 0$;

(4) $-2x^2+3x-5<0$;　(5) $x^2-5x+6\geqslant 0$.

4. 选择"$\in$, $\notin$, $\subseteq$, $\supseteq$, $=$"之一填空:

(1) 3 ______{全体偶数};　(2) 2 ______ $\{x\mid 2x-4=0\}$;　(3) a ______ $\{a,b\}$;

(4) $\{a\}$ ______ $\{a,b\}$;　(5) $\{0\}$ ______ $\varnothing$;　(6) a ______ $\{b,c,d\}$;

(7) $\{x\mid\sqrt{x}=1\}$ ______ $\{x\mid x=1\}$.

5. 将下列空管雷达的主要参数用集合形式表示:

(1) 室外温度:$-5\sim 10$ ℃;　(2) 某仪表的量程:不少于 500 km;

(3) 探测高度:大于 18000 m;　(4) 某电压允许偏差:50 Hz±5%以内.

1.2　平面直角坐标系与直线

【学习要求】

1. 掌握平面直角坐标系的概念、平面上点的坐标表示、两点间的距离公式.
2. 掌握直线的确定方法和斜率,能写出直线的点斜式方程和两点式方程.
3. 理解直线的简单军事应用.

1.2.1　平面直角坐标系

1. 平面直角坐标系的定义

规定了原点、正方向和单位长度的直线叫做**数轴**,如图 1.2.1 所示. 定义了数轴,实数与数

轴上的点就形成了一一对应关系. 数轴上的点可以用一个数来表示，这个数叫做该点在数轴上的坐标. 例如，点 A 在数轴上的坐标为 -3，点 B 在数轴上的坐标为 2. 反之，知道数轴上某个点的坐标，这个点在数轴上的位置也就确定了.

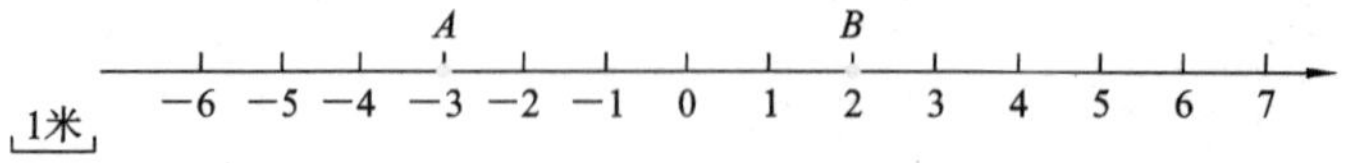

图 1.2.1

引例 图 1.2.2 是某城市旅游景点的示意图，试问各个景点的位置该如何确定？

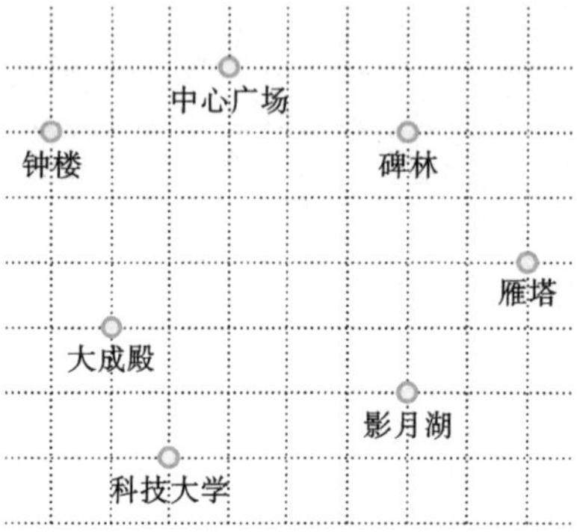

图 1.2.2

分析 景点位于地面上，把地面看成平面，问题的本质是要确定平面上点的位置. 这就需要在平面上定义坐标系，相应地给每个景点确定坐标.

定义 1.2.1 平面上两条相互垂直且有公共原点的数轴组成平面直角坐标系. 其中，水平数轴称为横轴(或 x 轴)，取向右为正方向；竖直数轴称为纵轴(或 y 轴)，取向上为正方向；两个数轴的交点 O 称为坐标原点(简称原点)，如图 1.2.3 所示.

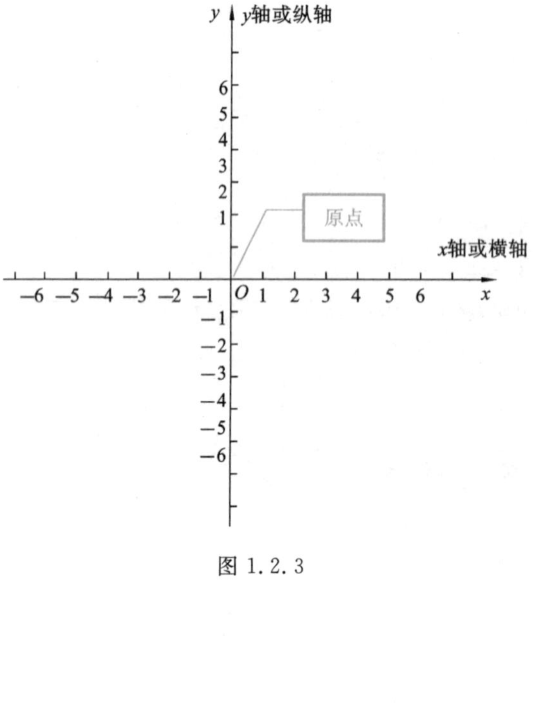

图 1.2.3

【数学简史】

笛卡尔，法国著名哲学家、数学家，1596年出生于法国拉镇，法国巴黎普瓦捷大学毕业，获法律学位. 笛卡尔在数学方面的主要成就是哲学专著《方法论》一书中的《几何学》部分. 在该书中，笛卡尔创立了平面直角坐标系，把 x 看作点的横坐标，把 y 看作点的纵坐标，第一次将平面内的点与坐标对应起来，把互不相关的“数”与“形”统一了起来，推动了解析几何学的发展，开拓了变量数学的广阔领域.

2. 平面上点与实数对的对应关系

如图1.2.4所示，对平面上的任意一点 P，过点 P 作 x 轴的垂线，得交点在 x 轴上的坐标 x；过点 P 作 y 轴的垂线，得交点在 y 轴上的坐标 y，有序实数对 (x,y) 就由点 P 的位置决定. 反之，给定有序实数对 (x,y)，也可以确定平面上的点 P. 这样点 P 就和有序实数对 (x,y) 一一对应，这个有序实数对 (x,y) 称为 P 点的**平面坐标**.

两条相互垂直的坐标轴将平面分为四个部分，如图1.2.5所示，按逆时针方向依次称为**第一象限**、**第二象限**、**第三象限**和**第四象限**.

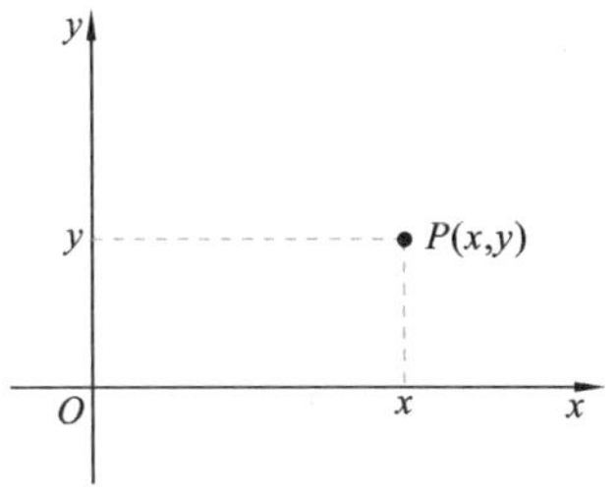

图1.2.4

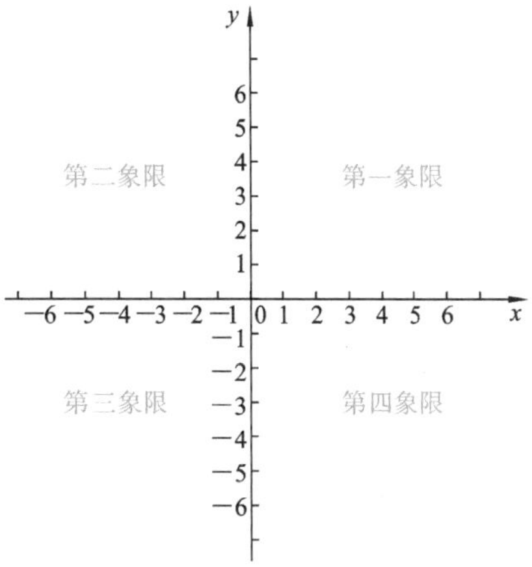

图1.2.5

例1.2.1 在平面直角坐标系中找到坐标 $(3,-2)$ 对应的点 A.

分析 由坐标找点的方法，先在坐标轴上找到对应横坐标与纵坐标的点，然后过这两点分别作 x 轴与 y 轴的垂线，垂线的交点就是该坐标对应的点.

解 如图1.2.6所示，先找到横坐标上的点3，过点3作 x 轴的垂线；再找到纵坐标上的点 -2，过点 -2 作 y 轴的垂线；两条垂线的交点就是所要找的点 A.

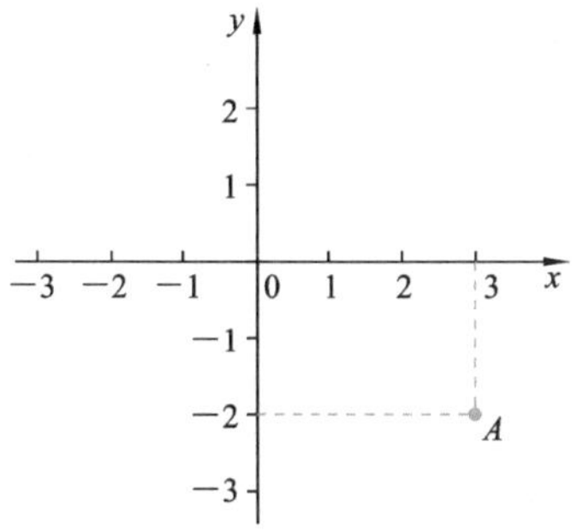

图1.2.6

例1.2.2 根据下列各点的坐标判定它们分别在第几象限或在哪条坐标轴上.

$$A(-5,2),\quad B(3,-2),\quad C(1,8),\quad D(-6,0),\quad E(0,4).$$

解 点 $A(-5,2)$ 在第二象限；点 $B(3,-2)$ 在第四象限；点 $C(1,8)$ 在第一象限；点 $D(-6,0)$ 在 x 轴负半轴上；点 $E(0,4)$ 在 y 轴正半轴上.

3. 平面上两点间的距离公式

设平面上点 A 的坐标为 (x_1,y_1)，点 B 的坐标为 (x_2,y_2)，则 A,B 两点间的距离

$$|AB|=\sqrt{(x_2-x_1)^2+(y_2-y_1)^2}.$$

例 1.2.3 设平面上点 A 的坐标为 $(3,-3)$，点 B 的坐标为 $(8,9)$，求 A,B 两点间的距离.

解 由于 $x_1=3,y_1=-3,x_2=8,y_2=9$，由平面上两点间的距离公式可得

$$|AB|=\sqrt{(x_2-x_1)^2+(y_2-y_1)^2}=\sqrt{(8-3)^2+(9-(-3))^2}$$
$$=\sqrt{5^2+12^2}=\sqrt{169}=13.$$

【军事应用】

例 1.2.4 设在平原上狙击手埋伏在 A 位置，坐标为 $(6,2)$，准备对敌方指挥官执行斩首行动，已知敌方指挥官在 B 位置，坐标为 $(3,-2)$，狙击手在平原上距离 600 m 范围内命中率为 100%，请问狙击手能保证完成任务吗？

解 根据题意，若 A 点和 B 点间的距离小于等于 600 m，狙击手就能保证完成任务. 以百米为单位，由距离公式可得

$$|AB|=\sqrt{(3-6)^2+[-2-2]^2}=\sqrt{3^2+4^2}=5\text{(百米)},$$

即敌方指挥官与狙击手距离为 500 m，所以狙击手能保证完成任务.

1.2.2 直线的斜率、方程和图形

连接平面上的两点，能画出一条确定的直线. 只经过平面上的一个点，能画出一条确定的直线吗？

不能. 如图 1.2.7 所示，过一点可以有无数条不同的直线. 那么，这些过同一点的不同直线有什么差异呢？

过同一点的不同直线倾斜程度不同. 那么，怎样描述直线的倾斜程度呢？

在平面直角坐标系中，直线的倾斜程度可以用直线向上的方向与 x 轴正方向的夹角来表示. 例如图 1.2.7 中，四条直线向上的方向与 x 轴正方向的夹角 $\alpha_1,\alpha_2,\alpha_3,\alpha_4$ 大小各不相同，由此引出直线的斜率的概念.

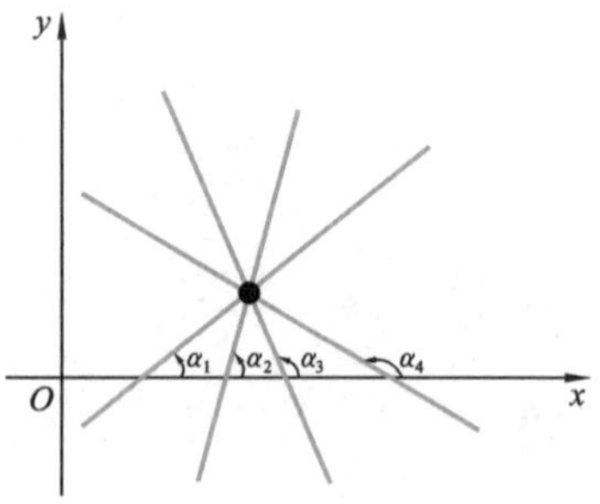

图 1.2.7

1. 直线的斜率

如图 1.2.8 所示，在平面直角坐标系中，一条直线 l 向上的方向与 x 轴的正方向所成的最小正角 α，称为这条直线的**倾斜角**. 它的大小反映了直线相对于 x 轴的倾斜程度. 规定它的取值范围是 $0^\circ\leqslant\alpha<180^\circ$（或 $0\leqslant\alpha<\pi$）.

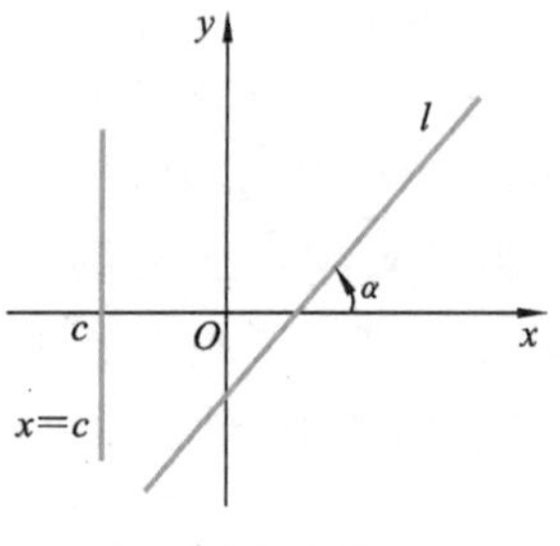

图 1.2.8

倾斜角不是 90° 的直线，它的倾斜角的正切值称为这条直线的**斜率**. 直线的斜率通常用 k 表示，即

$$k=\tan\alpha.$$

当倾斜角 α 是 90°时，直线垂直于 x 轴，这时直线的斜率不存在，直线用 $x=c$ 表示，c 是直线与 x 轴交点的坐标.

2. 直线的点斜式方程

我们知道，经过平面上的两个点可以确定一条直线. 事实上，如果知道直线经过一个点，并且知道它的斜率或倾斜角，那么这条直线也就确定了.

如图 1.2.9 所示，若直线 l 经过点 $P_0(x_0,y_0)$，斜率为 k，设点 $P(x,y)$ 是直线 l 上不同于 P_0 点的任意一点，

由线段 PP_0 的倾斜角始终与直线 l 的倾斜角相同，得

$$\tan\alpha=k=\frac{y-y_0}{x-x_0},$$

整理得
$$y-y_0=k(x-x_0).$$

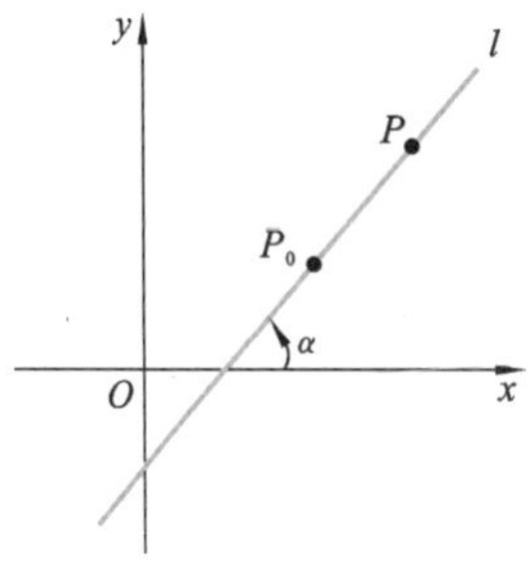

图 1.2.9

可以看到，直线 l 上的点都满足上述方程，满足方程的点 (x,y) 也都在直线 l 上. 因此上述方程就是经过点 P_0、斜率为 k 的直线 l 的方程. 这个方程是由直线上一点和直线的斜率确定的，因此称该方程为直线的**点斜式方程**.

例 1.2.5 设直线 l 经过点 $P(-2,3)$，且倾斜角 $\alpha=45°$，求直线 l 的方程.

解 直线 l 的斜率 $k=\tan45°=1$，直线经过点 $P(-2,3)$，即 $x_0=-2$，$y_0=3$，代入直线的点斜式方程，得 $y-3=1\cdot(x-(-2))$，整理得直线方程 $y=x+5$.

【军事应用】

例 1.2.6 一架不明身份的飞机在某高度沿正东偏北 45°方向匀速直线飞行(高度不变，可假设飞机在空间一水平面上)，初始位置为 A 点，坐标为(100，0)，试画出飞机的飞行路线草图，并求出其飞行路线方程.

解 建立平面直角坐标系，画出过点 $A(100,0)$ 且倾斜角为 45°的直线 l，即为飞机的飞行路线草图，如图 1.2.10 所示.

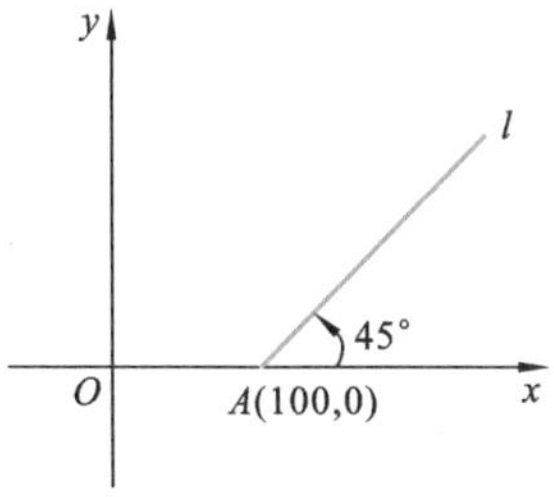

图 1.2.10

因为直线 l 的倾斜角为 $\alpha=45°$，所以直线 l 的斜率为

$$k=\tan45°=1,$$

又由于直线 l 过点 $A(100,0)$，即

$$x_0=100,\quad y_0=0,$$

代入直线的点斜式方程，得

$$y-0=1\cdot(x-100),$$

所以飞机的飞行路线方程为 $y=x-100$.

3. 直线的两点式方程

已知直线 l 上两点 P_1，P_2 的坐标分别为 $P_1(x_1,y_1)$，$P_2(x_2,y_2)$(其中 $x_1\neq x_2$，$y_1\neq y_2$)，如图 1.2.11 所示，设直线 l 上任意另外一点 P 的坐标为 (x,y)，则直线方程为

$$\frac{y-y_1}{y_2-y_1}=\frac{x-x_1}{x_2-x_1}.$$

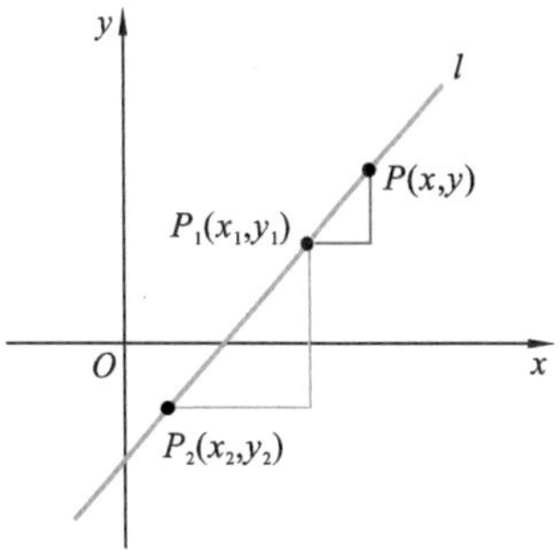

图 1.2.11

这个方程由直线上的两点所确定，因此称为直线的**两点式方程**.

例 1.2.7 设直线 l 经过点 $O(0,0)$、$B(200,100)$，求直线 l 的方程.

解 已知直线上两点 $O(0,0)$、$B(200,100)$ 的坐标，即

$$x_1=0,\quad y_1=0,\quad x_2=200,\quad y_2=100,$$

代入直线的两点式方程，可得

$$\frac{y-0}{100-0}=\frac{x-0}{200-0},$$

化简得所求直线方程为 $y=\frac{1}{2}x$.

【军事应用】

例 1.2.8 某不明身份飞机被我军雷达捕获，经侦查发现该飞机在某高度沿正东偏北 45°方向匀速直线飞行（高度不变，可假设飞机在空间一水平面上），速度大小为 $v_1=100\sqrt{2}$ m/s，初始位置为 A 点，坐标为 $(100,0)$，单位为 km，如图 1.2.12 所示. 我空军出动歼 11 战斗机从 $O(0,0)$ 点以 $v_2=100\sqrt{5}$ m/s 的速度匀速直线飞行进行追赶拦截，问歼 11 战斗机的飞行方向如何选择才能拦截住不明身份飞机？

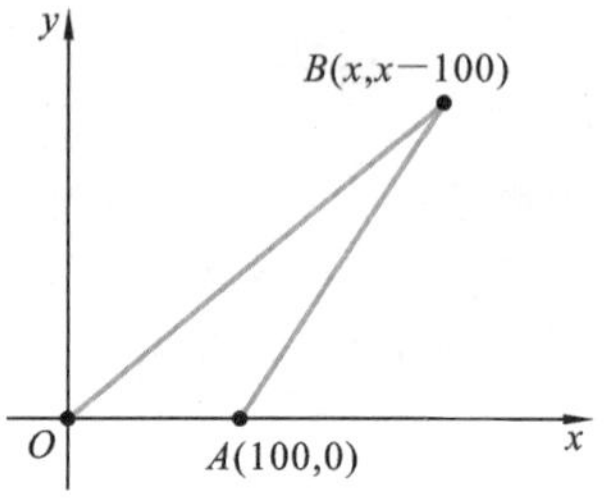

图 1.2.12

解 如图 1.2.12 所示，已知不明身份飞机从 A 点沿正东偏北 45°方向直线飞行，参照例1.2.6，该飞机飞行路线的直线方程为 $y=x-100$.

设歼 11 战斗机从 O 点沿直线 OB 飞行到 B 点恰好追上不明身份飞机，因为 B 点在直线 $y=x-100$ 上，设 B 点的横坐标为 x，代入直线方程 $y=x-100$，得 B 点的纵坐标 $x-100$，即 B 点坐标为 $(x,x-100)$.

由题意知，歼 11 战斗机沿直线段 OB 飞行的时间 t_2 应等于不明身份飞机沿直线段 AB 飞行的时间 t_1，由 $t=\frac{s}{v}$ 及平面上两点间的距离公式，可得

$$t_1=\frac{|AB|}{v}=\frac{\sqrt{(x-100)^2+(x-100-0)^2}}{100\sqrt{2}}=\frac{|x-100|}{100},$$

$$t_2=\frac{|OB|}{v_2}=\frac{\sqrt{(x-0)^2+(x-100-0)^2}}{100\sqrt{5}}=\frac{\sqrt{x^2+(x-100)^2}}{100\sqrt{5}}.$$

由 $t_1=t_2$ 可得

$$\frac{|x-100|}{100}=\frac{\sqrt{x^2+(x-100)^2}}{100\sqrt{5}},$$

化简得 $2(x-100)=\pm x$，解得 B 点横坐标 $x_1=200$，$x_2=\frac{200}{3}$.

当 $x_1=200$ 时，B 点纵坐标 $y_1=x_1-100=100$，即 B 点坐标为 $B(200,100)$.

当 $x_2=\frac{200}{3}$ 时，B 点纵坐标为 $y_2=x_2-100=-\frac{100}{3}<0$，$B$ 点位于第四象限，与题意不符，舍去.

由 O 点坐标 $O(0,0)$ 和 B 点坐标 $B(200,100)$，根据直线的两点式方程，参照例 1.2.7，歼 11 战斗机飞行路线的直线方程为

$y=\frac{1}{2}x$，其斜率为 $k_{OB}=\frac{1}{2}$，倾斜角为 $\arctan\frac{1}{2}\approx 26.6°$，

因此歼 11 战斗机的飞行方向应为正东偏北 26.6°.

习　题

1. 在同一平面直角坐标系中标出坐标为(0,1)、(1,−2)、(−1,0)、(−3,−2)、(3,1)对应点的位置.

2. 设平面上点 A 的坐标为(2,−3)，点 B 的坐标为(5,−1)，求 A,B 两点间的距离.

3. 设直线 l 经过点 $P(3,4)$，且斜率 $k=1$，求直线 l 的方程.

4. 设直线 l 经过点 $P(-2,-1)$，且斜率 $k=\frac{1}{2}$，求直线 l 的方程.

5. 设直线 l 经过两点 $P(2,1)$,$Q(4,5)$，求直线 l 的方程.

6. 设直线 l 经过两点 $P(-3,-2)$,$Q(6,-1)$，求直线 l 的方程.

7. 已知直线的斜率 $k=2$,$A(3,5)$,$B(x,7)$,$C(-1,y)$是这条直线上的三个点，求 x 和 y 的值.

8. 若方程 $(6a^2-a-2)x+(3a^2-5a+2)y+a-1=0$ 表示平行于 x 轴的直线，求 a 的值.

9. 某不明飞行物在某高度沿正西偏南 60°方向匀速直线飞行(高度不变，即假设该飞行物在空间一个固定水平面上飞行)，初始位置为 A 点，坐标为(200,0)，试画出飞机的飞行路线草图，并求出其飞行路线方程.

1.3　圆与椭圆

【学习要求】

1. 掌握圆的定义和图形特征，能写出圆的标准方程.
2. 掌握椭圆的定义和图形特征，能写出椭圆的两种标准方程.
3. 理解圆和椭圆的简单军事应用.

1.3.1　圆的图形、定义与方程

圆是生活中经常见到的一类曲线，硬币、瓶盖、纽扣、光盘、汽车轮胎的轮廓，等等，都是圆形的.

1. 圆的图形与定义

定义 1.3.1　平面上**到定点的距离为常数**的点的轨迹称为**圆**. 定点称为**圆心**，记为 O，到定点的距离称为**半径**，记为 r(见图 1.3.1)，过圆心的弦称为圆的**直径**，记为 R(见图 1.3.2)，直径的长度等于半径的 2 倍，即 $R=2r$.

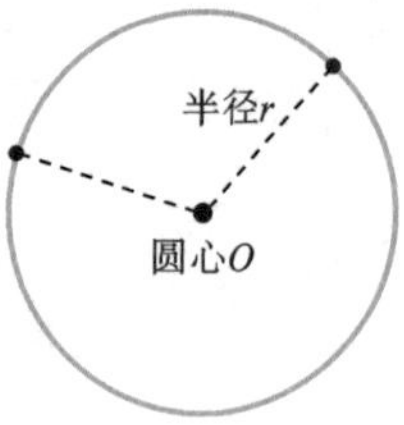

图 1.3.1

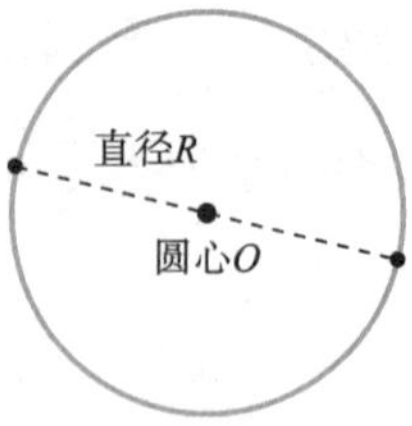

图 1.3.2

2. 圆的标准方程

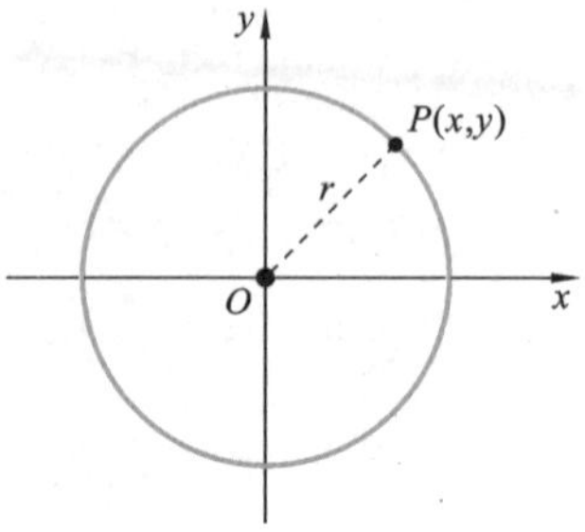

图 1.3.3

如图 1.3.3 所示，以圆心为坐标原点，以过水平直径的直线为 x 轴，以过垂直水平直径的直线为 y 轴，建立平面直角坐标系，设圆上任意一点 P 的坐标为 $P(x,y)$，则 $|OP|=r$，又由平面上两点间的距离公式和两点坐标 $O(0,0)$，$P(x,y)$，可得

$$|OP|=\sqrt{(x-0)^2+(y-0)^2}=r,$$

化简得
$$x^2+y^2=r^2,$$

上式称为圆心在原点的圆的标准方程.

【练一练】

写出圆心在原点、半径为 3 的圆的标准方程.

解 所求圆的标准方程为 $x^2+y^2=9$.

思考 在平面直角坐标系中，若圆的圆心不在坐标原点，又该怎样求其方程呢？

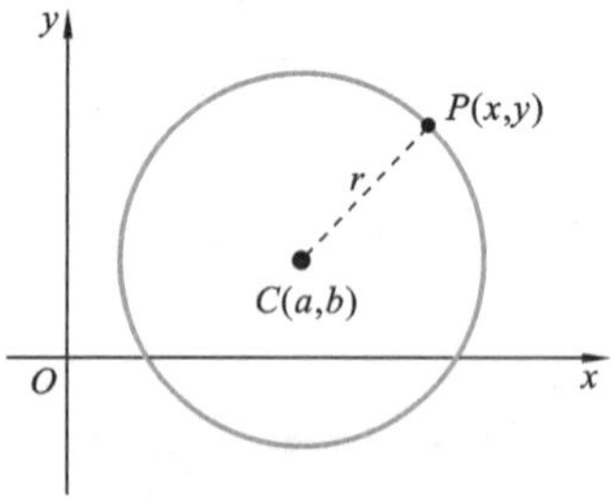

图 1.3.4

分析 如图 1.3.4 所示，在平面直角坐标系中，圆心坐标为 $C(a,b)$，半径为 r 的圆，设圆上任意一点 P 的坐标为 $P(x,y)$，则 $|CP|=r$，又由平面上两点间的距离公式和两点坐标 $C(a,b)$，$P(x,y)$，可得

$$|CP|=\sqrt{(x-a)^2+(y-b)^2}=r,$$

化简得
$$(x-a)^2+(y-b)^2=r^2.$$

上式称为圆心在点 (a,b) 的圆的**标准方程**.

例 1.3.1 写出下列圆的标准方程：

(1) 圆心在原点，半径为 $\sqrt{2}$；

(2) 圆心在点 $P(2,-2)$，半径为 4；

(3) 经过点 $P(5,1)$，圆心在 $C(8,-3)$.

解 (1) $x^2+y^2=(\sqrt{2})^2=2$；

(2) $(x-2)^2+(y-(-2))^2=4^2$，化简得 $(x-2)^2+(y+2)^2=16$；

(3) 这里没有给出半径，但给出了圆心 C 和圆上一点 P 的坐标，因此

$$r=|CP|=\sqrt{(8-5)^2+(-3-1)^2}=5,$$

而圆心为 $C(8,-3)$，故所求圆的标准方程为 $(x-8)^2+(y-(-3))^2=5^2$，化简得

$$(x-8)^2+(y+3)^2=25.$$

例 1.3.2 如图 1.3.5 所示，已知圆上三点 O、M_1、M_2 的坐标分别为 $O(0,0)$，$M_1(1,1)$，

$M_2(4,2)$，求圆的标准方程.

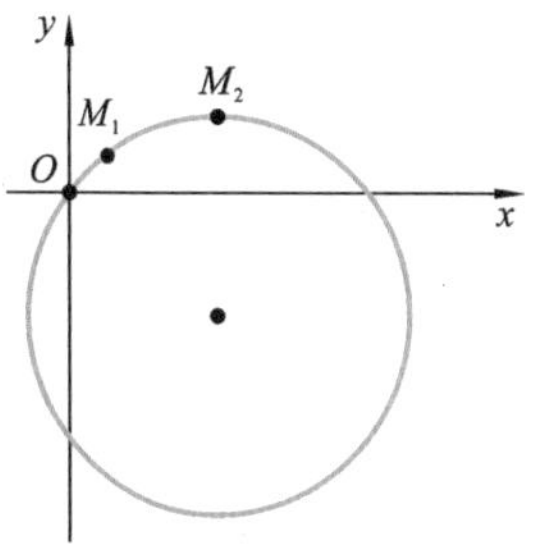

图 1.3.5

解 设所求圆的方程为$(x-a)^2+(y-b)^2=r^2$，由于$O(0,0)$、$M_1(1,1)$、$M_2(4,2)$三点在圆上，它们的坐标都应该满足圆的方程，因此有

$$\begin{cases}a^2+b^2=r^2,\\(1-a)^2+(1-b)^2=r^2,\\(4-a)^2+(2-b)^2=r^2,\end{cases}\quad 解得\quad\begin{cases}a=4,\\b=-3,\\r=5,\end{cases}$$

所以所求圆的方程为$(x-4)^2+(y+3)^2=25$.

例 1.3.3 $\triangle ABC$ 的三个顶点的坐标分别是 $A(5,1)$，$B(7,-3)$，$C(2,-8)$，求它的外接圆的方程.

分析 不在同一条直线上的三个点可以确定一个圆，三角形的三个顶点不在同一条直线上，所以三角形有唯一的外接圆.

解 设所求圆的方程是$(x-a)^2+(y-b)^2=r^2$，由于点$A(5,1)$，$B(7,-3)$，$C(2,-8)$都在圆上，所以它们的坐标都满足圆的方程. 于是有

$$\begin{cases}(5-a)^2+(1-b)^2=r^2,\\(7-a)^2+(-3-b)^2=r^2,\\(2-a)^2+(-8-b)^2=r^2,\end{cases}\quad 解得\quad\begin{cases}a=2,\\b=-3,\\r=5,\end{cases}$$

所以$\triangle ABC$ 的外接圆方程是$(x-2)^2+(y+3)^2=25$.

【军事应用】

例 1.3.4 如图 1.3.6 所示，已知我军驻地、友军驻地与观察台在一个圆周上，敌据点 C 在圆心位置，我军与友军计划联合攻击敌据点. 友军驻地坐标为$O(0,0)$，观察台坐标为$M_1(1,1)$，我军驻地坐标为 $M_2(4,2)$，有一支敌支援部队在点 $M_3(5,-9)$位置. 当敌支援部队与敌据点的距离超过我军或友军与敌据点的距离的 2 倍时，可以施行攻击. 问在当前态势下，能否施行攻击?

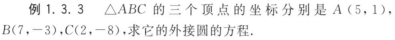

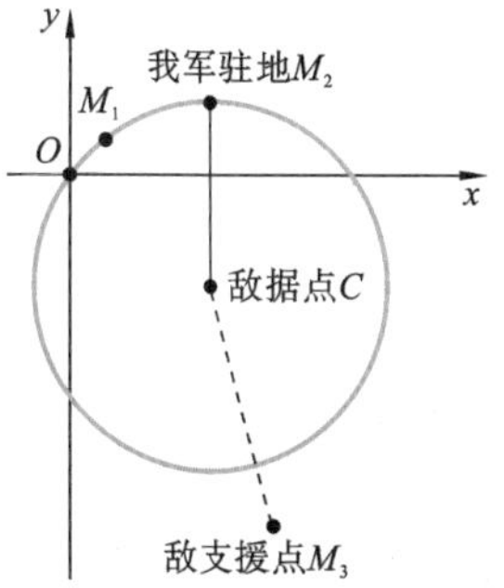

图 1.3.6

分析 由题意知，若$|M_3C|>2|M_2C|$，就可以施行攻击；若$|M_3C|\leqslant 2|M_2C|$，就不可以施行攻击. 故需求出$|M_2C|$，$|M_3C|$. 由平面上两点间的距离公式，M_2、M_3 的坐标已知，因此问题的关键是求出敌据点即圆心 C 的坐标.

解 由例 1.3.2 知，过点$O(0,0)$、$M_1(1,1)$、$M_2(4,2)$的圆的方程为

$$(x-4)^2+(y+3)^2=25,$$

因此圆心坐标为 $C(4,-3)$，半径 $r=5$，故 $2|M_2C|=2r=10$.

已知 $M_3(5,-9)$，因此$|M_3C|=\sqrt{(5-4)^2+[-9-(-3)]^2}=\sqrt{37}$.

因为$\sqrt{37}<\sqrt{100}=10$，所以$|M_3C|<2|M_2C|$，因此不能施行攻击.

1.3.2 椭圆的图形、定义与方程

椭圆是生活中常常能看到的图形. 贮油罐横截面的轮廓线，洒水车贮水罐横截面的轮廓线，阳光下篮球落在平地上的阴影，都是椭圆.

1. 椭圆的图形与定义

定义 1.3.2 平面上**与两定点** F_1、F_2 **的距离之和等于常数**的点的轨迹称为椭圆．两定点 F_1、F_2 称为椭圆的**焦点**，两焦点间的距离 $|F_1F_2|$ 称为椭圆的**焦距**，如图 1.3.7 所示．

2. 焦点在 x 轴上的椭圆的标准方程

如图 1.3.8 所示，以过焦点 F_1 和 F_2 的直线为 x 轴，线段 F_1F_2 的垂直平分线为 y 轴，建立直角坐标系．

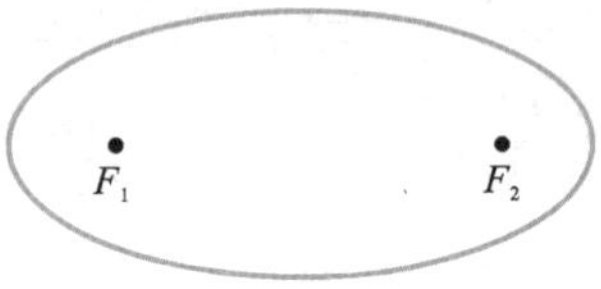

图 1.3.7

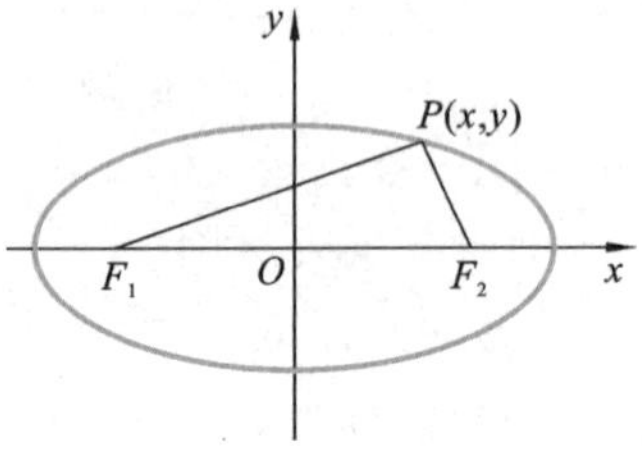

图 1.3.8

设椭圆的焦距 $|F_1F_2|$ 为 $2c(c>0)$，$P(x,y)$ 是椭圆上任意一点，由定义知，P 与 F_1、F_2 的距离之和为常数，记作 $2a(a>0)$，设 $b^2=a^2-c^2$，则椭圆的方程为

$$\frac{x^2}{a^2}+\frac{y^2}{b^2}=1\ (a>b>0).$$

3. 焦点在 y 轴上的椭圆的标准方程

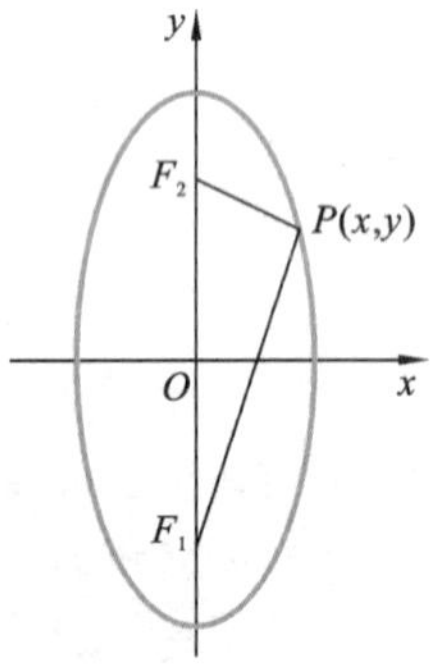

图 1.3.9

如图 1.3.9 所示，以过焦点 F_1 和 F_2 的直线为 y 轴，线段 F_1F_2 的垂直平分线为 x 轴，建立直角坐标系．

设椭圆的焦距 $|F_1F_2|$ 为 $2c(c>0)$，$P(x,y)$ 是椭圆上任意一点，P 与 F_1 和 F_2 的距离之和为 $2a(a>0)$，设 $b^2=a^2-c^2$，则椭圆的方程为

$$\frac{x^2}{b^2}+\frac{y^2}{a^2}=1\ (a>b>0).$$

例 1.3.5 已知椭圆的焦点坐标 $F_1(-3,0)$、$F_2(3,0)$，且 $a=5$，求椭圆的标准方程．

解 由焦点坐标知，

$$c=3,\quad a=5,\quad b=\sqrt{a^2-c^2}=\sqrt{16}=4,$$

又焦点在 x 轴上，故椭圆的方程为 $\frac{x^2}{25}+\frac{y^2}{16}=1$．

【练一练】

若椭圆的焦点坐标变为 $F_1(0,-3)$、$F_2(0,3)$，且 $a=5$，标准方程是什么？

解 所求方程为 $\frac{x^2}{16}+\frac{y^2}{25}=1$．

例 1.3.6 已知运油车上的贮油罐横截面的外轮廓线是一个椭圆（见图 1.3.10），它的焦距为 2.4 m，外轮廓线上的点到两个焦点距离的和为 3 m，求贮油罐横截面的外轮廓线的方程．

图 1.3.10

解 由题意可知，$2c=2.4$，$2a=3$，则 $c=1.2$，$a=1.5$，$b^2=a^2-c^2=0.81$，所以外轮廓线的方程为$\frac{x^2}{2.25}+\frac{y^2}{0.81}=1$.

【军事应用】

例 1.3.7 我国发射的第一颗人造地球卫星的运行轨道，是以地球的中心为一个焦点的椭圆，如图 1.3.11 所示，地球的中心 F_2 是卫星的椭圆轨道的一个焦点. 椭圆轨道上据地球中心最近的点称为**近地点**，近地点 A 与 F_2 的距离为 6810 km，椭圆轨道上据地球中心最远的点称为**远地点**，远地点 B 与 F_2 的距离为 8755 km，求卫星的轨道方程.

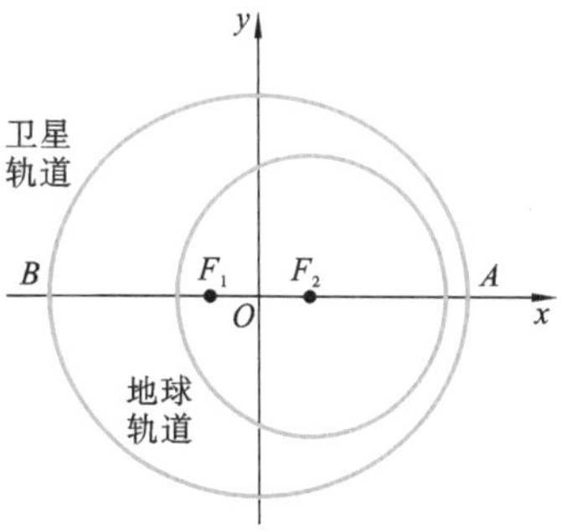

图 1.3.11

解 建立如图 1.3.11 所示的直角坐标系，设卫星的轨道方程为椭圆，即

$$\frac{x^2}{a^2}+\frac{y^2}{b^2}=1,$$

它的焦点为 $F_1(-c,0)$、$F_2(c,0)$，顶点为 $A(a,0)$、$B(-a,0)$.

由题意知，

$$|AF_2|=6810\text{ km},\quad |BF_2|=8755\text{ km},\quad |OA|=a,\quad |OF_2|=c,$$

则有

$$|AF_2|=|OA|-|OF_2|=a-c=6810\text{ km},$$
$$|BF_2|=|OB|+|OF_2|=a+c=8755\text{ km},$$

联立以上两式解得 $a=7782.5$ km，$c=972.5$ km，从而 $b=\sqrt{a^2-c^2}\approx7721.5$ km，因此卫星的轨道方程（近似）为

$$\frac{x^2}{7783^2}+\frac{y^2}{7722^2}=1.$$

习　　题

1. 写出圆心在原点、半径为 7 的圆的标准方程.
2. 写出圆心在点 $O(3,-5)$、半径为 4 的圆的标准方程.
3. 求经过点 $P(-2,-3)$、圆心在 $C(5,4)$的圆的标准方程.
4. 圆 C 的圆心在 x 轴上，并且经过点 $A(-1,1)$和 $B(1,3)$，求圆 C 的方程.
5. 已知椭圆的焦点坐标 $F_1(-6,0)$、$F_2(6,0)$，且 $a=10$，求椭圆的标准方程.
6. 已知椭圆的焦点坐标 $F_1(0,-8)$、$F_2(0,8)$，且 $a=10$，求椭圆的标准方程.

7. 设三角形 ABC 的周长为 16，顶点 B、C 的坐标分别为 $(0,-3)$，$(0,3)$，求顶点 A 的轨迹方程.

8. 已知椭圆中心在原点，一个焦点为 $F(-2\sqrt{3},0)$，且长轴长度是短轴长度的两倍，求该椭圆的标准方程.

9. 某人造卫星模型中卫星的运行轨道是椭圆，地球位于该椭圆的一个焦点，若该模型中近地点 A 距离地球 2 m，远地点 B 距离地球 8 m，求该卫星模型运行轨道的方程并绘制相应的图形.

1.4 抛物线

【学习要求】

1. 掌握抛物线的定义和图形特征，能写出抛物线的四种标准方程.
2. 了解抛物线在军事上的轨迹应用和光学应用，了解相关军事装备的基本原理，理解简单军事案例的求解过程.

抛物线在枪械、火炮射击理论中具有指导意义，还广泛应用于探照灯、雷达天线、卫星的天线、射电望远镜等装备的设计. 中国历史上的楚汉争霸中，也有一幕与抛物线有关.

案例　成皋之战中汉军布防问题

公元前 205 到 203 年，楚汉两军反复争夺战略要地成皋，两军沿汜水隔岸对峙. 如图 1.4.1所示，项羽大将曹咎驻扎在汜水东侧的成皋，刘邦驻扎在汜水西侧 p 公里的巩县. 请帮助刘邦在汜水与巩县之间设计一条防御阵线，既能防范楚军正面渡河进攻，又能防范楚军绕道偷袭巩县.

分析　汉军面临的是巩县和汜水的双重防守任务，防御阵线位置的最佳选择应当满足：防御阵线上任何一点到汜水和到巩县的距离相等，以确保进退自如.

解　建立坐标系. 将汜水近似视为一条直线 l，将巩县视为一个点 F. 从点 F 出发作 l 的垂线，记为 x 轴，从垂线段的中点 O 出发作 l 的平行线，记为 y 轴，如图 1.4.2 所示.

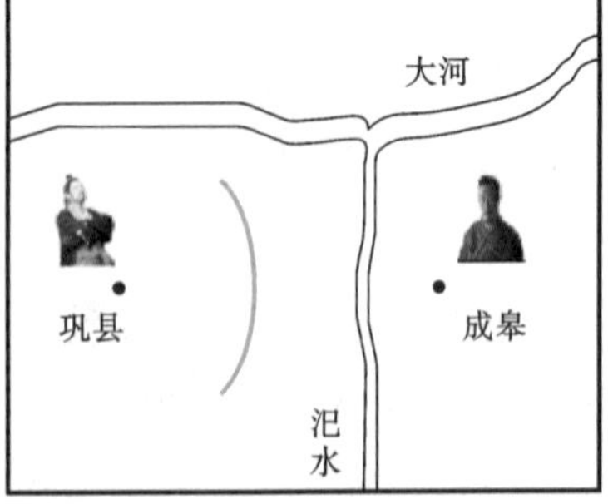

图 1.4.1

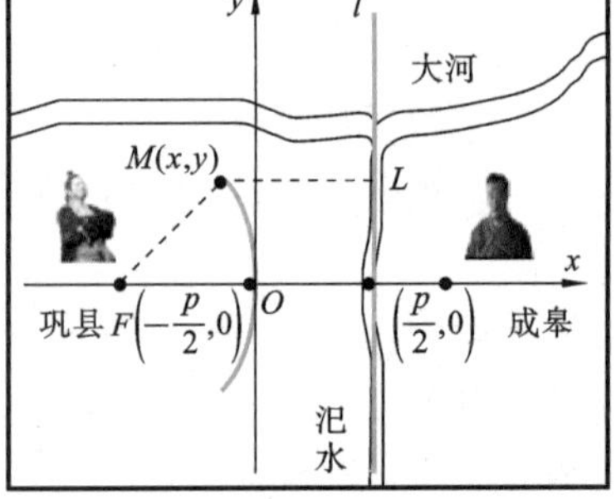

图 1.4.2

由已知条件知，点 F 坐标为 $\left(-\frac{p}{2},0\right)$，其中 $p>0$. 直线 L 垂直过 $\left(\frac{p}{2},0\right)$ 点，设防御阵线上任意一点 M 的坐标为 (x,y)，点 M 到直线 l 的距离为 $|ML|$，L 为垂足. 因防御阵线上任何一点到汜水和到巩县的距离相等，即有

$$|MF|=|ML|.$$

由距离公式可得

$$|MF|=\sqrt{\left(x+\frac{p}{2}\right)^2+y^2},\quad |ML|=\left|x-\frac{p}{2}\right|,$$

从而得到下式

$$\sqrt{\left(x+\frac{p}{2}\right)^2+y^2}=\left|x-\frac{p}{2}\right|,$$

化简得

$$y^2=-2px(p>0).$$

对应的图形可以借助尺规作图画出. 如图 1.4.3 所示，在平面上将直尺的直角边 CA 垂直于直线 l，再取一条与 CA 等长的细绳，一端固定在 A 点，一端固定在 F 点，笔尖沿着 CA 边把细绳拉紧，同时，直尺 CA 沿直线 l 上下滑动，笔尖就画出一条曲线，这样的曲线叫做**抛物线**，它的方程为 $y^2=-2px(p>0)$.

所以，我们为刘邦设计的是一条抛物线形状的防御阵线，它的位置如图 1.4.4 所示.

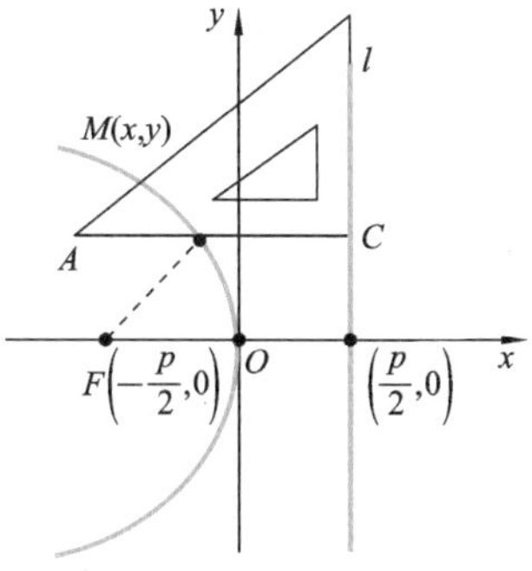

图 1.4.3

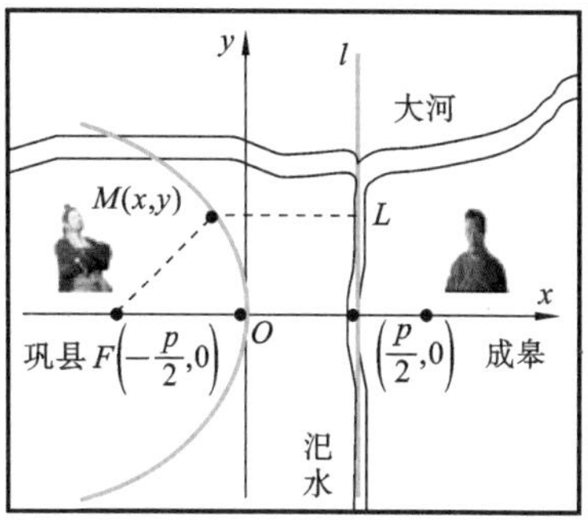

图 1.4.4

1.4.1 抛物线的定义、方程和图形

定义 1.4.1 平面上**与定点和定直线的距离相等**的点的轨迹叫做**抛物线**. 如图 1.4.3 所示，抛物线对应的方程 $y^2=-2px(p>0)$ 称为抛物线的**标准方程**. 定点 F 称为抛物线的**焦点**，焦点坐标为 $F\left(-\frac{p}{2},0\right)$. 定直线 l 称为抛物线的**准线**，准线方程为 $x=\frac{p}{2}$.

抛物线还有另外三种形状，对应三种标准方程，现列举如下.

(1) 若抛物线的焦点在 x 轴正半轴，方程对应的一次项是 x，抛物线开口向右，x 大于零，标准方程的一次项为 $2px$，即标准方程为 $y^2=2px(p>0)$，如图 1.4.5 所示.

(2) 若抛物线的焦点在 y 轴正半轴，方程对应的一次项是 y，抛物线开口向上，y 大于零，标准方程的一次项为 $2py$，即标准方程为 $x^2=2py(p>0)$，如图 1.4.6 所示.

(3) 若抛物线的焦点在 y 轴负半轴，方程对应的一次项是 y，抛物线开口向下，y 小于零，标准方程的一次项为 $-2py$，即标准方程为 $x^2=-2py(p>0)$，如图 1.4.7 所示.

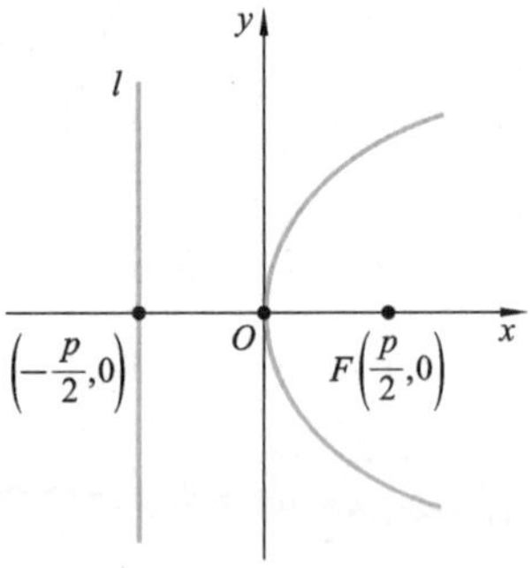

图 1.4.5

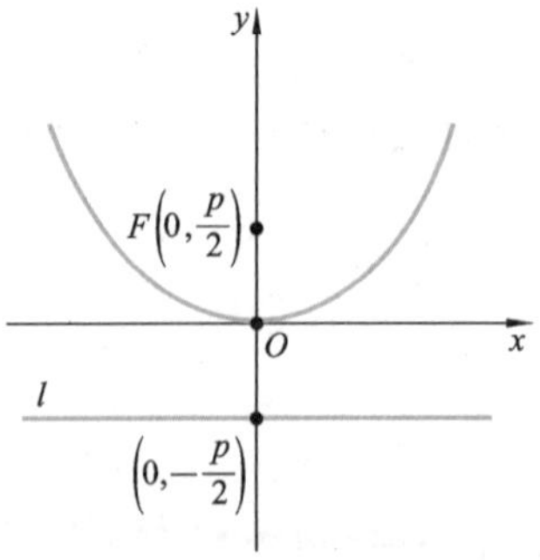

图 1.4.6

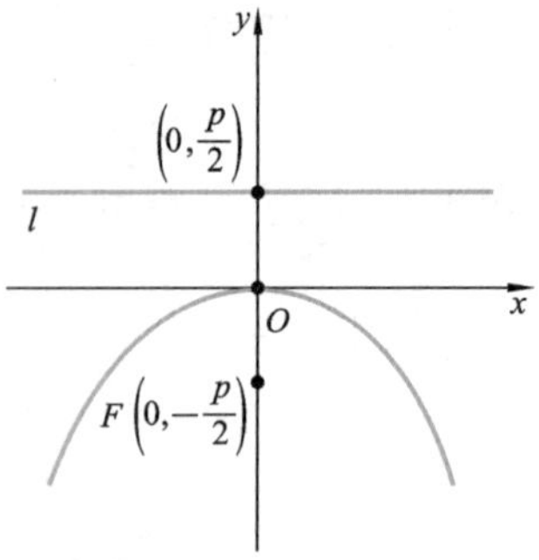

图 1.4.7

【归纳规律】

抛物线的焦点位置、开口方向与抛物线方程的一次项具有对应关系，规律如下：

焦点所处的坐标轴决定一次项，开口方向决定一次项的正负号.

根据这一规律，知道了抛物线的焦点坐标和开口方向，我们就能直接写出抛物线的标准方程.

若将抛物线的图形进行平移，以开口向下的抛物线为例，将顶点由(0,0)平移到(x_0,y_0)时，抛物线的图形如图 1.4.8 所示. 抛物线的方程变为一般方程

$$(x-x_0)^2=-2p(y-y_0)\quad (p>0).$$

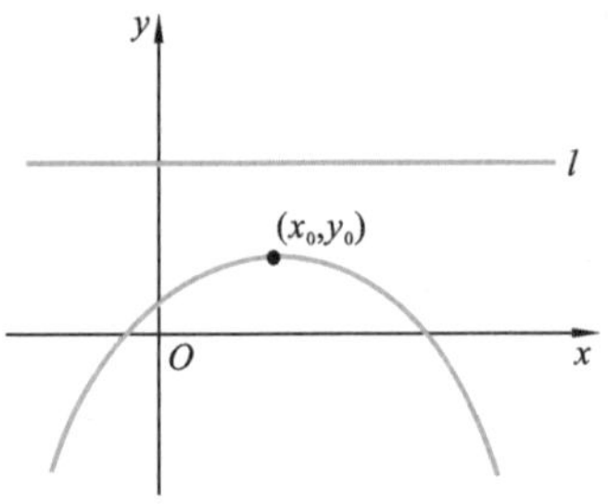

图 1.4.8

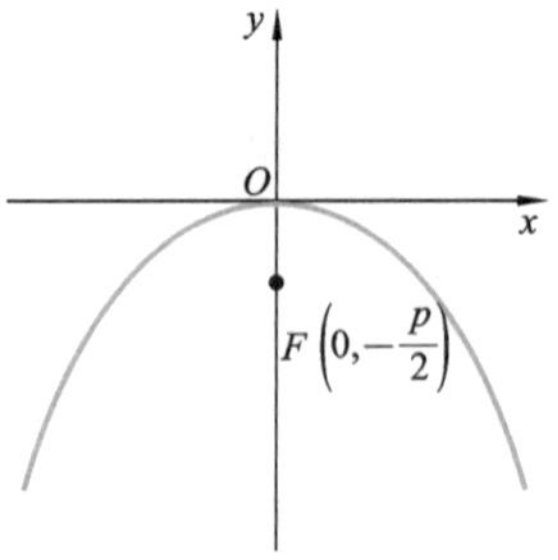

图 1.4.9

例 1.4.1 已知抛物线的焦点坐标是 $F(0,-2)$，求抛物线的标准方程.

解 如图 1.4.9 建立直角坐标系，设所求抛物线方程为 $x^2=-2py$，因为焦点到原点的距离为$\frac{p}{2}$，所以$\frac{p}{2}=2$，$p=4$，故所求抛物线的标准方程为 $x^2=-8y$.

1.4.2 抛物线的轨迹应用

案例 火炮的定位

火炮具有巨大的杀伤力，在战斗中，如何迅速准确地确定敌方火炮的位置，并将其摧毁？

分析 在战斗中，敌人都对火炮进行了隐蔽，肉眼难以发现，但是火炮发射的炮弹总是能被发现的，能不能通过探测炮弹的飞行路径，反推出火炮的位置呢？

已知在理想状态下，炮弹的弹道轨迹的方程为

$$y=x\tan\theta-\frac{gx^2}{2v_0^2\cos^2\theta},$$

其中(x,y)为炮弹弹道轨迹上任意点的坐标，v_0 是炮弹的初速度，θ 为炮射角度. 令

$$a=\frac{g}{2v_0^2\cos^2\theta}>0,\quad b=\tan\theta,$$

移项整理可得

$$\left(x-\frac{b}{2a}\right)^2=-\frac{1}{a}\left(y-\frac{b^2}{4a}\right).$$

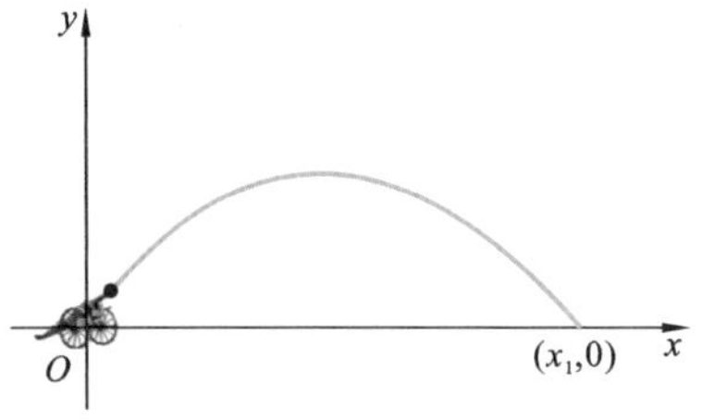

图 1.4.10

可见，理想状态下炮弹的弹道轨迹是一条抛物线. 以火炮位置为坐标原点，建立直角坐标系，如图 1.4.10 所示. $(x_1,0)$点称为炮弹的**弹着点**，x_1 称为**射程**.

这样，如果能通过探测炮弹的飞行反推出弹道轨迹，根据抛物线方程知，火炮的位置就应该在抛物线和水平直线的交点处.

【装备介绍】

国产车载 704-I 型炮位侦察校射雷达就是用于完成火炮定位的任务. 该雷达能自动搜索飞行中的炮弹，经识别后实施跟踪，从炮弹飞行轨迹中截取若干个点，获得它们的三维坐标以及飞行速度、方向等数据，然后用弹道方程外推出敌方火炮的位置. 这一过程非常迅速，通常在炮弹落地之前就可完成，进而为我方炮兵的 PLZ45 型 155 毫米自行加榴炮提供射击参数，并进行校射，从而实现迅速准确的定位和精确的打击.

例 1.4.2 如图 1.4.11 所示，敌方向我方侦校雷达正前方开炮，炮弹飞行过程中，侦察校射雷达侦测到炮弹弹道轨迹上 3 个点的坐标，分别为 $A(14000,230)$，$B(14300,480)$，$C(14600,700)$(单位：m)，请确定敌方火炮的位置.

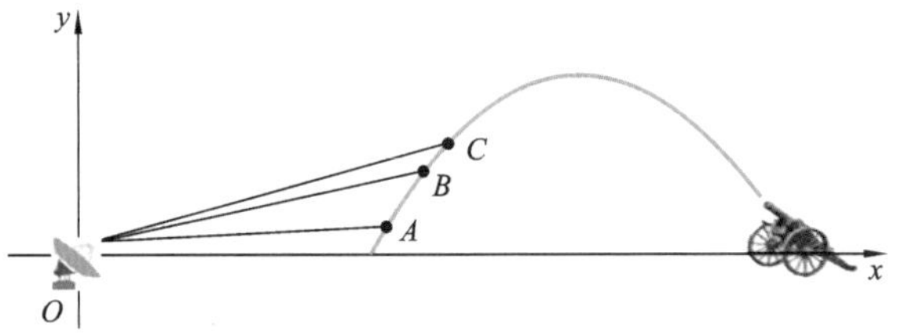

图 1.4.11

解 根据弹道轨迹的特点，它是一条开口向下的抛物线，设方程为

$$(x-x_0)^2=-2p(y-y_0)\quad(p>0),$$

将三个点的坐标代入轨迹方程，可得

$$\begin{cases}(14000-x_0)^2=-2p(230-y_0),\\(14300-x_0)^2=-2p(480-y_0),\\(14600-x_0)^2=-2p(700-y_0).\end{cases}$$

借助 MATLAB 软件编写程序，输入三个点的坐标，就可以计算出敌方火炮的位置坐标，为(19584,0)，即敌方火炮位于我方炮位侦察校射雷达前方 19584 m 处.

1.4.3 抛物线的光学应用

抛物线具有一个特殊的光学性质：平行于对称轴的光经过抛物线反射后，会聚到焦点(见图 1.4.12)；反过来，从焦点发射的光经过抛物线反射后，平行于对称轴向外射出(见图 1.4.13).

以抛物线的对称轴为旋转轴，将抛物线旋转一周，可以得到旋转抛物面(见图 1.4.14).

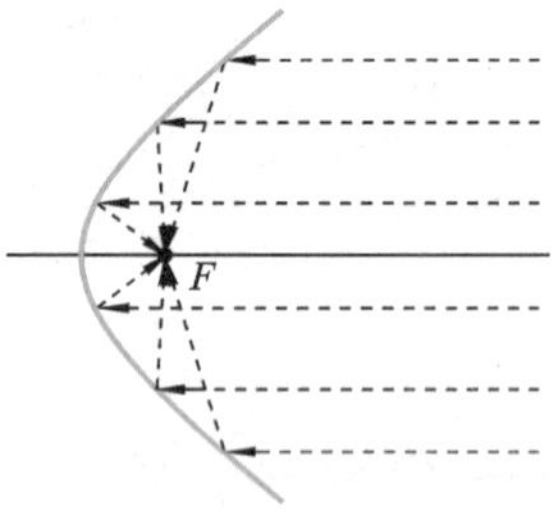

图 1.4.12

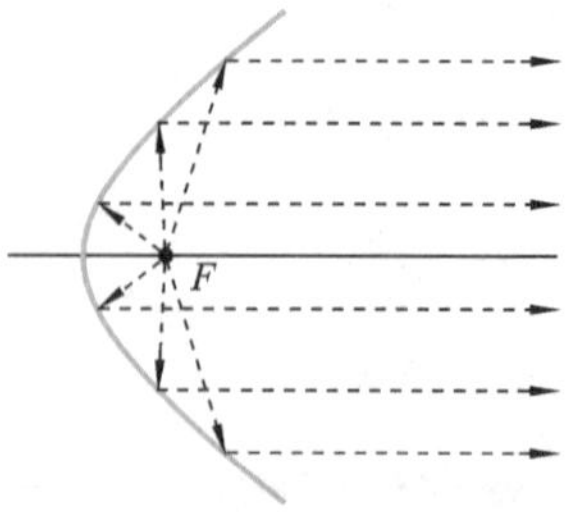

图 1.4.13

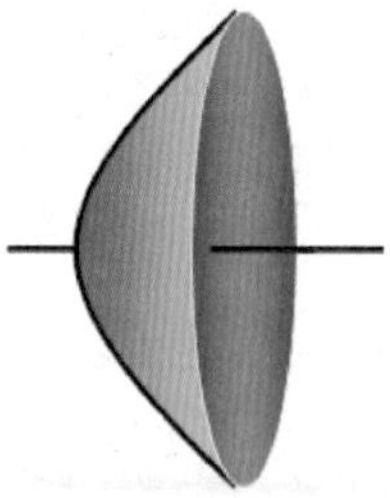

图 1.4.14

【军事应用】

我国西周时代就有了“阳燧取火”技术．士兵运用旋转抛物面形的金属圆盘(见图 1.4.15)，对着太阳聚光，在聚光点处汇聚大量的热能，点燃艾绒等易燃物，取得火种．

抗美援朝战争期间，我军探照灯兵使用旋转抛物面形的探照灯(见图 1.4.16)，在夜间照射来犯美军敌机，配合高炮部队对空射击，配合航空兵对空作战，开灯照中敌机近千架，直接照落敌机 4 架，配合击落敌机 98 架，击伤 27 架，战功显著.

图 1.4.15

图 1.4.16

2016 年 6 月在我国贵州省建成了世界最大的射电望远镜——FAST(见图 1.4.17)．它利用喀斯特地貌天然形成的类似于抛物面的天坑，盛起有 30 个足球场那么大的巨型反射面，接收宇宙中的微弱射线，进行会聚放大，实现对宇宙物质成分和演化历史的研究.

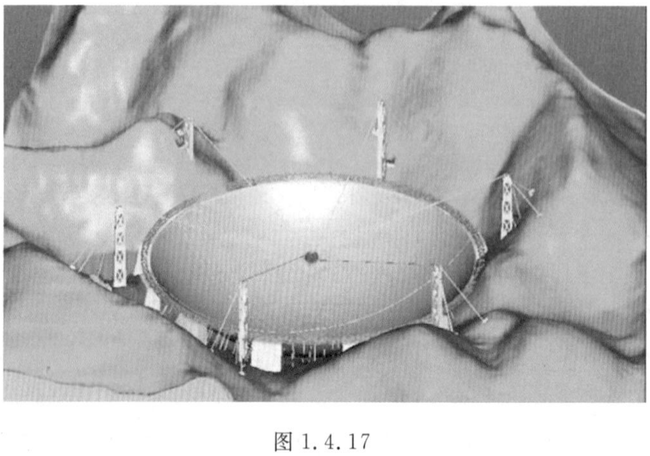

图 1.4.17

【衔接专业】

一类雷达天线的形状就是旋转抛物面型的，在旋转抛物面的焦点处设有馈源．发射阶段，馈源向空间发射电磁波，天线将馈源发射的电磁波反射后向空间定向辐射出去，传播较远的距离．接收阶段，天线接收反射回来的电磁波，会聚到馈源．

例 1.4.3 已知某型气象雷达天线的口径为 4.8 m，深度为 0.5 m，请确定馈源的位置．

解 如图 1.4.18 所示，在雷达天线纵截面内，以天线的顶点为坐标原点，过顶点垂直于天线的直线为 y 轴，建立直角坐标系．

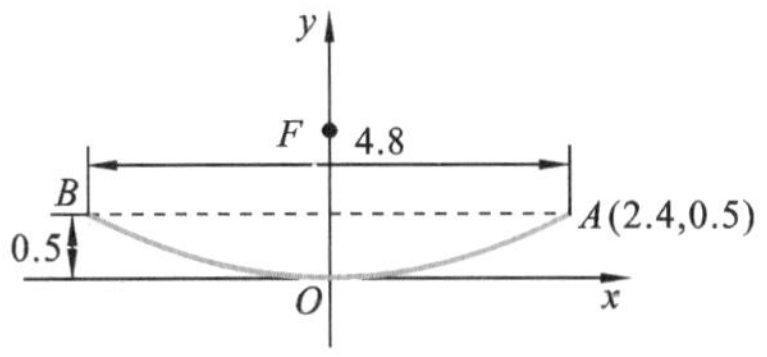

图 1.4.18

雷达天线的截痕为开口向上的抛物线，设标准方程为 $x^2=2py$．

设天线边缘上的一点为 A，由题设知 A 点坐标为 $(2.4,0.5)$．

因为 A 点在抛物线上，代入方程有 $2.4^2=2p\times0.5$，得 $p=5.76$，所以抛物线的方程为

$$x^2=11.52y,$$

焦点坐标为 $\left(0,\dfrac{p}{2}\right)$，即 $(0,2.88)$，即馈源位置在天线顶点正上方 2.88 m 处．

【数学简史】

抛物线最早是由古希腊数学家梅内柯缪斯（公元前 375—公元前 325，图 1.4.19）通过截取直角圆锥曲面得到的，定义为直角圆锥曲线，如图 1.4.20 所示．

图 1.4.19

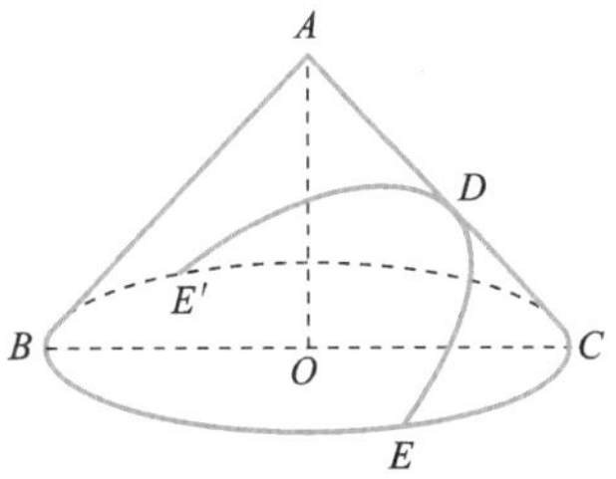

图 1.4.20

古希腊数学家阿波罗尼奥斯（公元前 262—公元前 190，图 1.4.21）将三种圆锥曲线统一到截取一个圆锥上，并将直角圆锥曲线定义为齐曲线，如图 1.4.22 所示．

图 1.4.21

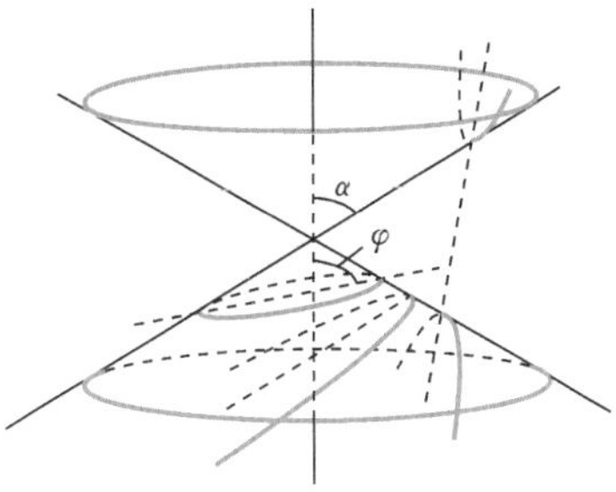

图 1.4.22

意大利科学家伽利略(1564—1642,图 1.4.23)发现,抛掷物体的运动轨迹恰好符合齐曲线,这就是抛物线名称的由来,如图 1.4.24 所示.

图 1.4.23

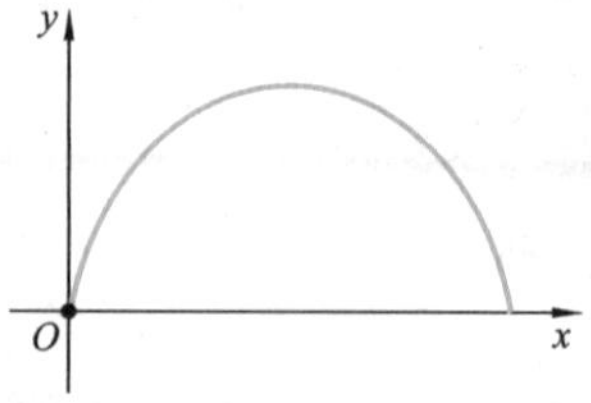

图 1.4.24

习　　题

1. 已知抛物线的焦点坐标是 $F(2,0)$,求抛物线的标准方程并画出相应的图形.

2. 已知抛物线的焦点坐标是 $F(0,-3)$,求抛物线的标准方程并画出相应的图形.

3. 已知抛物线的准线方程为 $x=2$,求抛物线的标准方程并画出相应的图形.

4. 已知抛物线的准线方程为 $y=-4$,求抛物线的标准方程并画出相应的图形.

5. 已知抛物线的标准方程为 $x^2=-6y$,求该抛物线的焦点坐标并画出相应的图形.

6. 已知抛物线的标准方程为 $y^2=-8x$,求该抛物线的准线方程并画出相应的图形.

7. 某雷达天线如图 1.4.25 所示,已知天线的口径(直径)为 5.2 m,深度为 0.6 m,问馈源应安装在什么位置?

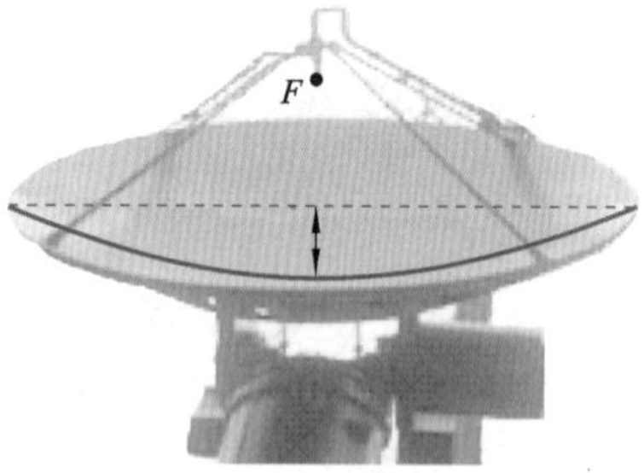

图 1.4.25

8. 若不计空气阻力,炮弹运行的轨道是抛物线,现测得炮位 A 与目标 B 的水平距离为 6000 m,而当射程为 6000 m 时炮弹运行轨道的最大高度是 1200 m,在 AB 上距离 A 点 500 m 处有一高达 350 m 的建筑物,试计算炮弹能否越过此建筑物?

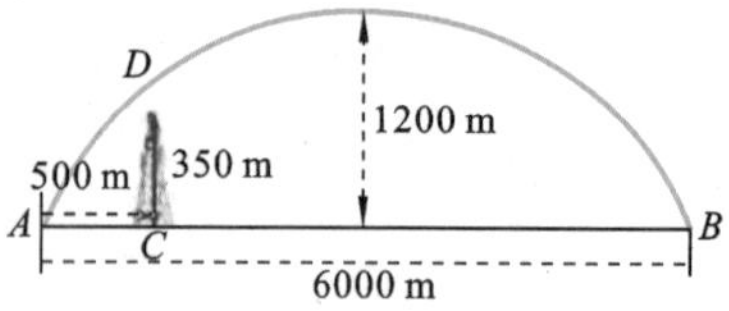

图 1.4.26

1.5 双曲线

【学习要求】

1. 掌握双曲线的定义和图形特征，能写出双曲线的两种标准方程.
2. 了解双曲线定位法的发展历程，理解其基本原理.
3. 了解相关军事装备，理解简单军事案例的求解过程.

双曲线是一种常见的圆锥曲线. 比如，双曲线形冷凝塔，造型美观，通风效果好；双曲线式交通结构，避免了车流向中心城区的聚集，缓解了交通拥堵. 在军事上广泛应用于远程定位和探测.

案例　双耳定位原理

人的耳朵能够判断声音的方位，是最原始的定位工具，其中的数学原理是什么？

分析　除声源在人的正前方、正后方这两种情形外，如图1.5.1所示，在其他位置的声源发出声音后，人的双耳并非同时听到声音，而是存在一个时间差 Δt，大脑则是根据这个时间差，判断出声音的方向. 我们用数学的方法描述其中的原理.

解　以双耳正中心为坐标原点，穿过双耳的直线轴为 x 轴，左耳位置为 F_1，坐标记为 $(-c,0)$，右耳位置为 F_2，坐标记为 $(c,0)$，声源位置为 M，坐标记为 (x,y)，建立直角坐标系，如图1.5.2所示.

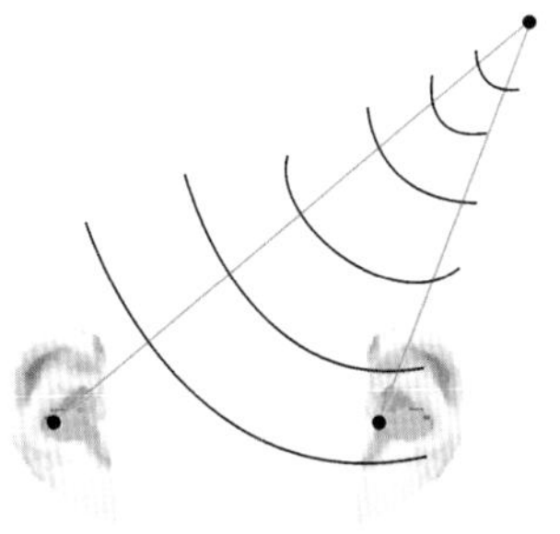

图 1.5.1

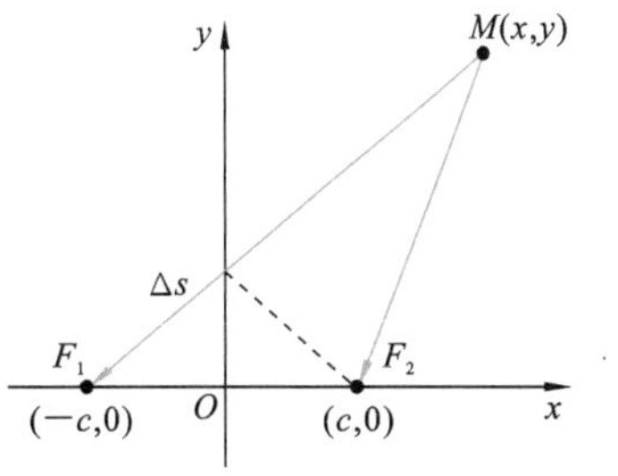

图 1.5.2

时间差 $\Delta t=\dfrac{\Delta s}{v}$，其中 $\Delta s=|MF_1|-|MF_2|$，即

$$\Delta t=\frac{|MF_1|-|MF_2|}{v}. \tag{1}$$

由两点距离公式知，

$$|MF_1|=\sqrt{(x+c)^2+y^2},\quad |MF_2|=\sqrt{(x-c)^2+y^2},$$

代入式(1)取绝对值可得

$$\left||MF_1|-|MF_2|\right|=\left|\sqrt{(x+c)^2+y^2}-\sqrt{(x-c)^2+y^2}\right|=|v\Delta t|. \tag{2}$$

对同一声源而言,这个距离之差的绝对值为常数,为计算方便,令 $|v\Delta t|=2a(a>0)$,将等式两边平方,化简可得

$$\frac{x^2}{a^2}-\frac{y^2}{c^2-a^2}=1. \tag{3}$$

令 $c^2-a^2=b^2$,其中 $b>0$,则式(3)可简化为

$$\frac{x^2}{a^2}-\frac{y^2}{b^2}=1(a>0,b>0), \tag{4}$$

即声源点满足方程(4). 画出方程(4)的图形,如图 1.5.3 所示,这种形状的曲线就称为**双曲线**.

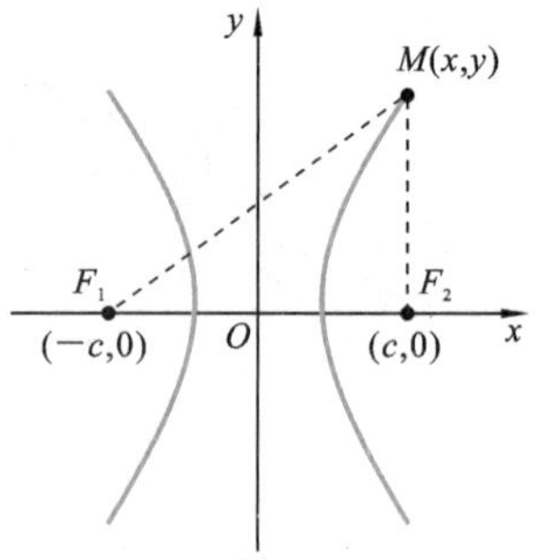

图 1.5.3

1.5.1 双曲线的定义、方程和图形

定义 1.5.1 平面上**与两定点距离之差的绝对值为常数**的点的轨迹称为**双曲线**,$\frac{x^2}{a^2}-\frac{y^2}{b^2}=1$ $(a>0,b>0)$称为双曲线的**标准方程**. $F_1(-c,0)$、$F_2(c,0)$称为双曲线的**焦点**. 两焦点之间的距离 $2c$,称为**焦距**,$2a$ 为距离差的绝对值,a,b,c 满足关系 $b^2=c^2-a^2$.

其实,双曲线还有些特殊的情形,如将方程(4)中的 x,y 互换,得到方程$\frac{y^2}{a^2}-\frac{x^2}{b^2}=1$,它表示的双曲线如图 1.5.4 所示.

如图 1.5.5 所示,若双曲线的中心对称点(0,0)移动到(x_0,y_0),则方程变为

$$\frac{(x-x_0)^2}{a^2}-\frac{(y-y_0)^2}{b^2}=1.$$

从双曲线方程(4)解出 $y=\pm\frac{b}{a}x\sqrt{1-\frac{a^2}{x^2}}$. 可以看到,随着 x^2 逐渐变大,$\frac{a^2}{x^2}$逐渐趋近于 0,上述方程逐渐接近 $y=\pm\frac{b}{a}x$,这是过原点的两条交叉直线,双曲线与这两条直线无限接近但永远不相交. 这两条特殊的直线叫做双曲线的**渐近线**,如图 1.5.6 所示.

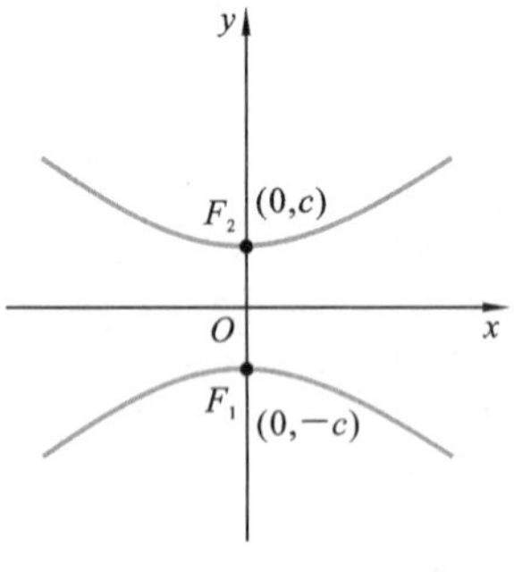

图 1.5.4

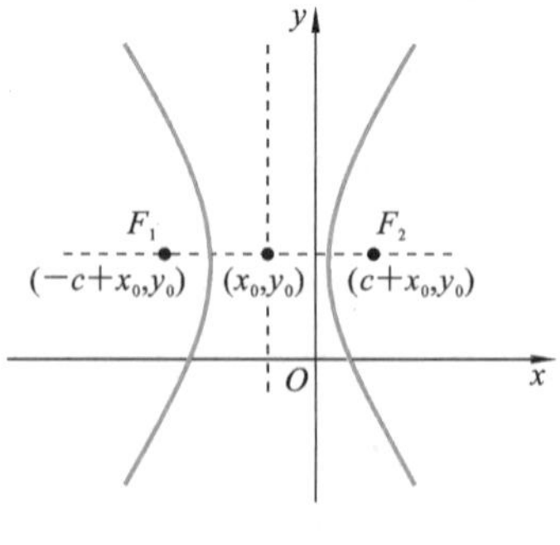

图 1.5.5

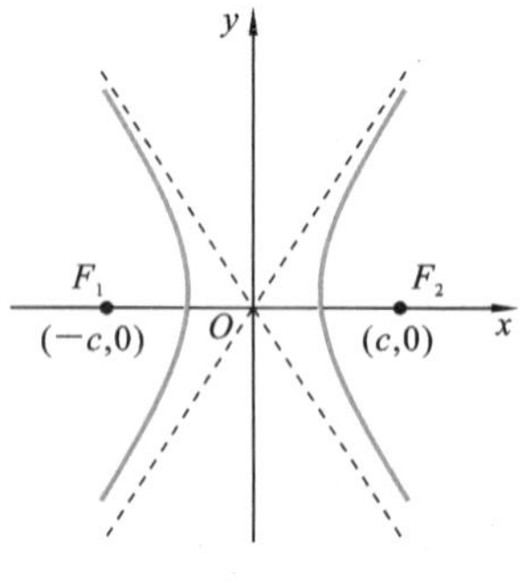

图 1.5.6

例 1.5.1 已知两定点 $F_1(-5,0)$、$F_2(5,0)$,求到这两定点的距离之差的绝对值为 8 的点的轨迹方程.

解 根据题设知轨迹方程为双曲线. 由 $2a=8,2c=10$ 得 $a=4,b=3$,故双曲线的标准方程为

$$\frac{x^2}{16}-\frac{y^2}{9}=1.$$

1.5.2 定位原理

1. 双耳效应

当声源与耳朵的距离远远大于两耳的距离时，声源所在的双曲线与它的渐近线非常接近，此时声源的方向就可由渐近线的方向来确定，这一原理称为**双耳效应**. 此方法可以判断声源的大致方向.

1490 年，意大利著名艺术大师、发明家达·芬奇，利用双耳效应制作了一种两端开口的长管，将其插入水中，来测听远处航船，此装置被后人称为“达·芬奇管”(见图 1.5.7). 一战时期，德国等军队也运用了这一原理，制作了声波定位器(见图 1.5.8、图 1.5.9)，侦测战机引擎噪音，以达到预警的目的.

图 1.5.7

图 1.5.8

图 1.5.9

2. 双曲线-渐近线定位法

如果在相隔一定距离的位置设置两个监听点，监听点通过接收到声音的时间差，乘以声速可以得到距离差，进而可以得到一条双曲线，然后通过监听到声音的先后来判断，如果右侧监听站先监听到，显然就选取双曲线的右支，这支双曲线与其中一个监听点通过耳朵判断的方向直线的交点就是声源的位置. 这一方法可称为**双曲线-渐近线定位法**. 此方法可以判断声源的大致位置，如图 1.5.10 所示.

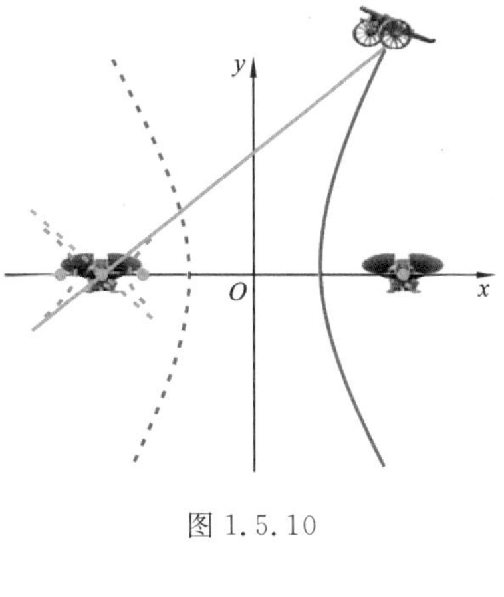

图 1.5.10

3. 双曲线定位法

如果在相隔一定距离的位置设置三个监听点，其中两个监听点可以确定一支双曲线，另外两个监听点又可以确定另一支双曲线，两支双曲线的交点就是声源的位置. 这一方法可称为双曲线定位法. 此方法可以判断声源的精确位置，如图 1.5.11 所示.

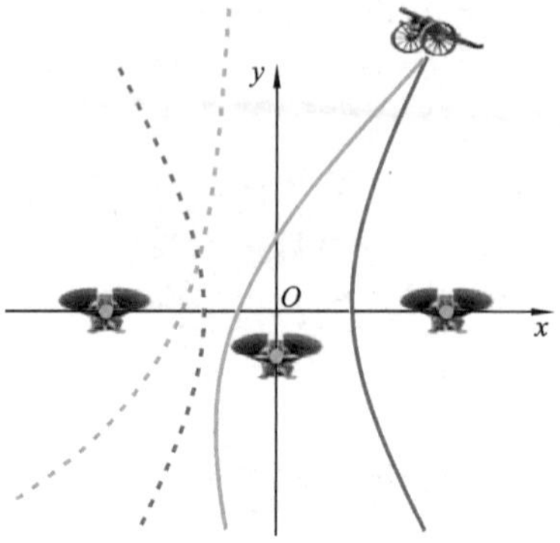

图 1.5.11

1.5.3 定位应用

案例　狙击手定位

如图 1.5.12 所示，在我方阵地前沿，沿一直线设有 A、B、C 三个监听点，A 与 B、B 与 C 各相距 800 m，敌方狙击手枪声响起，A 点监听到枪声比 B 点晚 2 s，B 点监听到枪声比 C 点晚 1.5 s，声速为 340 m/s，请问如何快速准确地锁定敌方狙击手？

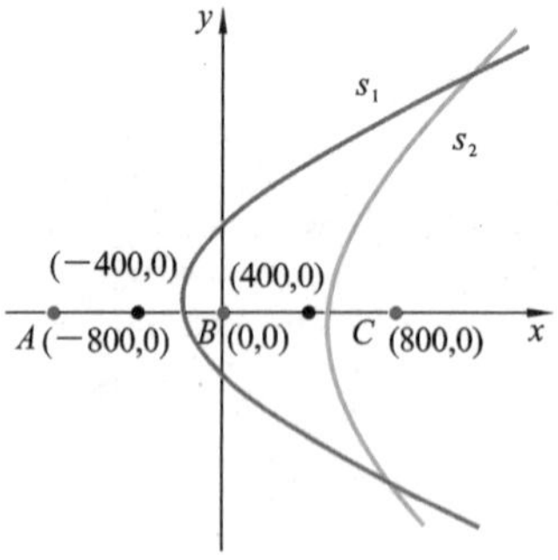

图 1.5.12

分析　由题意可知这是一个三监听点的定位问题，可以利用双曲线定位法求解. 将 A、B 视为焦点，可确定一支双曲线，记为 s_1；将 B、C 视为焦点，可确定另一支双曲线，记为 s_2. s_1 与 s_2 的交点就是敌方狙击手的位置，如图 1.5.12 所示.

解　以 B 点为坐标原点，过 A、B、C 的直线轴为 x 轴，建立直角坐标系，从而 A、B、C 的坐标分别为(−800,0)，(0,0)，(800,0).

A、B 为双曲线 s_1 的焦点，焦距为 800 (m)，可得

$$c_1=400\ (\text{m}),$$

狙击手与 A、B 两点的距离差为 $340\times2=680$ (m)，可得

$$a_1=680/2=340\ (\mathrm{m}),$$

于是

$$b_1=\sqrt{c_1^2-a_1^2}=\sqrt{44400}=20\sqrt{111}.$$

双曲线 s_1 的中心对称点为(−400,0)，由此得双曲线方程为

$$\frac{(x+400)^2}{340^2}-\frac{y^2}{(20\sqrt{111})^2}=1.$$

B、C 为双曲线 s_2 的焦点，焦距为 800 (m)，可得

$$c_2=400\ (\mathrm{m}),$$

狙击手与 B、C 两点的距离差为 $340\times1.5-510$ (m)，可得

$$a_2=510/2=255\ (\mathrm{m}),$$

于是

$$b_2=\sqrt{c_2^2-a_2^2}=\sqrt{94975}=5\sqrt{3799}.$$

双曲线 s_2 的中心对称点为(400,0)，由此得双曲线方程为

$$\frac{(x-400)^2}{255^2}-\frac{y^2}{(5\sqrt{3799})^2}=1.$$

由实际情形，可判断 $x>400$，$y>0$，即狙击手的位置坐标为下面方程组的解：

$$\begin{cases}\dfrac{(x+400)^2}{340^2}-\dfrac{y^2}{(20\sqrt{111})^2}=1,\\ \dfrac{(x-400)^2}{255^2}-\dfrac{y^2}{(5\sqrt{3799})^2}=1,\\ x>400,y>0.\end{cases}$$

利用 MALAB 软件编写的程序，输入三个监听点的位置坐标和两个时间差，就能计算出狙击手的位置坐标为(1283,1021).

【装备介绍】

2011 年美国 MArsREC 公司研制出了“耳朵”单兵枪声定位系统(见图 1.5.13)，制造了1.3万部，并列装美军驻阿富汗部队. 该定位系统通过接收敌方射击产生的超声波，利用“双曲线定位法”，实时计算并显示出敌方狙击手的空间方向和距离.

图 1.5.13

【军事应用】

我国雷达14所设计生产的124型无源特种雷达，通过设置4部雷达，接收目标的辐射信号，获得该信号的等时间差的几组双曲线后，由双曲线的交点和一定的初始条件，即可确定出目标的位置(见图1.5.14、图1.5.15)．我国“长河2号”陆基远程导航系统、“北斗”卫星定位导航系统、美国GPS卫星定位导航系统，也都是应用了双曲线定位原理．

图1.5.14

图1.5.15

习　　题

1. 已知双曲线的焦点坐标 $F_1(-10,0)$、$F_2(10,0)$，且 $a=8$，求双曲线的标准方程．
2. 已知双曲线的焦点坐标 $F_1(0,-10)$、$F_2(0,10)$，且 $a=6$，求双曲线的标准方程．
3. 已知双曲线的焦点坐标 $F_1(-5,0)$、$F_2(5,0)$，且 $b=3$，求双曲线的标准方程．
4. 已知双曲线的焦点坐标 $F_1(0,-5)$、$F_2(0,5)$，且 $b=4$，求双曲线的标准方程．
5. 已知两定点 $F_1(0,10)$，$F_2(0,10)$，求到这两定点的距离之差的绝对值为16的点的轨迹方程．
6. 形如 $\frac{x^2}{m}+\frac{y^2}{n}=1$ 的方程，当 m,n 满足什么条件时分别表示圆、椭圆、双曲线？
7. 图1.5.16为一双曲线形冷凝塔的外形，其横截面的最小直径为24 m，上口直径为26 m，下口直径为40 m，高为42 m．求冷凝塔纵截面所形成的双曲线方程．

图1.5.16

1.6 极坐标系与球坐标系

【学习要求】

1. 理解极坐标系的定义，知道极坐标和平面直角坐标的互化公式.
2. 理解球坐标系的定义，了解其与空间直角坐标系的关系.
3. 了解雷达表示平面目标和空间坐标的方式.

确定平面内的点的位置有多种方法，除了直角坐标系以外，还有极坐标系与球坐标系，它们也是解析几何中主要的内容，在工程和军事上有广泛的应用.

1.6.1 极坐标系

引例 指挥官带领特种兵对敌方目标进行偷袭，指挥官指示敌方目标在距我方位置东北方向 $45°$ 的 3000 m 处，请明确敌方目标的位置.

分析 通过指示可以得到以下信息：① 指示敌方目标的基准位置为我方所在位置；② 方向为东北方向 $45°$；③ 距离为 3000 m.

在以自身所在位置为基准位置后，敌方位置就可以用据基准位置的方向和距离来确定，或者说，方向和距离就成为了目标位置的坐标，这种坐标就称为极坐标，与它对应的坐标系就是极坐标系.

定义 1.6.1 在平面上取**定点** O，从 O 点引一条射线 Ox，射线的方向为初始方向，再确定一个**单位长度**，并以逆时针方向为角度的**正方向**，这样就确定了一个**极坐标系**. 定点 O 称为**极点**，射线 Ox 称为**极轴**，如图 1.6.1 所示.

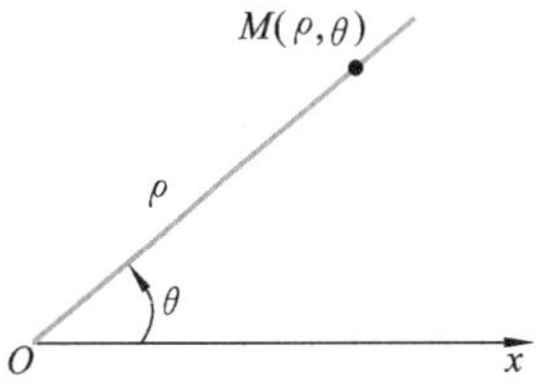

图 1.6.1

定义 1.6.2 设 M 为平面内任一点，连接 OM，令 $|OM|=\rho$，从极轴 Ox 沿逆时针方向到射线 OM 的角度为 θ，ρ 称为点 M 的**极径**，θ 称为点 M 的**极角**，有序实数对 (ρ,θ) 称为点 M 的**极坐标**，记作 $M(\rho,\theta)$.

限定极径 $\rho>0$，极角 $0\leqslant\theta<2\pi$，则任意有序实数对 (ρ,θ)，在极坐标平面上就对应着唯一的点 M；反之，平面上除极点 O 以外的任意点 M，必有有序实数对 (ρ,θ) 与它对应. 这样，平面上的点 M(除极点外)与实数对 (ρ,θ) 之间具有一一对应关系. 对于极点 O，规定它的极径 $\rho=0$，极角 θ 可以取任意值.

【回答引例】

给出极坐标系的定义后，以正东为初始方向，敌方目标的位置就可以用极坐标表示为 $(3000,45°)$.

例 1.6.1 雷达探测发现地面上 A、B、C、D、E 五个目标的位置如图 1.6.2 所示，单位长度为 10 km，以正东为初始方向，请确定这五个目标的极坐标，并明确 D 目标的方位.

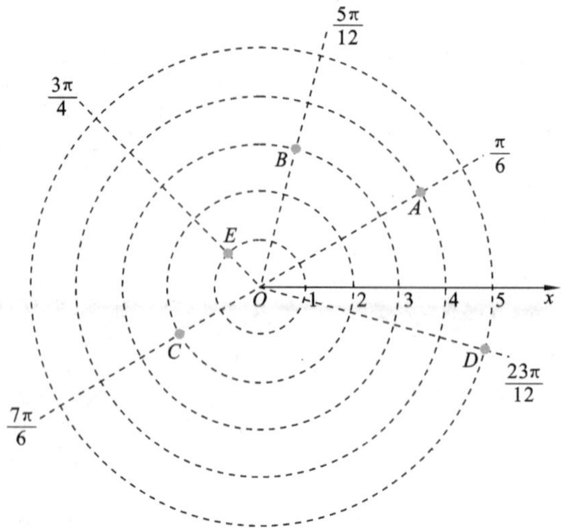

图 1.6.2

解 由图 1.6.2 可得五个目标的极坐标分别为

$$A\left(4,\frac{\pi}{6}\right),\quad B\left(3,\frac{5\pi}{12}\right),\quad C\left(2,\frac{7\pi}{6}\right),\quad D\left(5,\frac{23\pi}{12}\right),\quad E\left(1,\frac{3\pi}{4}\right).$$

因单位长度为 10 km,所以 D 目标位置在距我方雷达东偏南 15°的 50 km 处.

【几何拓展】

极坐标方程 $\rho=2(1-\cos\theta)$ 表示的平面图形称为**心形线**,如图 1.6.3 所示. 当 $\theta=0$ 时,$\rho=0$,对应极点 O;当 $\theta=\frac{\pi}{2}$时,$\rho=2$,对应心形线与 y 轴正向的交点;当 $\theta=\pi$ 时,$\rho=4$,对应心形线与 x 轴负向的交点;当 $\theta=\frac{3\pi}{2}$时,$\rho=2$,对应心形线与 y 轴负向的交点.

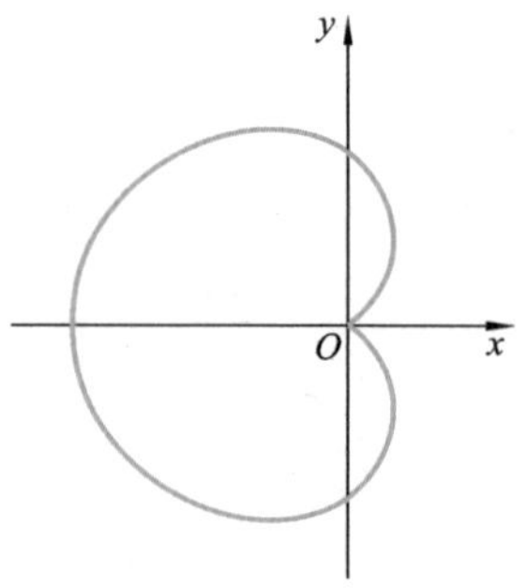

图 1.6.3

1.6.2 极坐标和直角坐标的互化

极坐标系与直角坐标系是两种不同的坐标系,但都可以表示同一个平面. 为了研究问题的需要,有时要把极坐标转化为直角坐标,或把直角坐标转化为极坐标.

如图 1.6.4 所示,把直角坐标系的原点作为极点,x 轴的正半轴作为极轴,并在两种坐标系中取相同的长度单位.

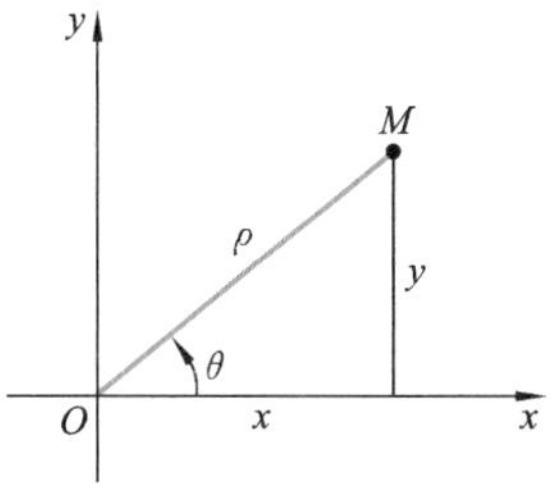

图 1.6.4

设 M 是平面内任意一点，它的直角坐标是 (x,y)，极坐标是 (ρ,θ)，从点 M 作 x 轴的垂线，由三角函数的定义，可得

$$x=\rho\cos\theta,\quad y=\rho\sin\theta. \tag{1}$$

由以上关系式又可得

$$\rho^2=x^2+y^2,\quad \tan\theta=\frac{y}{x}. \tag{2}$$

式(1)和式(2)就是**极坐标与直角坐标互化的公式**.

例 1.6.2 把点 M 的极坐标 $\left(8,\frac{2\pi}{3}\right)$ 化成直角坐标.

解 $x=\rho\cos\theta=8\cos\frac{2\pi}{3}=-4$，$y=\rho\sin\theta=8\sin\frac{2\pi}{3}=4\sqrt{3}$，

所以点 M 的直角坐标为 $(-4,4\sqrt{3})$.

例 1.6.3 分析极坐标方程 $\rho=\sin\theta$ 表示什么平面图形.

解 从极坐标方程难以看出图形的特点，可将其化为直角坐标方程后分析.

将方程变形为 $\rho^2=\rho\sin\theta$，由公式(1)和(2)知，$\rho^2=x^2+y^2$，$y=\rho\sin\theta$，代入极坐标方程得 $x^2+y^2=y$，化简得 $x^2+\left(y-\frac{1}{2}\right)^2=\frac{1}{4}$，所以图形为圆，圆心为 $\left(0,\frac{1}{2}\right)$，半径为 $\frac{1}{2}$，如图 1.6.5 所示.

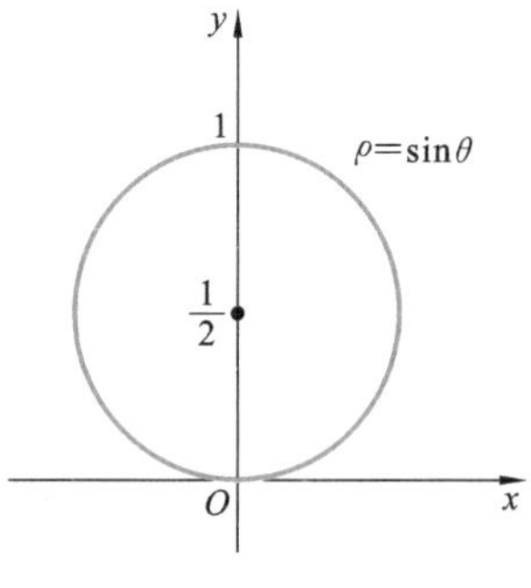

图 1.6.5

1.6.3 球坐标系

【知识回顾】

当我们要表示空间中一个目标所在的位置时，需要建立空间直角坐标系，如图 1.6.6 所示，过空间一定点 O 作三条互相垂直的数轴 Ox、Oy、Oz，并且取相同的长度单位，这三条数轴分别

称为 x **轴**、y **轴**、z **轴**，O 点称为**坐标原点**. 三条坐标轴正向之间的顺序通常按照**右手法则**确定：用右手握住 z 轴，让右手的四指从 x 轴的正向转向 y 轴的正向，这时大姆指的指向就是 z 轴的正向. 按这样的规定所组成的坐标系称为**空间直角坐标系**.

定义了空间直角坐标系后，如图 1.6.7 所示，设点 M 为空间中的一个定点，过点 M 分别作垂直于 x,y,z 轴的平面，依次交 x,y,z 轴于点 P,Q,R. 设点 P,Q,R 在 x,y,z 轴上的坐标分别为 x，y，z，就得到与点 M 一一对应的有序数组 (x,y,z)，称为点 M 的**空间直角坐标**，记作 $M(x,y,z)$.

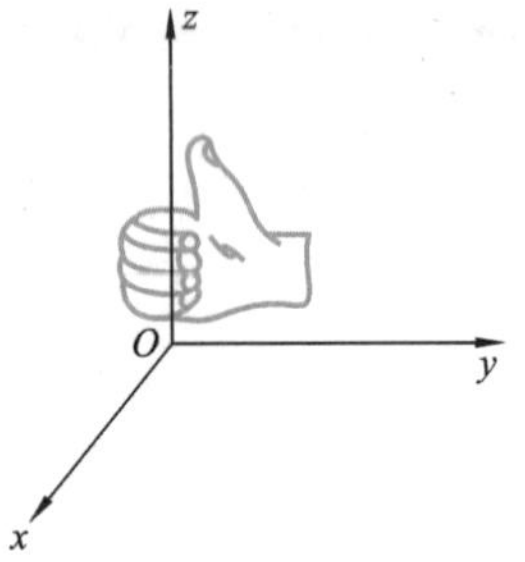

图 1.6.6

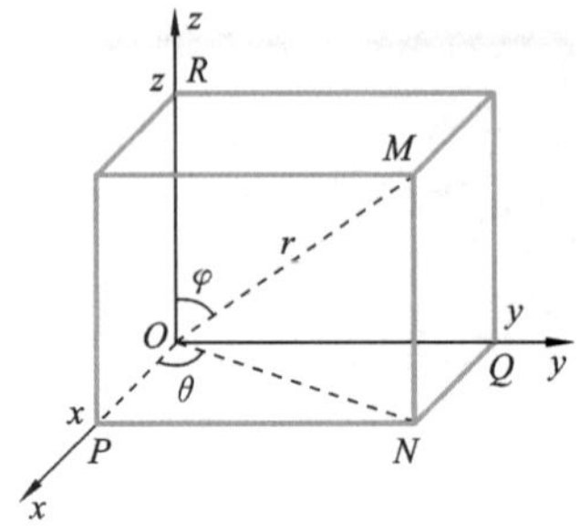

图 1.6.7

对于点 M 的空间位置，还有另一种表示方法. 如图 1.6.7 所示，连接 OM，记 $|OM|=r$，OM 与 z 轴正向所夹的角记作 φ，设 M 在 xOy 平面的射影为 N，从 x 轴正向按逆时针方向旋转到 ON 时所转过的最小正角记作 θ，这样点 M 的位置就可以用有序数组 (r,φ,θ) 来表示，与有序数组 (r,φ,θ) 对应的坐标系就是**球坐标系**.

定义 1.6.3 在空间中任取一点 O 作为**极点**，从极点 O 引两条互相垂直的射线 Ox 和 Oz 作为**极轴**，再规定一个**单位长度**和射线 Ox 绕 Oz 轴逆时针旋转的方向为角度的**正方向**，这样建立的坐标系称为**球坐标系**.

定义 1.6.4 空间中的点按照上述方式与有序数组 (r,φ,θ) 之间建立起一一对应关系，有序数组 (r,φ,θ) 叫做点 M 的**球坐标**，记为 $M(r,\varphi,\theta)$，其中 r 称为点 M 的**距离**，φ 称为点 M 的**高度角**，θ 称为点 M 的**方位角**，满足 $r\geqslant 0, 0\leqslant\varphi\leqslant\pi, 0\leqslant\theta<2\pi$.

球坐标和空间直角坐标的互化公式为

$$\begin{cases} x=r\sin\varphi\cos\theta, \\ y=r\sin\varphi\sin\theta, \\ z=r\cos\varphi, \end{cases} \tag{3}$$

$$\begin{cases} r^2=x^2+y^2+z^2, \\ \tan\theta=\dfrac{y}{x}, \\ \cos\varphi=\dfrac{z}{\sqrt{x^2+y^2+z^2}}. \end{cases} \tag{4}$$

例 1.6.4 某时刻雷达探测到来袭的敌导弹位置的球坐标为 $\left(20,\dfrac{\pi}{6},\dfrac{4\pi}{3}\right)$，求敌导弹的直角坐标，并判断敌导弹的方位角和高度(单位：km).

解 由题意 $r=20,\varphi=\dfrac{\pi}{6},\theta=\dfrac{4\pi}{3}$，由互化公式(3)可得

$$x=20\sin\frac{\pi}{6}\cos\frac{4\pi}{3},\quad y=20\sin\frac{\pi}{6}\sin\frac{4\pi}{3},\quad z=20\cos\frac{\pi}{6},$$

算得直角坐标为$(-5,5\sqrt{3},10\sqrt{3})$. $\theta=\frac{4\pi}{3}$为方位角，所以方位角为$240°$；z坐标表示高度，所以高度为$10\sqrt{3}$ km.

【装备介绍】

两坐标监视雷达与三坐标监视雷达

两坐标监视雷达的主要用途是发现、监视空中或海面的目标. 一类两坐标雷达测量目标的距离和方位，雷达天线在方位上机械旋转，使波束在方位上作360°扫描，从而搜索全空域. 目标距离用ρ表示，目标方位角用θ表示，得到的目标坐标就是极坐标(ρ,θ). 另一类两坐标雷达是早期的测高雷达，测量目标的距离和高度，雷达天线在目标所在方位上通过机械点头扫描或电扫描测量目标的仰角，计算出目标高度. 目标距离用r表示，目标仰角定义为地平面(或海平面)到波束的转角，即$\frac{\pi}{2}-\varphi$，得到的目标坐标为$\left(r,\frac{\pi}{2}-\varphi\right)$.

三坐标监视雷达能在天线旋转一周的时间内同时获得目标的距离r、方位角θ、仰角$\frac{\pi}{2}-\varphi$三个参数，得到的目标坐标为$\left(r,\frac{\pi}{2}-\varphi,\theta\right)$，它实际上就是球坐标.

【数学简史】

第一个用极坐标来确定平面上点的位置的人是牛顿. 他的著作《流数法与无穷级数》大约于1671年写成，出版于1736年. 书中的一大创新，是引进新的坐标系. 17至18世纪时，人们一般只使用一根坐标轴(x轴)，其y值是沿着与x轴成直角或斜角的方向画出的. 牛顿引进的一种新坐标系，是用一个定点和通过此定点的一条直线作标准，这是极坐标系的雏形. 由于牛顿的这项工作直到1736年才为人们所发现，而瑞士数学家J. 伯努利于1691年在《教师学报》上发表了一篇基本上是关于极坐标系的文章，所以通常认为J. 伯努利是极坐标系的发明者. J. 伯努利的学生J. 赫尔曼在1729年不仅正式宣布了极坐标系的普遍可用，而且自由地应用极坐标系去研究曲线. 他还给出了从直角坐标到极坐标的变换公式. 确切地讲，J. 赫尔曼把$\cos\theta$, $\sin\theta$当作变量来使用，而且用n和m来表示$\cos\theta$和$\sin\theta$. 欧拉扩充了极坐标的使用范围，而且明确地使用三角函数的记号，欧拉那个时候提出的极坐标系实际上就是现代的极坐标系.

极坐标系的应用领域十分广泛，包括数学、物理、工程、航海以及机器人领域. 在两点间的关系用夹角和距离很容易表示时，极坐标系便显得尤为方便；而在平面直角坐标系中，这样的关系就只能使用三角函数来表示，形式很复杂. 对于很多类型的曲线，极坐标方程是最简单的表达形式，绘图也比较方便，甚至对于某些曲线来说，只有极坐标方程才能够表示.

阿基米德在著作《论螺线》中定义了一类曲线：当一点P沿动射线OP以等速率运动的同时，该射线又以等角速度绕极点O旋转，点P的轨迹称为"阿基米德螺线"，亦称"等速螺线". 它的极坐标方程为$\rho=a+b\theta$，如图1.6.8所示.

1694年，J. 伯努利利用极坐标引进了双纽线，这种曲线在18世纪起了相当大的作用. 它的极坐标方程为$\rho^2=2a^2\cos2\theta$(见图1.6.9).

玫瑰线是数学曲线中非常著名的曲线，看上去像花瓣，它只能用极坐标方程来描述. 方程为$\rho=a\cos k\theta$或$\rho=a\sin k\theta$，如图1.6.10所示. 如果k是整数，当k是奇数时曲线有k个花瓣，当k是偶数时曲线有$2k$个花瓣.

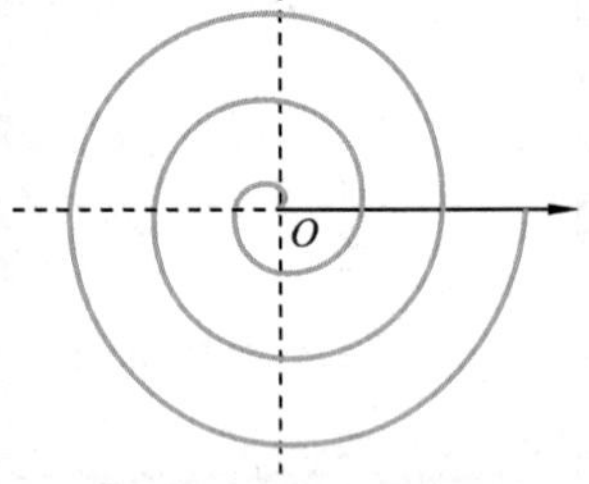

图 1.6.8

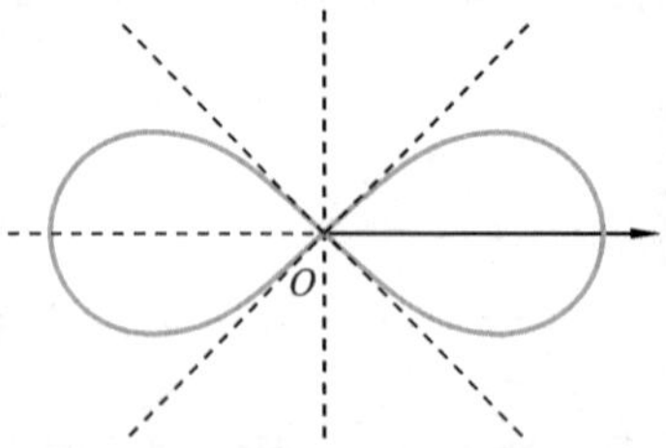

图 1.6.9

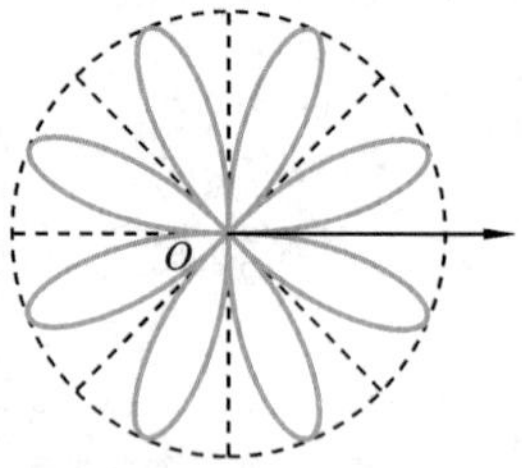

图 1.6.10

习　　题

1. 在极坐标系中标出下列点的位置：

$$A\left(4,\frac{\pi}{2}\right),\quad B\left(3,\frac{3\pi}{2}\right),\quad C\left(2,\frac{\pi}{4}\right),\quad D\left(5,\frac{3\pi}{3}\right).$$

2. 把点 C 的极坐标 $\left(6,\frac{\pi}{4}\right)$ 化成直角坐标.

3. 把点 D 的极坐标 $\left(4,\frac{\pi}{2}\right)$ 化成直角坐标.

4. 将直角坐标(1,1)转化为极坐标.

5. 将直角坐标 $(-1,-\sqrt{3})$ 转化为极坐标.

6. 将球面坐标 $\left(10,\frac{\pi}{3},\frac{\pi}{6}\right)$ 转化为直角坐标.

7. 将球面坐标 $\left(8,\frac{3\pi}{4},\frac{\pi}{2}\right)$ 转化为直角坐标.

8. 已知雷达探测到某时刻敌机位置的球坐标为 $\left(1000,\frac{2\pi}{3},\frac{4\pi}{3}\right)$，求敌机的直角坐标，并判断敌机的方位角和高度(单位：km).

1.7　向　　量

【学习要求】

1. 了解向量的概念，掌握向量的坐标表示和线性运算.
2. 理解向量的数量积的定义.
3. 了解用向量求解简单军事问题的过程.

大约公元前 350 年，古希腊著名数学家、物理学家亚里士多德就提出了“向量”这个概念，他用向量来表示和研究力. 后来,数学家们不断完善向量的相关知识,使得向量在各个领域发挥了重要的作用.

1.7.1 向量的概念

在实际问题中,有些量只有大小,没有方向,如长度、面积、质量、高度、温度等,这类量称为**数量**. 还有一些量,既有大小又有方向,如速度、位移、力、电场强度等,这类量称为**向量**.

向量常用有向线段来表示,有向线段的长度表示向量的大小,有向线段的方向表示向量的方向. 例如,以 A 为起点、B 为终点的有向线段所表示的向量记为$\overrightarrow{AB}$. 有时为了简单,还可用小写黑体字母如 $\boldsymbol{a}$、$\boldsymbol{b}$ 等来表示向量,如图 1.7.1 所示.

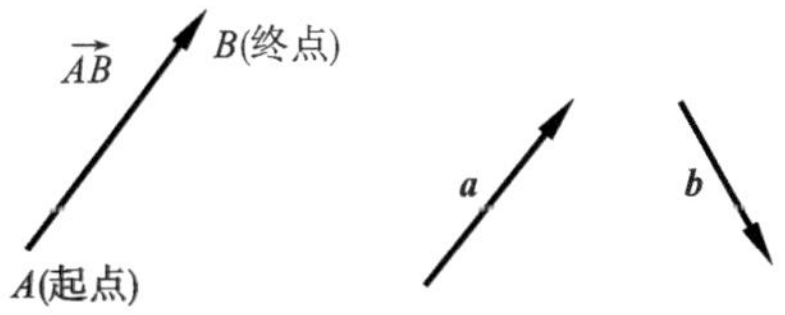

图 1.7.1

定义 1.7.1 向量 $\boldsymbol{a}$ 的大小称为向量的**模**,表示向量的长度,记为$|\boldsymbol{a}|$. 模为 1 的向量称为**单位向量**.

1.7.2 向量的坐标表示

在空间直角坐标系中,对于任意向量 $\boldsymbol{r}$,若将其起点定在原点 O,其终点为 M,则 $\boldsymbol{r}=\overrightarrow{OM}$,如图 1.7.2 所示. 点 M 的空间直角坐标记为(x,y,z),这样,向量 $\boldsymbol{r}$ 就与点 M 以及坐标(x,y,z)一一对应了. 我们将坐标(x,y,z)称为向量 $\boldsymbol{r}$ 的坐标,记为 $\boldsymbol{r}=(x,y,z)$,这就是向量的**坐标表示**.

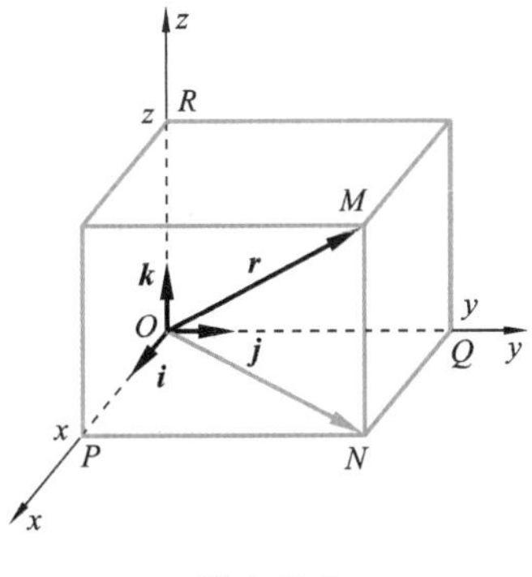

图 1.7.2

向量 $\boldsymbol{r}=(x,y,z)$的模可用坐标表示为

$$|\boldsymbol{r}|=\sqrt{x^2+y^2+z^2}.$$

若 $\boldsymbol{r}$ 为平面上的向量,$\boldsymbol{r}$ 的坐标表示为 $\boldsymbol{r}=(x,y)$,$\boldsymbol{r}$ 的模表示为

$$|\boldsymbol{r}|=\sqrt{x^2+y^2}.$$

1.7.3 向量的线性运算

1. 向量的加法

定义 1.7.2 已知向量$\boldsymbol{a}$、$\boldsymbol{b}$，如图 1.7.3 所示，在平面内任取一点A，作$\overrightarrow{AB}=\boldsymbol{a}$，$\overrightarrow{BC}=\boldsymbol{b}$，则向量$\overrightarrow{AC}$称为向量$\boldsymbol{a}$和$\boldsymbol{b}$的**和向量**，记为$\boldsymbol{a}+\boldsymbol{b}$，即

$$\overrightarrow{AC}=\overrightarrow{AB}+\overrightarrow{BC}=\boldsymbol{a}+\boldsymbol{b}.$$

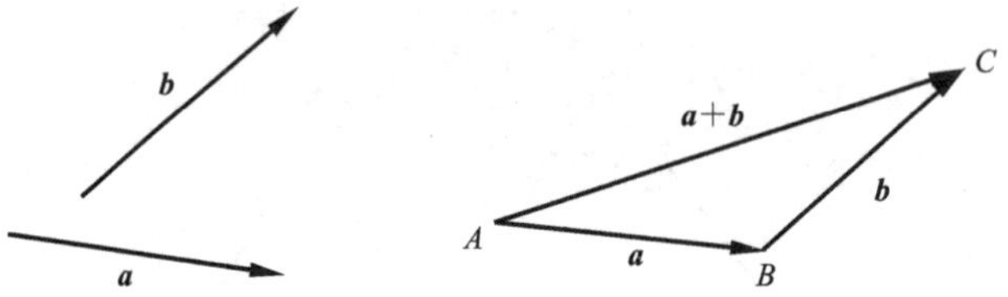

图 1.7.3

求两个向量的和向量的运算，称为向量的**加法**. 这种求和向量的方法称为向量加法的**三角形法则**.

图 1.7.3 所示的向量的加法，可以理解为：飞机由A飞往B的路线为向量$\overrightarrow{AB}$，然后从B飞往C的路线为向量$\overrightarrow{BC}$，而由A直接飞往C的路线为向量$\overrightarrow{AC}$，从效果上看，有

$$\overrightarrow{AC}=\overrightarrow{AB}+\overrightarrow{BC}.$$

2. 实数与向量的乘法

定义 1.7.3 设λ为一实数，则向量$\boldsymbol{a}$与数λ的乘积仍是一个向量，记为$\lambda\boldsymbol{a}$. 它的模与方向规定如下：

(1) $|\lambda\boldsymbol{a}|=|\lambda||\boldsymbol{a}|$；

(2) 当$\lambda>0$时，$\lambda\boldsymbol{a}$的方向与$\boldsymbol{a}$的方向相同；当$\lambda<0$时，$\lambda\boldsymbol{a}$的方向与$\boldsymbol{a}$的方向相反；当$\lambda=0$时，$\lambda\boldsymbol{a}=\boldsymbol{0}$.

当$\lambda=-1$时，$-\boldsymbol{a}$是与$\boldsymbol{a}$大小相等、方向相反的向量，称为$\boldsymbol{a}$的**负向量**.

向量与它的负向量相加，得到的向量称为**零向量**，写作$\boldsymbol{a}+(-\boldsymbol{a})=\boldsymbol{a}-\boldsymbol{a}=\boldsymbol{0}$. 零向量的模为 0，规定零向量的方向为**任意的**.

向量$\boldsymbol{a}$与向量$\boldsymbol{b}$的负向量$-\boldsymbol{b}$的和，称为$\boldsymbol{a}$与$\boldsymbol{b}$的**差向量**，记作$\boldsymbol{a}-\boldsymbol{b}$，即

$$\boldsymbol{a}-\boldsymbol{b}=\boldsymbol{a}+(-\boldsymbol{b}).$$

求两个向量的差向量的运算，称为向量的**减法**.

向量的加减法运算以及数与向量的乘法统称为向量的**线性运算**.

3. 向量运算的坐标表示

有了向量的坐标表示，向量的线性运算就可以用对应的坐标分别作线性运算来完成，方便简单，其运算规律与代数式的运算规律类似，下面举例说明.

例 1.7.1 设$\boldsymbol{a}=(2,-1,3)$，$\boldsymbol{b}=(-1,-4,-2)$，求$\boldsymbol{a}+\boldsymbol{b}$，$2\boldsymbol{a}-3\boldsymbol{b}$及$|\boldsymbol{a}|$.

解 $\boldsymbol{a}+\boldsymbol{b}=(2+(-1),-1+(-4),3+(-2))=(1,-5,1)$；

$$2\boldsymbol{a}-3\boldsymbol{b}=2(2,-1,3)-3(-1,-4,-2)=(4,-2,6)-(-3,-12,-6)$$
$$=(7,10,12);$$
$$|\boldsymbol{a}|=\sqrt{2^2+(-1)^2+3^2}=\sqrt{14}.$$

例 1.7.2 某军特种兵进行武装泅渡，已知河宽 4 km，特种兵以 2 km/h 的速度向垂直于对岸的方向游去，到达对岸时，特种兵实际游的距离为 8 km，求河水的流速.

分析 如图 1.7.4 所示，河岸可以近似看成两条平行直线，特种兵自己的速度可表示为向量 $\boldsymbol{b}$，$|\boldsymbol{b}|=2$ km/h，方向为垂直于河岸，水流的速度可表示为向量 $\boldsymbol{a}$，方向为平行于河岸，特种兵一方面向对岸游动，另一方面随着河水向下流动，因此实际速度（也称为合速度）的方向是斜向河对岸的，用向量 $\boldsymbol{c}$ 表示.

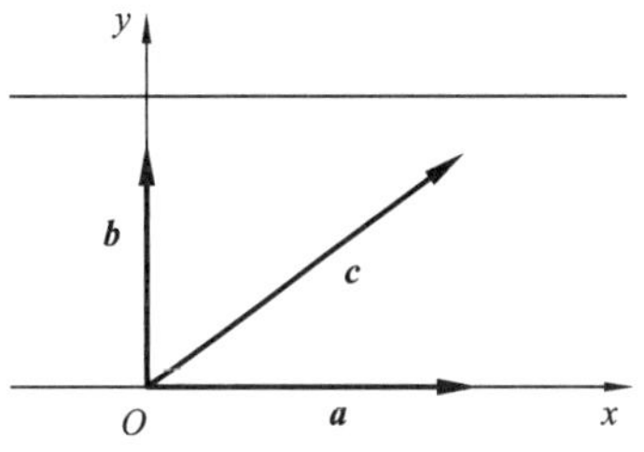

图 1.7.4

解 为将向量 $\boldsymbol{a},\boldsymbol{b},\boldsymbol{c}$ 用坐标表示，建立如图 1.7.4 所示的坐标系. 设河水流动的速率为 x km/h，则 $\boldsymbol{a}=(x,0)$，$\boldsymbol{b}-(0,2)$，根据向量加法的坐标运算，合速度

$$\boldsymbol{c}=\boldsymbol{a}+\boldsymbol{b}=(x+0,0+2)=(x,2),\quad |\boldsymbol{c}|=\sqrt{x^2+4},$$

已知河宽 4 km，垂直速度 $|\boldsymbol{b}|=2$ km/h，所以游到对岸需要的时间为 $4/2=2$ h，又知特种兵实际游了 8 km，从而得到 $\sqrt{x^2+4}\times 2=8$ km，解得 $x=2\sqrt{3}$，所以河水的流速为 $2\sqrt{3}$ km/h.

1.7.4 向量的数量积

设一物体在常力 $\boldsymbol{F}$（大小和方向都不变）作用下的位移为 $\boldsymbol{s}$，若 $\boldsymbol{F}$ 的方向与 $\boldsymbol{s}$ 的方向的夹角为 θ（见图 1.7.5），由物理学知识，力 $\boldsymbol{F}$ 所做的功为

$$W=|\boldsymbol{F}|\cdot|\boldsymbol{s}|\cdot\cos\theta,$$

即 $\boldsymbol{F}$ 所做的功为两向量 $\boldsymbol{F}$ 和 $\boldsymbol{s}$ 的模及其夹角的余弦的乘积.

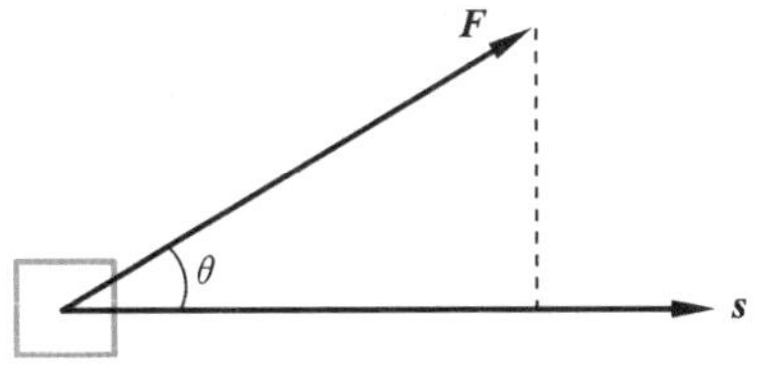

图 1.7.5

由此引入数量积的定义.

定义 1.7.4 设向量 $\boldsymbol{a}$ 与 $\boldsymbol{b}$ 之间的夹角为 $\theta(0\leqslant\theta\leqslant 180°)$，则 $|\boldsymbol{a}|\cdot|\boldsymbol{b}|\cdot\cos\theta$ 称为向量 $\boldsymbol{a}$ 与 $\boldsymbol{b}$ 的**数量积**，记作 $\boldsymbol{a}\cdot\boldsymbol{b}$，即

$$\boldsymbol{a}\cdot\boldsymbol{b}=|\boldsymbol{a}|\cdot|\boldsymbol{b}|\cdot\cos\theta.$$

例 1.7.3 设工程部队战士用吊车搬运大型设备，由于设备质量大，只能用吊车从斜上方拖动前行（斜拉可以减小地面对设备的摩擦力）. 设吊车的拉力大小为 5000 N，前行位移大小为 20 m，且拉力 $\boldsymbol{F}$ 与位移 $\boldsymbol{s}$ 的方向夹角为 60°，则力 $\boldsymbol{F}$ 所做的功为多少？

解 根据物理学知识，力 $\boldsymbol{F}$ 所做的功为 $W=|\boldsymbol{F}||\boldsymbol{s}|\cos\theta$，代入已知值，计算出

$$W=5000\times 20\times\cos 60°=50000(\text{J}).$$

习　题

1. 设 $\boldsymbol{a}=(3,1,-2)$，$\boldsymbol{b}=(-2,-5,3)$，求 $\boldsymbol{a}-\boldsymbol{b}$，$2\boldsymbol{a}+3\boldsymbol{b}$，$3\boldsymbol{a}-4\boldsymbol{b}$.
2. 设 $\boldsymbol{a}=(4,-2,-4)$，$\boldsymbol{b}=(3,-6,2)$，求 $|\boldsymbol{a}|$，$|\boldsymbol{b}|$.
3. 设 $\boldsymbol{a}=(3,-2,1)$，$\boldsymbol{b}=(1,-2,4)$，求 $|\boldsymbol{a}+2\boldsymbol{b}|$.
4. 设 $\boldsymbol{a}=(-1,2,-1)$，$\boldsymbol{b}=(2,-2,3)$，求 $|4\boldsymbol{a}-3\boldsymbol{b}|$.
5. 设 $\boldsymbol{a}=(-4,2,4)$，$\boldsymbol{b}=(-3,1,2)$，$\boldsymbol{a}$、$\boldsymbol{b}$ 之间的夹角为 $45°$，求 $\boldsymbol{a}\cdot\boldsymbol{b}$.
6. 设 $\boldsymbol{a}=(-1,3,-2)$，$\boldsymbol{b}=(-2,4,-1)$，$\boldsymbol{a}$、$\boldsymbol{b}$ 之间的夹角为 $30°$，求 $3\boldsymbol{a}+2\boldsymbol{b}$，$\boldsymbol{a}-3\boldsymbol{b}$，$|\boldsymbol{a}|$，$|\boldsymbol{b}|$，$\boldsymbol{a}\cdot\boldsymbol{b}$.

1.8　复　　数

【学习要求】

1. 了解复数的定义，掌握复数的简单运算.
2. 了解复数的几何表示、三角表示和指数表示.
3. 了解复数在电工学的简单应用.

数的概念来源于生活，为了计数的需要产生了自然数；为了表示相反意义的量，有了负数；为了解决测量、分配中的等分问题，有了分数；为了度量（例如边长为 1 km 的正方形田地的对角线长度）的需要，产生了无理数. 数的概念的发展一方面是生产生活的需要，另一方面也是数学科学本身发展的需要.

1.8.1　复数的定义

当数集扩展到实数集 **R** 以后，像 $x^2=-1$ 这样的方程还是无解的，因为没有一个实数的平方等于 -1. 为了解方程的需要，人们引入了一个新的数 i，由此产生了复数.

1. 虚数单位

定义 1.8.1　把 i 当作数，满足 $\mathrm{i}^2=-1$，数 i 称为**虚数单位**；实数可以与 i 进行四则运算，且进行四则运算时，原有的加法、乘法运算律仍然成立，只需把 i 看作一个代数符号，代换 $\mathrm{i}^2=-1$ 即可.

【说明】

(1) 工程数学上虚数单位也用字母 j 表示，即 $\mathrm{j}^2=-1$.

(2) i 的运算周期性. 由 $\mathrm{i}^1=\mathrm{i}$，$\mathrm{i}^2=-1$，$\mathrm{i}^3=-\mathrm{i}$，$\mathrm{i}^4=1$，进而可以得到

$$i^{4n+1}=i,\quad i^{4n+2}=-1,\quad i^{4n+3}=-i,\quad i^{4n}=1.$$

2. 复数

定义 1.8.2 将形如 $z=a+bi$ 的数称为**复数**，其中 a 和 b 都是实数，a 称为复数的**实部**，b 称为复数的**虚部**，记作

$$\mathrm{Re}z=a,\quad \mathrm{Im}z=b.$$

全体复数所组成的集合叫做**复数集**，用字母 **C** 表示.

例如：$z=-3+2i$ 是复数，$\mathrm{Re}z=-3$，$\mathrm{Im}z=2$；$z=-\sqrt{3}i$ 是复数，$\mathrm{Re}z=0$，$\mathrm{Im}z=-\sqrt{3}$.

3. 复数与实数、虚数、纯虚数及0的关系

(1) 对于复数 $z=a+bi$，当 $b=0$ 时，$z=a+bi$ 是实数 a；

(2) 当 $a=0$ 且 $b\neq0$ 时，$z=bi$ 称为**纯虚数**；

(3) 当 $a=b=0$ 时，$z=a+bi$ 就是实数 0.

注意：两个复数如果都是实数，可以比较它们的大小；如果不全是实数，就不能比较大小. 例如：$1+3i$ 和 $3i$ 没有大小关系，$1+3i$ 和 1 也没有大小关系.

例 1.8.1 求 $1+i$ 的实部和虚部，并计算 $(1+i)^2$ 和 $(1+i)^3$.

解 $1+i$ 的实部为 1，虚部为 1；

按照和的平方公式，$(1+i)^2=1^2+2i+i^2=1+2i-1=2i$；

按照乘法的分配律，$(1+i)^3=2i(1+i)=2i+2i^2=-2+2i$.

例 1.8.2 实数 m 取什么数值时，复数 $z=m+1+(m-1)i$ 是：

(1) 实数？ (2) 复数？ (3) 纯虚数？

解 (1) 当 $m-1=0$，即 $m=1$ 时，复数 z 是实数；

(2) 当 $m-1\neq0$，即 $m\neq1$ 时，复数 z 是虚数；

(3) 当 $m+1=0$，且 $m-1\neq0$，即 $m=-1$ 时，复数 z 是纯虚数.

1.8.2 复数的几何表示

复数 $a+bi$ 与有序实数对 (a,b) 一一对应，而有序实数对 (a,b) 与坐标平面上的点是一一对应的，所以复数与坐标平面上的点形成一一对应. 对平面直角坐标系进行改造，横轴称为**实轴**，单位为 1，纵轴(不包括原点)称为**虚轴**，单位为 i，于是复数 $a+bi$ 就可以用这样平面内的点 $M(a,b)$ 来表示，其中实部 a 和虚部 b 分别为点 M 的横坐标和纵坐标，如图 1.8.1 所示. 把表示复数的平面称为**复平面**.

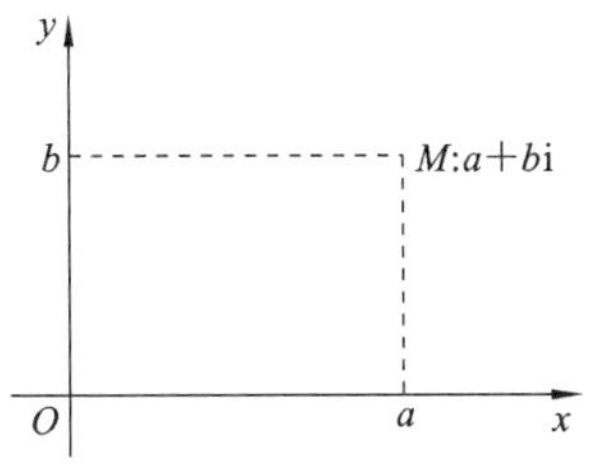

图 1.8.1

1.8.3 复数的三角表示和指数表示

如图 1.8.2 所示，复数 $z=a+bi$ 对应的点为 $M(a,b)$，相对应的向量 $\overrightarrow{OM}$ 的长度 r 称为这个复数的**模**，记作 $|z|=r=\sqrt{a^2+b^2}$，以实轴的正方向为始边，向量 $\overrightarrow{OM}$ 为终边的角 θ 称为复数 $a+bi$ 的**辐角**.

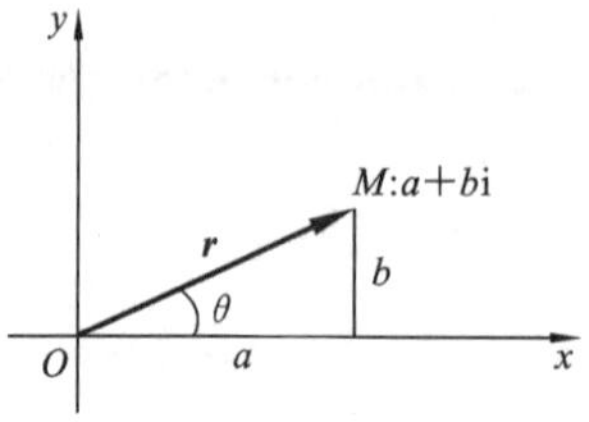

图 1.8.2

由图 1.8.2 所示的 r,a,b 的三角关系不难得出

$$a+bi=r\cos\theta+ir\sin\theta=r(\cos\theta+i\sin\theta),$$

根据**欧拉公式**，$e^{i\theta}=\cos\theta+i\sin\theta$，所以

$$a+bi=r(\cos\theta+i\sin\theta)=re^{i\theta}.$$

定义 1.8.3 $r(\cos\theta+i\sin\theta)$ 称为复数 $a+bi$ 的**三角形式**，$re^{i\theta}$ 称为复数 $a+bi$ 的**指数形式**.

复数的三角形式和指数形式给复数的计算带来了很大的便利. 设复数 z_1、z_2 的三角形式和指数形式分别是

$$z_1=r_1(\cos\theta_1+i\sin\theta_1)=r_1e^{i\theta_1},\quad z_2=r_2(\cos\theta_2+i\sin\theta_2)=r_2e^{i\theta_2},$$

则

$$z_1\cdot z_2=r_1r_2[\cos(\theta_1+\theta_2)+i\sin(\theta_1+\theta_2)]=r_1r_2e^{i(\theta_1+\theta_2)},$$

$$\frac{z_1}{z_2}=\frac{r_1}{r_2}[\cos(\theta_1-\theta_2)+i\sin(\theta_1-\theta_2)]=\frac{r_1}{r_2}e^{i(\theta_1-\theta_2)}.$$

【运算法则】

两复数相乘就是把模相乘，辐角相加；两复数相除，就是把模相除，辐角相减.

例 1.8.3 计算 $\sqrt{2}\left(\cos\frac{\pi}{12}+i\sin\frac{\pi}{12}\right)\times\sqrt{3}\left(\cos\frac{\pi}{6}+i\sin\frac{\pi}{6}\right)$.

解 原式 $=\sqrt{2}\times\sqrt{3}\left[\cos\left(\frac{\pi}{12}+\frac{\pi}{6}\right)+i\sin\left(\frac{\pi}{12}+\frac{\pi}{6}\right)\right]$

$=\sqrt{6}\left(\cos\frac{\pi}{4}+i\sin\frac{\pi}{4}\right)=\sqrt{3}+\sqrt{3}i.$

例 1.8.4 计算 $4\left(\cos\frac{4\pi}{3}+i\sin\frac{4\pi}{3}\right)\div\left[2\left(\cos\frac{5\pi}{6}+i\sin\frac{5\pi}{6}\right)\right]$.

解 原式 $=\frac{4}{2}\left[\cos\left(\frac{4\pi}{3}-\frac{5\pi}{6}\right)+i\sin\left(\frac{4\pi}{3}-\frac{5\pi}{6}\right)\right]$

$=2\left(\cos\frac{\pi}{2}+i\sin\frac{\pi}{2}\right)=2i.$

例 1.8.5 计算 $4e^{i\frac{4\pi}{3}}\div 2e^{i\frac{\pi}{3}}$

解 原式 $=\frac{4}{2}e^{i\left(\frac{4\pi}{3}-\frac{\pi}{3}\right)}=2e^{i\pi}=2(\cos\pi+i\sin\pi)=-2.$

1.8.4 复数的应用

【衔接专业】

交流电的复数表示和运算

一般情况下，在正弦交流电中，电流强度 i 随时间 t 变化的规律为 $i=I_{\mathrm{m}}\cos(\omega t+\varphi_i)$，电压 u 随时间 t 变化的规律为 $u=U_{\mathrm{m}}\cos(\omega t+\varphi_u)$，电流强度和电压可以表示成复数的形式，称为**电流相量**和**电压相量**.

电流相量：$\dot{I}=I_{\mathrm{m}}\mathrm{e}^{\mathrm{j}(\omega t+\varphi_i)}=I_{\mathrm{m}}\cos(\omega t+\varphi_i)+\mathrm{j}I_{\mathrm{m}}\sin(\omega t+\varphi_i)$.

电压相量：$\dot{U}=U_{\mathrm{m}}\mathrm{e}^{\mathrm{j}(\omega t+\varphi_u)}=U_{\mathrm{m}}\cos(\omega t+\varphi_u)+\mathrm{j}U_{\mathrm{m}}\sin(\omega t+\varphi_u)$.

可以看到，实际的电流强度和电压分别为电流相量、电压相量的实数部分.

$Z=\dfrac{\dot{U}}{\dot{I}}$ 称为**阻抗**. Z 是一个复数，Z 的实数部分为**电阻**，虚数部分为**电抗**.

用复数表示正弦交流电，可以简化交流电路的计算，下面举例说明.

例 1.8.6 设电路上的电压 $u(t)=220\cos(\omega t+36^\circ)(\mathrm{V})$，电流 $i(t)=10\sin(\omega t+6^\circ)(\mathrm{A})$，求电路的电阻和电抗.

解 由题意可得，电压相量为 $\dot{U}=220\mathrm{e}^{\mathrm{j}(\omega t+36^\circ)}(\mathrm{V})$，电流相量为 $\dot{I}=10\mathrm{e}^{\mathrm{j}(\omega t+6^\circ)}(\mathrm{A})$，阻抗为

$$Z=\frac{\dot{U}}{\dot{I}}=\frac{220\mathrm{e}^{\mathrm{j}(\omega t+36^\circ)}}{10\mathrm{e}^{\mathrm{j}(\omega t+6^\circ)}}=22\mathrm{e}^{\mathrm{j}[(\omega t+36^\circ)-(\omega t+6^\circ)]}$$

$$=22\mathrm{e}^{\mathrm{j}30^\circ}=22(\cos30^\circ+\mathrm{j}\sin30^\circ)=11\sqrt{3}+11\mathrm{j}(\Omega),$$

所以电阻为 $11\sqrt{3}\ \Omega$，电抗为 $11\ \Omega$.

习　　题

1. 求 $2+3\mathrm{i}$ 的实部和虚部，并计算 $(2+3\mathrm{i})^2$.
2. 求 $-4-3\mathrm{i}$ 的实部和虚部，并计算 $(-4-3\mathrm{i})^2$.
3. 实数 m 取什么数值时，复数 $z=2m+1+(m-2)\mathrm{i}$ 是纯虚数？
4. 将复数 $z=1+\mathrm{i}$ 转化为三角形式.
5. 将复数 $z=3+3\sqrt{3}\mathrm{i}$ 转化为指数形式.
6. 计算 $3\left(\cos\dfrac{\pi}{3}+\mathrm{i}\sin\dfrac{\pi}{3}\right)\times4\left(\cos\dfrac{\pi}{4}+\mathrm{i}\sin\dfrac{\pi}{4}\right)$.
7. 计算 $9\left(\cos\dfrac{3\pi}{2}+\mathrm{i}\sin\dfrac{3\pi}{2}\right)\div\left[3\left(\cos\dfrac{3\pi}{4}+\mathrm{i}\sin\dfrac{3\pi}{4}\right)\right]$.
8. 计算 $12\mathrm{e}^{\mathrm{i}\frac{\pi}{2}}\div4\mathrm{e}^{\mathrm{i}\frac{\pi}{3}}$.
9. 设交流电路上的电压 $u(t)=220\cos(\omega t+46^\circ)(\mathrm{V})$，电流 $i(t)=10\sin(\omega t-14^\circ)(\mathrm{A})$，求该电路的电阻和电抗.

1.9 解析几何与代数的软件求解

【学习要求】

1. 熟悉 MATLAB 软件的界面和基本操作方式.
2. 熟悉方程、不等式的表示和求解命令.
3. 熟悉复数的表示和运算命令.
4. 熟悉平面图形的表示和绘图命令.

本章学习的几何知识和图形,都可以用 MATLAB 软件进行绘图和计算,本节介绍 MATLAB软件的基本操作、方程和不等式的表示和求解、复数的表示和运算、平面图形的表示和绘图.

1.9.1 MATLAB 软件界面

以 MATLAB 2007 为例,运行软件,进入如图 1.9.1 所示的 MATLAB 默认主界面.

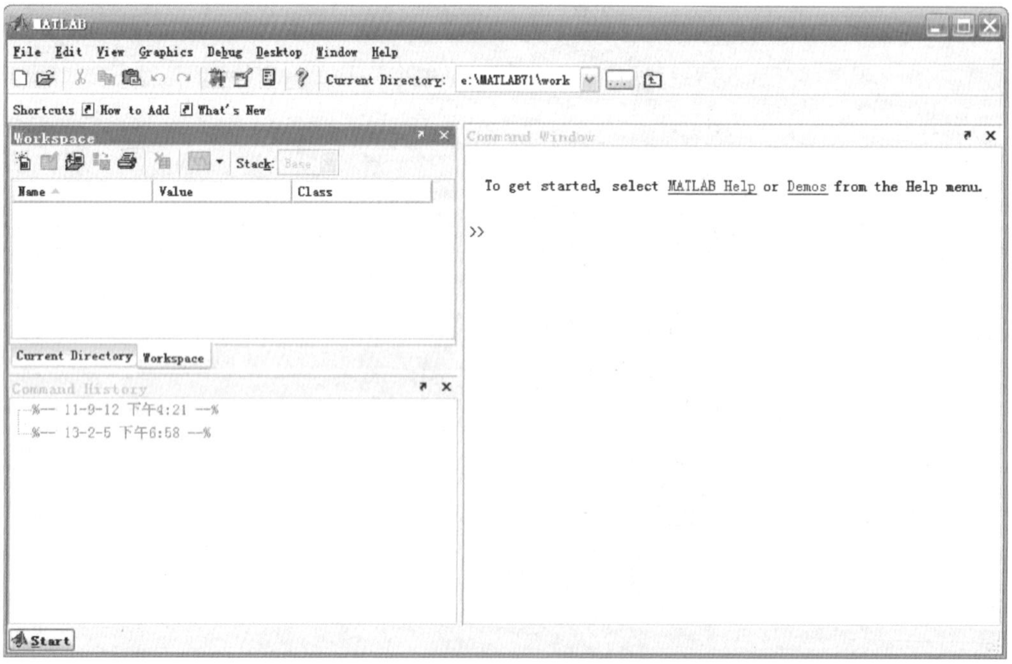

图 1.9.1

默认主界面右边是“Command Window”(命令窗口),是主要的操作区域,在提示符号“>>”后键入命令,按回车键后就能得到相应的结果. 主界面左边上部有两个标签页,一个是

“Workspace”(工作区),用于显示计算过程中涉及变量的名称和数值,一个是“Current Directory”(当前目录),显示当前所处的目录位置.主界面左边下部是“Command History”(命令历史记录),显示已经执行过的命令,便于查看和重复调用.主界面最上方两行是菜单栏和一些快捷方式.

如果在使用过程中主界面的分布形式被更改了,不便使用时,可以按图 1.9.2 所示,用鼠标选择菜单栏“Desktop > Desktop Layout > Default”,即可恢复到图 1.9.1 所示的默认主界面.

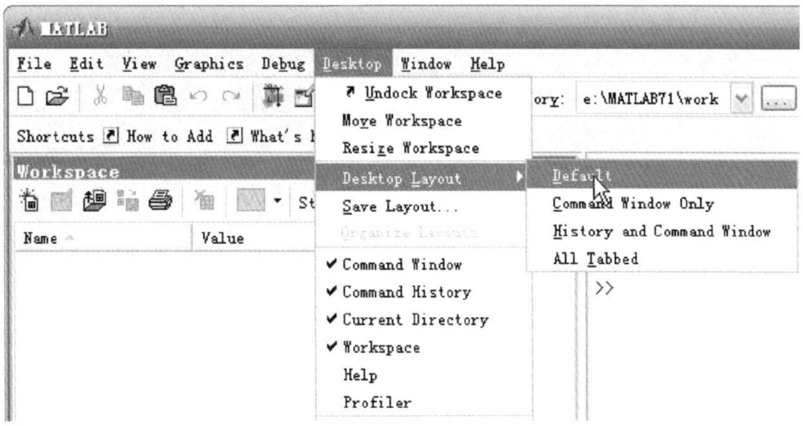

图 1.9.2

1.9.2 基本命令

数学运算	加	减	乘	除	乘幂
运算符号	+	-	*	/	^

命令语法	功　能
syms x	定义变量 x
g=solve(eq,var)	以指定的变量 var 为未知数求解方程 eq
maple	调用 maple 工具箱进行符号数学运算
ezplot(fun,[a,b])	画一元函数 $y=f(x)$ 在 $[a,b]$ 上的图形
ezplot(fun2,[a,b,c,d])	画二元函数 $f(x,y)=0$ 在 $x\in[a,b]$, $y\in[c,d]$ 上的图形
axis equal	保持坐标轴比例一致
polar(theta,rho)	用极角 theta (θ)和极径 rho (ρ)画出极坐标图形

1.9.3 求解示例

例 1.9.1 当 $x=2$, $y=-3$ 时,求代数式 $x^2-3xy+y^2$ 的值.

解 在 MATLAB 的命令窗口提示符号“>>”后输入(注意符号“>>”不要键入,“%”为注

释符号,“%”及其后面的内容也不需输入):

```
>> x=2;  y=-3;
>> x^2-3* x*y+ y^2          %^2 表示平方运算,* 表示数与数的乘法运算
ans=31                      %ans 表示运算结果
```

例 1.9.2 解下列一元方程:

(1) $x^2+2x-48=0$; (2) $(y+3)(1-3y)=6+2y^2$.

解 (1)
```
>> solve('x^2+ 2* x-48= 0', 'x')     %指明未知数为 x
ans=6
    -8
```

(2)
```
>> solve('(y+3)* (1-3*y)= 6+2*y^2')     %对于一元方程,也可以不指明未知数
ans= -1
     -3/5
```

例 1.9.3 解下列一元一次不等式:

(1) $3(1-2x)>6x$; (2) $\frac{3x}{2}+1<8-\frac{x}{4}$.

解 (1)
```
>> maple('solve(3* (1-2*x)> 6*x)')     %调用 maple 程序包求解不等式
ans= RealRange(-Inf,Open(1/4))     %结果为实数域上的开区间(-∞,1/4)
```

(2)
```
>> maple('solve(1.5*x+1< = 8-0.25*x)')
ans= RealRange(-Inf,4)     %结果为实数域上的半开半闭区间(-∞,4]
```

例 1.9.4 计算下列复数:

(1) $(1-2\mathrm{i})(3+4\mathrm{i})(-2+\mathrm{i})$; (2) $\frac{1-\mathrm{i}}{1+\mathrm{i}}$;

(3) $\left|-\frac{\sqrt{3}}{2}-\frac{1}{2}\mathrm{i}\right|$; (4) $(3+2\mathrm{i})^3$.

解 分别输入如下内容:

(1)
```
>> (1-2*i)*(3+4*i)*(-2+i)
ans=-20.0000+15.0000i
```

(2)
```
>> (1-i)/(1+i)
ans= 0- 1.0000i                %结果为-i
```

(3)
```
>> abs(-sqrt(3)/2-i/2)         %对复数作 abs 运算就是对复数求模
ans=1.0000
```

(4)
```
>> (3+ 2*i)^3
ans=-9.0000+ 46.0000i
```

例 1.9.5 绘制直线 $y=2x-3(1\leqslant x\leqslant 2)$ 的图形.

解
```
>> ezplot('2*x-3',[1,2])
>> axis equal
```

图形如图 1.9.3 所示.

例 1.9.6 绘制圆 $x^2+y^2-4y-12=0$ 的图形.

解
```
>> ezplot('x^2+ y^2-4*y-12= 0',[-5,5,-3,7])
>> axis equal
```

图形如图 1.9.4 所示.

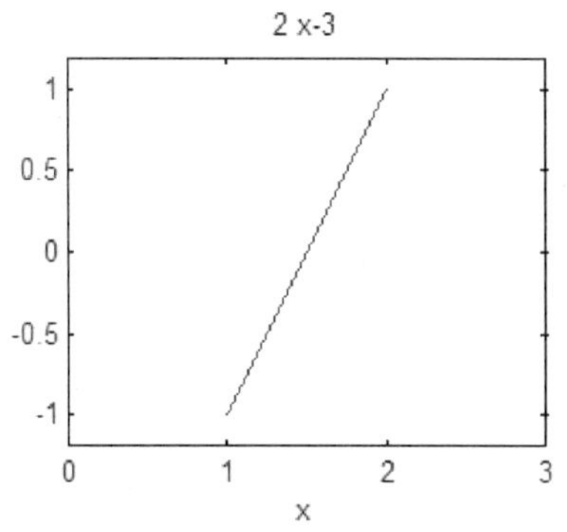

图 1.9.3

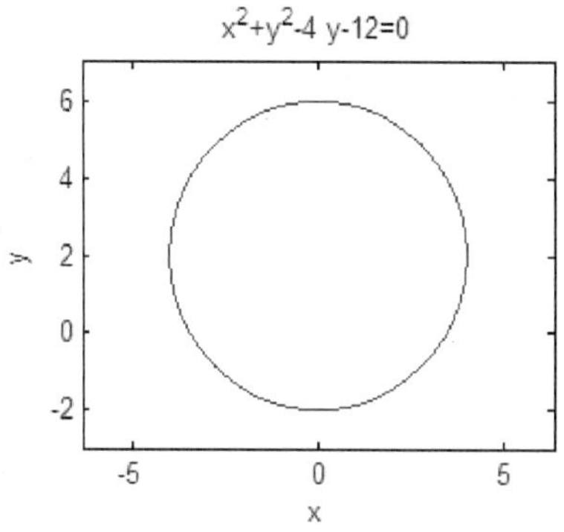

图 1.9.4

例 1.9.7 绘制椭圆$(x-1)^2+\frac{y^2}{2}=1$的图形.

解

```
>> ezplot('(x-1)^2+ y^2/2= 1',[-1,3,-2,2])
>> axis equal
```

图形如图 1.9.5 所示.

例 1.9.8 绘制抛物线 $y^2=6x$ 的图形.

解

```
>> ezplot('y^2= 6* x',[-1,6,-6,6])
>> axis equal
```

图形如图 1.9.6 所示.

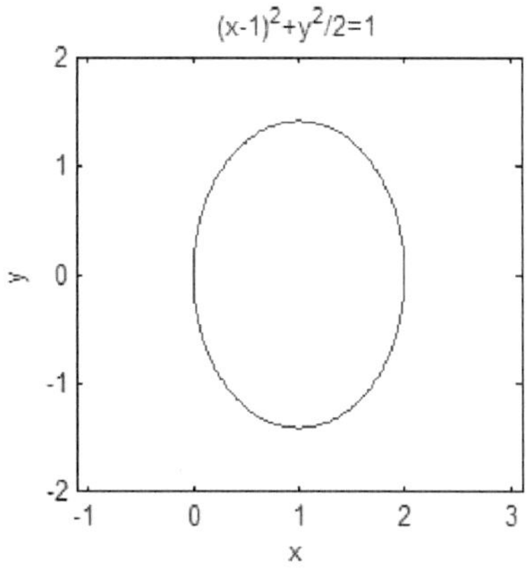

图 1.9.5

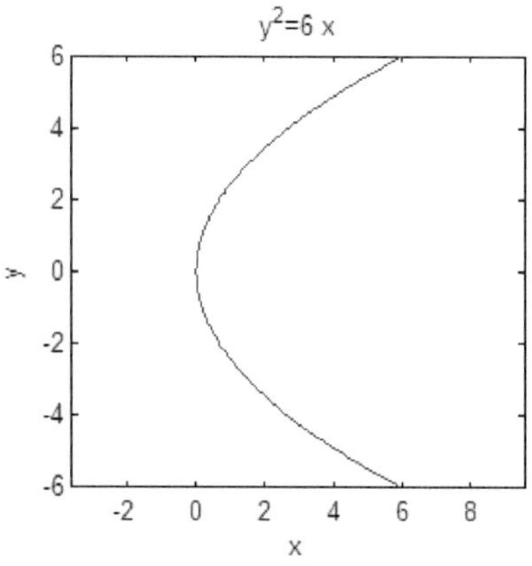

图 1.9.6

例 1.9.9 绘制双曲线$\frac{x^2}{9}-\frac{y^2}{4}=1$的图形.

解

```
>> ezplot('x^2/9- y^2/4=1',[-8,8,-6,6])
>> axis equal
```

图形如图 1.9.7 所示.

例 1.9.10 在极坐标下绘制心形线 $\rho=2(1-\cos\theta)$的图形.

解

```
>> theta= 0:0.01:2* pi;
>> polar(theta,2* (1- cos(theta)))
```

图形如图 1.9.8 所示.

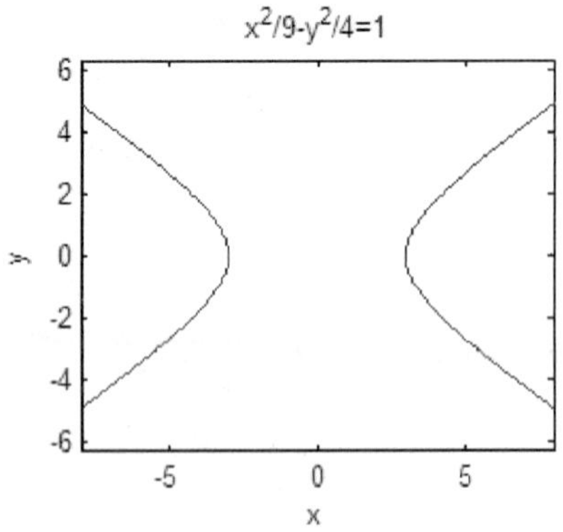

图 1.9.7

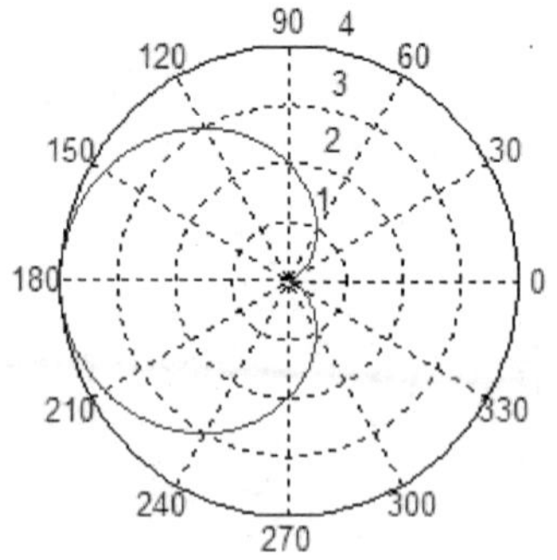

图 1.9.8

例 1.9.11 据气象台预报,在距某军事基地 S 岛正东 300 km 的 A 处有一个台风中心形成,并以 40 km/h 的速度向西北方向移动,在距台风中心 250 km 以内的地区将受其影响. 如果做应急准备,该军事基地需要 1.5 h 完成防护工作. 假设台风中心沿直线移动,问:该基地有充足时间应对吗? 台风持续影响 S 岛多长时间?

分析 如图 1.9.9 所示建立平面直角坐标系,S 岛为原点,A 处的坐标为(300,0),记圆 S 的方程为 $x^2+y^2=250^2$. 因为台风影响范围为 250 km,所以当台风中心经过圆 S 的内部时,台风将影响 S 岛,于是问题转化为:当时间 t 在什么范围内,台风中心在圆 S 的内部.

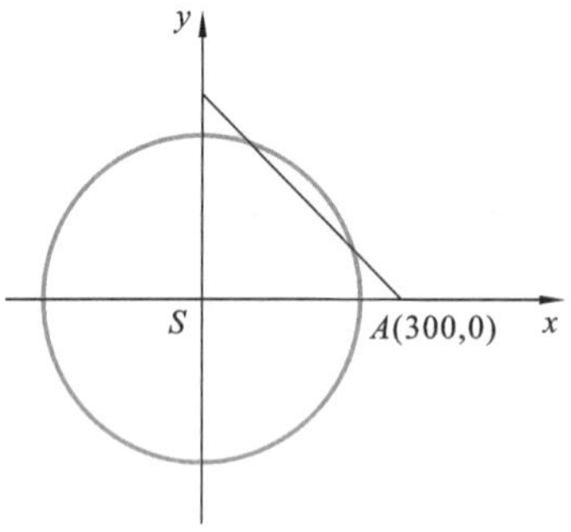

图 1.9.9

解 台风中心以 40 km/h 的速度向西北方向移动,形成的轨迹是直线,且与横轴正向的夹角为 135°,经过 t h,台风中心经过的水平距离为 $40t\cos135°$ km,垂直距离为 $40t\sin135°$ km,则台风中心的坐标(x,y)可表示为

$$\begin{cases}x=300+40t\cos135°,\\ y=40t\sin135°.\end{cases}$$

要使台风中心距点 S 在 250 km 内,即台风中心的坐标(x,y)要满足

$$x^2+y^2\leqslant250^2,$$

代入坐标表达式,化简得$(300-20t)^2+800t^2\leqslant250^2$.

用 MATLAB 软件求解这个不等式,在命令窗口输入下面命令:

```
>> maple('solve( (300- 20* t)^2+ 800* t^2< = 250^2 )')
ans= RealRange(5- 5/6* 3^(1/2),5+ 5/6* 3^(1/2))   %结果表示解为实数区间
>> 5- 5/6* 3^(1/2)   %为了方便查看解的区间,将区间的左端点和右端点再计算一次
ans= 3.5566
>> 5+ 5/6* 3^(1/2)
ans= 6.4434
```

这样就可以方便地看出不等式的解为

$$3.5566\leqslant t\leqslant6.4434,$$

所以，大约 3 小时 33 分钟后，S 岛将受到台风的影响，台风来临前，基地有 3 个半小时做准备，台风将持续影响 S 岛约 3 小时，大约 6 小时 27 分钟后，台风离开 S 岛.

习　　题

1. 当 $a=2$ 时，求代数式 $2a^3-\frac{1}{2}a^2+3$ 的值.

2. 计算 $\sqrt{2}\cdot\sqrt[4]{8}\cdot\sqrt[8]{64}$.

3. 解方程：

(1) $x^2-5x+6=0$；　　(2) $-2x^2+3x-5=0$.

4. 解不等式：

(1) $(3x-1)(5x+3)\geqslant 0$；　　(2) $x^2-2x-3<0$.

5. 计算 $(\sqrt{3}-\mathrm{i})^6$.

第 2 章 行列式与矩阵

1848 年西尔维斯特首先提出矩阵这个概念，他同凯莱一起发展了行列式理论，创立了代数型理论. 矩阵理论是数学的一个重要分支，它有着悠久的发展历史和极其丰富的内容. 它既是经典数学的基础，又是具有实用价值的数学理论. 矩阵是高等代数中的常见工具，它在数学科学及其他科学技术领域，如数值分析、微分方程、运筹学、统计分析、量子力学、现代控制理论、系统工程等，甚至在经济管理、社会科学等领域都有着广泛的应用.

本章先讨论二阶、三阶行列式的概念和计算方法，并给出求解线性方程组的第一种方法——克拉默法则；然后给出矩阵的概念和运算法则，通过消元法探索出矩阵变换的知识，得到求解线性方程组的第二种方法——矩阵的初等行变换；最后展示矩阵与行列式在简单军事问题、社会问题中的应用.

2.1 行 列 式

【学习要求】

1. 理解二阶、三阶行列式的概念，掌握其计算方法.
2. 会用克拉默法则求解二元、三元线性方程组.
3. 了解三阶行列式的性质.

行列式是数学中的一个重要的概念，它是线性代数的主要研究对象之一，在科学技术及经济领域中有广泛的应用.

2.1.1 二阶行列式

我们从二元线性方程组的解的公式，引出二阶行列式的概念.

在线性代数中，将含有两个未知量两个方程的线性方程组的一般形式写为

$$\begin{cases} a_{11}x_1+a_{12}x_2=b_1, \\ a_{21}x_1+a_{22}x_2=b_2, \end{cases} \qquad (1)$$

用消元法容易求出未知量 x_1，x_2 的值. 当 $a_{11}a_{22}-a_{12}a_{21}\neq 0$ 时，有

$$\begin{cases} x_1 = \dfrac{b_1 a_{22} - b_2 a_{12}}{a_{11} a_{22} - a_{12} a_{21}}, \\ x_2 = \dfrac{a_{11} b_2 - a_{21} b_1}{a_{11} a_{22} - a_{12} a_{21}}. \end{cases} \tag{2}$$

这就是二元方程组的解的公式,但这个公式不好记,为了便于记这个公式,引进二阶行列式的概念.

定义 2.1.1 记号 $\begin{vmatrix} a_{11} & a_{12} \\ a_{21} & a_{22} \end{vmatrix}$ 称为**二阶行列式**,它表示代数和 $a_{11}a_{22}-a_{12}a_{21}$,即定义

$$\begin{vmatrix} a_{11} & a_{12} \\ a_{21} & a_{22} \end{vmatrix} = a_{11}a_{22}-a_{12}a_{21},$$

其中数 $a_{ij}(i=1,2;j=1,2)$ 称为行列式的**元素**. 元素 a_{ij} 的第一个下标 i 称为**行标**,表明元素位于第 i 行,第二个下标 j 称为**列标**,表明该元素位于第 j 列.

二阶行列式所表示的两项的代数和,可用**对角线法则**记忆:

从左上角到右下角两个元素相乘取正号,从左下角到右上角两个元素相乘取负号.

【说明】

二阶行列式表示的是四个数的一种特定的算式.

例 2.1.1 判断下列几个表达式中哪些是二阶行列式? 如果是,求出其值.

(1) $\begin{vmatrix} a_1 & b_1 & c_1 \\ a_2 & b_2 & c_2 \end{vmatrix}$; (2) $\begin{vmatrix} 1 & 2 \\ 3 & 4 \end{vmatrix}$; (3) $\begin{vmatrix} 1 & 2 \\ 3 & 4 \\ 5 & 6 \end{vmatrix}$; (4) $\begin{vmatrix} \begin{vmatrix} -1 & 2 \\ 3 & 4 \end{vmatrix} & \begin{vmatrix} 1 & -2 \\ 3 & 4 \end{vmatrix} \\ \begin{vmatrix} 1 & 2 \\ -3 & 4 \end{vmatrix} & \begin{vmatrix} 1 & 2 \\ 3 & -4 \end{vmatrix} \end{vmatrix}$.

解 (1)、(3)不是二阶行列式,因为它们包含的数不是 4 个.

(2) 是二阶行列式. $\begin{vmatrix} 1 & 2 \\ 3 & 4 \end{vmatrix} = 1\times4-3\times2=-2$.

(4) 也是二阶行列式. 因为

$$\begin{vmatrix} -1 & 2 \\ 3 & 4 \end{vmatrix} = -10, \quad \begin{vmatrix} 1 & -2 \\ 3 & 4 \end{vmatrix} = 10, \quad \begin{vmatrix} 1 & 2 \\ -3 & 4 \end{vmatrix} = 10, \quad \begin{vmatrix} 1 & 2 \\ 3 & -4 \end{vmatrix} = -10,$$

所以

$$\begin{vmatrix} \begin{vmatrix} -1 & 2 \\ 3 & 4 \end{vmatrix} & \begin{vmatrix} 1 & -2 \\ 3 & 4 \end{vmatrix} \\ \begin{vmatrix} 1 & 2 \\ -3 & 4 \end{vmatrix} & \begin{vmatrix} 1 & 2 \\ 3 & -4 \end{vmatrix} \end{vmatrix} = \begin{vmatrix} -10 & 10 \\ 10 & -10 \end{vmatrix} = 0.$$

定义 2.1.2 行列式 $\begin{vmatrix} a_{11} & a_{12} \\ a_{21} & a_{22} \end{vmatrix}$ 中的元素及位置与二元线性方程组中未知量的系数及位置是对应的,称为二元线性方程组的**系数行列式**,用字母 D 表示,即有

$$D = \begin{vmatrix} a_{11} & a_{12} \\ a_{21} & a_{22} \end{vmatrix}.$$

如果将系数行列式 D 中第一列的元素 a_{11}, a_{21} 换成方程组的右端常数项 b_1, b_2,则可得到另一个行列式,用字母 D_1 表示,即有

$$D_1 = \begin{vmatrix} b_1 & a_{12} \\ b_2 & a_{22} \end{vmatrix}.$$

按二阶行列式的定义，$D_1=\begin{vmatrix} b_1 & a_{12} \\ b_2 & a_{22} \end{vmatrix}=b_1a_{22}-b_2a_{12}$，这就是公式(2)中 x_1 的表达式的分子.

同理，将系数行列式 D 中第二列的元素 a_{12}，a_{22} 换成方程组的右端常数项 b_1，b_2，可得另一个行列式，用字母 D_2 表示，即有

$$D_2=\begin{vmatrix} a_{11} & b_1 \\ a_{21} & b_2 \end{vmatrix}.$$

按二阶行列式的定义，$D_2=\begin{vmatrix} a_{11} & b_1 \\ a_{21} & b_2 \end{vmatrix}=a_{11}b_2-a_{21}b_1$，这就是公式(2)中 x_2 的表达式的分子.

于是，二元线性方程组的解的公式又可写为

$$x_1=\frac{D_1}{D},\quad x_2=\frac{D_2}{D}.$$

根据二元线性方程组解的表达式，可以给出解的定理.

定理 2.1.1(克拉默法则)

(1) 当系数行列式 $D\neq0$ 时，方程组有**唯一解**；

(2) 当系数行列式 $D=0$ 且 D_1，D_2 至少有一个不为零时，方程组**无解**；

(3) 当 $D=D_1=D_2=0$ 时，方程组有**无穷多解**.

例 2.1.2 用行列式解方程组$\begin{cases} 11x_1-2x_2+5=0, \\ 3x_1+7x_2+24=0. \end{cases}$

解 先将方程组化为标准形式$\begin{cases} 11x_1-2x_2=-5, \\ 3x_1+7x_2=-24, \end{cases}$再计算 D，D_1 和 D_2.

$$D=\begin{vmatrix} 11 & -2 \\ 3 & 7 \end{vmatrix}=11\times7-3\times(-2)=83,$$

$$D_1=\begin{vmatrix} -5 & -2 \\ -24 & 7 \end{vmatrix}=-5\times7-(-24)\times(-2)=-83,$$

$$D_2=\begin{vmatrix} 11 & -5 \\ 3 & -24 \end{vmatrix}=11\times(-24)-3\times(-5)=-249,$$

因为系数行列式 $D\neq0$，得唯一解：

$$x_1=\frac{D_1}{D}=\frac{-83}{83}=-1,\quad x_2=\frac{D_2}{D}=\frac{-249}{83}=-3.$$

2.1.2 三阶行列式

我们从三元方程组的解的公式，引出三阶行列式的概念. 在线性代数中，将含有三个未知量三个方程的线性方程组的一般形式写为

$$\begin{cases} a_{11}x_1+a_{12}x_2+a_{13}x_3=b_1, \\ a_{21}x_1+a_{22}x_2+a_{23}x_3=b_2, \\ a_{31}x_1+a_{32}x_2+a_{33}x_3=b_3, \end{cases} \tag{3}$$

用消元法求出未知量 x_1，x_2，x_3，有

$$\begin{cases} x_1=\dfrac{b_1a_{22}a_{33}-b_1a_{23}a_{32}-b_2a_{12}a_{33}+b_3a_{12}a_{23}+b_2a_{13}a_{32}-b_3a_{13}a_{22}}{a_{11}a_{22}a_{33}+a_{12}a_{23}a_{31}+a_{13}a_{21}a_{32}-a_{11}a_{23}a_{32}-a_{12}a_{21}a_{33}-a_{13}a_{22}a_{31}}, \\ x_2=\dfrac{b_2a_{11}a_{33}-b_3a_{11}a_{23}-b_1a_{21}a_{33}+b_1a_{31}a_{23}+b_3a_{13}a_{21}-b_2a_{13}a_{31}}{a_{11}a_{22}a_{33}+a_{12}a_{23}a_{31}+a_{13}a_{21}a_{32}-a_{11}a_{23}a_{32}-a_{12}a_{21}a_{33}-a_{13}a_{22}a_{31}}, \\ x_3=\dfrac{b_3a_{11}a_{22}-b_2a_{11}a_{32}-b_3a_{12}a_{21}+b_2a_{12}a_{31}+b_1a_{21}a_{32}-b_1a_{31}a_{22}}{a_{11}a_{22}a_{33}+a_{12}a_{23}a_{31}+a_{13}a_{21}a_{32}-a_{11}a_{23}a_{32}-a_{12}a_{21}a_{33}-a_{13}a_{22}a_{31}}. \end{cases} \tag{4}$$

这就是三元方程组的解的公式. 这个公式不好记,但是变量 x_1, x_2, x_3 的分母都是

$$a_{11}a_{22}a_{33}+a_{12}a_{23}a_{31}+a_{13}a_{21}a_{32}-a_{11}a_{23}a_{32}-a_{12}a_{21}a_{33}-a_{13}a_{22}a_{31},$$

为了便于记这个公式,引进三阶行列式的概念.

定义 2.1.3 记号 $\begin{vmatrix} a_{11} & a_{12} & a_{13} \\ a_{21} & a_{22} & a_{23} \\ a_{31} & a_{32} & a_{33} \end{vmatrix}$ 称为**三阶行列式**,规定

$$\begin{vmatrix} a_{11} & a_{12} & a_{13} \\ a_{21} & a_{22} & a_{23} \\ a_{31} & a_{32} & a_{33} \end{vmatrix} = a_{11}a_{22}a_{33}+a_{12}a_{23}a_{31}+a_{13}a_{21}a_{32} \\ -a_{11}a_{23}a_{32}-a_{12}a_{21}a_{33}-a_{13}a_{22}a_{31}.$$

三阶行列式的计算也有**对角线法则**,规律如图 2.1.1 所示:

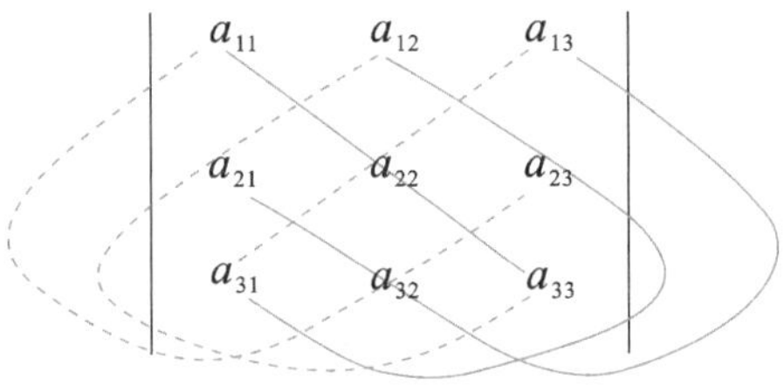

图 2.1.1

图中三条实线看作是平行于主对角线的连线,三条虚线看作是平行于副对角线的连线,实线上三元素的乘积冠正号,虚线上三元素的乘积冠负号.

例 2.1.3 求行列式 $\begin{vmatrix} 2 & 0 & 1 \\ 1 & -4 & -1 \\ -1 & 8 & 3 \end{vmatrix}$.

解
$$\begin{vmatrix} 2 & 0 & 1 \\ 1 & -4 & -1 \\ -1 & 8 & 3 \end{vmatrix} = 2\times(-4)\times3+0\times(-1)\times(-1)+1\times1\times8 \\ -1\times(-4)\times(-1)-0\times1\times3-2\times(-1)\times8 \\ =-24+8-4+16=-4.$$

定义 2.1.4 行列式 $\begin{vmatrix} a_{11} & a_{12} & a_{13} \\ a_{21} & a_{22} & a_{23} \\ a_{31} & a_{32} & a_{33} \end{vmatrix}$ 中的元素及位置与三元线性方程组中未知量的系数及位置是对应的,称为三元线性方程组的**系数行列式**,用字母 D 表示,即有

$$D=\begin{vmatrix} a_{11} & a_{12} & a_{13} \\ a_{21} & a_{22} & a_{23} \\ a_{31} & a_{32} & a_{33} \end{vmatrix}.$$

如果将 D 中第一列至第三列的元素分别换成常数项 b_1,b_2,b_3，则可得到

$$D_1=\begin{vmatrix} b_1 & a_{12} & a_{13} \\ b_2 & a_{22} & a_{23} \\ b_3 & a_{32} & a_{33} \end{vmatrix},\quad D_2=\begin{vmatrix} a_{11} & b_1 & a_{13} \\ a_{21} & b_2 & a_{23} \\ a_{31} & b_3 & a_{33} \end{vmatrix},\quad D_3=\begin{vmatrix} a_{11} & a_{12} & b_1 \\ a_{21} & a_{22} & b_2 \\ a_{31} & a_{32} & b_3 \end{vmatrix}.$$

容易验证 D_1,D_2,D_3 分别为方程组解的分子，于是三元线性方程组解的公式又可写为

$$x_1=\frac{D_1}{D},\quad x_2=\frac{D_2}{D},\quad x_3=\frac{D_3}{D}.$$

根据二元线性方程组解的表达式，可以给出解的定理.

定理 2.1.2(克拉默法则)

(1) 当系数行列式 $D\neq0$ 时，方程组有**唯一解**，$x_1=\dfrac{D_1}{D}$，$x_2=\dfrac{D_2}{D}$，$x_3=\dfrac{D_3}{D}$；

(2) 当系数行列式 $D=0$ 且 D_1,D_2,D_3 至少有一个不为零时，方程组**无解**；

(3) 当 $D=D_1=D_2=D_3=0$ 时，方程组有**无穷多解**.

例 2.1.4 解三元线性方程组 $\begin{cases} x_1+x_2+x_3=6, \\ 3x_1-x_2+2x_3=7, \\ 5x_1+2x_2+2x_3=15. \end{cases}$

解 系数行列式

$$D=\begin{vmatrix} 1 & 1 & 1 \\ 3 & -1 & 2 \\ 5 & 2 & 2 \end{vmatrix}=1\times(-1)\times2+1\times2\times5+1\times3\times2$$
$$-1\times(-1)\times5-1\times3\times2-1\times2\times2$$
$$=9,$$

$$D_1=\begin{vmatrix} 6 & 1 & 1 \\ 7 & -1 & 2 \\ 15 & 2 & 2 \end{vmatrix}=9,\quad D_2=\begin{vmatrix} 1 & 6 & 1 \\ 3 & 7 & 2 \\ 5 & 15 & 2 \end{vmatrix}=18,\quad D_3=\begin{vmatrix} 1 & 1 & 6 \\ 3 & -1 & 7 \\ 5 & 2 & 15 \end{vmatrix}=27,$$

因为系数行列式 $D\neq0$，得唯一解：

$$x_1=\frac{D_1}{D}=\frac{9}{9}=1,\quad x_2=\frac{D_2}{D}=\frac{18}{9}=2,\quad x_3=\frac{D_3}{D}=\frac{27}{9}=3.$$

【衔接专业】

例 2.1.5 已知在直流电路网络中各支路电流强度 I_1,I_2,I_3 满足下面方程，求各支路上的电流(单位：A).

$$\begin{cases} I_1-I_2-I_3=1, \\ 2I_1-I_2-3I_3=0, \\ 3I_1+2I_2-5I_3=2. \end{cases}$$

解
$$D=\begin{vmatrix} 1 & -1 & -1 \\ 2 & -1 & -3 \\ 3 & 2 & -5 \end{vmatrix}=3,\quad D_1=\begin{vmatrix} 1 & -1 & -1 \\ 0 & -1 & -3 \\ 2 & 2 & -5 \end{vmatrix}=15,$$

$$D_2=\begin{vmatrix} 1 & 1 & -1 \\ 2 & 0 & -3 \\ 3 & 2 & -5 \end{vmatrix}=3,\quad D_3=\begin{vmatrix} 1 & -1 & 1 \\ 2 & -1 & 0 \\ 3 & 2 & 2 \end{vmatrix}=9,$$

解得 $I_1=\frac{D_1}{D}=\frac{15}{3}=5(\mathrm{A})$，$I_2=\frac{D_2}{D}=\frac{3}{3}=1(\mathrm{A})$，$I_3=\frac{D_3}{D}=\frac{9}{3}=3(\mathrm{A})$.

2.1.3 三阶行列式的性质

下面给出三阶行列式的性质，并给出示例. 这些性质也适用于二阶行列式和更高阶的行列式.

性质1 将行列式的每一行的元素换成相应的每一列的元素，行列式的值不变，即

$$\begin{vmatrix} a_{11} & a_{12} & a_{13} \\ a_{21} & a_{22} & a_{23} \\ a_{31} & a_{32} & a_{33} \end{vmatrix}=\begin{vmatrix} a_{11} & a_{21} & a_{31} \\ a_{12} & a_{22} & a_{32} \\ a_{13} & a_{23} & a_{33} \end{vmatrix}.$$

例如，$\begin{vmatrix} 1 & 2 & 3 \\ 4 & 5 & 6 \\ 7 & 8 & 0 \end{vmatrix}=\begin{vmatrix} 1 & 4 & 7 \\ 2 & 5 & 8 \\ 3 & 6 & 0 \end{vmatrix}=27.$

性质2 交换行列式的两行(或两列)，行列式的符号改变，即

$$\begin{vmatrix} a_{11} & a_{12} & a_{13} \\ a_{21} & a_{22} & a_{23} \\ a_{31} & a_{32} & a_{33} \end{vmatrix}=-\begin{vmatrix} a_{11} & a_{12} & a_{13} \\ a_{31} & a_{32} & a_{33} \\ a_{21} & a_{22} & a_{23} \end{vmatrix}.$$

例如，$\begin{vmatrix} 1 & 2 & 3 \\ 4 & 5 & 6 \\ 7 & 8 & 0 \end{vmatrix}=-\begin{vmatrix} 1 & 2 & 3 \\ 7 & 8 & 0 \\ 4 & 5 & 6 \end{vmatrix}.$

性质3 行列式有两行(或两列)元素相同，则其值为零.

例如，$\begin{vmatrix} 1 & 2 & 3 \\ 4 & 5 & 6 \\ 1 & 2 & 3 \end{vmatrix}=0.$

性质4 行列式的某行(或某列)所有元素同乘以数 k，所得新行列式的值等于数 k 乘以原行列式，即

$$\begin{vmatrix} ka_{11} & ka_{12} & ka_{13} \\ a_{21} & a_{22} & a_{23} \\ a_{31} & a_{32} & a_{33} \end{vmatrix}=k\begin{vmatrix} a_{11} & a_{12} & a_{13} \\ a_{21} & a_{22} & a_{23} \\ a_{31} & a_{32} & a_{33} \end{vmatrix}.$$

例如，$\begin{vmatrix} 3 & 6 & 9 \\ 4 & 5 & 6 \\ 7 & 8 & 0 \end{vmatrix}=3\begin{vmatrix} 1 & 2 & 3 \\ 4 & 5 & 6 \\ 7 & 8 & 0 \end{vmatrix}=81.$

推论1 行列式有两行(或两列)元素对应成比例，则其值为零.

例如，$\begin{vmatrix} 1 & 2 & 3 \\ 4 & 5 & 6 \\ 3 & 6 & 9 \end{vmatrix}=3\begin{vmatrix} 1 & 2 & 3 \\ 4 & 5 & 6 \\ 1 & 2 & 3 \end{vmatrix}=0.$

推论2 行列式只要有一行(或一列)元素全为零，则其值为零.

例如，$\begin{vmatrix} 1 & 2 & 3 \\ 4 & 5 & 6 \\ 0 & 0 & 0 \end{vmatrix}=0.$

性质 5 行列式某一行元素为两项式，则此行列式可以化为两个行列式之和，即

$$\begin{vmatrix} a_{11}+b_{11} & a_{12}+b_{12} & a_{13}+b_{13} \\ a_{21} & a_{22} & a_{23} \\ a_{31} & a_{32} & a_{33} \end{vmatrix} = \begin{vmatrix} a_{11} & a_{12} & a_{13} \\ a_{21} & a_{22} & a_{23} \\ a_{31} & a_{32} & a_{33} \end{vmatrix} + \begin{vmatrix} b_{11} & b_{12} & b_{13} \\ a_{21} & a_{22} & a_{23} \\ a_{31} & a_{32} & a_{33} \end{vmatrix}.$$

例如，

$$\begin{vmatrix} 1+5 & 2+3 & 3+1 \\ 4 & 5 & 6 \\ 7 & 8 & 0 \end{vmatrix} = \begin{vmatrix} 1 & 2 & 3 \\ 4 & 5 & 6 \\ 7 & 8 & 0 \end{vmatrix} + \begin{vmatrix} 5 & 3 & 1 \\ 4 & 5 & 6 \\ 7 & 8 & 0 \end{vmatrix}$$

$$=27-117=-90.$$

习　　题

1. 计算下列三阶行列式：

(1) $\begin{vmatrix} 5 & 3 & 3 \\ 3 & 5 & 3 \\ 3 & 3 & 5 \end{vmatrix}$；　　(2) $\begin{vmatrix} 2 & -1 & 2 \\ 5 & -3 & 3 \\ -1 & 0 & -2 \end{vmatrix}$；

(3) $\begin{vmatrix} 1 & -1 & 1 \\ 2 & 4 & -2 \\ -3 & -3 & 5 \end{vmatrix}$；　　(4) $\begin{vmatrix} 9 & 8 & 7 \\ 6 & 5 & 4 \\ 3 & 2 & 1 \end{vmatrix}$.

2. 用克拉默法则求解下列线性方程组：

(1) $\begin{cases} 3x_1-2x_2=12, \\ 2x_1+x_2=1; \end{cases}$　　(2) $\begin{cases} 3x_1-4x_2=2, \\ \dfrac{x_1}{3}-\dfrac{x_2}{4}=1; \end{cases}$

(3) $\begin{cases} x_1-x_2-x_3=2, \\ 2x_1-x_2-3x_3=1, \\ 3x_1+2x_2-5x_3=0; \end{cases}$　　(4) $\begin{cases} x_1+2x_2-x_3=1, \\ 2x_1+3x_2-x_3=5, \\ x_1+2x_2+2x_3=4. \end{cases}$

2.2 矩　　阵

【学习要求】

1. 理解矩阵的概念，熟悉几种重要的矩阵.
2. 掌握矩阵的常用运算.
3. 掌握矩阵的初等行变换，会用行变换求解二元、三元线性方程组.

矩阵是数学中的一个重要的概念，它是线性代数的主要研究对象之一，在科学技术及经济领域中有广泛的应用.

2.2.1 矩阵的定义

引例 1 党支部会议上张三、李四、王五对一项提案的表决情况如表 2.2.1 所示，其中 1 表示赞成，0 表示反对，可以将该表简记为$(0\quad 1\quad 1)$.

表 2.2.1

姓名	张三	李四	王五
表决情况	0	1	1

引例 2 张三、李四、王五进行步枪射击训练，三发子弹命中的环数如表 2.2.2 所示.

表 2.2.2

姓名	环数		
	第一发	第二发	第三发
张三	8	9	7
李四	9	8	9
王五	10	7	9

可以将上表简记为$\begin{pmatrix} 8 & 9 & 7 \\ 9 & 8 & 9 \\ 10 & 7 & 9 \end{pmatrix}$.

引例 3 将方程组$\begin{cases} x+2my=5 \\ 3nx+y=10 \end{cases}$中的未知数 x,y 的系数按原来的次序排列，可简记为$\begin{pmatrix} 1 & 2m \\ 3n & 1 \end{pmatrix}$；若将常数项增加进去，则可简记为$\begin{pmatrix} 1 & 2m & 5 \\ 3n & 1 & 10 \end{pmatrix}$；方程组右边的常数项可简记为$\begin{pmatrix} 5 \\ 10 \end{pmatrix}$.

我们把形如$(0\quad 1\quad 1)$，$\begin{pmatrix} 5 \\ 10 \end{pmatrix}$，$\begin{pmatrix} 8 & 9 & 7 \\ 9 & 8 & 9 \\ 10 & 7 & 9 \end{pmatrix}$，$\begin{pmatrix} 1 & 2m \\ 3n & 1 \end{pmatrix}$，$\begin{pmatrix} 1 & 2m & 5 \\ 3n & 1 & 10 \end{pmatrix}$这样的矩形数表叫做矩阵.

定义 2.2.1 由 $m\times n$ 个数组成的 m 行 n 列的数表

$$\begin{matrix} a_{11} & a_{12} & \cdots & a_{1n} \\ a_{21} & a_{22} & \cdots & a_{2n} \\ \vdots & \vdots & & \vdots \\ a_{m1} & a_{m2} & \cdots & a_{mn} \end{matrix}$$

称为 m **行** n **列矩阵**，简称 $m\times n$ **矩阵**，记作

$$\boldsymbol{A}_{m\times n}=\begin{pmatrix} a_{11} & a_{12} & \cdots & a_{1n} \\ a_{21} & a_{22} & \cdots & a_{2n} \\ \vdots & \vdots & & \vdots \\ a_{m1} & a_{m2} & \cdots & a_{mn} \end{pmatrix}.$$

矩阵中的每一个数叫做矩阵的**元素**，第 i 行第 j 列的元素可用字母 a_{ij} 表示，如矩阵 $\begin{pmatrix} 8 & 9 & 7 \\ 9 & 8 & 9 \\ 10 & 7 & 9 \end{pmatrix}$ 的第 3 行第 2 列元素记为 $a_{32}=7$.

在矩阵中，只有一行的矩阵 $\boldsymbol{A}=(a_1, a_2, \cdots, a_n)$ 称为**行向量**，如行向量 $\boldsymbol{A}=(0 \quad 1 \quad 1)$；只有一列的矩阵 $\boldsymbol{B}=\begin{pmatrix} b_1 \\ b_2 \\ \vdots \\ b_n \end{pmatrix}$ 称为**列向量**，如列向量 $\boldsymbol{B}=\begin{pmatrix} 5 \\ 10 \end{pmatrix}$.

又如，矩阵 $\begin{pmatrix} 8 & 9 & 7 \\ 9 & 8 & 9 \\ 10 & 7 & 9 \end{pmatrix}$ 为 3×3 矩阵，可记作 $\boldsymbol{A}_{3\times 3}$，其中第一行组成的行向量可记作 $\boldsymbol{a}_1=(8 \quad 9 \quad 7)$，第二列组成的列向量可记作 $\boldsymbol{b}_2=\begin{pmatrix} 9 \\ 8 \\ 7 \end{pmatrix}$.

例 2.2.1 表 2.2.3 是张三、李四两名学员在轻武器射击、军事地形学、军事体育、军队基层管理四门课程的成绩表：

表 2.2.3

姓　名	课　程			
	轻武器射击	军事地形学	军事体育	军队基层管理
张三	80	92	88	70
李四	80	76	90	82

(1) 将两人各门课程的成绩用矩阵表示；

(2) 写出行向量、列向量，并指出其实际意义；

(3) 写出 a_{12}, a_{24}.

解 (1) 成绩表用矩阵表示为 $\begin{pmatrix} 80 & 92 & 88 & 70 \\ 80 & 76 & 90 & 82 \end{pmatrix}$.

(2) 有两个行向量，分别为

$$\boldsymbol{a}_1=(80 \quad 92 \quad 88 \quad 70), \quad \boldsymbol{a}_2=(80 \quad 76 \quad 90 \quad 82),$$

分别表示两位学员在四门课程中各自的成绩.

有四个列向量，分别为

$$\boldsymbol{b}_1=\begin{pmatrix} 80 \\ 80 \end{pmatrix}, \quad \boldsymbol{b}_2=\begin{pmatrix} 92 \\ 76 \end{pmatrix}, \quad \boldsymbol{b}_3=\begin{pmatrix} 88 \\ 90 \end{pmatrix}, \quad \boldsymbol{b}_4=\begin{pmatrix} 70 \\ 82 \end{pmatrix},$$

分别表示两位学员单一课程中的成绩.

(3) $a_{12}=92, a_{24}=82$.

2.2.2 几种特殊矩阵

1. 零矩阵

所有元素都是 0 的矩阵称为**零矩阵**，记作 $\boldsymbol{O}$.

如$\begin{pmatrix}0&0&0\\0&0&0\end{pmatrix}$为一个 2×3 零矩阵，记作 $\boldsymbol{O}_{2\times3}$.

2. 方阵

当一个矩阵的行数与列数相等时，这个矩阵称为**方阵**，一个方阵有 n 行 n 列，称此方阵为 n **阶方阵**，记作 $\boldsymbol{A}_n$.

如 $\boldsymbol{A}_2=\begin{pmatrix}1&2m\\3n&1\end{pmatrix}$为二阶方阵，$\boldsymbol{A}_3=\begin{pmatrix}8&9&7\\9&8&9\\10&7&9\end{pmatrix}$为三阶方阵.

3. 单位矩阵

在一个 n 阶方阵中，如果从左上角到右下角的直线(叫做**主对角线**)上的元素均为 1，其余元素均为 0，这样的方阵称为**单位矩阵**，记作 $\boldsymbol{E}_n$.

如矩阵 $\boldsymbol{E}_2=\begin{pmatrix}1&0\\0&1\end{pmatrix}$为二阶单位矩阵，矩阵 $\boldsymbol{E}_3=\begin{pmatrix}1&0&0\\0&1&0\\0&0&1\end{pmatrix}$为三阶单位矩阵.

4. 同型与相等

如果矩阵 $\boldsymbol{A}$ 与 $\boldsymbol{B}$ 的行数和列数分别相等，那么 $\boldsymbol{A}$ 与 $\boldsymbol{B}$ 称为**同型矩阵**.

如果矩阵 $\boldsymbol{A}$ 与 $\boldsymbol{B}$ 是同型矩阵，且它们所有对应位置的元素都相等，那么就称 $\boldsymbol{A}$ 与 $\boldsymbol{B}$ **相等**，记为 $\boldsymbol{A}=\boldsymbol{B}$.

5. 方程组的矩阵

对于线性方程组$\begin{cases}a_{11}x_1+a_{12}x_2=b_1,\\a_{21}x_1+a_{22}x_2=b_2,\end{cases}$将未知数 x_1,x_2 的系数按方程组中所在的位置排列，所得的方阵 $\boldsymbol{A}=\begin{pmatrix}a_{11}&a_{12}\\a_{21}&a_{22}\end{pmatrix}$，称为方程组的**系数矩阵**；右端常数项组成列向量 $\boldsymbol{b}=\begin{pmatrix}b_1\\b_2\end{pmatrix}$，称为**常数项向量**；将系数矩阵 $\boldsymbol{A}$ 和常数项向量 $\boldsymbol{b}$ 合在一起，组成的矩阵$\begin{pmatrix}a_{11}&a_{12}&b_1\\a_{21}&a_{22}&b_2\end{pmatrix}$称为方程组的**增广矩阵**，记作 $\boldsymbol{B}=(\boldsymbol{A},\boldsymbol{b})$. 增广矩阵 $\boldsymbol{B}=(\boldsymbol{A},\boldsymbol{b})$与线性方程组是一一对应的，系数矩阵 $\boldsymbol{A}$ 和增广矩阵 $\boldsymbol{B}$ 对于线性方程组的求解有重要作用.

例 2.2.2 已知矩阵

$$\boldsymbol{A}=\begin{pmatrix}2&-x\\2x&a+2b\end{pmatrix},\qquad \boldsymbol{B}=\begin{pmatrix}x-y&b-2a\\y&x+y^2\end{pmatrix},$$

且 $\boldsymbol{A}=\boldsymbol{B}$，求 a、b 的值及矩阵 $\boldsymbol{A}$.

解 由题意知$\begin{cases}x-y=2,\\2x=y,\end{cases}$解得$\begin{cases}x=-2,\\y=-4.\end{cases}$

又由$\begin{cases}b-2a=-x=2,\\a+2b=x+y^2=14,\end{cases}$解得$\begin{cases}a=2,\\b=6.\end{cases}$所以，矩阵 $\boldsymbol{A}=\begin{pmatrix}2&2\\-4&14\end{pmatrix}$.

例 2.2.3 已知线性方程组的增广矩阵，写出对应的方程组：

(1) $\begin{pmatrix} 2 & 3 & -5 \\ -1 & 2 & 4 \end{pmatrix}$； (2) $\begin{pmatrix} 2 & -1 & 0 & 2 \\ 0 & 3 & -2 & 1 \\ 3 & 0 & 2 & -3 \end{pmatrix}$.

解 根据增广矩阵与线性方程组的对应关系知，最后一列为右端常数列，之前的列为系数列，在系数列的元素后面添上未知数，在右端常数列的前面添上等号，得

(1) $\begin{cases} 2x_1+3x_2=-5, \\ -x_1+2x_2=4; \end{cases}$ (2) $\begin{cases} 2x_1-x_2=2, \\ 3x_2-2x_3=1, \\ 3x_1+2x_3=-3. \end{cases}$

2.2.3 矩阵的运算

1. 矩阵的加法

设有两个 m 行 n 列矩阵，将两个矩阵中相同位置的元素相加得到新的 m 行 n 列矩阵，称为矩阵 $\boldsymbol{A}$ 与 $\boldsymbol{B}$ 的和，记为 $\boldsymbol{A}+\boldsymbol{B}$.

2. 负矩阵

将矩阵 $\boldsymbol{A}=(a_{ij})$ 中的每一个元素取负号，得到的矩阵记作 $-\boldsymbol{A}=(-a_{ij})$，称为 $\boldsymbol{A}$ 的负矩阵，显然有 $\boldsymbol{A}+(-\boldsymbol{A})=\boldsymbol{O}$，由此规定矩阵的减法为

$$\boldsymbol{A}-\boldsymbol{B}=\boldsymbol{A}+(-\boldsymbol{B}).$$

例 2.2.4 已知矩阵 $\boldsymbol{A}=\begin{pmatrix} 2 & 0 & 3 \\ 1 & 2 & 4 \\ 0 & -1 & 2 \end{pmatrix}$，$\boldsymbol{B}=\begin{pmatrix} 1 & 1 & 2 \\ 3 & 0 & 4 \\ 1 & 2 & 3 \end{pmatrix}$，求 $\boldsymbol{A}+\boldsymbol{B}$，$\boldsymbol{A}-\boldsymbol{B}$.

解

$$\boldsymbol{A}+\boldsymbol{B}=\begin{pmatrix} 2+1 & 0+1 & 3+2 \\ 1+3 & 2+0 & 4+4 \\ 0+1 & -1+2 & 2+3 \end{pmatrix}=\begin{pmatrix} 3 & 1 & 5 \\ 4 & 2 & 8 \\ 1 & 1 & 5 \end{pmatrix},$$

$$\boldsymbol{A}-\boldsymbol{B}=\begin{pmatrix} 2-1 & 0-1 & 3-2 \\ 1-3 & 2-0 & 4-4 \\ 0-1 & -1-2 & 2-3 \end{pmatrix}=\begin{pmatrix} 1 & -1 & 1 \\ -2 & 2 & 0 \\ -1 & -3 & -1 \end{pmatrix}.$$

【注意】

只有当两个矩阵是同型矩阵时，才能进行加法和减法运算.

3. 矩阵的数乘

用数 k 乘以矩阵 $\boldsymbol{A}$ 的每一个元素所得到的矩阵，称为数 k 与矩阵 $\boldsymbol{A}$ 的**积**，记为 $k\boldsymbol{A}$.

例 2.2.5 已知 $\boldsymbol{A}=\begin{pmatrix} 2 & 0 & 3 \\ 1 & 2 & 4 \\ 0 & -1 & 2 \end{pmatrix}$，求 $2\boldsymbol{A}$.

解 $2\boldsymbol{A}=\begin{pmatrix} 2\times2 & 2\times0 & 2\times3 \\ 2\times1 & 2\times2 & 2\times4 \\ 2\times0 & 2\times(-1) & 2\times2 \end{pmatrix}=\begin{pmatrix} 4 & 0 & 6 \\ 2 & 4 & 8 \\ 0 & -2 & 4 \end{pmatrix}.$

【运算律】

数乘矩阵满足下列运算律（$\boldsymbol{A}$、$\boldsymbol{B}$ 为同型矩阵，k、l 为常数）：

（1）$k(l\boldsymbol{A})=(kl)\boldsymbol{A}$；

（2）$k\boldsymbol{A}+l\boldsymbol{A}=(k+l)\boldsymbol{A}$；

（3）$k\boldsymbol{A}+k\boldsymbol{B}=k(\boldsymbol{A}+\boldsymbol{B})$.

4. 矩阵与矩阵相乘

如果**矩阵 $\boldsymbol{A}$ 的列数等于矩阵 $\boldsymbol{B}$ 的行数**，则 $\boldsymbol{A}$ 与 $\boldsymbol{B}$ 可以**相乘**，其乘积为一个新的矩阵 $\boldsymbol{C}$，记作 $\boldsymbol{C}=\boldsymbol{AB}$，$\boldsymbol{C}$ 的第 i 行第 j 列的元素 c_{ij} 等于矩阵 $\boldsymbol{A}$ 的第 i 行元素与矩阵 $\boldsymbol{B}$ 的第 j 列元素对应相乘之后的和，并且矩阵 $\boldsymbol{C}$ 的行数等于矩阵 $\boldsymbol{A}$ 的行数，矩阵 $\boldsymbol{C}$ 的列数等于矩阵 $\boldsymbol{B}$ 的列数.

例 2.2.6 已知 $\boldsymbol{A}=\begin{pmatrix}2 & 3 & 2\\1 & 2 & 4\end{pmatrix}$，$\boldsymbol{B}=\begin{pmatrix}2 & 0\\1 & 3\\1 & 2\end{pmatrix}$，求 $\boldsymbol{AB}$.

解 先作判断. 矩阵 $\boldsymbol{A}$ 有 3 列，矩阵 $\boldsymbol{B}$ 有 3 行，两者相等，可以相乘，其乘积 $\boldsymbol{AB}$ 是一个 2 行 2 列矩阵.

$$\begin{aligned}\boldsymbol{AB}&=\begin{pmatrix}2 & 3 & 2\\1 & 2 & 4\end{pmatrix}\begin{pmatrix}2 & 0\\1 & 3\\1 & 2\end{pmatrix}\\&=\begin{pmatrix}2\times2+3\times1+2\times1 & 2\times0+3\times3+2\times2\\1\times2+2\times1+4\times1 & 1\times0+2\times3+4\times2\end{pmatrix}\\&=\begin{pmatrix}9 & 13\\8 & 14\end{pmatrix}.\end{aligned}$$

2.2.4 矩阵的变换

引例 线性方程组的求解

已知线性方程组为

$$\begin{cases}2x_1-3x_2=14,\\x_1+x_2=12,\end{cases}\qquad ①$$

运用消元法对方程组进行求解.

解 求解步骤如下：

（1）对方程组①互换两行，方程组变为

$$\begin{cases}x_1+x_2=12,\\2x_1-3x_2=14.\end{cases}\qquad ②$$

（2）对方程组②的第一行乘以 -2，加到第二行，方程组变为

$$\begin{cases}x_1+x_2=12,\\-5x_2=-10.\end{cases}\qquad ③$$

（3）对方程组③的第二行乘以 $-\dfrac{1}{5}$，方程组③变为

$$\begin{cases} x_1+x_2=12, \\ x_2=2. \end{cases} \qquad ④$$

(4) 对方程组④的第二行乘以-1,加到第一行,得解$\begin{cases} x_1=10, \\ x_2=2. \end{cases}$

分析 我们知道,增广矩阵与线性方程组是一一对应的,对方程组①,其增广矩阵为$\begin{pmatrix} 2 & -3 & 14 \\ 1 & 1 & 12 \end{pmatrix}$,在步骤(1)中,互换方程组的两行,对应着互换增广矩阵的两行,可表示为

$$\begin{pmatrix} 2 & -3 & 14 \\ 1 & 1 & 12 \end{pmatrix} \xrightarrow{r_1 \leftrightarrow r_2} \begin{pmatrix} 1 & 1 & 12 \\ 2 & -3 & 14 \end{pmatrix},$$

这里r_1,r_2分别表示矩阵$\boldsymbol{A}$的第一行、第二行,得到的矩阵恰好就是方程组②的增广矩阵.

在步骤(2)中,对方程组②的第一行乘以-2,加到第二行,对应着将方程组②的增广矩阵的第一行乘以-2,加到第二行上,可表示为

$$\begin{pmatrix} 1 & 1 & 12 \\ 2 & -3 & 14 \end{pmatrix} \xrightarrow{r_2+(-2)r_1} \begin{pmatrix} 1 & 1 & 12 \\ 0 & -5 & -10 \end{pmatrix},$$

得到的矩阵恰好就是方程组③的增广矩阵.

在步骤(3)中,对方程组③的第二行乘以$-\frac{1}{5}$,对应着将方程组③的增广矩阵的第二行乘以$-\frac{1}{5}$,可表示为

$$\begin{pmatrix} 1 & 1 & 12 \\ 0 & -5 & -10 \end{pmatrix} \xrightarrow{-\frac{1}{5}r_2} \begin{pmatrix} 1 & 1 & 12 \\ 0 & 1 & 2 \end{pmatrix},$$

得到的矩阵恰好就是方程组④的增广矩阵.

在步骤(4)中,对方程组④的第二行乘以-1,加到第一行,对应着将方程组④的增广矩阵的第二行乘以-1,加到第一行,可表示为

$$\begin{pmatrix} 1 & 1 & 12 \\ 0 & 1 & 2 \end{pmatrix} \xrightarrow{r_1-r_2} \begin{pmatrix} 1 & 0 & 10 \\ 0 & 1 & 2 \end{pmatrix},$$

这时得到一个特殊的增广矩阵$(\boldsymbol{A},\boldsymbol{b})$,它的系数矩阵部分为$\boldsymbol{A}=\begin{pmatrix} 1 & 0 \\ 0 & 1 \end{pmatrix}$,是一个单位矩阵,常数项向量(最后一列)$\boldsymbol{b}=\begin{pmatrix} 10 \\ 2 \end{pmatrix}$对应方程组的解,所以这个增广矩阵$\begin{pmatrix} 1 & 0 & 10 \\ 0 & 1 & 2 \end{pmatrix}$就表示方程组的解$\begin{cases} x_1=10, \\ x_2=2. \end{cases}$

结论 经过上述分析可以看到,对方程组的变换可以用**对增广矩阵$(\boldsymbol{A},\boldsymbol{b})$的进行行变换来代替**,当把增广矩阵的**系数矩阵部分$\boldsymbol{A}$变换成单位矩阵**时,**常数项向量$\boldsymbol{b}$就表示方程组的解**.这样,解方程组的过程就变成了**对增广矩阵进行行变换**的过程. 在变换过程中,实际为加减消元的过程,此过程中应根据数字的特点,运用适当的程序进行化简运算.

引例中给出了增广矩阵的三种行变换,统称为矩阵的**初等行变换**,定义如下.

定义 2.2.2 下面三种变换称为矩阵的初等行变换:

(1) 互换矩阵的两行(互换i,j两行,记作$r_i \leftrightarrow r_j$);

(2) 某一行所有元素乘以一个非零的数(第i行乘以k,记作$r_i \times k$);

(3) 某一行所有元素乘以一个非零的数后加到另一行对应的元素上去(第 j 行乘以 k 加到第 i 行上,记作 r_i+kr_j).

例 2.2.7 求方程组$\begin{cases}2x_1-x_2=-1\\ x_1+2x_2=12\end{cases}$的解.

解 线性方程组的增广矩阵$(\boldsymbol{A},\boldsymbol{b})=\begin{pmatrix}2 & -1 & -1\\ 1 & 2 & 12\end{pmatrix}$.

设 r_1,r_2 分别表示矩阵 $\boldsymbol{A}$ 的第一、二行,对增广矩阵$(\boldsymbol{A},\boldsymbol{b})$进行下列变换:

$$\begin{pmatrix}2 & -1 & -1\\ 1 & 2 & 12\end{pmatrix}\xrightarrow{r_1\leftrightarrow r_2}\begin{pmatrix}1 & 2 & 12\\ 2 & -1 & -1\end{pmatrix}\xrightarrow{r_2-2r_1}\begin{pmatrix}1 & 2 & 12\\ 0 & -5 & -25\end{pmatrix}$$

$$\xrightarrow{r_2\times\left(-\frac{1}{5}\right)}\begin{pmatrix}1 & 2 & 12\\ 0 & 1 & 5\end{pmatrix}\xrightarrow{r_1-2r_2}\begin{pmatrix}1 & 0 & 2\\ 0 & 1 & 5\end{pmatrix},$$

这时增广矩阵中的系数矩阵部分变成了单位矩阵,所以方程组的解为$\begin{cases}x_1=2,\\ x_2=5.\end{cases}$

例 2.2.8 已知在直流电路网络中三条支路上的电流 I_1,I_2,I_3 满足下面方程组,求各支路上的电流.

$$\begin{cases}I_1-I_2-I_3=1,\\ 2I_1-I_2-3I_3=0,\\ 3I_1+2I_2-5I_3=2.\end{cases}$$

解 增广矩阵$(\boldsymbol{A},\boldsymbol{b})=\begin{pmatrix}1 & -1 & -1 & 1\\ 2 & -1 & -3 & 0\\ 3 & 2 & -5 & 2\end{pmatrix}\xrightarrow[r_3-3r_1]{r_2-2r_1}\begin{pmatrix}1 & -1 & -1 & 1\\ 0 & 1 & -1 & -2\\ 0 & 5 & -2 & -1\end{pmatrix}$

$$\xrightarrow[r_3-5r_2]{r_1+r_2}\begin{pmatrix}1 & 0 & -2 & -1\\ 0 & 1 & -1 & -2\\ 0 & 0 & 3 & 9\end{pmatrix}\xrightarrow{r_3\times\frac{1}{3}}\begin{pmatrix}1 & 0 & -2 & -1\\ 0 & 1 & -1 & -2\\ 0 & 0 & 1 & 3\end{pmatrix}$$

$$\xrightarrow[r_2+r_3]{r_1+2r_3}\begin{pmatrix}1 & 0 & 0 & 5\\ 0 & 1 & 0 & 1\\ 0 & 0 & 1 & 3\end{pmatrix},$$

解得三条支路的电流 I_1,I_2,I_3 分别为 5 A,1 A,3 A.

习　　题

1. 已知$\boldsymbol{A}=\begin{pmatrix}2 & 2\\ 0 & 1\end{pmatrix}$,$\boldsymbol{B}=\begin{pmatrix}1 & 1\\ 1 & 2\end{pmatrix}$,求 $\boldsymbol{A}+\boldsymbol{B}$,$\boldsymbol{A}-\boldsymbol{B}$,$2\boldsymbol{A}+3\boldsymbol{B}$.

2. 设

(1) $\boldsymbol{A}=\begin{pmatrix}1 & 3\\ 2 & -1\end{pmatrix}$,$\boldsymbol{B}=\begin{pmatrix}3 & 0\\ 1 & 2\end{pmatrix}$;

(2) $\boldsymbol{A}=\begin{pmatrix}3 & 1 & 1\\ 2 & 1 & 2\\ 1 & 2 & 3\end{pmatrix}$,$\boldsymbol{B}=\begin{pmatrix}1 & 1 & -1\\ 2 & -1 & 0\\ 1 & 0 & 1\end{pmatrix}$;

计算 $2\boldsymbol{A}-3\boldsymbol{B},\boldsymbol{AB}-\boldsymbol{BA},\boldsymbol{A}^2-\boldsymbol{B}^2$.

3. 计算：

(1) $\begin{pmatrix}4 & 3 & 1\\1 & -2 & 3\\5 & 7 & 0\end{pmatrix}\begin{pmatrix}7\\2\\1\end{pmatrix}$；　　(2) $\begin{pmatrix}1 & 0 & 2\\-1 & 0 & 1\end{pmatrix}\begin{pmatrix}2 & 1\\1 & 3\\0 & 1\end{pmatrix}$；

(3) $\begin{pmatrix}1 & -2\\2 & 1\end{pmatrix}\begin{pmatrix}3 & 8\\5 & -2\end{pmatrix}$；　　(4) $\begin{pmatrix}1 & 2 & 3\end{pmatrix}\begin{pmatrix}3\\2\\1\end{pmatrix}$.

4. 用初等行变换求解下列线性方程组：

(1) $\begin{cases}x_1-x_2=4,\\4x_1+2x_2=-1;\end{cases}$　　(2) $\begin{cases}x_1-2x_2=3,\\\dfrac{x_1}{5}-\dfrac{x_2}{2}=\dfrac{7}{10};\end{cases}$

(3) $\begin{cases}x_1+2x_2-x_3=2,\\2x_1-x_2+2x_3=10,\\x_1+3x_2=2;\end{cases}$　　(4) $\begin{cases}2x_1+x_2+x_3=7,\\3x_1-2x_2+3x_3=8,\\x_1+x_2+x_3=6.\end{cases}$

2.3　矩阵与行列式的应用

【学习要求】

1. 理解简单军事问题、社会问题的矩阵求解方法和过程.
2. 了解行列式在解析几何中的应用.

矩阵与行列式的理论和方法，在现代科学技术中有着重要的作用，在众多的科学技术领域中应用都十分广泛，在生产成本、人口流动、解析几何、加密解密等方面都有应用.

2.3.1　生产成本计算

生产成本计算需要对生产过程中产生的很多数据进行统计、处理、分析，以此来对生产过程进行了解和监控，但是得到的原始数据往往纷繁复杂，这就需要用一些方法对数据进行处理，生成直接明了的结果. 在计算中引入矩阵可以对大量的数据进行批量处理，使计算、处理的过程简单快捷.

例 2.3.1　某军工厂生产 A、B、C 三种产品，生产每种产品的原料成本、人员工资、管理费用见表 2.3.1，每季度生产每种产品的数量见表 2.3.2. 财务人员需要用表格直观地向部门经理展示以下数据：(1) 每季度每一类成本的数目；(2) 每季度三类成本的总数目；(3) 每类成本四个季度的总数目.

表 2.3.1　　(单位:元)

成　本	A	B	C
原料成本	10	20	15
人员工资	30	40	20
管理费用	10	15	10

表 2.3.2　　(单位:件)

产　品	春季	夏季	秋季	冬季
A	2000	3000	2500	2000
B	2800	4800	3700	3000
C	2500	3500	4000	2000

解　用矩阵方法考虑这个问题. 两张表格的数据可以分别表示成一个矩阵,

单位产品成本
$$\boldsymbol{M}=\begin{pmatrix}10 & 20 & 15\\30 & 40 & 20\\10 & 15 & 10\end{pmatrix},$$

各季度的产量
$$\boldsymbol{N}=\begin{pmatrix}2000 & 3000 & 2500 & 2000\\2800 & 4800 & 3700 & 3000\\2500 & 3500 & 4000 & 2000\end{pmatrix},$$

通过矩阵的乘法运算得到

$$\boldsymbol{MN}=\begin{pmatrix}113500 & 178500 & 159000 & 110000\\222000 & 352000 & 303000 & 220000\\87000 & 137000 & 120500 & 85000\end{pmatrix}.$$

$\boldsymbol{MN}$ 的第一行元素表示每个季度的原料成本;

$\boldsymbol{MN}$ 的第二行元素表示每个季度的人员工资;

$\boldsymbol{MN}$ 的第三行元素表示每个季度的管理费用;

$\boldsymbol{MN}$ 的第一列表示春季的原料成本、人员工资和管理费用;

$\boldsymbol{MN}$ 的第二列表示夏季的原料成本、人员工资和管理费用;

$\boldsymbol{MN}$ 的第三列表示秋季的原料成本、人员工资和管理费用;

$\boldsymbol{MN}$ 的第四列表示冬季的原料成本、人员工资和管理费用.

对总成本进行汇总,$\boldsymbol{MN}$ 的每一行元素相加得到每一类成本的年度总成本,$\boldsymbol{MN}$ 的每一列元素相加得到每个季度的总成本,如表 2.3.3 所示.

表 2.3.3　　(单位:元)

成　本	春季	夏季	秋季	冬季	全　年
原料成本	113500	178500	159000	110000	561000
人员工资	222000	352000	303000	220000	1097000
管理费用	87000	137000	120500	85000	429500
合计	422500	667500	582500	415000	2087500

2.3.2　人口流动问题

例 2.3.2　设某城市及郊区乡镇共有 30 万人从事农业、工业、商业工作,假定这个总人数在若干年内保持不变,社会调查表明:

(1) 在这 30 万就业人员中,目前约有 15 万人从事农业,9 万人从事工业,6 万人从事商业;

(2) 在务农人员中，每年约有 20%改为务工，10%改为经商；

(3) 在务工人员中，每年约有 20%改为务农，10%改为经商；

(4) 在经商人员中，每年约有 10%改为务农，10%改为务工.

现要预测第一年、第二年后从事各行业的人数，以及经过多年之后从事各行业的人数的发展趋势.

解 若用三维向量 $\begin{pmatrix} x_i \\ y_i \\ z_i \end{pmatrix}$ 表示第 i 年后从事这三种职业的人员总数，则已知 $\begin{pmatrix} x_0 \\ y_0 \\ z_0 \end{pmatrix} = \begin{pmatrix} 15 \\ 9 \\ 6 \end{pmatrix}$，要预测的是 $\begin{pmatrix} x_1 \\ y_1 \\ z_1 \end{pmatrix}$，$\begin{pmatrix} x_2 \\ y_2 \\ z_2 \end{pmatrix}$，并考察在 $n \to \infty$ 时 $\begin{pmatrix} x_n \\ y_n \\ z_n \end{pmatrix}$ 的情况.

依题意知，第一年后，从事农、工、商的人员总数应为

$$\begin{cases} x_1 = 0.7x_0 + 0.2y_0 + 0.1z_0, \\ y_1 = 0.2x_0 + 0.7y_0 + 0.1z_0, \\ z_1 = 0.1x_0 + 0.1y_0 + 0.8z_0. \end{cases}$$

运用矩阵的乘法，上式可改写为

$$\begin{pmatrix} x_1 \\ y_1 \\ z_1 \end{pmatrix} = \begin{pmatrix} 0.7 & 0.2 & 0.1 \\ 0.2 & 0.7 & 0.1 \\ 0.1 & 0.1 & 0.8 \end{pmatrix} \begin{pmatrix} x_0 \\ y_0 \\ z_0 \end{pmatrix} = \boldsymbol{A} \begin{pmatrix} x_0 \\ y_0 \\ z_0 \end{pmatrix}.$$

将 $\begin{pmatrix} x_0 \\ y_0 \\ z_0 \end{pmatrix} = \begin{pmatrix} 15 \\ 9 \\ 6 \end{pmatrix}$ 代入可得

$$\begin{pmatrix} x_1 \\ y_1 \\ z_1 \end{pmatrix} = \begin{pmatrix} 12.9 \\ 9.9 \\ 7.2 \end{pmatrix},$$

即第一年后从事农业、工业、商业的人数分别为 12.9 万、9.9 万、7.2 万.

第二年后的人数

$$\begin{pmatrix} x_2 \\ y_2 \\ z_2 \end{pmatrix} = \boldsymbol{A} \begin{pmatrix} x_1 \\ y_1 \\ z_1 \end{pmatrix} = \begin{pmatrix} 0.7 & 0.2 & 0.1 \\ 0.2 & 0.7 & 0.1 \\ 0.1 & 0.1 & 0.8 \end{pmatrix}^2 \begin{pmatrix} x_0 \\ y_0 \\ z_0 \end{pmatrix} = \begin{pmatrix} 11.73 \\ 10.23 \\ 8.04 \end{pmatrix},$$

即第二年后从事农业、工业、商业的人数分别为 11.73 万、10.23 万、8.04 万.

综上所述，可推得

$$\begin{pmatrix} x_n \\ y_n \\ z_n \end{pmatrix} = \boldsymbol{A} \begin{pmatrix} x_{n-1} \\ y_{n-1} \\ z_{n-1} \end{pmatrix} = \boldsymbol{A}^n \begin{pmatrix} x_0 \\ y_0 \\ z_0 \end{pmatrix} = \begin{pmatrix} 0.7 & 0.2 & 0.1 \\ 0.2 & 0.7 & 0.1 \\ 0.1 & 0.1 & 0.8 \end{pmatrix}^n \begin{pmatrix} 15 \\ 9 \\ 6 \end{pmatrix},$$

即 n 年之后从事各行业的人数完全由 $\boldsymbol{A}^n$ 决定.

在这个问题的求解过程中，我们应用到矩阵的乘法，将一个实际问题数学化，解决了实际生活中的人口流动问题. 这个问题看似复杂，但通过对矩阵的正确应用，我们成功地将其解决. 可以看到，矩阵确实是解决实际问题的重要工具.

2.3.3 解析几何的应用

对于解析几何中的一些问题，用常规几何学的知识求解，常常计算量比较大，而且化简过程

比较烦琐. 如果借助行列式,就能简化求解的过程. 解析几何中的一些定理、结论,运用行列式的语言表达也比较简洁,例如:

定理 2.3.1 平面内三点 $A(x_1,y_1)$,$B(x_2,y_2)$,$C(x_3,y_3)$共线的条件是$\begin{vmatrix} x_1 & y_1 & 1 \\ x_2 & y_2 & 1 \\ x_3 & y_3 & 1 \end{vmatrix}=0$.

定理 2.3.2 以平面内三点 $A(x_1,y_1)$,$B(x_2,y_2)$,$C(x_3,y_3)$为顶点的$\triangle ABC$ 的面积为 $\frac{1}{2}\begin{vmatrix} x_1 & y_1 & 1 \\ x_2 & y_2 & 1 \\ x_3 & y_3 & 1 \end{vmatrix}$的绝对值.

例 2.3.3 讨论 $A(3,3)$,$B(-1,-5)$,$C(-6,0)$三个点是否在一条直线上,如果三点不在一条直线上,求三点围成的三角形的面积.

解 由定理 2.3.1,可知行列式

$$\begin{vmatrix} 3 & 3 & 1 \\ -1 & -5 & 1 \\ -6 & 0 & 1 \end{vmatrix}=-15-18-0-30+3-0=-60\neq 0,$$

所以三个点不在一条直线上. 由定理 2.3.2 知,三角形的面积等于

$$\frac{1}{2}\begin{vmatrix} 3 & 3 & 1 \\ -1 & -5 & 1 \\ -6 & 0 & 1 \end{vmatrix}=-30$$

的绝对值,即 $S=30$.

2.3.4 信息加密与解密

密码学在经济和军事方面都起着极其重要的作用. 在密码学中将加密信息的代码称为**密码**,没有转换成密码的信息称为**明文**,用密码表示的信息称为**密文**. 从明文转换为密文的过程称为**加密**,反之称为**解密**.

1929 年,密码学家希尔通过矩阵理论对信息进行加密处理,提出了在密码学史上具有重要地位的**希尔加密算法**,下面介绍这种加密算法的基本思想.

首先把 26 个英文字母 $a,b,c,\cdots,x,y,z$ 映射到数 $1,2,3,\cdots,24,25,26$. 例如,1 表示 a,3 表示 c,20 表示 t,另外用 0 表示空格,用 27 表示句号等. 假设我们要发出“*attack*(攻击)”这个信息,于是可以用数集(1,20,20,1,3,11)来表示信息“*attack*”,把这个信息按列写成矩阵的形式:

$$\boldsymbol{M}=\begin{pmatrix} 1 & 1 \\ 20 & 3 \\ 20 & 11 \end{pmatrix}.$$

第一步:加密.

任选一个三阶方阵,例如

$$\boldsymbol{A}=\begin{pmatrix} 1 & 2 & 3 \\ 1 & 1 & 2 \\ 0 & 1 & 2 \end{pmatrix},$$

将 $\boldsymbol{A}$ 与明文矩阵 $\boldsymbol{M}$ 相乘变成密文矩阵 $\boldsymbol{B}$，然后发出.

$$\boldsymbol{AM}=\begin{pmatrix}1 & 2 & 3\\1 & 1 & 2\\0 & 1 & 2\end{pmatrix}\begin{pmatrix}1 & 1\\20 & 3\\20 & 11\end{pmatrix}=\begin{pmatrix}101 & 40\\61 & 26\\60 & 25\end{pmatrix}=\boldsymbol{B}.$$

第二步：解密.

先给出逆矩阵的概念：对于 n 阶方阵 $\boldsymbol{A}$，如果存在 n 阶方阵 $\boldsymbol{B}$，使得 $\boldsymbol{AB}=\boldsymbol{BA}=\boldsymbol{E}$，则 $\boldsymbol{A}$ 称为**可逆矩阵**，$\boldsymbol{B}$ 称为 $\boldsymbol{A}$ 的**逆矩阵**，记作 $\boldsymbol{A}^{-1}$.

解密是加密的逆过程，这里要用到矩阵 $\boldsymbol{A}$ 的逆矩阵 $\boldsymbol{A}^{-1}$，这个逆矩阵 $\boldsymbol{A}^{-1}$ 就是解密的钥匙，称为“密钥”. 当然，矩阵 $\boldsymbol{A}$ 是通信双方事先约定的.

用 $\boldsymbol{A}^{-1}=\begin{pmatrix}0 & 1 & -1\\2 & -2 & -1\\-1 & 1 & 1\end{pmatrix}$ 将密文转换成明文，做矩阵的乘法：

$$\boldsymbol{A}^{-1}\boldsymbol{B}=\begin{pmatrix}0 & 1 & -1\\2 & -2 & -1\\-1 & 1 & 1\end{pmatrix}\begin{pmatrix}101 & 40\\61 & 26\\60 & 25\end{pmatrix}=\begin{pmatrix}1 & 1\\20 & 3\\20 & 11\end{pmatrix}=\boldsymbol{M}.$$

通过反查字母与数字的映射，即可得到信息“*attack*”.

上述加密、解密过程运用了矩阵的乘法与逆矩阵，在实际应用中，可以选择不同的可逆矩阵、不同的映射关系，也可以把字母对应的数字进行不同的排列得到不同的矩阵，这样就有多种加密和解密的方式，这种加密方法是很难破解的，从而保证了传递信息的秘密性.

第 3 章 函数及其应用

函数表达的是一个变量对另一个变量的依赖关系，函数是现代数学的基本概念之一，是高等数学研究的主要对象．函数具有丰富的类型和性质，可以表示方程、平面曲线、空间曲线等各种复杂的数学对象，函数知识在自然科学、工程技术乃至社会科学的许多领域中都有着广泛的应用．

本章首先给出函数的概念、表示方法和性质；然后依次讨论幂函数、指数函数、对数函数、三角函数的定义、图形特点、性质，以及专业中的简单应用；在此基础上讨论复合函数和三种分段函数；最后展示、分析函数在电工学和雷达专业中的应用案例，演示 MATLAB 软件求解函数问题．

3.1 函数的概念与几何性质

【学习要求】

1. 理解函数的概念，掌握函数的表示方法．
2. 理解函数的四种几何性质．
3. 了解电工学中常见函数具有的性质．

3.1.1 函数的概念

引例 1 一枚炮弹发射后，经过 26 s 落到地面击中目标，如图 3.1.1 所示，炮弹距地面的高度 h（单位：m）随时间 t（单位：s）变化的规律是

$$h=130t-5t^2.$$

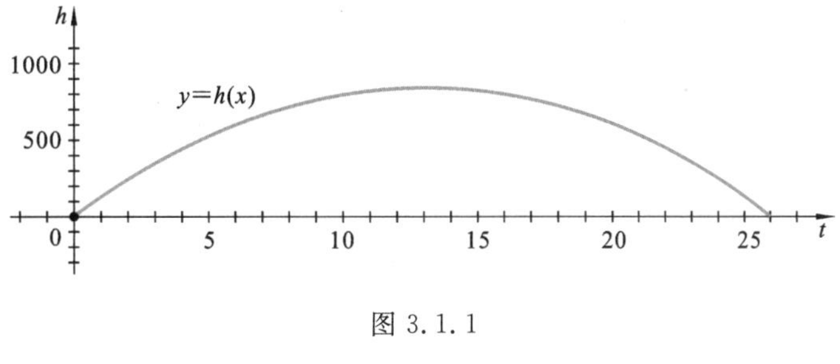

图 3.1.1

引例 2 近几十年来，大气层中的臭氧迅速减少，因而出现了臭氧层空洞问题. 图 3.1.2 中的曲线显示了南极上空臭氧层空洞的面积从 1979—2001 年的变化情况.

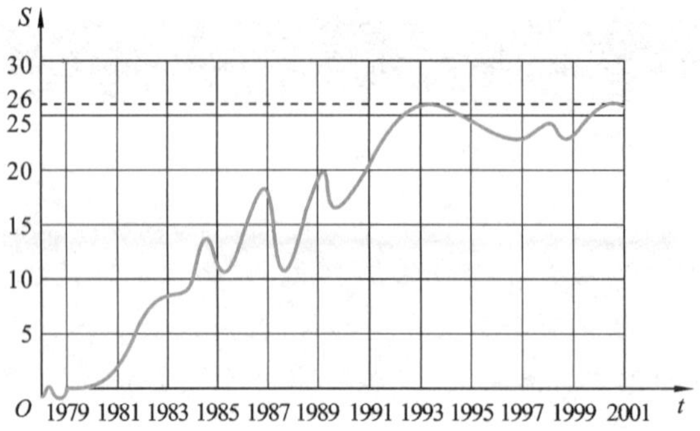

图 3.1.2

引例 3 表 3.1.1 表示某飞行中队 2013 年 1—6 月份的月份 t 与飞行小时 Q 的函数关系.

表 3.1.1

月份 t	1	2	3	4	5	6
飞行小时 Q	100	105	110	115	111	120

三个引例中变量之间的关系都可以描述为：

对于数集 A 中的每一个元素 x，按照某种**对应关系** f，在数集 B 中都有**唯一确定**的元素 y 和它对应.

定义 3.1.1 一般地，设 A,B 是非空数集，如果按照某种确定的**对应关系** f，使对于集合 A 中的每一个数 x，在集合 B 中都有**唯一确定**的数 $f(x)$ 和它对应，那么就称 $f:A\to B$ 为从集合 A 到集合 B 的一个**函数**. 记作：

$$y=f(x),\quad x\in A,$$

其中 x 称为**自变量**，y 称为**因变量**，集合 A 称为函数的**定义域**；与自变量 x 的值相对应的因变量 y 的值称为**函数值**，函数值的集合 $C=\{f(x)\mid x\in A\}$ 称为函数的**值域**.

【说明】

规定一个函数，关键是**给出定义域 A 和对应关系 f**，一旦这两者给定，自变量 x 就是已知的了，函数值 y 就可以得到，值域也就能确定了，因此，定义域 A 和对应关系 f 称为**函数的两要素**.

例 3.1.1 已知函数 $f(x)=x^2+x$，求：

(1) $f(-2)$，$f(0)$；　(2) $f(a)$，$f(b^2)$；　(3) $f(x+1)$.

解 (1) $f(-2)=(-2)^2+(-2)=2$，　$f(0)=0^2+0=0$；

(2) $f(a)=a^2+a$，　$f(b^2)=(b^2)^2+b^2=b^4+b^2$；

(3) $f(x+1)=(x+1)^2+(x+1)=x^2+2x+1+x+1=x^2+3x+2$.

【衔接专业】

电路中交流电压、交流电流、电容电压往往是随时间变化的，表现为以时间为自变量的函数. 如：

交流电压　$u(t)=10\sin(50\pi t)$，u 是关于时间 t 的函数（π 为常数）；

交流电流　$i(t)=5\cos(10\pi t+\pi)$，i 是关于时间 t 的函数；

电容电压　$u_C(t)=u_S(1-e^{-\frac{t}{\tau}})$，$u_S$ 是电源电压，u_S，τ 为常数，u_C是关于 t 的函数.

例 3.1.2　求函数 $f(x)=\sqrt{x+1}+\frac{1}{x-2}$的定义域.

解　要使 $f(x)=\sqrt{x+1}+\frac{1}{x-2}$有意义，必须使 $x+1\geqslant0$ 和 $x-2\neq0$ 同时成立，即 $x\geqslant-1$ 且 $x\neq2$，所以 $f(x)$的定义域为$[-1,2)\cup(2,+\infty)$.

例 3.1.3　某市居民在购房时，面积不超过 120 m^2 时，按购房总价的 1.5%交税；面积超过 120 m^2 时，除 120 m^2 要执行前述的税收政策外，超过的部分按 3%交税. 已知房屋单价是 5000 元/m^2，请问应交税款与房屋面积的函数关系？

解　由题意知，当面积不超过 120 m^2 时，每平方米应交的税款为 5000×1.5%元＝75 元，购买面积 x 应交税款为 $75x$ 元；

当面积超过 120 m^2 时，超过的部分每平方米应交税款为 5000×3%元＝150 元，购买面积 x 应交税款为 $75\times120+150(x-120)$元.

综上所述，应交税款 y 与房屋面积 x 的函数关系为

$$y=\begin{cases}75x, & x\leqslant120,\\ 9000+150(x-120), & x>120.\end{cases}$$

3.1.2　函数的表示法

表示函数常用的方法有**解析法**、**表格法**和**图像法**.

解析法也称公式法，就是用数学式表示两变量间函数关系的方法，是数学中常用的方法，它便于分析研究. 如 $y=x^2+x$，$f(x)=\sqrt{x+1}+1$，$h=130t-5t^2$ 等.

表格法就是将自变量的一系列取值和对应的函数值列成表格的形式，表示函数对应关系的方法，如表 3.1.1 所示.

图像法就是用坐标系中的函数曲线来反映函数关系的方法，如图 3.1.2 所示.

三种表示法的优点：

公式法的优点：一是简明、精确地概括了变量间的关系；二是可以通过公式求出任意一个自变量的值所对应的函数值. 中学阶段所研究的主要是用公式表示的函数.

图像法的优点：直观形象地表示自变量与因变量的变化趋势，有利于通过图像来研究函数的性质.

表格法的优点：不需要计算就可以直接看出与自变量的值相对应的函数值，简洁明了.

【衔接专业】

电工学中常出现以不同方法表示的函数，例如：

公式法：闭合电路中的电流强度 $i(t)=30\cos(100\pi t+\pi)$.

表格法：RC(电阻-电容)充电电路中电容上的电压 u_C 随时间的变化情况(见表 3.1.2).

表 3.1.2

t	0	τ	2τ	3τ	4τ
u_C	0	$0.632u_S$	$0.865u_S$	$0.95u_S$	$0.993u_S$

图像法：理想电压源的伏安特性曲线（见图 3.1.3），实际电压源的伏安特性曲线（见图 3.1.4）.

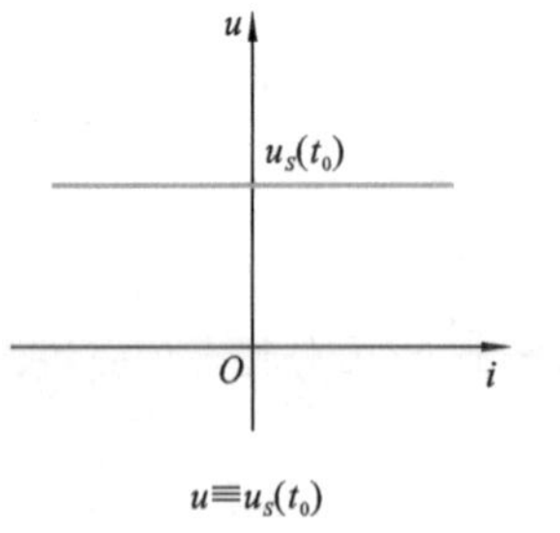

图 3.1.3

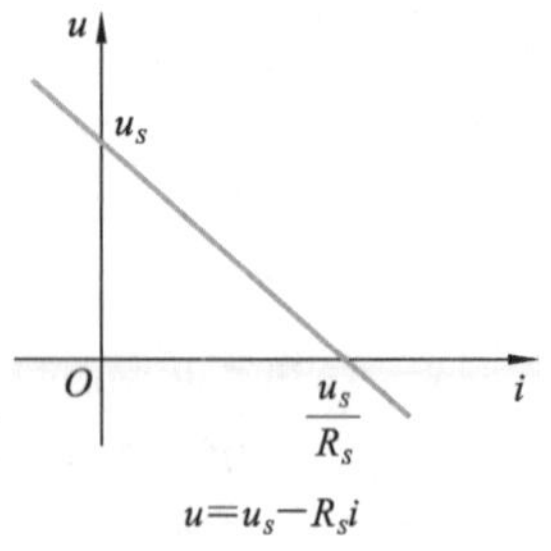

图 3.1.4

案例　射击成绩分析

例 3.1.4　表 3.1.3 是我军朱启南、王涛、刘天佑三名狙击手参加 2010 年全军“和谐杯”10 m汽手枪比赛的成绩及三人的平均成绩. 请你对三名狙击手在本次比赛的成绩做一个分析. 表格能否直观地分析出三名狙击手的成绩高低？如何才能更好地比较三名选手的成绩高低？

表 3.1.3

成绩＼序号	1	2	3	4	5	6	7	8	9	10
朱启南	10.8	10.2	10.3	10	10	10.4	10.1	10.5	10.3	10.5
王　涛	10.5	9.8	10.2	9.7	9.8	10.1	9.7	10.4	9.6	9.3
刘天佑	9.3	9	9.2	9.4	9.5	9.4	9.6	9.8	10.2	10.3
平均成绩	10.2	9.7	9.9	9.7	9.8	10	9.9	10.2	10	10

解　将“成绩”与“射击序号”之间的关系用函数图像表示出来，把“成绩”y 看成“射击序号”x 的函数，用图像法表示函数 $y=f(x)$，就能直观地看到成绩变化情况，如图 3.1.5 所示.

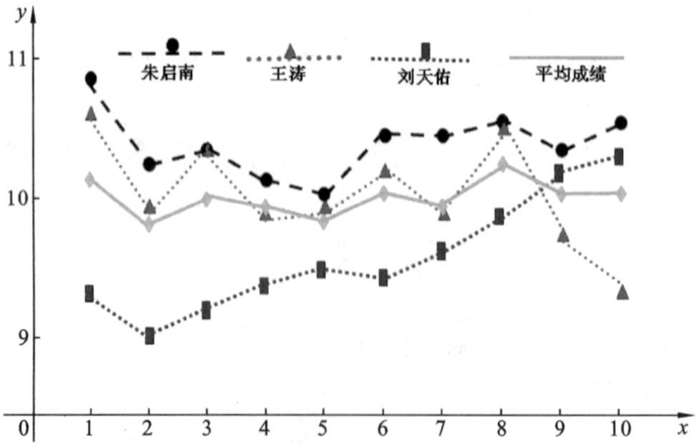

图 3.1.5

从图 3.1.5 可以看出，朱启南成绩始终高于参赛狙击手的平均成绩，成绩较稳定，而且优秀；王涛的成绩不稳定，在参赛狙击手的平均成绩上下波动，而且波动较大；刘天佑成绩虽低于平均成绩，但呈上升趋势，表明他的成绩稳步提高，是一名很有发展潜力的狙击手.

3.1.3 函数的几何性质

1. 函数的奇偶性

定义 3.1.2 设函数 $y=f(x)$ 的定义域为 D，关于原点对称，若对于任意 $-x\in D$，有 $f(-x)=f(x)$，那么称函数 $y=f(x)$ 为**偶函数**；若对于任意 $-x\in D$，有 $f(-x)=-f(x)$，那么称函数 $y=f(x)$ 为**奇函数**. 若函数既不是奇函数，又不是偶函数，称它为**非奇非偶函数**.

例如，函数 $f(x)=x^2$ 是偶函数. 因为对于任意 $x\in(-\infty,+\infty)$，都有

$$f(-x)=(-x)^2=x^2=f(x).$$

$f(x)=\sin x$ 是奇函数. 因为对于任意 $x\in(-\infty,+\infty)$，都有

$$f(-x)=\sin(-x)=-\sin x=-f(x).$$

$f(x)=x^2+\sin x$ 是非奇非偶函数. 因为

$$f(-x)=(-x)^2+\sin(-x)=x^2-\sin x,$$

$f(-x)$ 既不等于 $f(x)$，也不等于 $-f(x)$.

【几何特点】

奇函数的图形关于原点对称，偶函数的图形关于 y 轴对称.

如图 3.1.6 所示，$y=\dfrac{1}{x}$ 的图形关于原点对称，为奇函数；如图 3.1.7 所示，$y=x^2$ 的图形关于 y 轴对称，为偶函数.

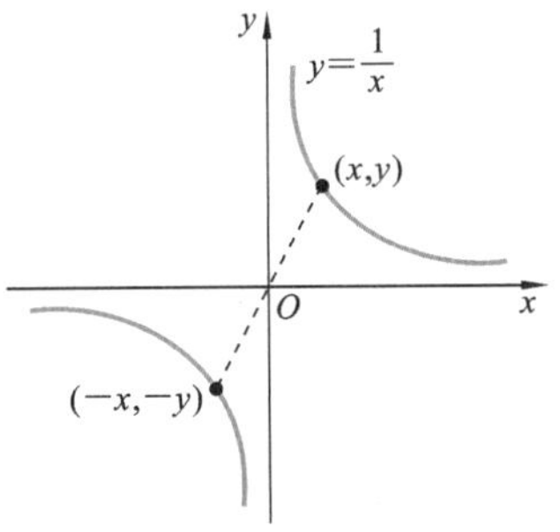

图 3.1.6

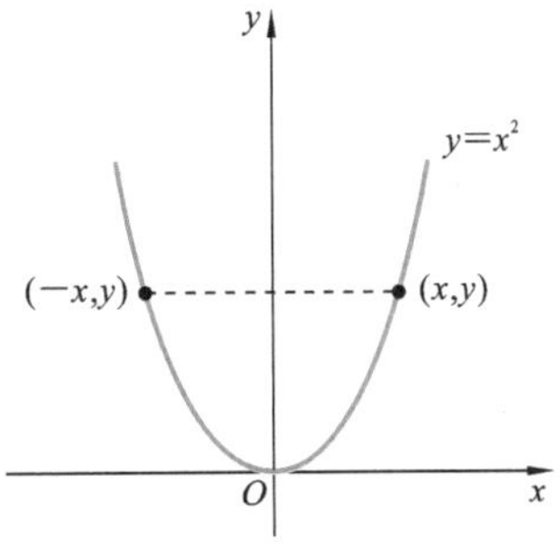

图 3.1.7

【衔接专业】

图 3.1.8 展示了 MATLAB 软件绘制的正弦信号的图形，可见正弦信号为奇函数. 图 3.1.9展示了余弦信号的图形，可见其为偶函数.

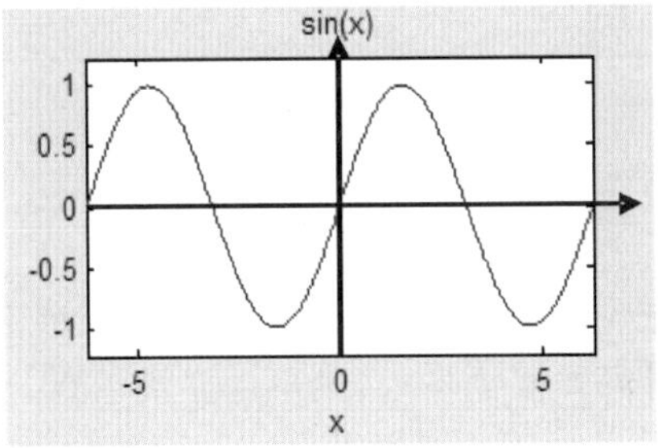

图 3.1.8

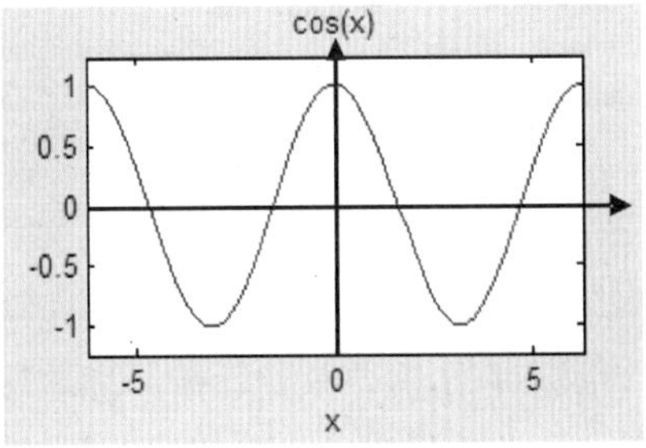

图 3.1.9

2. 函数的单调性

定义 3.1.3 若函数 $y=f(x)$在区间(a,b)内有定义，对于任意的 $x_1,x_2\in(a,b)$，

(1) 当 $x_1<x_2$ 时，都有 $f(x_1)<f(x_2)$，则称函数 $f(x)$在区间(a,b)内是**单调递增函数**，(a,b)为 $f(x)$的**单调增加区间**(见图 3.1.10)；

(2) 当 $x_1<x_2$ 时，都有 $f(x_1)>f(x_2)$，则称函数 $f(x)$在区间(a,b)内是**单调递减函数**，(a,b)为 $f(x)$的**单调减少区间**(见图 3.1.11).

函数 $y=f(x)$在某个区间内是单调递增函数或单调递减函数，就说它在该区间内**具有单调性**，该区间称为函数的**单调区间**.

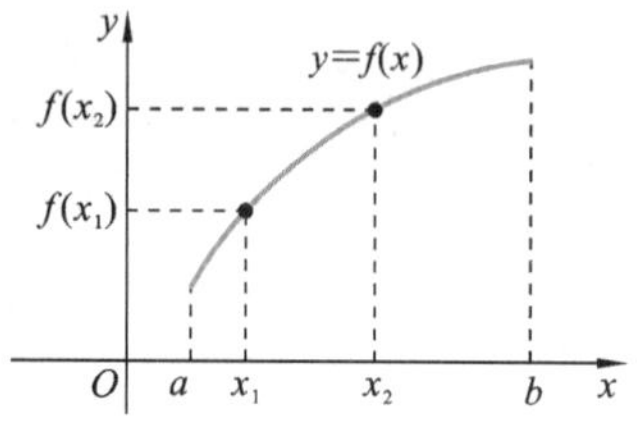

图 3.1.10

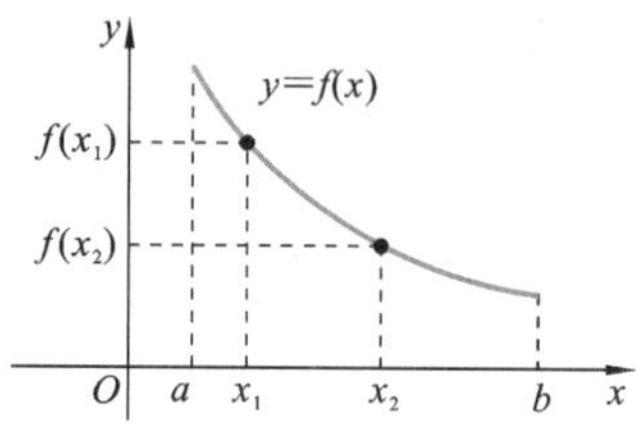

图 3.1.11

例 3.1.5 证明函数 $f(x)=-x^2$ 在$(0,+\infty)$内是单调递减函数.

证 任取 $x_1,x_2\in(0,+\infty)$，且 $x_1<x_2$，因为

$$f(x_1)-f(x_2)=(-x_1^2)-(-x_2^2)=x_2^2-x_1^2=(x_2+x_1)(x_2-x_1)>0,$$

即 $f(x_1)>f(x_2)$，所以 $f(x)=-x^2$ 在$(0,+\infty)$内是单调递减函数.

【几何特点】

单调递增函数——函数值随着 x 的增大而逐渐增大，图形随着 x 的增大而逐渐上升；

单调递减函数——函数值随着 x 的增大而逐渐减小，图形随着 x 的增大而逐渐下降.

例如，由图 3.1.12 可见，函数 $y=a^x$，当 $a>1$ 时函数单调递增，当 $0<a<1$ 时函数单调递减. 由图 3.1.13 可见，函数 $y=\log_a x$，当 $a>1$ 时函数单调递增，当 $0<a<1$ 时函数单调递减.

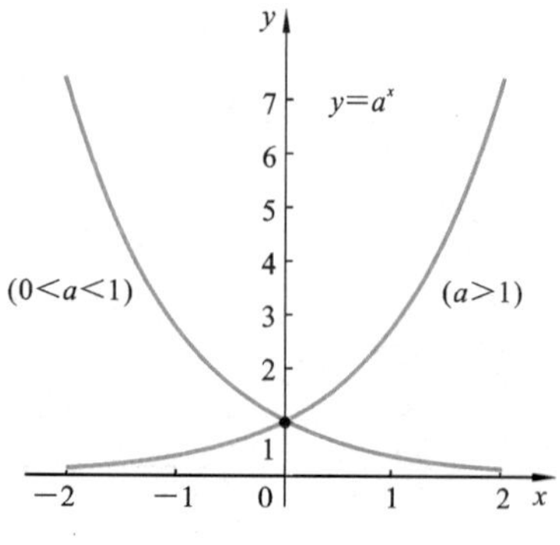

图 3.1.12

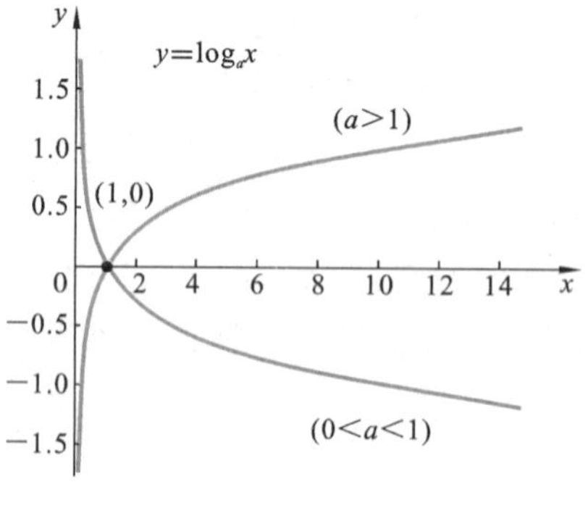

图 3.1.13

【衔接专业】

图 3.1.14 为气象学中湿空气的比焓 h 与湿球温度 d 的关系图(注：比焓指空气中含有的总热量)，由图可见，湿空气的比焓 h 随着湿球温度 d 的升高而逐渐增大，是单调递增函数.

图 3.1.3 是理想电压源的伏安特性曲线，它是一条平行于 i 轴且纵坐标为 $u_S(t_0)$的直线，意味着随着电流 i 的增加电压没有改变，即理想电压源的端电压与电流大小无关.

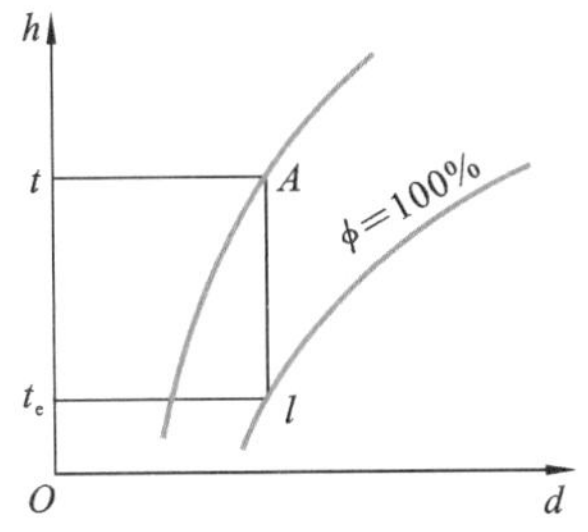

图 3.1.14

图 3.1.4 是实际电压源的伏安特性曲线，它是一条向右下方倾斜的直线，说明在实际电路中，随着电流 i 的增加，电压源的端电压 u 在逐渐降低，电压 u 是关于电流 i 的单调递减函数.

3. 函数的周期性

定义 3.1.4 设函数 $y=f(x)$，定义域为 D，如果存在一个不为零的常数 T，使得对于任意一个 $x\in D$ 都有 $x+T\in D$，且 $f(x+T)=f(x)$，则函数 $y=f(x)$ 称为**周期函数**，非零常数 T 称为函数的**周期**.

【几何特点】

自变量每间隔 T 个单位，函数图形重复出现一次，如图 3.1.15 所示.

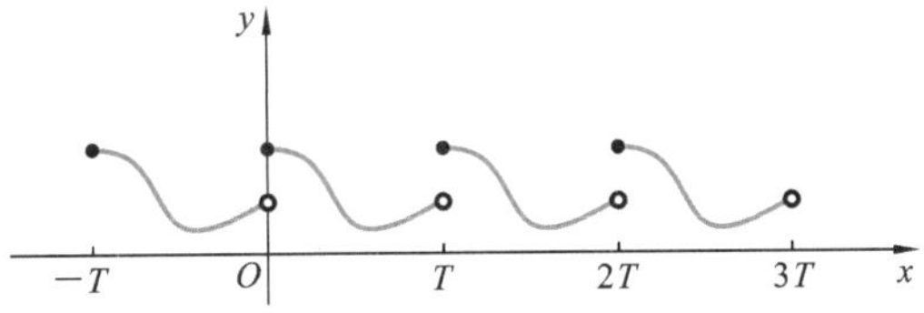

图 3.1.15

显然，如果函数 $f(x)$ 以 T 为周期，那么 $2T$，$3T$，…都是它的周期. 一般地，周期函数的周期存在着一个最小的正数，称为函数的**最小正周期**，简称**周期**.

如正弦函数 $y=\sin x$，图 3.1.16 演示了一个周期的图形重复出现的过程，可知其最小正周期 $T=2\pi$.

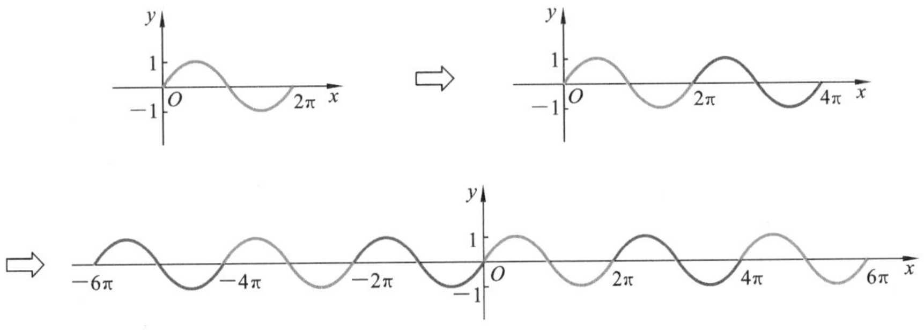

图 3.1.16

【衔接专业】

请判断图 3.1.17、图 3.1.18、图 3.1.19 所示三种电信号的周期.

图 3.1.17 所示信号，周期 $T=\pi$；

图 3.1.18 所示方波信号，周期 $T=2$；

图 3.1.19 所示信号，周期 $T=\frac{2\pi}{\omega}$.

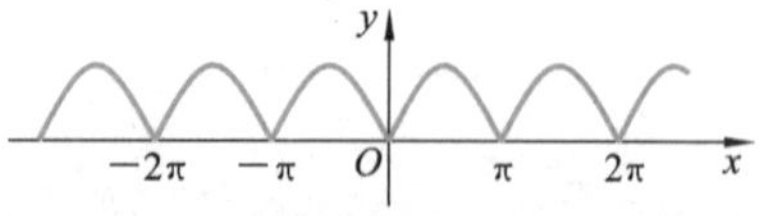

图 3.1.17

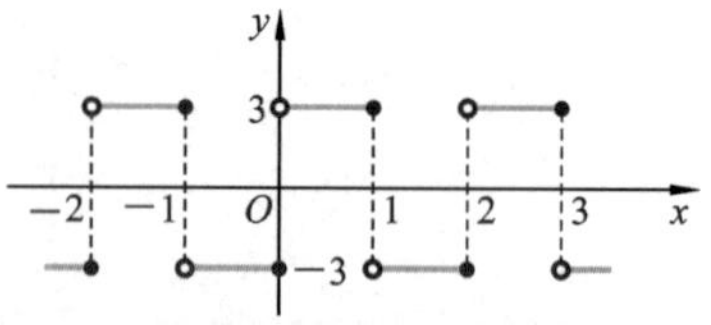

图 3.1.18

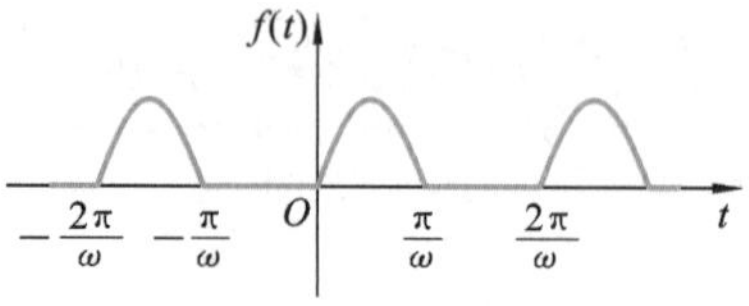

图 3.1.19

4. 函数的有界性

定义 3.1.5 设函数 $y=f(x)$ 在数集 D 内有定义，若存在一个正数 M，对于一切 $x\in D$，恒有

$$|f(x)|\leqslant M$$

成立（见图 3.1.20），则称函数 $f(x)$ 在数集 D 内是**有界的**；如果不存在这样的正数 M，则称函数 $f(x)$ 在数集 D 内是**无界的**.

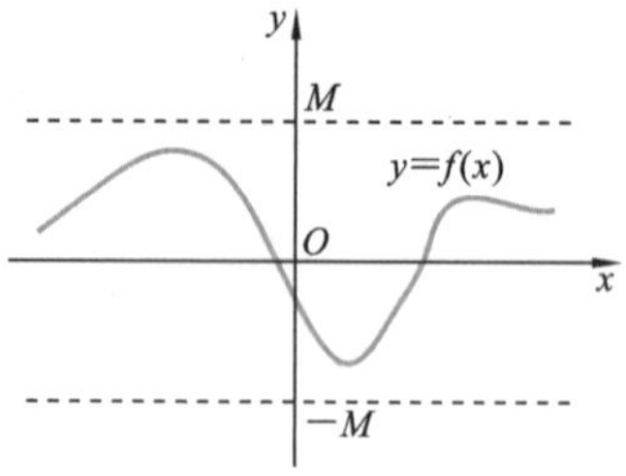

图 3.1.20

例如，函数 $f(x)=\sin x$，$g(x)=3+\cos x$ 在 $(-\infty,+\infty)$ 上有界，因为对于任何实数 x，恒有 $|\sin x|\leqslant 1$，$|3+\cos x|\leqslant 3+|\cos x|\leqslant 4$；而函数 $f(x)=\frac{1}{x}$ 在 $(0,1)$ 内无界，因为随着 x 越来越接近 0，$\frac{1}{x}$ 变得越来越大.

【几何特点】

有界函数的图形位于两条平行于 x 轴的直线之间.

如图 3.1.20 所示，函数图形位于直线 $y=M$ 与 $y=-M$ 之间，所以 $y=f(x)$ 为有界函数.

对比图 3.1.12、图 3.1.13，$y=a^x$、$y=\log_a x$ 为无界函数.

【衔接专业】

判断图 3.1.21 所示信号函数的有界性.

由图 3.1.21 知，函数为有界函数，$|y|\leqslant 6$.

例 3.1.6 已知正弦交流电的电流强度 i（单位：A）随时间 t（单位：s）变化的部分曲线如图 3.1.22 所示，试讨论电流强度的周期性、有界性.

解 电流强度的周期

$$T=2.25\times 10^{-2}-0.25\times 10^{-2}=2\times 10^{-2}\text{(s)},$$

电流强度为有界函数，$|i|\leqslant 30$(A).

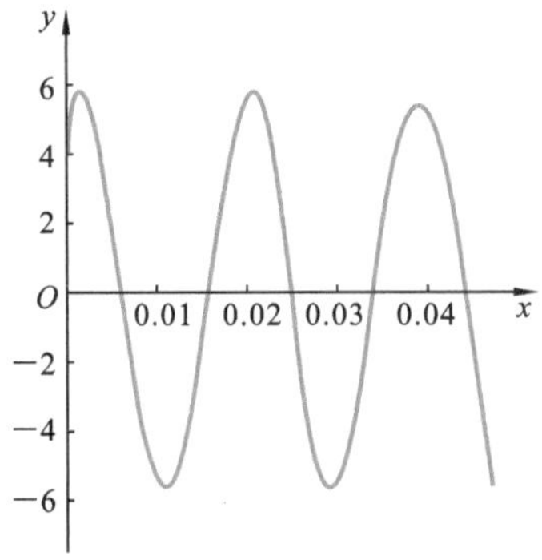

图 3.1.21

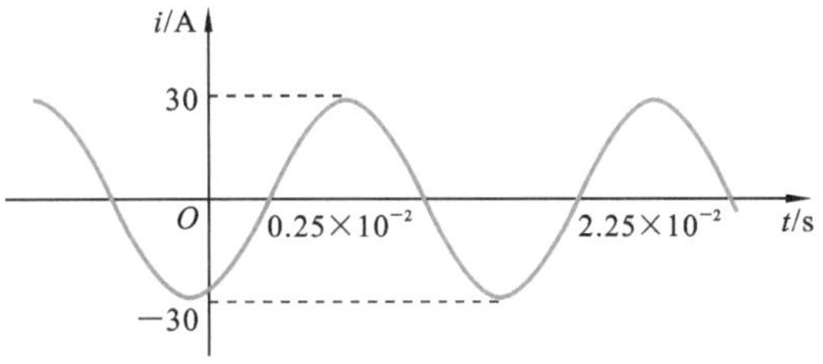

图 3.1.22

习　　题

1. 当 $a=2$ 时，求代数式 $2a^3-\frac{1}{2}a^2+3$ 的值.

2. 已知函数 $f(x)=2x^2-3x$，求 $f(2)$，$f(1)$，$f\left(\frac{1}{2}\right)$，$f(-2)$.

3. 已知函数 $f(x)=-3x+5$，求 $f(t)$，$f(t+1)$.

4. 已知苹果的单价为 4 元，买 $x(x\in\{1,2,3,4,5\})$ 斤苹果需要 y 元，试用函数的三种表示法表示函数 $y=f(x)$.

5. 收集你及你所在宿舍同学开学至现在 5000 m 体能模拟测试的成绩，分析其变化趋势.

6. 函数 $y=2\sin x$，$y=\sin 2x$，$y=\sin\frac{1}{2}x$ 的图形如图 3.1.23 所示，请判断这三个函数的奇偶性，求出这三个函数的周期、最大值.

7. 铁路线上 AB 段为 b（单位：km），工厂 P 距 A 处为 a（单位：km）$(a<b)$，AP 垂直于 AB（见图 3.1.24）. 为了运输需要，要在 AB 线上选一个点 D，向工厂修筑一条公路，已知公路运费是 m（单位：元/(t·km)），铁路运费是 n（单位：元/(t·km)）$(m>n)$，试将运费 y 表示为距离 $|AD|$（记为 x）的函数关系式.

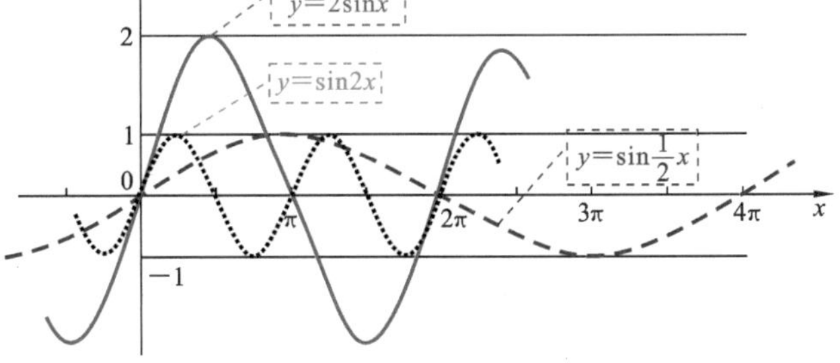

图 3.1.23

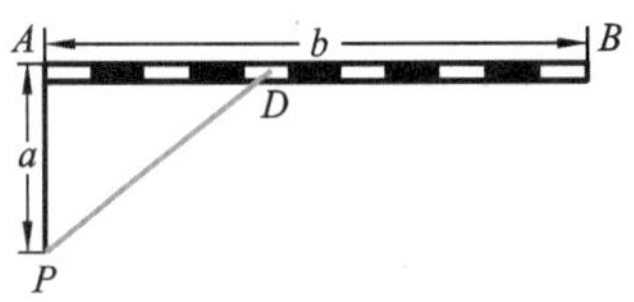

图 3.1.24

3.2 幂 函 数

【学习要求】

1. 掌握整数指数幂、分数指数幂的定义和运算法则.
2. 掌握幂函数的定义、图形特点和性质.
3. 理解幂函数在电工学和信息加密中的简单应用.

3.2.1 指数幂

在实际应用中，常常会遇到**多个相同的数的乘积**问题. 例如，雷达运算放大器的电路板为正方形，边长为 10 cm，那么它的面积 $S=10\times10\ \text{cm}^2$；又如，具有相同放大量的三级功率放大电路，如果每级的放大量为 K_0，那么总的放大量 $K=K_0\times K_0\times K_0$.

为了简化这种相同数的连乘表示，可以用一个简单的记法来表示：

$$S=10\times10=10^2,\quad K=K_0\times K_0\times K_0=K_0^3,$$

这种记法称为**指数幂**.

1. 整数指数幂

整数指数幂包括：

(1) **正整数指数幂** $a^n=\underbrace{a\cdot a\cdot\cdots\cdot a}_{n个a}\ (n\in\mathbf{N}^+)$；

(2) **零指数幂** 规定 $a^0=1\ (a\neq0)$；

(3) **负整数指数幂** $a^{-n}=(a^n)^{-1}=\dfrac{1}{a^n}\ (a\neq0,n\in\mathbf{N}^+)$.

例如：$3^{10}=\underbrace{3\cdot3\cdot\cdots\cdot3}_{10个3}$，$2^0=1$，$4^{-1}=\dfrac{1}{4}$，$3^{-2}=\dfrac{1}{3^2}=\dfrac{1}{9}$.

【练一练】

运用整数指数幂的概念填空：

$$100^0=(\quad);\quad 10^{-1}=(\quad);\quad \frac{1}{5^3}=(\quad).$$

解 $100^0=1$； $10^{-1}=\dfrac{1}{10}$； $\dfrac{1}{5^3}=5^{-3}$.

【运算法则】

(1) $a^m\cdot a^n=a^{m+n}$； (2) $(a^m)^n=a^{mn}$；

(3) $a^n\cdot b^n=(ab)^n$； (4) $\dfrac{a^n}{b^n}=\left(\dfrac{a}{b}\right)^n$，

其中 $a\neq0,b\neq0,m,n\in\mathbf{Z}$.

例 3.2.1 求下列各式的值：

(1) $2^3\cdot 2^4$；　(2) $(7^5)^2$；　(3) $3^2\cdot 2^2$；　(4) $\frac{10^2}{5^2}$.

解 (1) $2^3\cdot 2^4=2^{3+4}=2^7$；　(2) $(7^5)^2=7^{5\cdot 2}=7^{10}$；

(3) $3^2\cdot 2^2=(3\cdot 2)^2=36$；　(4) $\frac{10^2}{5^2}=\left(\frac{10}{5}\right)^2=2^2=4$.

【衔接专业】

常用的单位换算就是采用指数幂的表示形式，如：

1 秒 $=1000$ 毫秒 $=10^3$ 毫秒 $=1000000$ 微秒 $=10^6$ 微秒；

1 千克 $=1000$ 克 $=10^3$ 克 $=1000000$ 毫克 $=10^6$ 毫克；

1 千米 $=10^3$ 米 $=10^4$ 分米 $=10^5$ 厘米 $=10^6$ 毫米 $=10^9$ 微米 $=10^{12}$ 纳米；

1 吉赫兹 $=10^3$ 兆赫兹 $=10^9$ 赫兹；

1 微安 $=10^{-3}$ 毫安 $=10^{-6}$ 安培；

1 微伏 $=10^{-3}$ 毫伏 $=10^{-6}$ 伏特.

【趣味数学】

例 3.2.2 传说古印度国王舍罕王要重赏发明国际象棋的宰相达依尔，问他有什么要求，宰相指着象棋盘上的 8 行 8 列格子说，只想要一些麦子，在棋盘第一个格子里放一粒麦子，第 2 个格子比第 1 个格子增加一倍，第 3 个比第 2 个再增加一倍，直到所有的格子填满. 国王不以为然，同意了他的请求. 你知道要给宰相达依尔多少粒麦子呢？

解 由题意可知：

棋盘的第 1 格放 1 粒麦子，第 2 格放 2 粒麦子，第 3 格放 $2\cdot 2=2^2$ 粒麦子，

第 4 格放 $2^2\cdot 2=2^{2+1}=2^3$ 粒麦子，第 5 格放 $2^3\cdot 2=2^{3+1}=2^4$ 粒麦子，……，

第 64 格放 $2^{62}\cdot 2=2^{62+1}=2^{63}$ 粒麦子.

国王需要给宰相达依尔的麦子总数为 $1+2+2^2+2^3+2^4+\cdots\cdots+2^{63}=2^{64}-1$ 粒，加起来的重量将达到 150 亿吨，以当时世界小麦的生长水平，要 150 年才能生产出来.

2. 分数指数幂

分数指数幂包括：

(1) **正分数指数幂**　$a^{\frac{1}{n}}=\sqrt[n]{a}$，$a^{\frac{m}{n}}=\sqrt[n]{a^m}$ ($a>0$，$m,n\in\mathbf{N}^+$ 且 $n>1$)；

(2) **负分数指数幂**　$a^{-\frac{m}{n}}=\frac{1}{\sqrt[n]{a^m}}$ ($a>0$，$m,n\in\mathbf{N}^+$ 且 $n>1$)；

(3) 0 的正分数指数幂等于 0，0 没有负分数指数幂.

例如：$5^{\frac{2}{3}}=\sqrt[3]{5^2}$，$5^{-\frac{2}{3}}=\frac{1}{\sqrt[3]{5^2}}$，$4^{\frac{1}{2}}=\sqrt[2]{4^1}=\sqrt{4}=2$，$4^{-\frac{1}{2}}=\frac{1}{4^{\frac{1}{2}}}=\frac{1}{\sqrt{4}}=\frac{1}{2}$.

分数指数幂和整数指数幂均为有理数指数幂，整数指数幂的运算法则对有理数指数幂也成立.

【运算法则】

(1) $a^r\cdot a^s=a^{r+s}$；　(2) $(a^r)^s=a^{rs}$；

(3) $a^r\cdot b^r=(ab)^r$；　(4) $\frac{a^r}{b^r}=\left(\frac{a}{b}\right)^r$，

其中 $a>0$，$b>0$，且 $r,s\in\mathbf{Q}$.

事实上，有理数指数幂还可以推广到实数指数幂，且有理数指数幂的运算法则同样适用于实数指数幂.

例 3.2.3 求下列各式的值：

(1) $(\sqrt[3]{6})^3$； (2) $\sqrt[5]{(-3)^5}$； (3) $81^{-\frac{3}{4}}$； (4) $3\cdot\sqrt{3}\cdot\sqrt[3]{3}\cdot\sqrt[6]{3}$.

解 (1) $(\sqrt[3]{6})^3=(6^{\frac{1}{3}})^3=6^{\frac{1}{3}\cdot 3}=6$；

(2) $\sqrt[5]{(-3)^5}=(-3)^{\frac{5}{5}}=-3$；

(3) $81^{-\frac{3}{4}}=(3^4)^{-\frac{3}{4}}=3^{4\cdot(-\frac{3}{4})}=3^{-3}=\dfrac{1}{27}$；

(4) $3\cdot\sqrt{3}\cdot\sqrt[3]{3}\cdot\sqrt[6]{3}=3^1\cdot 3^{\frac{1}{2}}\cdot 3^{\frac{1}{3}}\cdot 3^{\frac{1}{6}}=3^{1+\frac{1}{2}+\frac{1}{3}+\frac{1}{6}}=3^2=9$.

例 3.2.4 化简下列各式(其中 a,b,x,y 都是正数)：

(1) $12a^{\frac{1}{2}}b^{\frac{2}{3}}\div(-4a^{\frac{1}{3}}b^{\frac{2}{3}})$； (2) $(x^{\frac{2}{3}}y^{-\frac{4}{3}})^3$； (3) $\dfrac{\sqrt[5]{a^2}\cdot\sqrt[10]{a}}{\sqrt{a}}$.

解 (1) $12a^{\frac{1}{2}}b^{\frac{2}{3}}\div(-4a^{\frac{1}{3}}b^{\frac{2}{3}})=[12\div(-4)]a^{\frac{1}{2}-\frac{1}{3}}b^{\frac{2}{3}-\frac{2}{3}}=-3a^{\frac{1}{6}}b^0=-3\sqrt[6]{a}$；

(2) $(x^{\frac{2}{3}}y^{-\frac{4}{3}})^3=(x^{\frac{2}{3}})^3(y^{-\frac{4}{3}})^3=\dfrac{x^2}{y^4}$；

(3) $\dfrac{\sqrt[5]{a^2}\cdot\sqrt[10]{a}}{\sqrt{a}}=a^{\frac{2}{5}}\cdot a^{\frac{1}{10}}\cdot a^{-\frac{1}{2}}=a^{\frac{2}{5}+\frac{1}{10}-\frac{1}{2}}=a^0=1$.

【衔接专业】

例 3.2.5 雷达电路中的二极管与三极管.

阳极电流 i 与阳极电压 u 之间的对应规律为 $i=Ku^{\frac{3}{2}}$(K 为常数)，试计算当 $u=100$(V)时 i 的值.

解 当 $u=100$(V)时，

$$i=K\,100^{\frac{3}{2}}=K(\sqrt{100})^3=K\cdot 10^3=1000K(\text{A}).$$

3.2.2 幂函数

引例 根据下列已知条件，写出 y 关于 x 的函数解析式.

(1) 买 1 元钱一本的练习本 x 本，共需 y 元，则______；

(2) 正方形钢板边长为 x，面积为 y，则______；

(3) 正方体形状蓄水池的边长为 x，体积为 y，则______；

(4) 正方形钢板面积为 x，边长为 y，则______；

(5) 水性笔的笔芯 1 元钱 x 根，笔芯单价为 y，则______.

解 (1) $y=x$； (2) $y=x^2$； (3) $y=x^3$；

(4) $y=\sqrt{x}$； (5) $y=\dfrac{1}{x}$.

【归纳规律】

这 5 个函数都可以表示成自变量的若干次幂的形式，其中 $y=\sqrt{x}=x^{\frac{1}{2}}$，$y=\dfrac{1}{x}=x^{-1}$.

定义 3.2.1 函数 $y=x^a$(a 为常数)称为**幂函数**，其中 a 称为**指数**，x 称为**底数**.

幂函数 $y=x^a$ 的图形和性质与指数 a 的值有着密切的关系. 观察幂函数 $y=x$, $y=x^2$, $y=x^{\frac{1}{2}}$ 的图形,如图 3.2.1 所示. 观察幂函数 $y=x^{-1}$, $y=x^{-2}$, $y=x^{-\frac{1}{2}}$ 的图形,如图 3.2.2 所示.

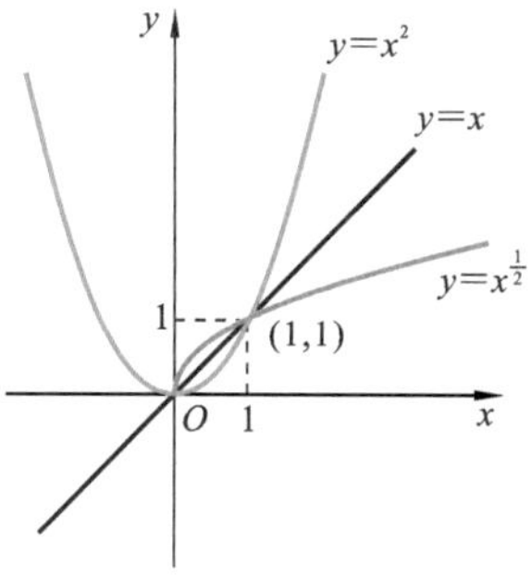

图 3.2.1

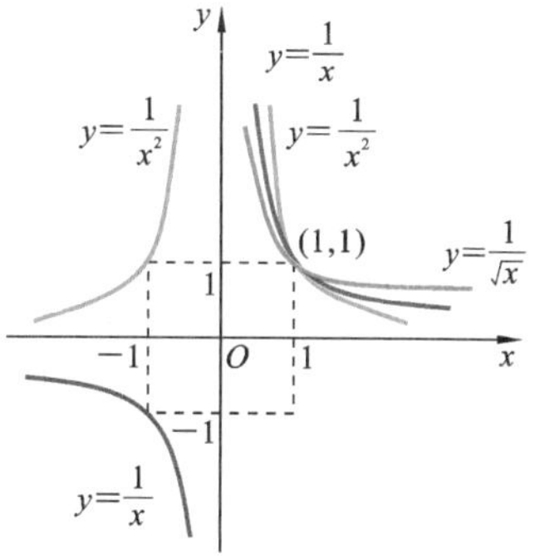

图 3.2.2

可见,幂函数 $y=x^a$ 的图形有下列特性:

(1) 不论 a 为何值,图形恒过定点(1, 1);

(2) 当 a 为偶数时,幂函数是偶函数,函数的图形关于 y 轴对称;

当 a 为奇数时,幂函数是奇函数,函数的图形关于原点对称;

(3) 当 $a>0$ 时,幂函数图形过点(0, 0),在区间$(0, +\infty)$内单调增加;

当 $a<0$ 时,幂函数在区间$(0, +\infty)$内单调减少.

案例　信息加密

例 3.2.6　为了保证信息的安全传输,有一种密码系统,其加密原理为:发送方将明文按照密钥规定的加密方式转化成密文发送出去,接收方接收后再按照密钥将密文转化成明文. 已知密钥为 $y=x^a(a>0$ 且 $a\neq1)$,又知道 4 通过加密后得到密文为 2. 现在接收方接收到密文 $\frac{1}{6}$,问解密后得到的明文是什么?

解　由题意知,加密密钥为 $y=x^a(a>0$ 且 $a\neq1)$,4 通过加密后得到密文为 2,即 $x=4$ 时 $y=2$,代入有 $2=4^a$,解得 $a=\frac{1}{2}$,所以密钥为幂函数 $y=x^{\frac{1}{2}}$.

又由接收方接收到密文 $\frac{1}{6}$,即已知 $y=\frac{1}{6}$,代入密钥得 $\frac{1}{6}=x^{\frac{1}{2}}$,解得 $x=\frac{1}{36}$,所以解密后得到的明文是 $\frac{1}{36}$.

上述例子中加密解密的过程与幂函数 $y=x^{\frac{1}{2}}$ 紧密相关,变量之间的这种对应规律在雷达的各个分机中也经常遇到,如雷达电路中的二极管与三极管,阳极电流 i 与阳极电压 u 之间的对应规律为 $i=Ku^{\frac{3}{2}}$(K 为常数),这种对应关系就是幂函数.

习　题

1. 运用整数指数幂的概念填空.

$\frac{1}{7^3}=$(　　);　　$2^{-2}=$(　　);　　$9^{-1}=$(　　);　　$\frac{1}{10}=$(　　).

2. 求下列各式的值：

(1) $5^3 \cdot 5^6$；　(2) $(4^5)^3$；　(3) $3^{-5} \cdot 3^{-1}$；　(4) $(2^{-2})^3$.

3. 求下列各式的值：

(1) $(\sqrt[3]{5})^3$；　(2) $\sqrt{4^{10}}$；　(3) $16 \cdot \sqrt{16} \cdot \sqrt[4]{16}$.

4. 化简下列各式(其中 a,b,x,y 都是正数)：

(1) $15a^{\frac{5}{4}}b^{\frac{2}{3}} \div (-3a^{\frac{1}{4}}b^{\frac{2}{3}})$；　(2) $(x^{-\frac{2}{5}}y^{\frac{4}{5}})^5$；　(3) $\dfrac{\sqrt{a^3} \cdot \sqrt{a^5}}{\sqrt{a}}$.

5. 用列表、描点、连线的方法画出下列幂函数的图形：

(1) $y=x^3$；　(2) $y=\sqrt{x}$；　(3) $y=\dfrac{1}{x}$.

6. 已知电流 $i=Ku^{\frac{3}{2}}$($K=10$ 为常数)，试计算当 $u=220$(V)时 i 的值(可借助计算器).

3.3 指数函数

【学习要求】

1. 掌握指数函数的定义和运算法则.
2. 掌握指数函数的图形特点和性质.
3. 认识电工学中出现的指数函数.

3.3.1 指数函数的定义

引例 1　细胞分裂的规律

如图 3.3.1 所示，细胞分裂时，由 1 个分裂成 2 个，2 个分裂成 4 个，……，细胞分裂 x 次后，细胞个数 y 与分裂次数 x 的函数关系式是什么？

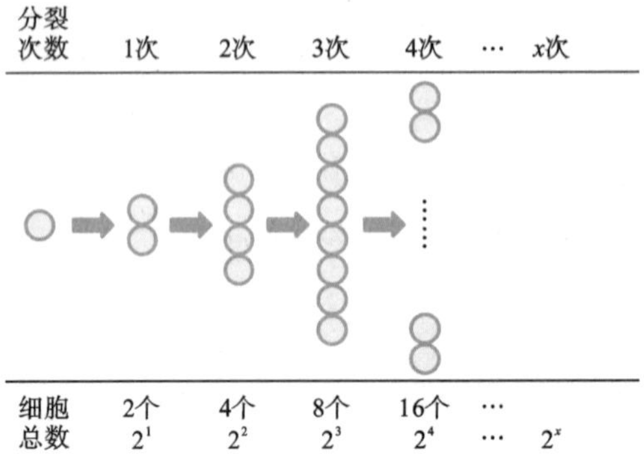

图 3.3.1

答　细胞个数 y 与分裂次数 x 的函数关系式为 $y=2^x$($x \in \mathbf{N}^+$).

引例2　分割木棰

《庄子·天下篇》中记载了一个故事：长度为一尺的木杖，今天截取一半，明天截取一半的一半，后天截取剩下部分的一半，如图3.3.2所示，问截取 x 次后，木棰剩余量 y 关于 x 的函数关系式是什么？

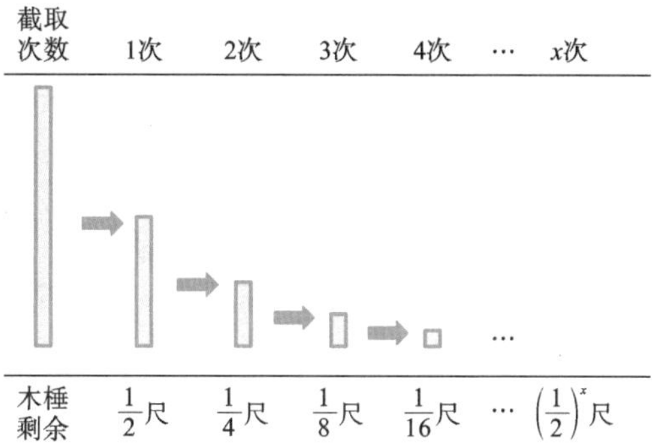

图3.3.2

答　木棰剩余量 y 关于 x 的函数关系式为 $y=\left(\frac{1}{2}\right)^x (x\in \mathbf{N}^+)$.

引例中得到的两个函数 $y=2^x$ 和 $y=\left(\frac{1}{2}\right)^x$ 称为指数函数. 一般的指数函数定义如下.

定义3.3.1　形如 $y=a^x(a>0$ 且 $a\neq 1)$ 的函数称为**指数函数**，它的定义域为**实数集 R**，其中 a 称为**底数**，x 称为**指数**.

特别地，以无理数 e=2.71828…为底数的指数函数，记作 $y=e^x$.

指数函数具有与有理数指数幂类似的运算法则.

【运算法则】

(1) $a^{x_1}\cdot a^{x_2}=a^{x_1+x_2}$；　　(2) $(a^{x_1})^{x_2}=a^{x_1x_2}$；

(3) $a^x\cdot b^x=(ab)^x$；　　(4) $\frac{a^x}{b^x}=\left(\frac{a}{b}\right)^x$，

其中 $a\neq 0,b\neq 0$.

例如：$e^{x_1}\cdot e^{x_2}=e^{x_1+x_2}$；$(3^x)^u=3^{xu}$；$2^x\cdot 3^x=(2\cdot 3)^x=6^x$；$\frac{20^x}{5^x}=\left(\frac{20}{5}\right)^x=4^x$.

例3.3.1　化简下列各式：

(1) $6^x\cdot 4^x\div(3^x)$；　(2) $\left(\frac{2}{3}\right)^x\cdot\left(\frac{3}{7}\right)^x\div\left(\frac{1}{7}\right)^x$；　(3) $\frac{(12^x)^u}{(4^u)^x}$.

解　(1) $6^x\cdot 4^x\div(3^x)=\frac{(6\cdot 4)^x}{3^x}=\frac{24^x}{3^x}=\left(\frac{24}{3}\right)^x=8^x$；

(2) $\left(\frac{2}{3}\right)^x\cdot\left(\frac{3}{7}\right)^x\div\left(\frac{1}{7}\right)^x=\frac{\left(\frac{2}{3}\cdot\frac{3}{7}\right)^x}{\left(\frac{1}{7}\right)^x}=\frac{\left(\frac{2}{7}\right)^x}{\left(\frac{1}{7}\right)^x}=\left[\frac{\frac{2}{7}}{\frac{1}{7}}\right]^x=2^x$；

(3) $\frac{(12^x)^u}{(4^u)^x}=\frac{12^{xu}}{4^{xu}}=\left(\frac{12}{4}\right)^{xu}=3^{xu}$.

3.3.2 指数函数的图形和性质

指数函数的图形和性质随着底数 a 取值的不同而不同.

在同一直角坐标系中作出函数 $y=2^x, y=\left(\frac{1}{2}\right)^x$ 和 $y=3^x, y=\left(\frac{1}{3}\right)^x$ 的图形,如图 3.3.3 所示.

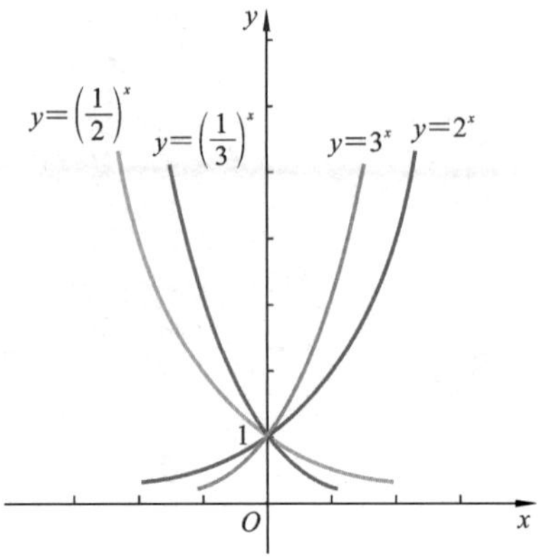

图 3.3.3

观察图 3.3.3,可得指数函数 $y=a^x$ 图形的性质:

(1) 图形都在 x 轴的上方(即 $y>0$),且过定点(0,1);

(2) 当 $a>1$ 时,指数函数单调增加,且 $x>0$ 时,$y>1$,图形沿 x 轴正向无限向上延伸;$x<0$ 时,$y<1$,图形沿 x 轴负向无限接近 x 轴;

(3) 当 $0<a<1$ 时,指数函数单调减小,且 $x<0$ 时,$y>1$,图形沿 x 轴负向无限向上延伸;$x>0$ 时,$y<1$,图形沿 x 轴正向无限接近 x 轴;

(4) $y=a^x$ 的图形与 $y=\left(\frac{1}{a}\right)^x$ 的图形关于 y 轴对称.

【归纳规律】

整理归纳上述四条性质可得表 3.3.1.

表 3.3.1

<table>
<tr><td>图形</td><td>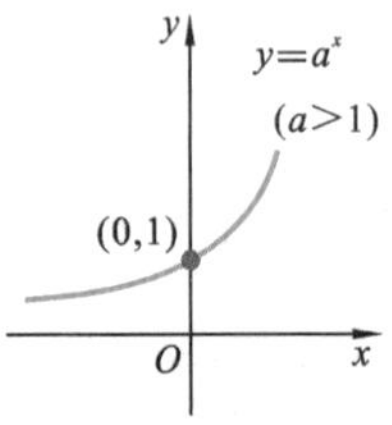</td><td>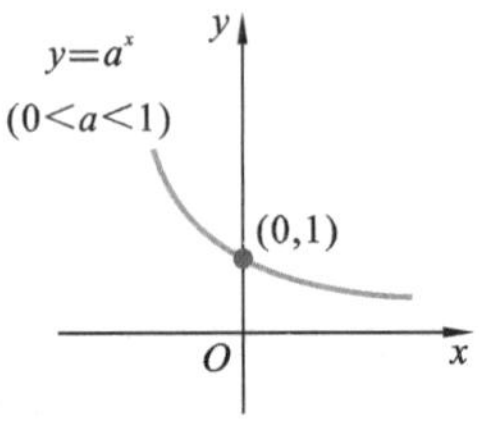</td></tr>
<tr><td rowspan="3">性质</td><td colspan="2">图形都在 x 轴上方,即值域为 $(0,+\infty)$</td></tr>
<tr><td colspan="2">过点(0,1)</td></tr>
<tr><td>函数在 R 上单调递增</td><td>函数在 R 上单调递减</td></tr>
</table>

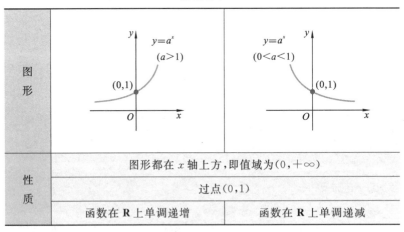

指数函数图形的性质可归纳为方便记忆的五句口诀:

指数函数很简单,一"撇"一"捺"记心间;

是增是减底数见;图形恒过(0,1)点;x 轴是渐近线.

例 3.3.2 比较下列各组数值的大小:

(1) $2.7^{\frac{1}{3}}$ 与 $2.7^{-\frac{1}{2}}$;　　(2) $0.6^{-1.3}$ 与 1.

解 (1) $2.7^{\frac{1}{3}}$ 与 $2.7^{-\frac{1}{2}}$ 可看作函数 $y=2.7^x$ 当 x 分别取 $\frac{1}{3}, -\frac{1}{2}$ 时的函数值. 由于 $a=2.7>1$,因此 $y=2.7^x$ 在 **R** 上是单调递增函数,又因为 $\frac{1}{3}>-\frac{1}{2}$,所以 $2.7^{\frac{1}{3}}>2.7^{-\frac{1}{2}}$.

(2) $0.6^{-1.3}$和$1(=0.6^0)$可看作函数 $y=0.6^x$ 当 x 分别取 -1.3 和 0 时的函数值，由于 $a=0.6<1$，因此 $y=0.6^x$ 在 **R** 上是单调递减函数，又因为 $-1.3<0$，所以$0.6^{-1.3}>1$.

例 3.3.3 求函数 $y=\sqrt{\left(\frac{1}{3}\right)^x-1}$的定义域.

解 要使函数有意义，要求$\left(\frac{1}{3}\right)^x-1\geqslant 0$，即$\left(\frac{1}{3}\right)^x\geqslant 1$，因为 $y=\left(\frac{1}{3}\right)^x$ 是指数函数，在 **R** 上是减函数，要使$\left(\frac{1}{3}\right)^x\geqslant 1=\left(\frac{1}{3}\right)^0$，必须使 $x\leqslant 0$，即函数定义域为$(-\infty,0]$.

例 3.3.4 2011 年 3 月 11 日，日本发生里氏 8.8 级地震，地震造成放射性物质泄漏，酿成重大人员伤亡和财产损失. 已知放射性物质每经过一年，剩余的质量约为原来的 84%，设经过 x 年后，剩余的质量为 y，试建立剩余质量 y 与时间 x 的函数关系式.

解 设放射性物质最初的质量是 m，则

衰变 1 年后，剩余质量是 $m\times 0.84$；

衰变 2 年后，剩余质量是 $m\times 0.84^2$；

衰变 3 年后，剩余质量是 $m\times 0.84^3$；……；

可见，衰变 x 年后剩余的质量

$$y=m\times 0.84^x.$$

【衔接专业】

电容器连接直流电源充电时，电容器的电压随时间变化的规律是

$$u_C=E(1-e^{-\frac{t}{RC}}),$$

其中 E 是电源的电动势，R 是电阻，C 是电容，均为常数.

电容器放电时，电容器的电压随时间变化的规律是

$$u_C=Ee^{-\frac{t}{RC}}.$$

以上两个函数均是指数函数，它们都以无理数 e 为底数，而且指数总取负值.

习　　题

1. 化简下列各式：

(1) $2^x\cdot 5^x$；　(2) $6^x\cdot 7^x$；　(3) $15^x\div 3^x$；

(4) $2^x\cdot 3^x\div 6^x$；　(5) $6^x\cdot 8^x\div 12^x$；　(6) $9^x\cdot 10^x\div 6^x$.

2. 化简下列各式：

(1) $\left(\frac{2}{5}\right)^x\cdot\left(\frac{5}{9}\right)^x$；　(2) $\left(\frac{5}{7}\right)^x\div\left(\frac{1}{7}\right)^x$；

(3) $\left(\frac{3}{4}\right)^x\cdot\left(\frac{4}{5}\right)^x\div\left(\frac{1}{5}\right)^x$；　(4) $\left(\frac{5}{9}\right)^x\cdot\left(\frac{9}{7}\right)^x\div\left(\frac{1}{7}\right)^x$.

3. 化简下列各式：

(1) $\frac{(12^x)^y}{(3^y)^x}$；　(2) $\frac{(20^y)^x}{(5^x)^y}$；　(3) $\frac{4^x\cdot 4^y}{2^{x+y}}$；　(4) $\frac{15^{x+y}}{5^x\cdot 5^y}$.

4. 求函数 $y=\sqrt{5^x-1}$的定义域.

5. 借助指数函数的图形比较下列各组数值的大小：

(1) $3^{0.8}, 3^{0.7}$;　　　　(2) $0.75^{-0.1}, 0.75^{0.1}$.

6. 一件产品的产量原来是 a，计划在今后 m 年内，使产量每年平均比上一年增加 $p\%$，写出产量 y 随年数 x 变化的函数解析式.

3.4 对数函数

【学习要求】

1. 掌握对数的定义、性质和运算法则.
2. 记住常用对数和自然对数.
3. 掌握对数函数的定义、图形特点和性质.
4. 理解对数函数在电工学和工程领域的简单应用.

3.4.1 对数

引例

问：$3^{?}=9$，　　答：$3^2=9$.

问：$3^{?}=27$，　　答：$3^3=27$.

问：$3^{?}=729$.

在指数式 $a^b=N(a>0$ 且 $a\neq1)$ 中，若已知 a、b 的值，可求出 N 的值；现若已知 a 与 N 的值，如何求出 b 的值？

1. 对数的定义

定义 3.4.1 若 $a^b=N(a>0$ 且 $a\neq1)$，则把 b 称为以 a 为底的 N 的**对数**，记为

$$\log_a N=b,$$

其中 a 称为对数的**底数**，N 称为对数的**真数**.

可见，$a^b=N$ 与 $\log_a N=b$ 是同一种关系的不同表达形式. $a^b=N$ 称为**指数式**，$\log_a N=b$ 称为**对数式**.

例如，指数式 $2^3=8$ 可以写成对数式 $\log_2 8=3$，对数式 $\log_5 25=2$ 也可以写成指数式 $5^2=25$.

2. 对数的性质

由对数的定义可以得到对数的如下性质：

(1) 真数 $N>0$(即零与负数没有对数)；

(2) $\log_a a=1$；

(3) $\log_a 1=0$；

(4) 对数恒等式 $a^{\log_a N}=N$；

(这是因为，若 $a^b=N$，则 $b=\log_a N$，将 $b=\log_a N$ 代入 $a^b=N$ 中即得 $a^{\log_a N}=N$.)

(5) $\log_a a^b = b$.

(这是因为,若 $a^b=N$,则 $b=\log_a N$,将 $N=a^b$ 代入 $b=\log_a N$ 中即得$\log_a a^b=b$.)

例 3.4.1 求下列各式的值:

(1) $\log_2 2=$______;　(2) $\log_{0.2}0.2=$______;　(3) $\log_{0.5}1=$______;

(4) $\log_3 3^5=$______;　(5) $\log_2 2^7=$______;　(6) $\log_{0.4}0.4^8=$______.

解 (1) $\log_2 2=1$;　(2) $\log_{0.2}0.2=1$;　(3) $\log_{0.5}1=0$;

(4) $\log_3 3^5=5$;　(5) $\log_2 2^7=7$;　(6) $\log_{0.4}0.4^8=8$.

【特殊对数】

(1) **常用对数** 通常将以 10 为底的对数$\log_{10}N$ 称为常用对数,简记作 $\lg N$.

例如,$\log_{10}3$ 记为 $\lg 3$,$\log_{10}15$ 记为 $\lg 15$.

(2) **自然对数** 在科学技术中还常用到以无理数 $e=2.71828\cdots$为底的对数$\log_e N$,称为自然对数,简记作 $\ln N$.

例如,$\log_e 2$ 记为 $\ln 2$,$\log_e 7$ 记为 $\ln 7$ 等.

例 3.4.2 求下列各式的值:

(1) $\lg 10=$______;　(2) $\lg 10^3=$______;　(3) $\ln e^5=$______;

(4) $\ln e=$______;　(5) $\lg 100=$______;　(6) $\lg 1=$______;

(7) $\ln e^7=$______;　(8) $\ln e^{\frac{1}{2}}=$______.

解 (1) $\lg 10=1$;　(2) $\lg 10^3=3$;　(3) $\ln e^5=5$;

(4) $\ln e=1$;　(5) $\lg 100=2$;　(6) $\lg 1=0$;

(7) $\ln e^7=7$;　(8) $\ln e^{\frac{1}{2}}=\frac{1}{2}$.

3. 对数的运算法则

设 $a>0$ 且 $a\neq 1$,$M>0$,$N>0$,则

(1) $\log_a(M\cdot N)=\log_a M+\log_a N$;

(2) $\log_a \frac{M}{N}=\log_a M-\log_a N$;

(3) $\log_a M^n = n\log_a M \quad (n\in \mathbf{R})$;

(4) $\log_a N=\frac{\log_c N}{\log_c a}$,称为换底公式,把以 a 为底的对数换成以 c 为底的对数.

证 (1) 设$\log_a M=A$,$\log_a N=B$,则由对数的定义,得

$$M=a^A, N=a^B,$$

所以

$$M\cdot N=a^A\cdot a^B=a^{A+B},$$

即

$$\log_a(M\cdot N)=\log_a a^{A+B}=A+B=\log_a M+\log_a N.$$

同理,可证法则(2)、(3).

(4) 若在等式 $a^b=N$ 的两边取以 c 为底的对数,得

$$\log_c a^b=\log_c N,$$

即

$$b\log_c a=\log_c N,$$

从而 $b=\frac{\log_c N}{\log_c a}$. 又由对数定义知 $b=\log_a N$,从而有$\log_a N=\frac{\log_c N}{\log_c a}$.

例 3.4.3 求下列各式的值：

(1) $\log_2(2^3 \cdot 2^5)$；　(2) $\log_2 2^2+\log_2 2^5$；　(3) $\lg5+\lg20$；

(4) $\lg50-\lg5$；　(5) $\ln(e^4 \cdot e^3)$；　(6) $\ln(e\sqrt{e})+\ln\sqrt{e}$.

解 (1) $\log_2(2^3 \cdot 2^5)=\log_2 2^{3+5}=\log_2 2^8=8\log_2 2=8$；

(2) $\log_2 2^2+\log_2 2^5=2\log_2 2+5\log_2 2=2+5=7$；

(3) $\lg5+\lg20=\lg(5\times20)=\lg100=\lg 10^2=2\lg10=2$；

(4) $\lg50-\lg5=\lg\left(\frac{50}{5}\right)=\lg10=1$；

(5) $\ln(e^4 \cdot e^3)=\ln e^{4+3}=\ln e^7=7\ln e=7$；

(6) $\ln(e\sqrt{e})+\ln\sqrt{e}=\ln(e\sqrt{e}\sqrt{e})=\ln(e^2)=2\ln e=2$.

【对数简史】

15 至 16 世纪，天文学得到了较快的进展. 为了计算星球的轨道和研究星球之间的位置关系，需要对很多巨大的数据进行乘、除、乘方和开方运算. 由于数字太大，为了得到一个结果，常常需要运算几个月的时间. 冗繁的计算令科学家苦恼，能否找到一种简便的计算方法呢？数学家们在探索和思考. 如果能用简单的加减运算来代替复杂的乘除运算那就太好了！直至 16 世纪末 17 世纪初，苏格兰数学家纳皮尔发明了对数，才彻底解决了这一运算难题. 对数被誉为使科学家延长寿命的重大数学成就！恩格斯对对数的发明给予了高度的评价，他认为："对数的发明与解析几何学的产生、微积分学的创始同为 17 世纪数学的三大成就."

3.4.2 对数函数

引例 折纸问题

将一张长方形的纸对折 1 次就变成了 2 层；对折 2 次就变成了 4 层；对折 3 次就变成了 8 层；……. 设纸对折的次数为 x，对折后纸的层数为 y，则 $y=2^x$.

思考

如果发现对折后的纸有 4 层，那么对折了多少次？

如果发现对折后的纸有 8 层，那么对折了多少次？

如果发现对折后的纸有 16 层、32 层呢？

设对折后纸的层数为 x 层时，对折了 y 次，则 y 关于 x 的函数表达式为 $x=2^y$，将指数式化为对数式，则有 $y=\log_2 x$.

定义 3.4.2 函数 $y=\log_a x$（$a>0$ 且 $a\neq1$）称为**对数函数**，其中 a 称为对数函数的**底数**，x 称为对数函数的**真数**.

对数函数的定义域为$(0,+\infty)$，值域是$(-\infty,+\infty)$.

若将 $y=\log_a x$ 写成指数式得 $a^y=x$，再交换 x,y 的位置得 $y=a^x$，可见对数函数 $y=\log_a x$ 与指数函数 $y=a^x$ 互为反函数.

观察对数函数 $y=\log_2 x$、$y=\log_3 x$ 和 $y=\log_{\frac{1}{2}} x$、$y=\log_{\frac{1}{3}} x$ 的图形.

由于对数函数是指数函数的反函数，根据互为反函数的图形关于直线 $y=x$ 对称的性质，作出这些函数的图形，如图 3.4.1 所示，考察可得对数函数 $y=\log_a x$ 的特性：

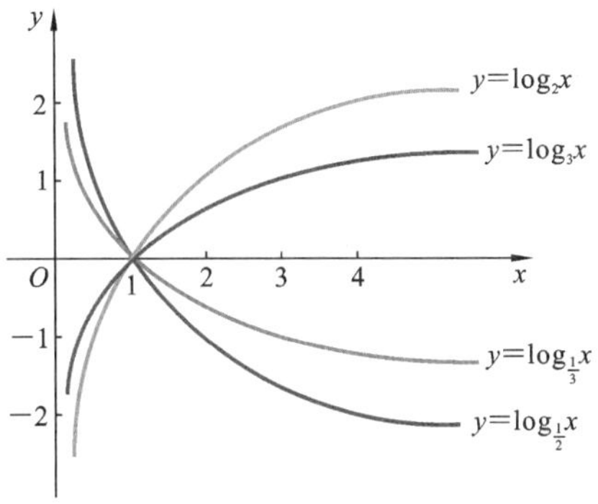

图 3.4.1

(1) 图形都在 y 轴右方(即 $x>0$)，且过点$(1,0)$；

(2) 当 $a>1$ 时，对数函数单调递增；$x<1$ 时，$y<0$，图形沿 y 轴负向无限逼近 y 轴；$x>1$ 时，$y>0$，图形沿 y 轴正向无限向上延伸；

(3) 当 $0<a<1$ 时，对数函数单调递减；$x<1$ 时，$y>0$，图形沿 y 轴正向无限逼近 y 轴；$x>1$ 时，$y<0$，图形沿 y 轴负向无限向下延伸.

(4) $y=\log_a x$ 的图形与 $y=\log_{\frac{1}{a}} x$ 的图形关于 x 轴对称.

【归纳规律】

整理归纳上述四条性质可得表 3.4.1.

表 3.4.1

图形	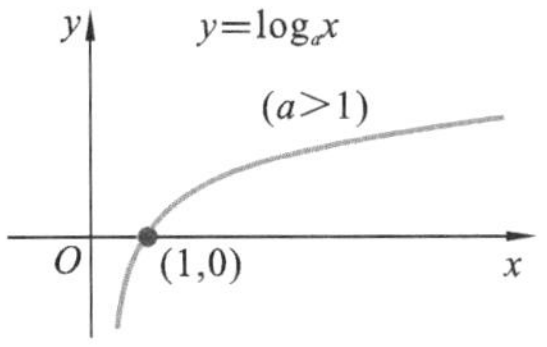	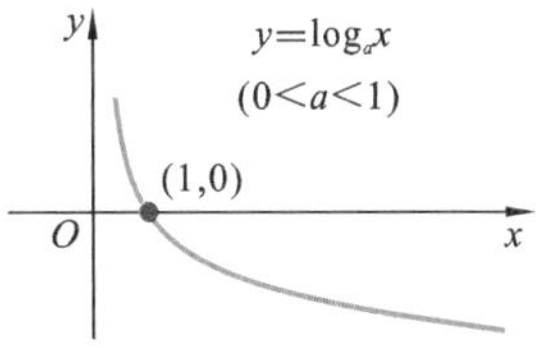
性质	图形都在 y 轴右方，即 $x>0$	
	过定点$(1,0)$	
	$a>1$ 时，图形单调递增	$0<a<1$ 时，图形单调递增

对数函数图形的性质也可归纳为方便记忆的四句口诀：

“上坡”“下坡”记心间，是增是减底数见；

图形恒过$(1,0)$点，y 轴总是渐近线.

例 3.4.4 求下列函数的定义域：

(1) $y=\log_a(4-x)$； (2) $y=\ln(x^2+2x-3)$.

解 (1) 由 $4-x>0$ 得 $x<4$，所以函数 $y=\log_a(4-x)$的定义域是$(-\infty,4)$；

(2) 由 $x^2+2x-3>0$ 得 $x<-3$ 或 $x>1$，所以函数 $y=\ln(x^2+2x-3)$的定义域是$(-\infty,-3)\cup(1,+\infty)$.

例 3.4.5 比较下列各组数值的大小：

(1) lg5 与 lg3； (2) $\log_{\frac{1}{3}}\frac{1}{4}$与 1.

解 (1) 因为 $y=\lg x$ 在$(0,+\infty)$上是单调增函数，所以 $\lg5>\lg3$；

(2) 因为 $y=\log_{\frac{1}{3}}x$ 在$(0,+\infty)$上是单调减函数，又 $1=\log_{\frac{1}{3}}\frac{1}{3}$，所以

$$\log_{\frac{1}{3}}\frac{1}{4}>\log_{\frac{1}{3}}\frac{1}{3}=1.$$

例 3.4.6 为实现建设小康社会的目标，我国计划自 2000 年起国民生产总值增长率保持在 7.2%，试问多少年后我国国民生产总值能翻两番(是 2000 年的 4 倍)？

解 设 2000 年我国国民生产总值为 a，由题意知：

经过 1 年，国民生产总值为 $a+a\times0.072=a\times1.072$；

经过 2 年，国民生产总值为 $a\times1.072^2$；

依此类推，经过 x 年国民生产总值为 $y=a\times1.072^x$，代入 $y=4a$，得

$$4a=a\times1.072^x,\quad 即\quad 1.072^x=4,$$

所以

$$x=\log_{1.072}4=\frac{\lg4}{\lg1.072}\approx19.94.$$

因此，约需经过 20 年，即到 2020 年我国国民生产总值能翻两番.

例 3.4.7 地震的里氏震级用常用对数来刻画. 以下是它的公式：

$$R=\lg\left(\frac{\alpha}{T}\right)+B,$$

其中 α 是监听站测得的以微米计的地面垂直运动幅度，T 是以秒计的地震波周期，B 是距离震中某个距离时地震波衰减的经验补偿因子，对发生在距监听站 10000 km 处的地震来说，$B=6.8$. 如果记录到的地面垂直运动幅度为 $\alpha=10\ \mu\text{m}$，地震波周期为 $T=1$ s，那么震级为多少？

解 由题意知，$B=6.8$，$\alpha=10\ \mu\text{m}$，$T=1$ s，代入公式得

$$R=\lg\left(\frac{\alpha}{T}\right)+B=\lg\left(\frac{10}{1}\right)+6.8=7.8,$$

即该次地震的里氏震级为 7.8 级.

【衔接专业】

对数函数的应用很广，如在使用雷达对敌探测时，敌方常常释放杂波干扰，为了减小这种干扰的影响，有一种方法是在接收机中使用对数中频放大器，放大目标信号的幅度. 对数中频放大器是输出信号幅度与输入信号幅度呈对数函数关系的放大电路，其规律为 $u_{出}=M\lg u_{入}$，其实质是对数函数.

例 3.4.8 雷达接收机采用分贝(dB)来度量电压的增益，公式为 $G_U=20\lg\frac{U_2}{U_1}$，其中 G_U 叫做电压增益，$\frac{U_2}{U_1}$叫做电压放大倍数，U_1 代表输入电压，U_2 代表输出电压. 已知某雷达接收机的功放电路的电压增益 G_U 为 100 dB，问电压放大倍数$\frac{U_2}{U_1}$为多少？

解 由题意得 $100=20\lg\frac{U_2}{U_1}$，则 $\lg\frac{U_2}{U_1}=5$，所以 $\frac{U_2}{U_1}=10^5$ 倍.

习　题

1. 求下列各式的值：

(1) $\log_3 27$；　(2) $\lg 1000$；　(3) $\log_5 25$；

(4) $\ln e^3$；　(5) $\log_3 \frac{1}{3}$；　(6) $\log_4 \frac{1}{16}$.

2. 求下列各式的值：

(1) $\lg 10+\lg 100^2$；　(2) $\lg 1000-\lg 100$；　(3) $\lg 1-\lg 10$；

(4) $\lg \frac{1}{10}+\lg \frac{1}{100}$；　(5) $\ln \frac{1}{e}$；　(6) $\ln e+\ln\sqrt{e}$；

(7) $\ln e^5-\ln e^3$；　(8) $\ln \frac{1}{e}-\ln \frac{1}{e^2}$.

3. 求下列各式的值：

(1) $\log_5 3+\log_5 \frac{1}{3}$；　(2) $\log_7 49-\log_7 \frac{1}{7}$；

(3) $\log_3 5-\log_3 15$；　(4) $\log_2 6-\log_2 3$.

4. 求下列函数的定义域：

(1) $y=\log_5(1-x)$；　(2) $y=\sqrt{\log_3 x}$.

5. 借助对数函数的图形比较下列各题中两个值的大小：

(1) $\lg 6,\lg 8$；　(2) $\log_{0.5}6,\log_{0.5}4$.

6. 如果我国的GDP年平均增长率保持为7.3%，约多少年后我国的GDP在1999年的基础上翻两番(翻两番就是增长为1999年的4倍)？

7. 雷达接收机的作用主要是变频、滤波、放大和解调等，采用分贝(dB)来度量电压的增益，公式为$G_U=20\lg \frac{U_2}{U_1}$，其中$G_U$叫做电压增益，$\frac{U_2}{U_1}$叫做电压放大倍数，$U_1$代表输入电压，$U_2$代表输出电压. 已知某雷达接收机的功放电路的电压增益G_U为80 dB，问电压放大倍数为多少？

3.5　三角函数

【学习要求】

1. 熟悉角的概念和弧度制，掌握六类三角函数的定义，记住常用三角函数值.
2. 熟悉三角函数在不同象限的正负规律，熟悉常用三角函数公式，会计算三角函数值.
3. 掌握三角函数图形的特点和性质.
4. 了解反三角函数的定义和图形.
5. 理解正弦型函数的定义和图形的变化规律，认识电工学中的正弦型函数.
6. 了解相控阵雷达的基本工作原理.

三角函数对描述许多周期性现象具有指导意义，例如，雷达波随时间变化、示波器显示的信号变化、正弦交流电、悬吊小球自由摆动等都可以用三角函数来描述. 三角函数在科学技术和实际问题中的应用也是非常广泛的.

3.5.1 角与三角函数

1. 角的概念

角可以看作是一条射线绕着它的端点在平面内旋转而形成的. 如图 3.5.1 所示，一条射线由位置 OA，绕着它的端点 O，按逆时针方向旋转到另一位置 OB，就形成了角 α，射线开始旋转时的位置 OA 称为 α 的**始边**，旋转终止时的位置 OB 称为 α 的**终边**，射线的端点 O 称为 α 的**顶点**.

为区别不同方向旋转形成的角，我们规定，按逆时针方向旋转形成的角叫做**正角**，多旋转一周，其角度多增加 360°. 按顺时针方向旋转形成的角叫做**负角**，多旋转一周，其角度多增加 −360°. 如果一条射线没有作任何旋转，我们称它形成了一个**零角**. 经过这样的推广，角的概念就包含零角及任意大小的正角和负角.

例如，在图 3.5.2 中，30°，390°，−330°，660°，−60°的角.

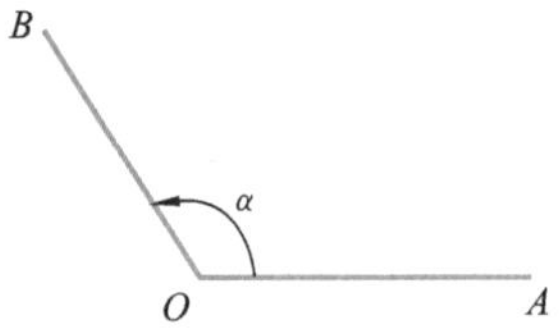

图 3.5.1

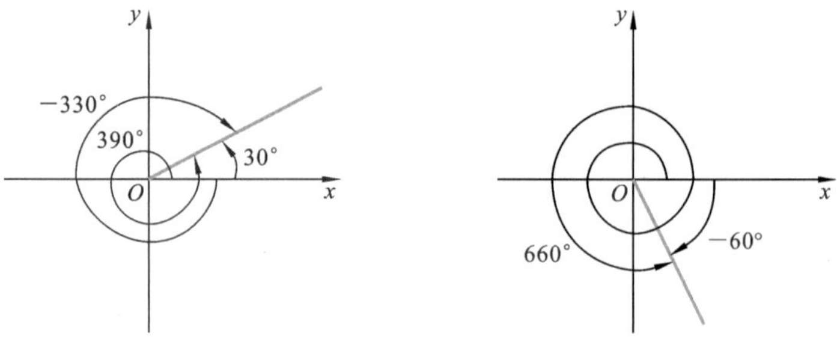

图 3.5.2

2. 弧度制

弧度制是另外一种广泛应用的度量角的方法，最早是由瑞士数学家欧拉在 1748 年出版的著作《无穷小分析概论》中提出的. **把长度等于半径长的圆弧所对应的圆心角称为 1 弧度的角**，记为 1 rad 或 1 **弧度**. 这种用“弧度”作为单位来度量角的单位制称为**弧度制**.

一般地，在半径为 r 的圆中，长度为 l 的圆弧所对圆心角是 $\frac{l}{r}$ rad，即 $\alpha=\frac{l}{r}$，如图 3.5.3 所示.

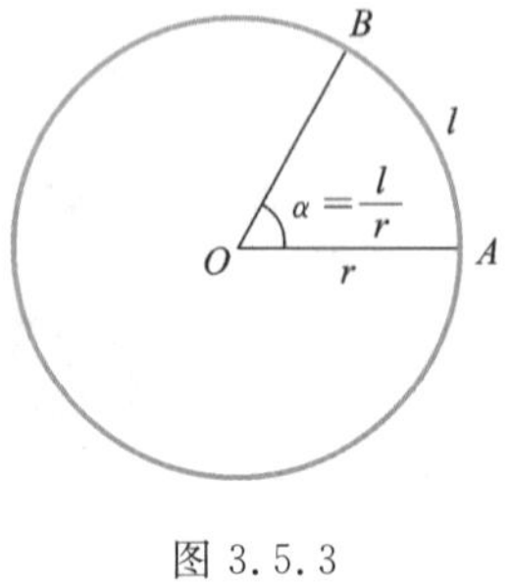

图 3.5.3

特别地，圆的周角等于$\frac{2\pi r}{r}=2\pi$ rad. 因此，得到度与弧度的换算关系：

$$360^\circ=2\pi\ \text{rad},180^\circ=\pi\ \text{rad}.$$

今后我们用弧度制表示角的时候，“弧度”二字通常略去不写，而只写这个角所对应的弧度数，例如，$\alpha=1$，表示 α 是 1 rad 的角. 表 3.5.1 为一些特殊角的度数与弧度的对应关系.

表 3.5.1

度数/(°)	0°	30°	45°	60°	90°	180°	270°	360°
弧度数/rad	0	$\frac{\pi}{6}$	$\frac{\pi}{4}$	$\frac{\pi}{3}$	$\frac{\pi}{2}$	π	$\frac{3\pi}{2}$	2π

3. 任意角的三角函数

如图 3.5.4 所示,设 α 是一个任意角,在 α 的终边上取任意一点 $P(x,y)$,它与原点 O 的距离 $|OP|=\sqrt{x^2+y^2}=r>0$,则

(1) 比值 $\frac{y}{r}$ 称为角 α 的**正弦**,记为 $\sin\alpha=\frac{y}{r}$;

(2) 比值 $\frac{x}{r}$ 称为角 α 的**余弦**,记为 $\cos\alpha=\frac{x}{r}$;

(3) 比值 $\frac{y}{x}$ 称为角 α 的**正切**,记为 $\tan\alpha=\frac{y}{x}$;

(4) 比值 $\frac{x}{y}$ 称为角 α 的**余切**,记为 $\cot\alpha=\frac{x}{y}$;

(5) 比值 $\frac{r}{x}$ 称为角 α 的**正割**,记为 $\sec\alpha=\frac{r}{x}$;

(6) 比值 $\frac{r}{y}$ 称为角 α 的**余割**,记为 $\csc\alpha=\frac{r}{y}$.

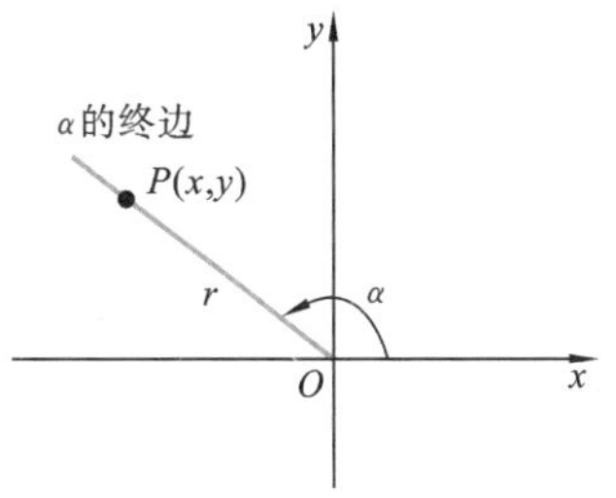

图 3.5.4

根据相似三角形的知识,对于确定的角 α,这六个比值(如果有的话)都不会随点 P 在角 α 的终边上的位置的移动而改变. 我们把这六个以角为自变量、以比值为函数值的函数分别称为**正弦函数**、**余弦函数**、**正切函数**、**余切函数**、**正割函数**、**余割函数**,这六类函数统称为三角函数.

例 3.5.1 求过 P 点的终边对应的六个三角函数.

解 因为 $x=-3, y=-4$,所以

$$r=\sqrt{x^2+y^2}=\sqrt{(-3)^2+(-4)^2}=5,$$

故 $\sin\alpha=\frac{y}{r}=-\frac{4}{5}$, $\cos\alpha=\frac{x}{r}=-\frac{3}{5}$, $\tan\alpha=\frac{y}{x}=\frac{4}{3}$,

$\cot\alpha=\frac{x}{y}=\frac{3}{4}$, $\sec\alpha=\frac{r}{x}=-\frac{5}{3}$, $\csc\alpha=\frac{r}{y}=-\frac{5}{4}$.

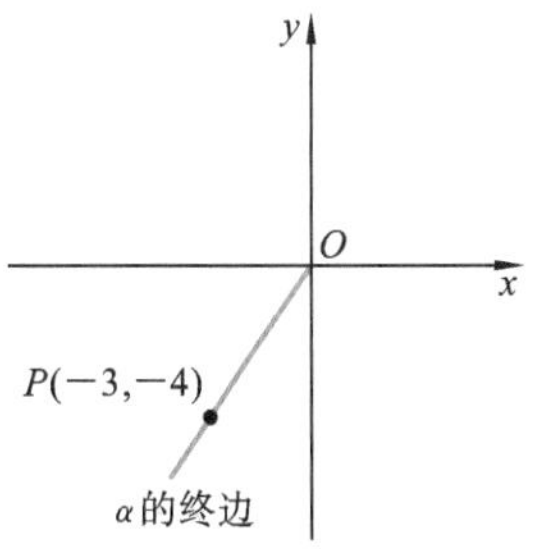

图 3.5.5

由三角函数的定义和各象限内点的坐标的符号,我们可以得到三角函数值在各象限的符号,如图 3.5.6 所示.

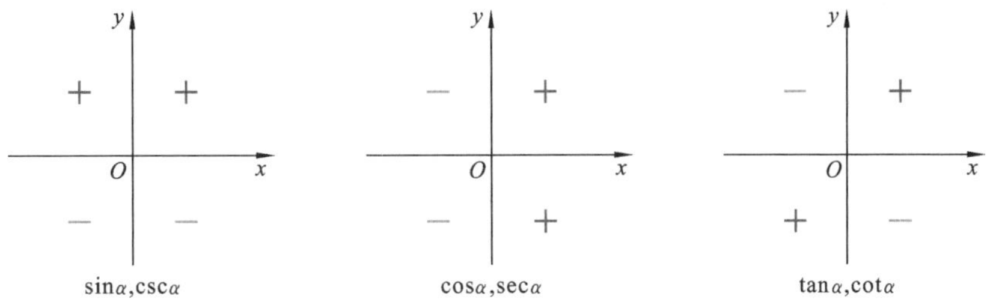

图 3.5.6

【归纳规律】

对于常用的 $\sin\alpha$, $\cos\alpha$, $\tan\alpha$, $\cot\alpha$ 四类三角函数,取正号的象限可以用"**一全正,二正弦,三两切,四余弦**"的口诀记忆. 例如,"三两切"表示第三象限只有正切和余切函数为正.

例 3.5.2 确定下列三角函数值的符号：

(1) $\sin240°$； (2) $\tan\frac{10}{3}\pi$； (3) $\cos(-1180°)$； (4) $\tan125°\cdot\sin273°$.

解 (1) 因为 240°是第三象限角，所以 $\sin240°<0$；

(2) 因为$\frac{10}{3}\pi=\frac{4\pi}{3}+2\pi$ 是第三象限角，所以 $\tan\frac{10}{3}\pi>0$；

(3) 因为$-1180°=260°+(-4)\times360°$是第三象限角，所以 $\cos(-1180°)<0$；

(4) 因为 125°是第二象限角，273°是第四象限角，所以 $\tan125°<0$，$\sin273°<0$，故

$$\tan125°\cdot\sin273°>0.$$

一些常用角的度数、弧度数、正余弦值、正余切值如表 3.5.2 所示.

表 3.5.2

度数/(°)	0°	30°	45°	60°	90°
弧度数/rad	0	$\frac{\pi}{6}$	$\frac{\pi}{4}$	$\frac{\pi}{3}$	$\frac{\pi}{2}$
$\sin\alpha$	0	$\frac{1}{2}$	$\frac{\sqrt{2}}{2}$	$\frac{\sqrt{3}}{2}$	1
$\cos\alpha$	1	$\frac{\sqrt{3}}{2}$	$\frac{\sqrt{2}}{2}$	$\frac{1}{2}$	0
$\tan\alpha$	0	$\frac{\sqrt{3}}{3}$	1	$\sqrt{3}$	—
$\cot\alpha$	—	$\sqrt{3}$	1	$\frac{\sqrt{3}}{3}$	0

【归纳规律】

正弦函数 $\sin\alpha$ 在 0°、30°、45°、60°、90°的三角函数值，可以按照$\frac{\sqrt{0}}{2}$，$\frac{\sqrt{1}}{2}$，$\frac{\sqrt{2}}{2}$，$\frac{\sqrt{3}}{2}$，$\frac{\sqrt{4}}{2}$来记忆；余弦函数 $\cos\alpha$ 反之，即为$\frac{\sqrt{4}}{2}$，$\frac{\sqrt{3}}{2}$，$\frac{\sqrt{2}}{2}$，$\frac{\sqrt{1}}{2}$，$\frac{\sqrt{0}}{2}$.

例 3.5.3 已知雷达电波在空气中的传播速度为每微秒 300 m，雷达到目标的斜距公式为 $D=150t$. 现已知某雷达发射电波后 80 μs 收到回波，此时垂直波瓣的仰角为 $\alpha=30°$，如图3.5.7 所示，求目标的高度.

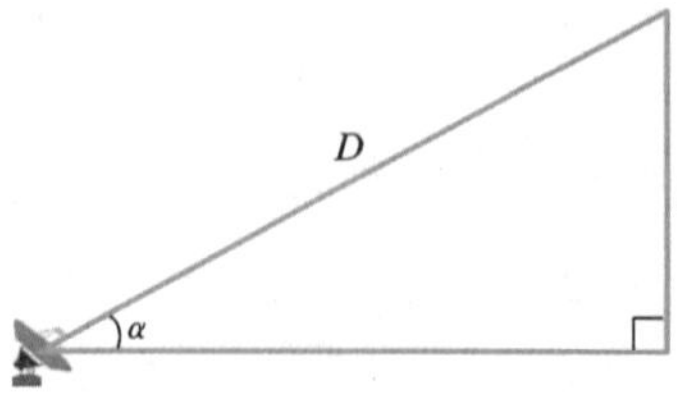

图 3.5.7

解 第一步，求出雷达到目标的斜距 D，$D=150\times80=12000$ m；

第二步，求出目标高度 H，

$$\frac{H}{D}=\sin\alpha,\quad 即\quad H=D\sin\alpha=12000\times\sin30°=12000\times\frac{1}{2}=6000\ \text{m}.$$

4. 同角三角函数的基本关系式

根据三角函数的定义，可以得到同角三角函数的下列基本关系式.

倒数关系：$\sin\alpha\cdot\csc\alpha=1$；$\cos\alpha\cdot\sec\alpha=1$；$\tan\alpha\cdot\cot\alpha=1$；

商的关系：$\tan\alpha=\dfrac{\sin\alpha}{\cos\alpha}$；$\cot\alpha=\dfrac{\cos\alpha}{\sin\alpha}$；

平方关系：$\sin^2\alpha+\cos^2\alpha=1$；$1+\tan^2\alpha=\sec^2\alpha$；$1+\cot^2\alpha=\csc^2\alpha$.

【归纳规律】

关于同角三角函数的基本关系式可按照图 3.5.8 所示的关系记忆.

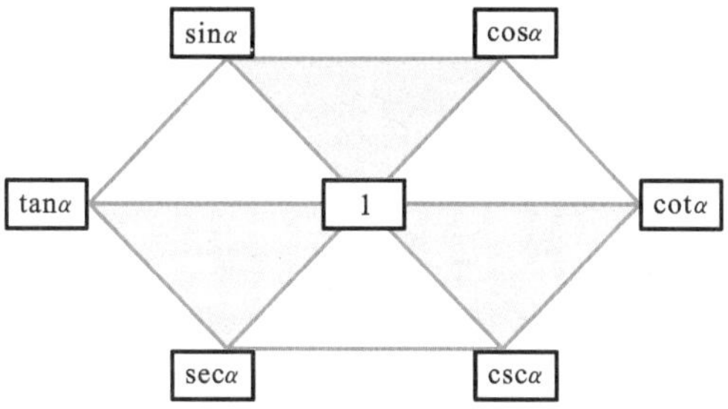

图 3.5.8

(1) 图中左侧都为"**正**"，分别为**正弦**、**正切**、**正割**；右侧都为"**余**"，分别为**余弦**、**余切**、**余割**；且左侧的导数均为"正"，右侧的导数均为"负"，导数的定义见第5章；

(2) 图中对角的函数成倒数关系，例如 $\tan\alpha=\dfrac{1}{\cot\alpha}$；

(3) 图中包含的三个倒立三角形，底边两个函数的平方和等于顶角函数的平方，例如 $\sin^2\alpha+\cos^2\alpha=1$.

这些关系式都是恒等式，α 的取值必须使等号两边有意义. 利用这些关系，可以根据角 α 的一个三角函数值，求出其余的三角函数值，还可以化简三角函数式，证明有关三角恒等式等.

例 3.5.4 已知 $\sin\alpha=\dfrac{4}{5}$，并且 α 是第二象限的角，求角 α 的其他三角函数的值.

解 由 $\sin^2\alpha+\cos^2\alpha=1$，可得 $\cos\alpha=\pm\sqrt{1-\sin^2\alpha}$，因为 α 是第二象限的角，故 $\cos\alpha<0$，所以

$$\cos\alpha=-\sqrt{1-\sin^2\alpha}=-\sqrt{1-\left(\frac{4}{5}\right)^2}=-\frac{3}{5},$$

于是

$$\tan\alpha=\frac{\sin\alpha}{\cos\alpha}=-\frac{4}{3},\quad \cot\alpha=\frac{1}{\tan\alpha}=-\frac{3}{4},$$

$$\sec\alpha=\frac{1}{\cos\alpha}=-\frac{5}{3},\quad \csc\alpha=\frac{1}{\sin\alpha}=\frac{5}{4}.$$

三角函数还有下列恒等式.

(1) 二倍角的正弦、余弦公式

$$\sin 2\alpha=2\sin\alpha\cos\alpha;$$

$$\cos 2\alpha=\cos^2\alpha-\sin^2\alpha=1-2\sin^2\alpha=2\cos^2\alpha-1.$$

(2) 负角公式

$$\sin(-\alpha)=-\sin\alpha;\quad \cos(-\alpha)=\cos\alpha;$$
$$\tan(-\alpha)=-\tan\alpha;\quad \cot(-\alpha)=-\cot\alpha.$$

(3) 其他化简公式

$$\sin\left(\frac{\pi}{2}\pm\alpha\right)=\cos\alpha;\qquad \cos\left(\frac{\pi}{2}\pm\alpha\right)=\mp\sin\alpha;$$
$$\tan\left(\frac{\pi}{2}\pm\alpha\right)=\pm\cot\alpha;\quad \cot\left(\frac{\pi}{2}\pm\alpha\right)=\mp\tan\alpha.$$
$$\sin(\pi\pm\alpha)=\mp\sin\alpha;\qquad \cos(\pi\pm\alpha)=-\cos\alpha;$$
$$\tan(\pi\pm\alpha)=\pm\tan\alpha;\qquad \cot(\pi\pm\alpha)=\pm\cot\alpha.$$
$$\sin\left(\frac{3\pi}{2}\pm\alpha\right)=-\cos\alpha;\quad \cos\left(\frac{3\pi}{2}\pm\alpha\right)=\pm\sin\alpha;$$
$$\tan\left(\frac{3\pi}{2}\pm\alpha\right)=\pm\cot\alpha;\quad \cot\left(\frac{3\pi}{2}\pm\alpha\right)=\mp\tan\alpha;$$
$$\sin(2k\pi\pm\alpha)=\pm\sin\alpha;\quad \cos(2k\pi\pm\alpha)=\cos\alpha\ (k\in\mathbf{Z});$$
$$\tan(2k\pi\pm\alpha)=\pm\tan\alpha;\quad \cot(2k\pi\pm\alpha)=\cot\alpha\ (k\in\mathbf{Z}).$$

【归纳规律】

化简三角函数可以按照“**先分任意角，分解出锐角，奇变偶不变，正负看象限**”的口诀进行$\left(\text{奇为}\frac{\pi}{2},\frac{3\pi}{2};\text{偶为}\ \pi,2\pi\right)$.

例 3.5.5 求下列各三角函数值：

(1) $\sin420°$； (2) $\sin135°$； (3) $\tan\frac{5\pi}{3}$； (4) $\cos\frac{4\pi}{3}$.

解 (1) 第一步，分解出锐角，$\sin420°=\sin(360°+60°)$；

第二步，由于 360°为“偶”，所以函数名不变，仍为 sin；

第三步，正负看象限，420°在第一象限，而“一全正”，所以为“正”的 $\sin60°$，即 $\sin(360°+60°)=+\sin60°$，从而得到结果$\frac{\sqrt{3}}{2}$.

计算过程如下：$\sin420°=\sin(360°+60°)=\sin60°=\frac{\sqrt{3}}{2}$.

(2) 第一步，分解出锐角，$\sin135°=\sin(90°+45°)$；

第二步，由于 90°为“奇”，所以变函数名为余弦 cos；

第三步，正负看象限，135°在第二象限，而“二正弦”，所以为“正”的 $\cos45°$，即 $\sin(90°+45°)=+\cos45°$，从而得到结果$\frac{\sqrt{2}}{2}$.

计算过程如下：$\sin135°=\sin(90°+45°)=\cos45°=\frac{\sqrt{2}}{2}$.

这一题也可以用另一种方法求解：$\sin135°=\sin(180°-45°)=\sin45°=\frac{\sqrt{2}}{2}$.

(3) $\tan\frac{5\pi}{3}=\tan\left(2\pi-\frac{\pi}{3}\right)=-\tan\frac{\pi}{3}=-\sqrt{3}$.

(4) $\cos\frac{4\pi}{3}=\cos\left(\pi+\frac{\pi}{3}\right)=-\cos\frac{\pi}{3}=-\frac{1}{2}$.

3.5.2 三角函数的图形与性质

1. 正弦函数的图形与性质

正弦函数 $y=\sin x$ 在 **R** 上的图形，习惯上称为**正弦曲线**，如图 3.5.9 所示.

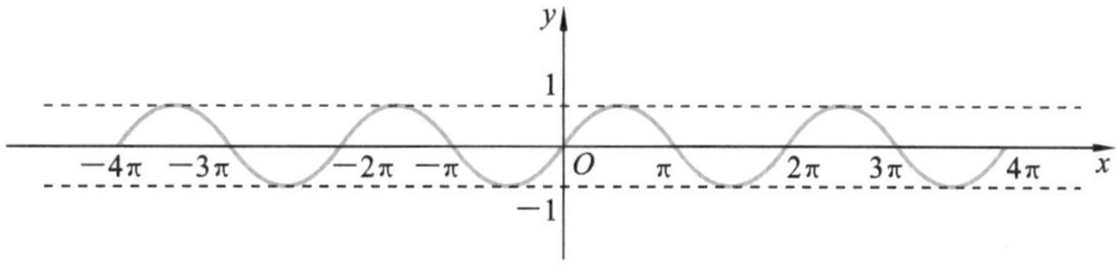

图 3.5.9

考察图形可得到正弦函数 $y=\sin x$ 的性质：

(1) 定义域：$(-\infty,+\infty)$；

(2) 值域：$[-1,1]$，即 $-1\leqslant\sin x\leqslant1$；

(3) 奇偶性：由 $\sin(-x)=-\sin x$ 知，正弦函数是奇函数，图形关于原点对称；

(4) 周期性：由 $\sin(x+2\pi)=\sin x$ 知，正弦函数是以 2π 为周期的周期函数.

2. 余弦函数的图形与性质

正弦函数 $y=\cos x$ 在 **R** 上的图形，习惯上称为**余弦曲线**，如图 3.5.10 所示.

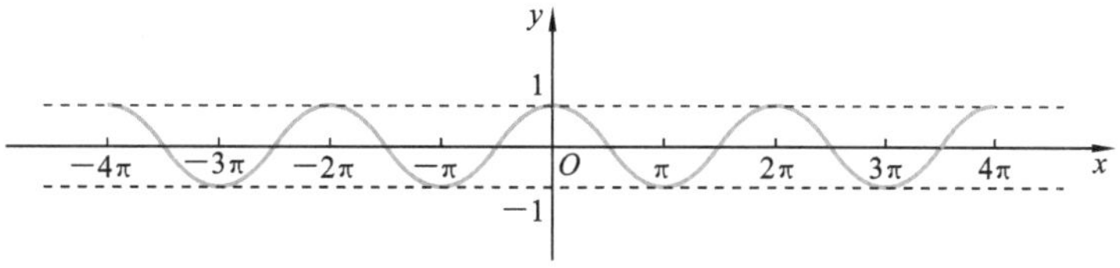

图 3.5.10

考察图形可得到余弦函数 $y=\cos x$ 的性质：

(1) 定义域：$(-\infty,+\infty)$；

(2) 值域：$[-1,1]$，即 $-1\leqslant\cos x\leqslant1$；

(3) 奇偶性：由 $\cos(-x)=\cos x$ 知，余弦函数是偶函数，图形关于 y 轴对称；

(4) 周期性：余弦函数是以 2π 为周期的周期函数.

3. 正切、余切函数的图形与性质

正切函数 $y=\tan x$ 的图形称为**正切曲线**，如图 3.5.11 所示.

考察图形可得到正切函数 $y=\tan x$ 的性质：

(1) 定义域：$\left\{x\,\middle|\,x\in\mathbf{R}\text{ 且 }x\neq k\pi+\frac{\pi}{2},k\in\mathbf{Z}\right\}$；

(2) 值域：$(-\infty,+\infty)$；

(3) 奇偶性：由 $\tan(-x)=-\tan x$ 知，正切函数是奇函数，其图形关于原点对称；

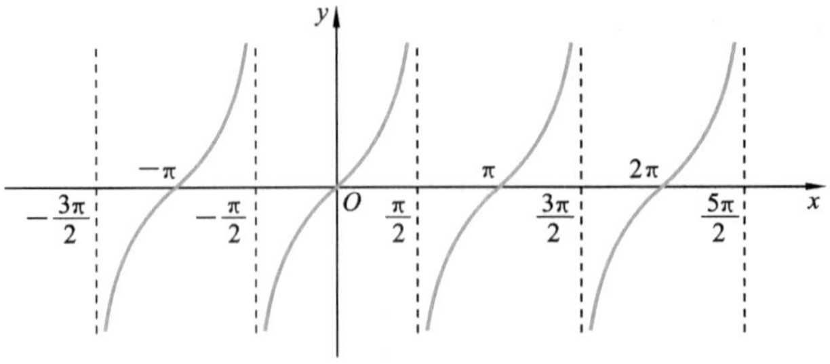

图 3.5.11

(4) 周期性：正切函数是以 π 为周期的周期函数.

余切函数 $y=\cot x$ 的图形称为**余切曲线**，如图 3.5.12 所示. 其性质请同学们自行归纳.

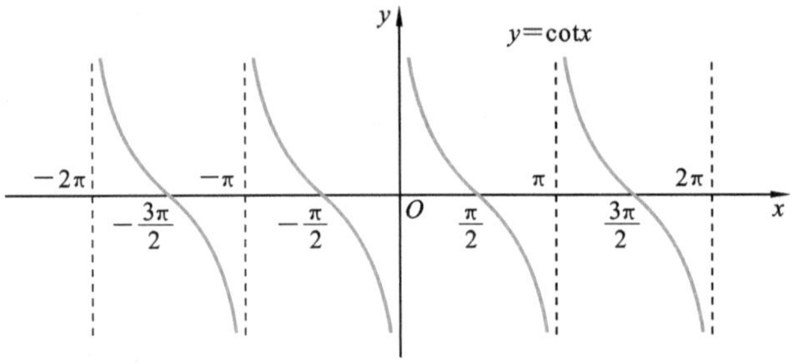

图 3.5.12

3.5.3 反三角函数

1. 反正弦函数

根据函数的反函数的定义，正弦函数 $y=\sin x$，对于 y 在$[-1,1]$上的每一个值，x 在$(-\infty,+\infty)$内有无穷多个值和它对应，但在单调区间$\left[-\frac{\pi}{2},\frac{\pi}{2}\right]$上，$x$ 有唯一确定的值和 y 对应，因此函数 $y=\sin x$ 在$\left[-\frac{\pi}{2},\frac{\pi}{2}\right]$区间上存在反函数，称为**反正弦函数**，记为 $y=\arcsin x$. 它的定义域是$[-1,1]$，值域是$\left[-\frac{\pi}{2},\frac{\pi}{2}\right]$.

这样，对于每一个属于$[-1,1]$的数值 x，$\arcsin x$ 就表示属于$\left[-\frac{\pi}{2},\frac{\pi}{2}\right]$的唯一确定的一个角. 而这个角的正弦值正好就等于 x，即

$$\sin(\arcsin x)=x.$$

根据**互为反函数的函数的图形关于直线** $y=x$ **对称**的性质，我们画出反正弦函数 $y=\arcsin x$的图形，如图 3.5.13 所示.

2. 反余弦函数

函数 $y=\cos x$ 在 $x\in[0,\pi]$区间上是单调递减函数，它有反函数，称为**反余弦函数**，记为 $y=\arccos x$，它的定义域是$[-1,1]$，值域是$[0,\pi]$.

这样，对于每一个属于$[-1,1]$的数值x，$\arccos x$表示属于$[0,\pi]$的唯一确定的一个角，而这个角的余弦值正好就等于x，即

$$\cos(\arccos x)=x.$$

由余弦函数$y=\cos x, x\in[0,\pi]$的图形，利用关于直线$y=x$对称的性质，可画出反余弦函数$y=\arccos x$的图形，如图3.5.14所示.

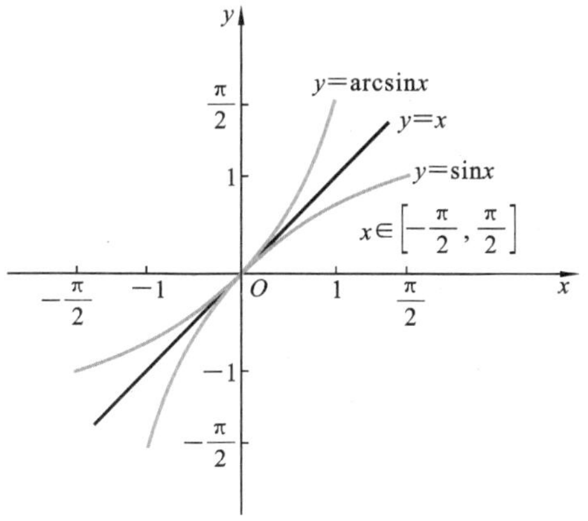

图3.5.13

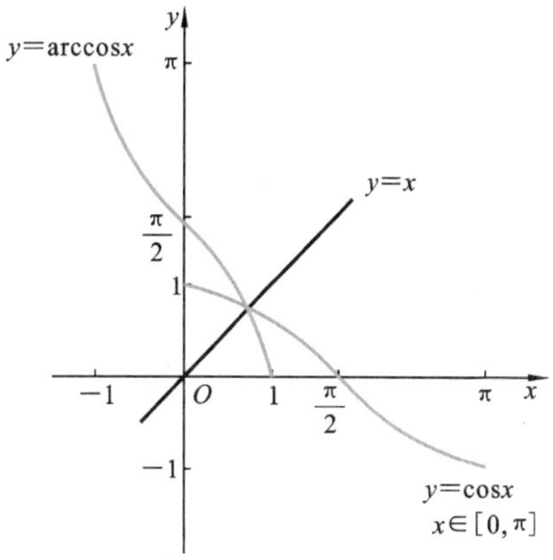

图3.5.14

3. 反正切函数与反余切函数

正切函数$y=\tan x, x\in\left(-\frac{\pi}{2},\frac{\pi}{2}\right)$的反函数称为**反正切函数**，记为$y=\arctan x$，它的定义域是$(-\infty,+\infty)$，值域是$\left(-\frac{\pi}{2},\frac{\pi}{2}\right)$.

余切函数$y=\cot x, x\in(0,\pi)$的反函数称为**反余切函数**，记为$y=\text{arccot}\, x$，它的定义域是$(-\infty,+\infty)$，值域是$(0,\pi)$.

图3.5.15与图3.5.16分别是反正切函数与反余切函数的图形. 反正切函数$y=\arctan x$在区间$(-\infty,+\infty)$上是单调递增函数，且为奇函数，即有$\arctan(-x)=-\arctan x, x\in(-\infty,+\infty)$. 反余切函数$y=\text{arccot}\, x$在区间$(-\infty,+\infty)$上是单调递减函数.

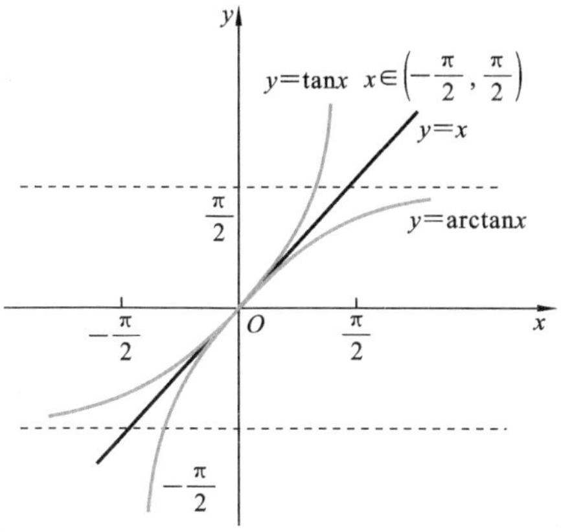

图3.5.15

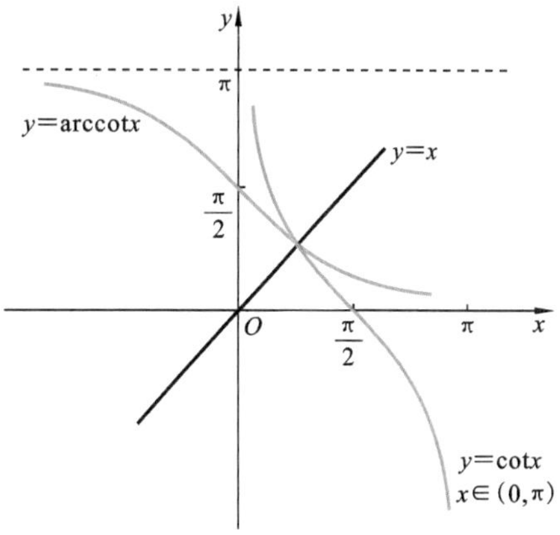

图3.5.16

3.5.4 正弦型函数

示波器的主要功能是将人眼看不见的电流信号、电压信号等转换成看得见的直观图形. 图 3.5.17 是示波器显示的交流电信号的图形,放大后的图形如图 3.5.18 所示,其函数关系式为

$$y=6\sin\left(10\pi x+\frac{\pi}{2}\right).$$

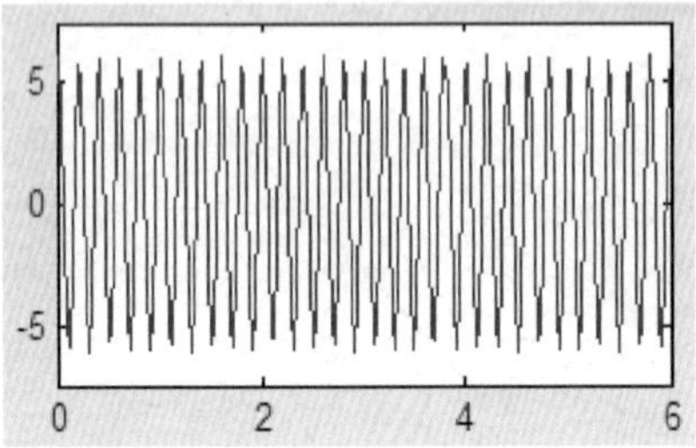

图 3.5.17

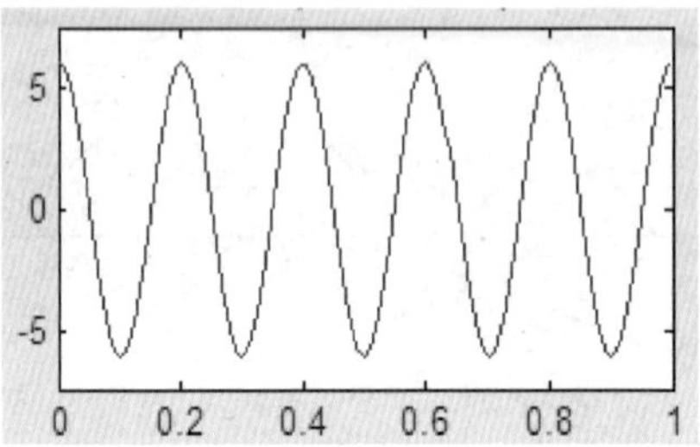

图 3.5.18

1. 正弦型函数的概念

定义 3.5.1 一般的,把函数

$$y=A\sin(\omega x+\varphi)$$

称为**正弦型函数**(A,ω,φ 为常数,$A>0,\omega>0$);其中 A 称为**振幅**,表示振动物体离开平衡位置的最大距离,数值上等于函数 $y=A\sin(\omega x+\varphi)$ 的最大值;ω 称为**角频率**,$\omega x+\varphi$ 称为**相位**,φ 称为**初相**. 振幅 A、角频率 ω、初相 φ 称为正弦型函数的三**要素**.

角频率 ω、周期 T、频率 f 的关系为

$$T=\frac{2\pi}{\omega},\quad f=\frac{1}{T}=\frac{\omega}{2\pi}.$$

例 3.5.6 请指出三相交流电其中一相 $u(t)=220\sin\left(100\pi t+\frac{2\pi}{3}\right)$(V)的振幅、角频率和初相,并计算值域、周期与频率.

解 振幅 $A=220$,角频率 $\omega=100\pi$,初相 $\varphi=\frac{2\pi}{3}$,值域 $u\in[-220,220]$,周期 $T=\frac{2\pi}{\omega}=0.02$(s),频率 $f=\frac{1}{T}=50$(Hz).

注 我国工农业生产及生活用正弦交流电的频率均为 50 Hz.

例 3.5.7 已知正弦交流电 $i(t)$的振幅 $A=6$(A),角频率 $\omega=100\pi$(rad/s),初相 $\varphi=-\frac{\pi}{2}$,试写出电流 $i(t)$的函数表达式.

解 $i(t)=6\sin\left(100\pi t-\frac{\pi}{2}\right)$.

【练一练】

已知正弦交流电 $i(t)$的振幅 $A=10$(A),角频率 $\omega=100\pi$(rad/s),初相 $\varphi=\frac{\pi}{3}$,试写出电流 $i(t)$的函数表达式.

解 $i(t)=10\sin\left(100\pi t+\frac{\pi}{3}\right)$.

例 3.5.8 已知交流电的电流强度 $i(t)$（单位：A）随时间 t（单位：s）变化的部分曲线如图 3.5.19所示，试写出 i 与 t 的函数关系式.

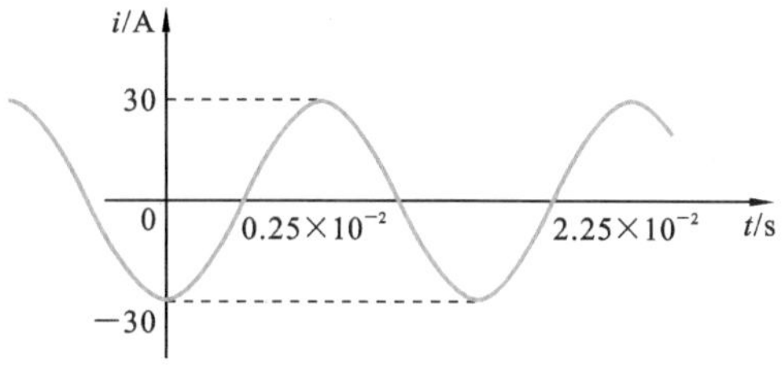

图 3.5.19

解 设电流的表达式为 $i=I_m\sin(\omega t+\varphi_0)$.

（1）求振幅：$I_m=30(\text{A})$.

（2）求角频率和周期：

周期

$T=2.25\times10^{-2}-0.25\times10^{-2}=2\times10^{-2}(\text{s})$；

角频率

$$\omega=\frac{2\pi}{T}=\frac{2\pi}{2\times10^{-2}}=100\ \pi(\text{rad/s}).$$

（3）求初相：当 $t=0.25\times10^{-2}$ 时，相位 $\omega t+\varphi_0=0$，可得 $\varphi_0=-\frac{\pi}{4}$.

所以，电流 i 与时间 t 的函数关系式为

$$i(t)=30\sin\left(100\pi t-\frac{\pi}{4}\right).$$

2. 正弦型函数的图形

例 3.5.9 画出函数 $y=2\sin\left(2x+\frac{\pi}{2}\right)$ 的简图.

回顾 $y=\sin x$ 在一个周期内的五点作图法（见图 3.5.20）.

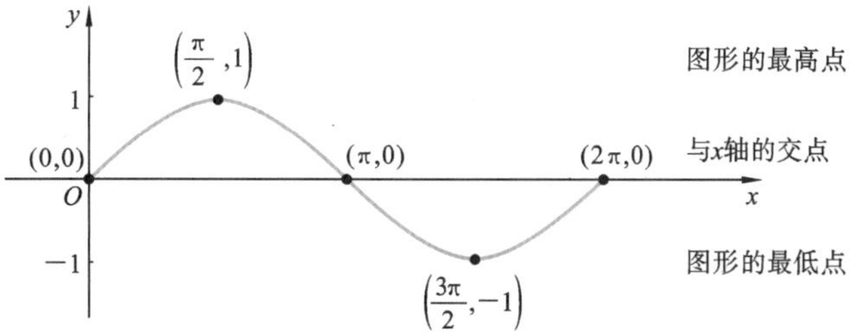

图 3.5.20

关键 将 $2x+\frac{\pi}{2}$ 整体看作自变量，在$[0,2\pi]$一个周期内使用五点作图法.

解 （1）列表.

$2x+\frac{\pi}{2}$	0	$\frac{\pi}{2}$	π	$\frac{3\pi}{2}$	2π
x	$-\frac{\pi}{4}$	0	$\frac{\pi}{4}$	$\frac{\pi}{2}$	$\frac{3\pi}{4}$
y	0	2	0	-2	0

（2）描点.

（3）连线.

绘出 $y=2\sin\left(2x+\frac{\pi}{2}\right)$ 的在一个周期内的简图，如图 3.5.21 所示.

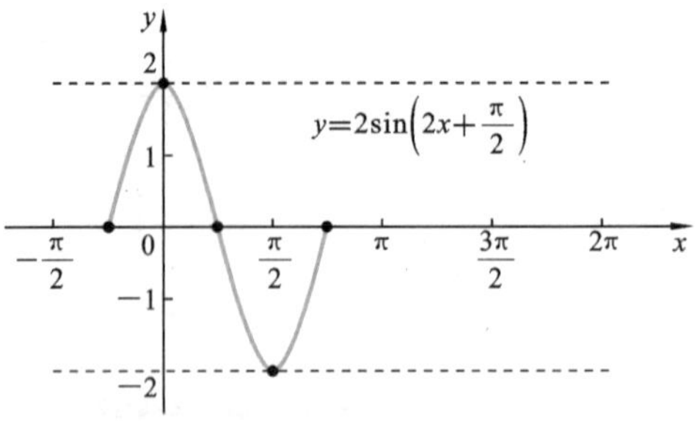

图 3.5.21

（4）延伸.

将 $y=2\sin\left(2x+\frac{\pi}{2}\right)$ 在一个周期内的图形左右延伸，即可得 $y=2\sin\left(2x+\frac{\pi}{2}\right)$ 在整个定义域 **R** 内的图形，如图 3.5.22 所示.

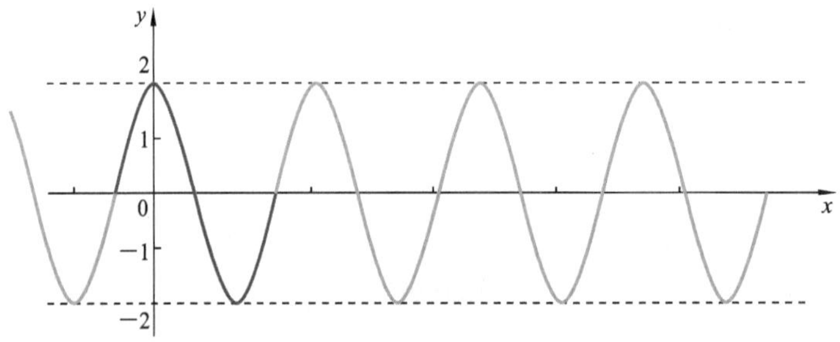

图 3.5.22

3. A,ω,φ 的变换对正弦型函数图形的影响

(1) 振幅 A 的变换

观察 $y=\sin x$，$y=2\sin x$，$y=\frac{1}{2}\sin x$ 在一个周期内的简图，如图 3.5.23 所示，可得振幅 A 的变换规律：**改变振幅 A，图形纵向伸缩**（横坐标不变）. 具体为：

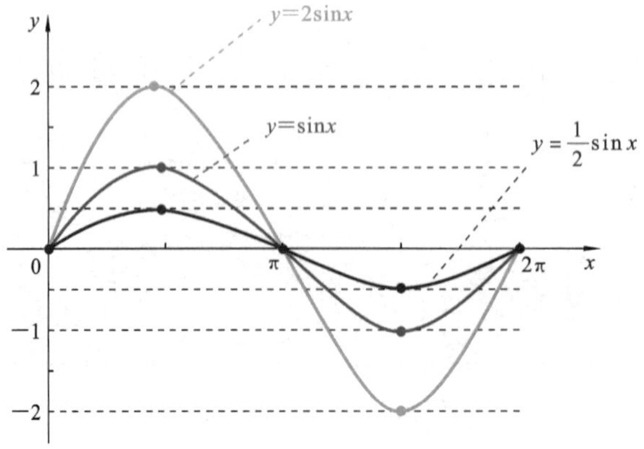

图 3.5.23

$$y=\sin x \xrightarrow{\text{纵坐标伸长到原来的 } A \text{ 倍}} y=A\sin x\ (A>1),$$

$$y=\sin x \xrightarrow{\text{纵坐标缩短到原来的 } A \text{ 倍}} y=A\sin x\ (0<A<1).$$

【练一练】

下列两组函数的图形相互之间是如何变化的?

(1) $y=\sin x \rightleftharpoons y=4\sin x$;

(2) $y=3\sin x \rightleftharpoons y=4\sin x$.

解 (1) $y=\sin x \underset{\text{纵坐标缩短到原来的 } 1/4}{\overset{\text{纵坐标伸长到原来的 } 4 \text{ 倍}}{\rightleftharpoons}} y=4\sin x$;

(2) $y=3\sin x \underset{\text{纵坐标缩短到原来的 } 3/4}{\overset{\text{纵坐标伸长到原来的 } 4/3 \text{ 倍}}{\rightleftharpoons}} y=4\sin x$.

【衔接专业】

电子线路中放大器的作用是扩大电流或电压的幅度,如图 3.5.24 所示.

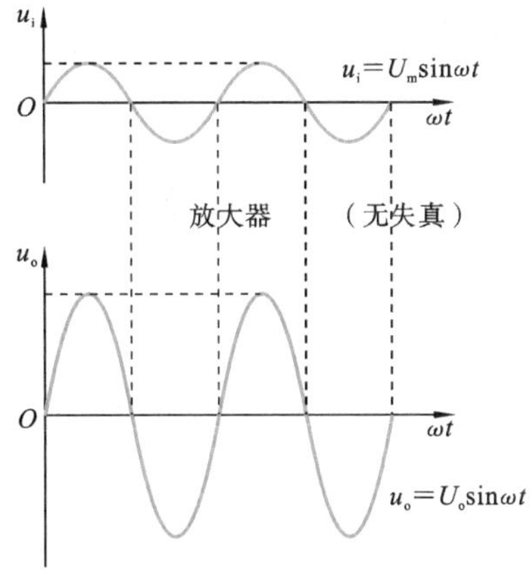

图 3.5.24

例 3.5.10 求正弦交流电 $u(t)=310\sin\left(100\pi t+\frac{2}{3}\pi\right)$(单位:V)的最大值 U_m,并计算$\frac{U_m}{\sqrt{2}}$.

解 $U_m=310(\text{V})$,$\frac{U_m}{\sqrt{2}}=220(\text{V})$.

注 $\frac{U_m}{\sqrt{2}}$称为**交流电压的有效值**,即与交流电压具有同样热效应的直流电压值;$\frac{I_m}{\sqrt{2}}$称为**交流电流的有效值**,即与交流电流具有同样热效应的直流电流值.

(2) 角频率 ω 的变换

观察 $y=\sin x$,$y=\sin 2x$,$y=\sin\frac{1}{2}x$ 在一个周期内的简图(见图 3.5.25),可得角频率 ω 的变换规律:改变角频率 ω,图形横向伸缩(纵坐标不变).具体为:

$$y=\sin x \xrightarrow{\text{横坐标缩短到原来的}\frac{1}{\omega}\text{倍}} y=\sin\omega x\ (\omega>1),$$

$$y=\sin x \xrightarrow{\text{横坐标伸长到原来的}\frac{1}{\omega}\text{倍}} y=\sin\omega x\ (0<\omega<1).$$

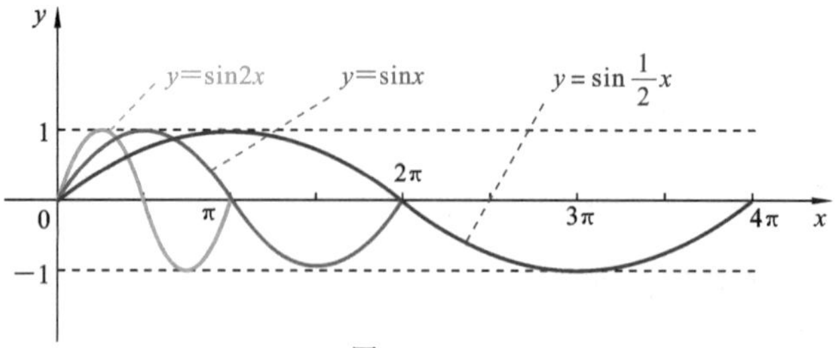

图 3.5.25

【练一练】

下列两组函数的图形之间是如何变化的？

（1）$y=\sin x \Longleftrightarrow y=\sin 4x$；

（2）$y=\sin 4x \Longleftrightarrow y=\sin 2x$.

解　（1）$y=\sin x \underset{\text{横坐标伸长到原来的 4 倍}}{\overset{\text{横坐标缩短到原来的 1/4}}{\rightleftharpoons}} y=\sin 4x$；

（2）$y=\sin 4x \underset{\text{横坐标缩短到原来的 1/2}}{\overset{\text{横坐标伸长到原来的 2 倍}}{\rightleftharpoons}} y=\sin 2x$.

【衔接专业】

观察图 3.5.26 所示的电磁波分类图，各类电磁波的角频率有什么特点？

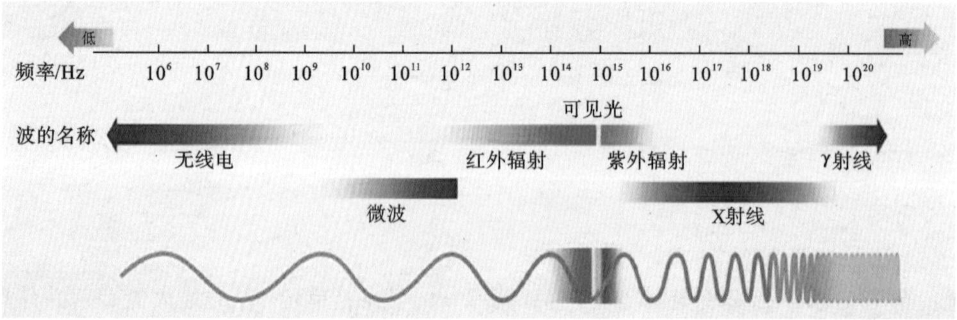

图 3.5.26

答　由图可见，无线电波的角频率相对比较小，X 射线、γ（伽马）射线的角频率相对比较高. 角频率 ω 表示波形变化的快慢，角频率越高，波形变化越快. 由周期与角频率的反比关系 $T=\dfrac{2\pi}{\omega}$可知，角频率越高，电磁波的周期越短. 由频率与角频率的正比关系 $f=\dfrac{\omega}{2\pi}$知，角频率越高，电磁波的频率越高. 再由波长与频率的关系 $\lambda=\dfrac{v}{f}$（λ 是波长，v 是电磁波速度）可知，电磁波的频率越高，波长越短. 因此，无线电波、微波、雷达发射的电磁波，频率较低，波长较长，X 射线、γ 射线频率高，波长短.

（3）初相 φ 的变换

观察 $y=\sin x$，$y=\sin\left(x+\dfrac{\pi}{2}\right)$，$y=\sin\left(x-\dfrac{\pi}{2}\right)$在一个周期内的简图（见图 3.5.27），可得初相 φ 的变换规律：**改变初相 φ，图形左右平移**. 具体为：

$$\left.\begin{array}{l} y=\sin x \xrightarrow{\text{图形向左平移 }\varphi\text{ 个单位}} y=\sin(x+\varphi)\ (\varphi>0) \\ y=\sin x \xrightarrow{\text{图形向右平移}|\varphi|\text{个单位}} y=\sin(x+\varphi)\ (\varphi<0) \end{array}\right\}\begin{array}{l}\text{左加}\\\text{右减}\end{array}$$

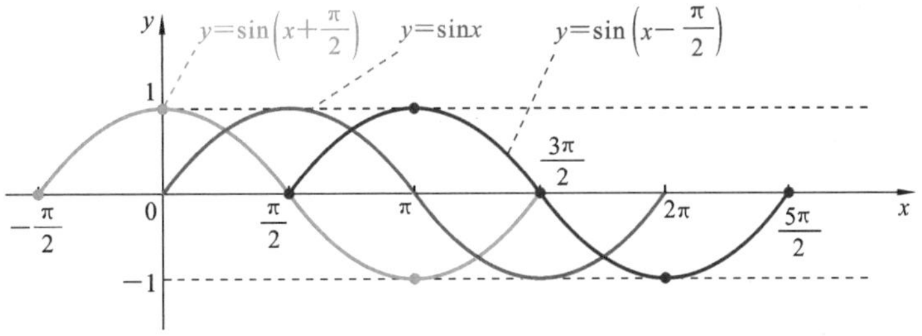

图 3.5.27

【练一练】

下列函数的图形之间是如何变化的？

$$y=\sin x \Longleftrightarrow y=\sin\left(x+\frac{\pi}{3}\right).$$

解

$$y=\sin x \underset{\text{图形向右平移 }\pi/3\text{ 个单位}}{\overset{\text{图形向左平移 }\pi/3\text{ 个单位}}{\rightleftarrows}} y=\sin\left(x+\frac{\pi}{3}\right).$$

【衔接专业】

雷达专业课程中相位差的概念：两个同振幅同频率正弦型函数的初相之差.

例 3.5.11 求正弦交流电 $i_1(t)$ 与 $i_2(t)$ 的相位差，其中

$$i_1(t)=10\sin(100\pi t+\pi),\quad i_2(t)=10\sin\left(100\pi t+\frac{\pi}{3}\right).$$

解 $i_1(t)$ 与 $i_2(t)$ 的相位差为 $\pi-\frac{\pi}{3}=\frac{2\pi}{3}$.

【练一练】

求雷达信号 $u_1(t)$ 与 $u_2(t)$ 的相位差，其中

$$u_1(t)=p\sin\left(\omega_0 t-\frac{\pi}{2}\right),\quad u_2(t)=p\sin(\omega_0 t-\pi).$$

解 $u_1(t)$ 与 $u_2(t)$ 的相位差为 $-\frac{\pi}{2}-(-\pi)=\frac{\pi}{2}$.

【装备介绍】

相位控制与相控阵雷达

相控阵雷达的全称为相位控制电子扫描阵列雷达. 它的天线阵面由几百个到几万个辐射单元和接收单元组成，这些单元有规则地排列在平面上，构成阵列天线. 每个辐射单元由天线振子、移相器等器件组成. 移相器是用来调节交流电压(电流)相位的装置. 移相器由计算机控制，向天线振子馈入不同相位的电流，来改变天线振子向空中发射电磁波束的“相位”，利用电磁波相干原理，使电磁波束能像转动的天线一样，一个相位一个相位地偏转，实现扫描，这种方式称为电扫描.

相控阵雷达使用 1 个不动的天线阵面，就可以对 120°扇面内的目标进行探测，使用 3 个天

线阵面，就能实现 360°无间断的目标探测和跟踪. 当相控阵雷达警戒、搜索远距离目标时，虽然看不到天线转动，但上万个辐射单元通过计算机控制集中向一个方向发射、偏转，即使是上万公里以外来袭的洲际导弹和几万公里远的卫星，也逃不过它的"眼睛". 如果是对付较近的目标，这些辐射单元又可以分工负责，有的搜索、有的跟踪、有的引导，同时工作. 每个移相器可根据自己担负的任务，使电磁波束在不同的方向上偏转，相当于很多个天线在转动，其多功能性和反应速度之快非一般天线所能相比.

图 3.5.28 是美国 NMD 系统相控阵雷达，图 3.5.29 是中国舰载相控阵雷达.

图 3.5.28

图 3.5.29

与传统机械扫描雷达相比，在相同的孔径与操作波长下，相控阵雷达的反应时间短、目标更新速率高、多目标追踪能力强、抗干扰能力强、可靠性高，相对而言，则付出了更加昂贵、技术要求更高、功率消耗与冷却需求更大等代价.

习　　题

1. 把下列各角的度数化为弧度：

(1) 60°；　(2) 120°；　(3) 135°；　(4) 270°.

2. 计算下列三角函数的值：

(1) $\sin\frac{\pi}{6}$；　(2) $\sin\frac{\pi}{3}$；　(3) $\sin\frac{\pi}{4}$；　(4) $\sin\frac{\pi}{2}$；

(5) $\sin\pi$；　(6) $\sin\frac{2\pi}{3}$；　(7) $\sin\frac{3\pi}{4}$；　(8) $\sin2\pi$.

3. 计算下列三角函数的值：

(1) $\cos\frac{\pi}{6}$；　(2) $\cos\frac{\pi}{3}$；　(3) $\cos\frac{\pi}{4}$；　(4) $\cos\frac{\pi}{2}$；

(5) $\cos\pi$；　(6) $\cos\frac{2\pi}{3}$；　(7) $\cos\frac{3\pi}{4}$；　(8) $\cos2\pi$.

4. 计算下列三角函数的值：

(1) $2\cos\frac{\pi}{2}+3\sin\frac{\pi}{4}$；

(2) $3\cos\frac{\pi}{3}-4\sin\frac{\pi}{6}$；

(3) $2\cos\frac{\pi}{2}-7\sin\frac{\pi}{2}$；

(4) $5\cos0-7\cos2\pi+9\sin0$；

(5) $5\cos\frac{3\pi}{2}-2\sin\frac{3\pi}{4}$；

(6) $\cos\frac{3\pi}{2}-2\sin\frac{5\pi}{6}$；

(7) $4\cos\frac{2\pi}{3}-7\sin\frac{3\pi}{2}$；

(8) $7\cos2\pi-10\sin2\pi$.

5. 已知角 α 的终边经过 $P(4,-3)$，求 α 的六个三角函数值.

6. 已知角 α 的终边经过 $P(4a,-3a)$ $(a\neq0)$，求 $2\sin\alpha+\cos\alpha$ 的值.

7. 计算下列三角函数的值：

(1) $\tan\frac{\pi}{4}$；　(2) $\tan\frac{\pi}{3}$；　(3) $\tan\frac{3\pi}{4}$；　(4) $\tan\pi$；

(5) $\cot\frac{\pi}{4}$；　(6) $\cot\frac{2\pi}{3}$；　(7) $\cot\frac{\pi}{6}$；　(8) $\cot\frac{\pi}{2}$.

8. 已知 $\tan\alpha=3$，计算$\frac{4\sin\alpha-2\cos\alpha}{5\cos\alpha+3\sin\alpha}$.

9. 计算下列反三角函数的值：

(1) $\arcsin0$；　(2) $\arcsin1$；　(3) $\arcsin\frac{1}{2}$；

(4) $\arccos0$；　(5) $\arccos1$；　(6) $\arccos\frac{1}{2}$.

10. 求下列函数的定义域和值域：

(1) $y=\arccos(x+1)$；　(2) $y=\arcsin\sqrt{x}$.

11. 画出函数 $y=3\sin\left(2x+\frac{\pi}{3}\right)$的简图.

12. 已知正弦交流电的电流 $i(t)$的振幅 $A=10(\mathrm{A})$，角频率 $\omega=100\pi(\mathrm{rad/s})$，初相 $\varphi=\frac{2\pi}{3}$，写出该电流的函数表达式.

13. 求正弦交流电 $i_1(t)$与 $i_2(t)$的相位差，其中

$$i_1(t)=5\sin\left(100\pi t-\frac{2\pi}{3}\right),\quad i_2(t)=5\sin\left(100\pi t+\frac{5\pi}{3}\right).$$

14. 某带电粒子初速度 v_0 为 80 km/s，与磁场 $\boldsymbol{B}$ 成一个夹角 θ 为 60°时，如图 3.5.30 所示，把速度 v_0 分解成平行于磁场 $\boldsymbol{B}$ 的分量 $v_{/\!/}$ 与垂直磁场 $\boldsymbol{B}$ 的分量 $v_{\perp}$，试求 $v_{/\!/}$ 与 $v_{\perp}$.

15. 若某雷达电波发射后 1000 μs 见到回波，此时垂直波瓣的仰角为 30°，如图 3.5.31 所示. 求目标的高度(提示：1 μs$=10^{-6}$ s，雷达电波的传播速度为 300 m/μs).

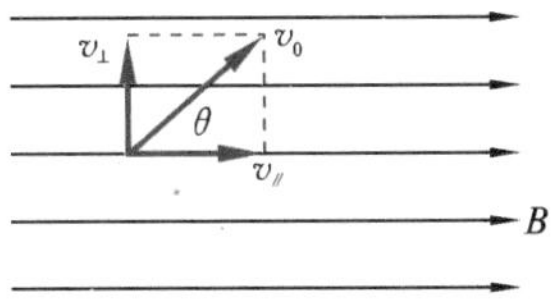

图 3.5.30

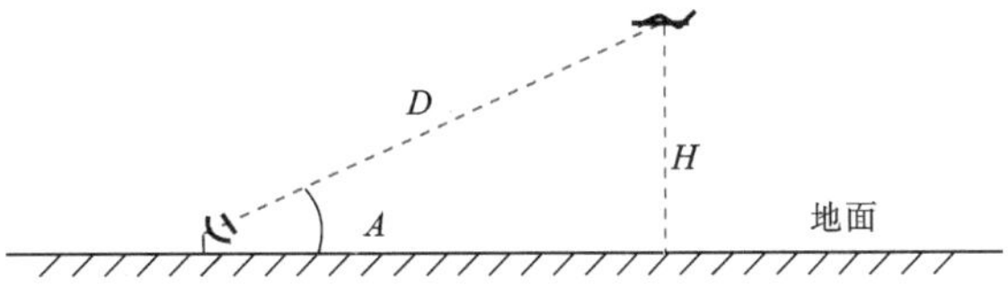

图 3.5.31

3.6 初等函数

【学习要求】

1. 理解复合函数的概念,能分析复合函数的结构并分解复合函数.
2. 认识电工学中的复合函数.
3. 了解绝对值函数、取整函数、符号函数及其简单应用.

前面学过的常函数、幂函数、指数函数、对数函数、三角函数和反三角函数统称为**基本初等函数**.

在实际问题中,两个变量之间需要通过第三个变量建立联系,对此的数学描述就是复合函数.

3.6.1 复合函数

后续专业课中会出现下面这样的函数:

$$y=\sin(x^2),\quad y=\ln\cos(2x),\quad i(t)=e^{-2t},\quad y=\sqrt{x^2+1},\quad \varepsilon(r)=\arcsin(1-r^2),$$

这些函数与之前学习的基本初等函数既有联系但又比它们更复杂,它们的特点是:**一个函数的因变量同时又是另一个函数的自变量**.

例如 $y=\sin(x^2)$,它的里面是二次函数 $u=x^2$,外面是正弦函数 $y=\sin u$,这里二次函数的因变量 u 同时又是正弦函数的自变量 u,这就是一个复合函数.

1. 复合函数的定义

定义 3.6.1 设函数 $y=f(u)$,$u=g(x)$,当函数 $y=f(u)$的定义域与函数 $u=g(x)$的值域有交集时,则称 $y=f[g(x)]$是由 $y=f(u)$和 $u=g(x)$构成的**复合函数**,其中 $y=f(u)$称为**外层函数**,$u=g(x)$称为**内层函数**,u 称为**中间变量**.

【注意】

(1) 不是任何两个函数都可以复合成一个函数,只有**当外层函数的定义域与内层函数的值域有共同的部分时**,复合函数才能存在.

如图 3.6.1 所示,如果外层函数 $y=f(u)$,$u\in D_f$ 和内层函数 $u=g(x)$,$x\in D$ 要组成复合函数,就必须保证外层函数 $y=f(u)$的定义域 D_f 与内层函数 $u=g(x)$的值域 R_g 有交集.

例如,函数 $y=\arcsin u$ 和 $u=2+x^2$,因为 $y=\arcsin u$ 的定义域 $D=[-1,1]$,$u=2+x^2$ 的值域 $R_f=[2,+\infty)$,而两者没有公共部分,所以这两个函数不能构成复合函数.

(2) 复合函数的概念可以推广到两个以上函数复合的情况. 例如 $y=\lg u$,$u=3+v^2$,$v=\cos x$构成的复合函数是 $y=\lg(3+\cos^2 x)$.

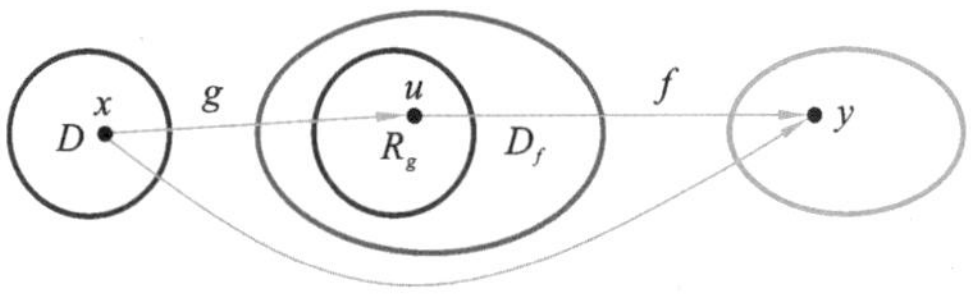

图 3.6.1

2. 复合函数的分解

复合函数的分解就是由外到内把复合函数拆分成若干个相互衔接的简单函数. 这里的简单函数是指基本初等函数或由基本初等函数进行四则运算所构成的函数.

例 3.6.1 指出下列函数是由哪些简单函数复合而成的:

(1) $y=\sin\sqrt{x}$; (2) $y=e^{2x-1}$.

解 (1) $y=\sin\sqrt{x}$是由 $y=\sin u, u=\sqrt{x}$复合而成的;

(2) $y=e^{2x-1}$是由 $y=e^u, u=2x-1$ 复合而成的.

例 3.6.2 指出下列函数是由哪些简单函数复合而成的:

(1) $y=\cos^2 x$; (2) $y=\cos x^2$.

解 (1) 注意 $y=\cos^2 x=(\cos x)^2$,所以 $y=\cos^2 x$ 是由 $y=u^2, u=\cos x$ 复合而成的;

(2) 注意 $y=\cos x^2=\cos(x^2)$,所以 $y=\cos x^2$ 是由 $y=\cos u, u=x^2$ 复合而成的.

复合函数的分解可以推广至三层以上的情形:对函数 $y=f\{g[h(x)]\}$,可以分解为 $y=f(u), u=g(v), v=h(x)$. 可将复合函数分解的过程类比为俄罗斯套娃的拆分过程,如图 3.6.2 所示.

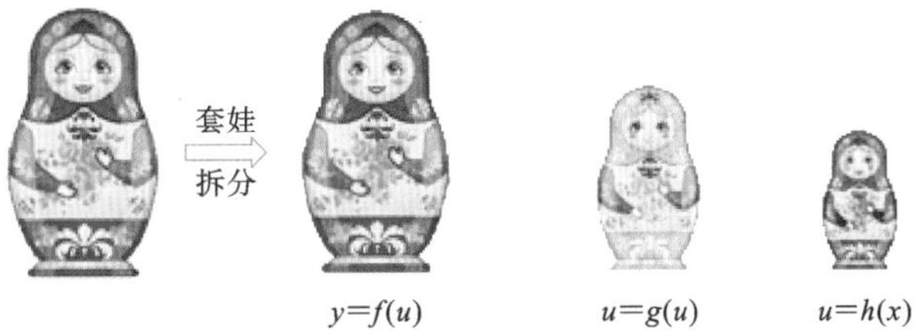

图 3.6.2

复合函数的分解过程可以总结为口诀:**由外向内,逐层展开,彻底分解,直至最简.**

【衔接专业】

例 3.6.3 指出下列电工学中的函数是由哪些简单函数复合而成的:

(1) $i(t)=e^{-2t}$; (2) $s(t)=\sin\left(2\pi t+\frac{\pi}{3}\right)$;

(3) $R(\delta)=e^{-0.115\delta}$; (4) $\varepsilon(r)=\arcsin(1-r^2)$.

注 自变量不一定要用 x 表示.

解 (1) $i(t)=e^{-2t}$是由 $i=e^u, u=-2t$ 复合而成的;

(2) $s(t)=\sin\left(2\pi t+\frac{\pi}{3}\right)$是由 $s=\sin u, u=2\pi t+\frac{\pi}{3}$复合而成的;

(3) $R(\delta)=e^{-0.115\delta}$是由 $R=e^u, u=-0.115\delta$ 复合而成的;

(4) $\varepsilon(r)=\arcsin(1-r^2)$是由 $\varepsilon=\arcsin u, u=1-r^2$ 复合而成的.

3.6.2 初等函数

初等函数是高等数学中讨论最多、应用最广泛的一类函数.

定义 3.6.2 一般地,由基本初等函数经过有限次四则运算和有限次复合运算构成并可以用一个式子表示的函数,称为**初等函数**.

例如,$y=\sqrt{1-x^2}$,$y=e^{\sin\frac{1}{x}}$等都是初等函数.

3.6.3 分段函数

前面讨论的函数,在其定义域内,都是**只用一个解析式表示**的函数. 但在工程技术中经常会出现这样的函数,在其定义域的不同子集上**用不同的解析式表示**,这样的函数称为**分段函数**. 要注意的是,尽管分段函数包含几个表达式,但它是一个函数,不能说成是几个函数.

下面介绍几个常用的分段函数.

1. 绝对值函数

$$y=|x|=\begin{cases} x, & x\geqslant 0, \\ -x, & x<0. \end{cases}$$

它的定义域为 $\mathbf{R}$,值域为$[0,+\infty)$,函数图形如图 3.6.3 所示.

2. 取整函数

$$y=[x].$$

$[x]$表示取不超过 x 的最大整数,例如$[0.3]=0$,$[5.9]=5$,$[-1.352]=-2$,它的定义域为 $\mathbf{R}$,值域为 $\mathbf{Z}$(全体整数). 函数图形如图 3.6.4 所示,它是由无穷多条与 x 轴平行的长度为 1 的线段组成的阶梯形,每一线段左端是实心点,右端是空心点.

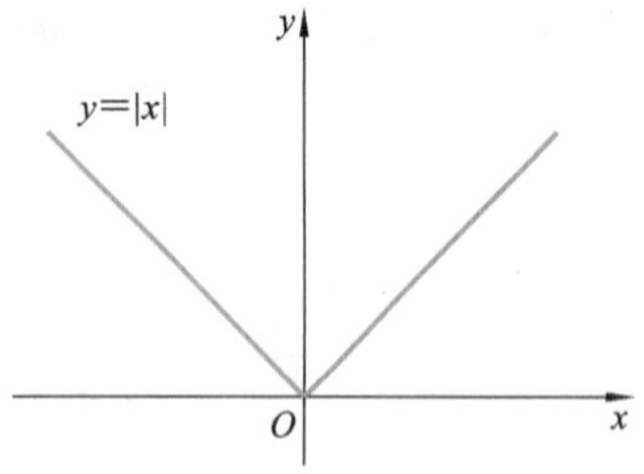

图 3.6.3

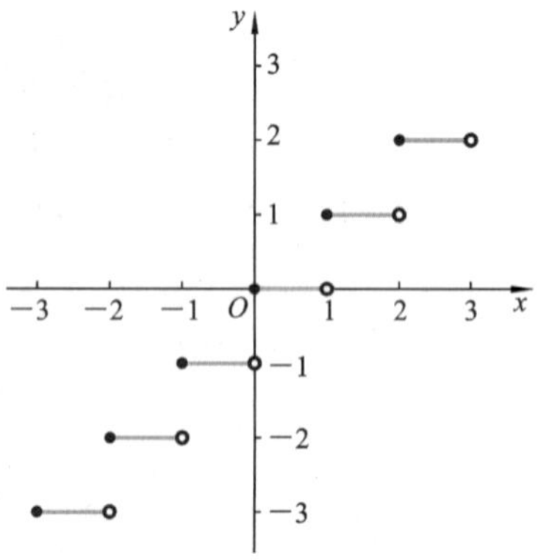

图 3.6.4

【生活应用】

周岁,是国际通用的年龄计算方式,它计算的是出生后已经度过的时间长度. 若有一个人是 2000 年 8 月 15 日出生的,到 2015 年 5 月 15 日,他的准确年龄是 14 岁 9 个月,9 个月相当于 0.75 年,所以这个人的准确年龄可以表示为

$$x=14.75(\text{年}),$$

对这个年龄取整，去掉月份，得

$$y=[x]=[14.75]=14(\text{年}),$$

就得到周岁年龄为 14 周岁.

还是这个人，到 2015 年 11 月 15 日，他的准确年龄是 15 岁 3 个月，即

$$x=15.25(\text{年}),$$

对这个年龄取整，去掉月份，得

$$y=[x]=[15.25]=15(\text{年}),$$

就得到周岁年龄为 15 周岁.

3. 符号函数

$$y=\text{sgn}x=\begin{cases}1, & x>0,\\ 0, & x=0,\\ -1, & x<0.\end{cases}$$

它的定义域是 **R**，值域是三个数 $\{-1,0,1\}$. 当自变量分别取正数、零、负数时，函数值分别为 1，0，−1. 函数图形如图 3.6.5 所示. 符号函数是一种逻辑函数，作用是判断实数的正负.

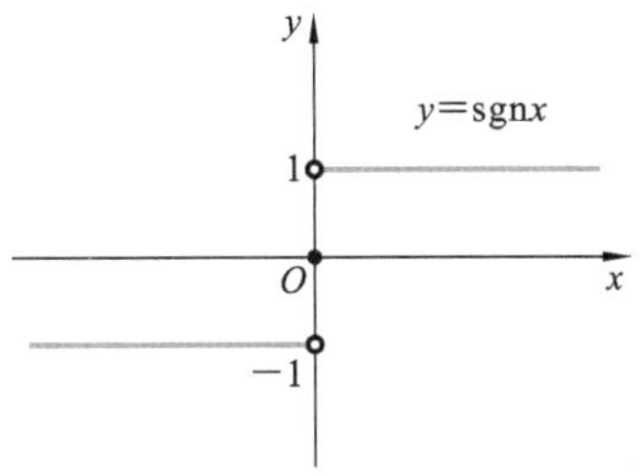

图 3.6.5

【电工应用】

蔡氏电路是一种非线性电路，1983 年由学者蔡少棠发明，第一次在混沌理论和混沌电路之间架起了桥梁，它们的结合具有明确的工程背景. 蔡氏电路的核心是一个称为“蔡氏二极管”的分段线性电阻.

一种改进的基于符号函数的蔡氏电路中，蔡氏二极管的状态方程为

$$f(x)=m_1x+(m_0-m_1)\text{sgn}x,$$

其中就包含了符号函数 sgn$x$. 符号函数的物理电路图如图 3.6.6 所示.

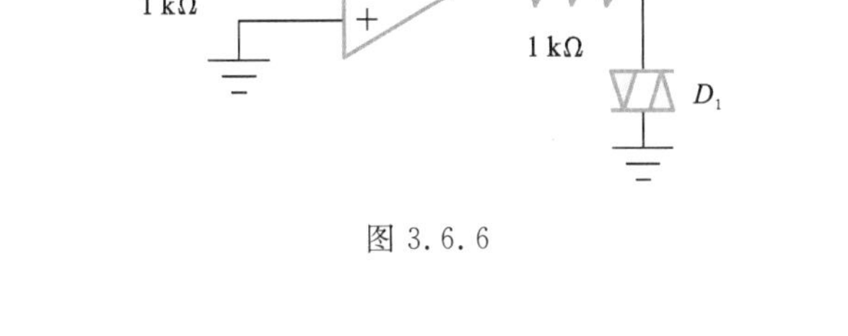

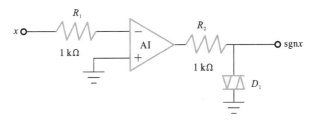

图 3.6.6

例 3.6.4 设分段函数 $f(x)=\begin{cases} x^2, & -2\leqslant x<0, \\ 2, & x=0, \\ 1+x, & 0<x\leqslant 3. \end{cases}$

(1) 确定函数的定义域,并画出函数图形;

(2) 计算 $f(-1)$,$f(0)$,$f(2)$.

解 (1)函数定义域 $D=[-2,3]$,图形如图 3.6.7 所示.

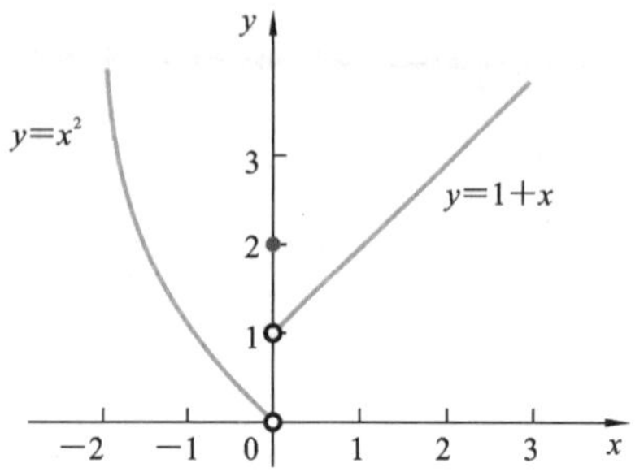

图 3.6.7

(2) 因为当 $-2\leqslant x<0$ 时,$f(x)=x^2$,所以

$$f(-1)=(-1)^2=1,$$

同理可得 $$f(0)=2,\quad f(2)=1+2=3.$$

例 3.6.5 某城市的出租车计价方法为:3 km 以内按起步价收 8 元,超过 3 km 后,超过部分每公里为 1.40 元,求车费与里程之间的函数关系.

解 设车费和里程分别用因变量 F 和自变量 s 表示,则由题意可以列出如下的函数关系:

$$F(s)=\begin{cases} 8, & 0<s\leqslant 3, \\ 8+1.40(s-3), & s>3. \end{cases}$$

例 3.6.6 为了鼓励人们节约用电,电力公司对居民用电按阶梯方式收取电费. 下表是某省居民的月度用电阶梯价格:

月用电量/(kW·h)	电价/(元/(kW·h))
50 及以下的部分	0.288
超过 50 至 200 的部分	0.318
超过 200 的部分	0.388

试写出该省居民月度用电的费用函数.

解 由题意知,该省居民月度用电应缴的电费是用电量的分段函数,设某居民某次缴费时的用电量为 x,应缴费用为 y,则有

当 $x\leqslant 50$ 时, $y=0.288x$,

当 $50<x\leqslant 200$ 时,$y=(x-50)\times 0.318+50\times 0.288=0.318x-1.5$,

当 $x>200$ 时,$y=(x-200)\times 0.388+(200-50)\times 0.318+50\times 0.288=0.388x-15.5$.

综上所述,可知

$$y=\begin{cases} 0.288x, & x\leqslant 50, \\ 0.318x-1.5, & 50<x\leqslant 200, \\ 0.388x-15.5, & x>200. \end{cases}$$

习　题

1. 指出下列函数是由哪些简单函数复合而成的：

(1) $y=\sqrt{3x-1}$；　(2) $y=(1+2x)^3$；　(3) $y=e^{2x}$；

(4) $y=\ln(3x+1)$；　(5) $y=\sin(1+2x)$；　(6) $y=\cos(2x^2-1)$；

(7) $y=\cos^2 x$；　(8) $y=\cos x^2$；　(9) $y=(1+\ln x)^5$；

(10) $y=\arctan(e^x)$；　(11) $y=\ln\sin x$；　(12) $y=2^{(x^2+1)}$.

2. 指出下列函数是由哪些简单函数复合而成的：

(1) $i(t)=e^{-5t+1}$；　(2) $s(t)=\cos^2\left(2\pi t+\frac{\pi}{3}\right)$；

(3) $R(\delta)=e^{-0.135\delta+1}$；　(4) $\varepsilon(r)=\arccos(1-2r^2)$.

3. 设 $f(x)=\begin{cases}1+x, & x\leqslant 0,\\ 2, & x>0,\end{cases}$ 求 $f(0)$，$f\left(\frac{1}{2}\right)$，$f(-1)$，$f(1)$.

4. 求下列复合函数的值：

(1) 若 $f(x)=\frac{1}{1-x}$，求 $f[f(x)]$；

(2) 设 $\varphi(t)=t^3+1$，求 $\varphi(t^2)$，$[\varphi(t)]^2$；

(3) 设 $f(x)=\begin{cases}x, & x\geqslant 0,\\ 1, & x<0,\end{cases}$ 求 $f(x-1)$，$f(x)+f(x-1)$.

5. 将函数 $y=5-[2x-1]$ 用分段函数表示，并画出函数的图形.

3.7　函数的专业应用和软件求解

【学习要求】

1. 理解常用函数在电工学和雷达专业中的简单应用.
2. 熟悉常用函数的 MATLAB 语法.
3. 熟悉计算函数值的命令，熟悉函数绘图的命令.

3.7.1　函数的专业应用

1. 感抗

线圈的电感对交变电流有阻碍作用，阻碍作用的大小称为感抗，用 X_L 表述. 在交变电路中，线圈的电感作用类似于电阻. 感抗的大小由线圈的电感 L 和交变电流的频率 f 共同决定，

表达式为 $X_L=2\pi fL$. 线圈的电感越大,交变电流的频率越高,感抗就越大.

例 3.7.1 某分米波雷达检波器输出端的中频扼流圈的电感 $L=14\ \mu\text{H}$(电感的单位:亨利(H)、微亨(μH)),交变电流的频率为 30 MHz,问扼流圈的感抗等于多少?

解 已知 $L=14\ \mu\text{H}=14\times10^{-6}\ \text{H}$, $f=30\ \text{MHz}=30\times10^{6}\ \text{Hz}$,代入感抗公式,有

$$\begin{aligned}X_L&=2\pi fL=2\times3.14\times30\times10^{6}\times14\times10^{-6}\\&=2\times3.14\times14\times30\times10^{-6+6}\\&=2637.6\ \Omega=2.6376\ \text{k}\Omega,\end{aligned}$$

所以该中频扼流圈的感抗为 2.6376 kΩ.

2. 雷达中的功率增益及电压增益

在计算多级放大器总功率放大倍数时,是将各级的功率放大倍数连乘,这里往往是一个很大的数字,乘起来也很麻烦,如果采用对数,就可以把相乘转化为相加,把一个很长的数字转化为一个较短的数字,比较简便. 采用**分贝**(dB)来度量功率增益的公式为:

$$G_P=10\lg\frac{P_2}{P_1},$$

这里 P_2 代表输出功率,P_1 代表输入功率,lg 是以 10 为底的对数.

因为同一负载 $P_2=I_2^2R=\frac{U_2^2}{R}$, $P_1=\frac{U_1^2}{R}$,代入 $G_P=10\lg\frac{P_2}{P_1}$,可以得到

$$G_P=10\lg\frac{\frac{U_2^2}{R}}{\frac{U_1^2}{R}}=10\lg\left(\frac{U_2}{U_1}\right)^2=20\lg\frac{U_2}{U_1},$$

从而得到电压的增益公式

$$G_U=20\lg\frac{U_2}{U_1}.$$

G_P 叫做**功率增益**,$\frac{P_2}{P_1}$叫做功率放大倍数.

G_U 叫做**电压增益**,$\frac{U_2}{U_1}$叫做电压放大倍数,U_2 代表输出电压,U_1 代表输入电压.

例 3.7.2 某雷达接收机总的功率放大倍数为 1.262×10^{12} 倍,问功率的增益为多少?

解 已知$\frac{P_2}{P_1}=1.262\times10^{12}$,所以

$$\begin{aligned}G_P&=10\lg\frac{P_2}{P_1}=10\lg(1.262\times10^{12})=10(\lg1.262+\lg10^{12})\\&=10\times(0.1+12)=121(\text{dB}),\end{aligned}$$

即功率增益为 121 dB.

例 3.7.3 某分米波雷达接收机功率放大电路的电压增益 G_U 为 60 dB,问电压放大倍数$\frac{U_2}{U_1}$为多少?

解 由于 $G_U=20\lg\frac{U_2}{U_1}$,代入得 $60=20\lg\frac{U_2}{U_1}$,

化简得 $\lg\frac{U_2}{U_1}=3$,所以$\frac{U_2}{U_1}=10^3=1000$,即电压放大 1000 倍.

3. 电感功率

在交流电路中，电感两端的电压不是固定值，而是一个随电流大小变化的正弦型函数，电感的功率的计算公式为 $p_L = u_L \cdot i$.

例 3.7.4 已知在正弦交流电路中，电感两端的电压为 $u_L = \sqrt{2}U_L\sin(\omega t + \psi_i + 90°)$，电流强度为 $i = \sqrt{2}I\sin(\omega t + \psi_i)$，求 p_L.

解 $p_L = u_L \cdot i = \sqrt{2}U_L\sin(\omega t + \psi_i + 90°) \cdot \sqrt{2}I\sin(\omega t + \psi_i)$

$\left(\text{运用公式 } \sin\left(\frac{\pi}{2} \pm \alpha\right) = \cos\alpha\right)$

$= \sqrt{2}U_L\cos(\omega t + \psi_i) \cdot \sqrt{2}I\sin(\omega t + \psi_i)$ （运用公式 $\sin 2\alpha = 2\sin\alpha\cos\alpha$）

$= IU_L\sin 2(\omega t + \psi_i)$.

4. 雷达探测距离公式

雷达的探测距离公式是在理想条件下得到的，所谓的理想条件是指雷达和目标发生作用的空间为自由空间，即满足三条：

(1) 雷达与目标之间没有其他物体，电波传播不受地面及其他障碍物的影响，是按直线行进的；

(2) 空间的介质是均匀的；

(3) 电波在传播中没有损耗.

例 3.7.5 当有地面反射时，某型雷达的探测距离公式为

$$r = R_{\max} \cdot F(\alpha)\sqrt{1 + R^2(\alpha) + 2|R| \cdot \cos\left(\frac{4\pi h}{\lambda}\sin\alpha + \varphi\right)},$$

其中，$R_{\max}$ 为雷达探测的最大距离，α 为直射波与水平方向的夹角，$F(\alpha)$ 为垂直方向上天线的方向因数，h 为天线高度，λ 为雷达的工作波长，φ 为雷达波的初相.

已知在理想平坦地面反射的条件下，$R(\alpha) = 1$，$\varphi = 180°$，求 r.

解 将 $R(\alpha) = 1$，$\varphi = 180°$ 代入可得

$$r = R_{\max} \cdot F(\alpha)\sqrt{1 + 1^2 + 2 \times 1 \times \cos\left(\frac{4\pi h}{\lambda}\sin\alpha + 180°\right)} \quad (\text{运用公式 } \cos(x + 180°) = -\cos x)$$

$$= R_{\max} \cdot F(\alpha)\sqrt{2 - 2\cos\left(\frac{4\pi h}{\lambda}\sin\alpha\right)} \quad \left(\text{运用倍角公式} \frac{1 - \cos x}{2} = \sin^2\frac{x}{2}\right)$$

$$= R_{\max} \cdot F(\alpha)\sqrt{4 \times \frac{1 - \cos\left(\frac{4\pi h}{\lambda}\sin\alpha\right)}{2}}$$

$$= R_{\max} \cdot F(\alpha) \cdot 2 \cdot \sin\frac{\frac{4\pi h}{\lambda}\sin\alpha}{2}$$

$$= 2R_{\max}F(\alpha)\sin\left(\frac{2\pi h}{\lambda}\sin\alpha\right),$$

所以该雷达的探测距离公式是 $r = 2R_{\max}F(\alpha)\sin\left(\frac{2\pi h}{\lambda}\sin\alpha\right)$.

3.7.2 函数的软件求解

1. 基本命令

函数	正弦	余弦	正切	余切	绝对值	指数	开平方
符号	sin	cos	tan	cot	abs	exp	sqrt
函数	反正弦	反余弦	反正切	反余切	自然对数	以 10 为底的对数	
符号	asin	acos	atan	acot	log	log10	

2. 求解示例

例 3.7.6 求下列各式的值：

$$2^8,\quad \left(\frac{1}{3}\right)^{-3},\quad 4^{\frac{2}{3}},\quad 0.01^{-1.5},\quad e^3,\quad \ln4,\quad \log_{10}25,\quad \log_2 10.$$

解 分别输入如下内容：

```
>> 2^8
ans= 256
>> (1/3)^(- 3)
ans= 27.0000
>> 4^(2/3)
ans= 2.5198
>> 0.01^(- 1.5)
ans= 1000
>> exp(3)
ans= 20.0855
>> log(4)                %ln 是自然对数，在 MATLAB 中表示为 log
ans= 1.3863
>> log10(25)
ans= 1.3979
>> log2(10)
ans= 3.3219
```

例 3.7.7 求下列各三角函数的值

$$\sin1.5,\quad \cos60°,\quad \tan\frac{\pi}{3},\quad \cot\left(-\frac{\pi}{4}\right).$$

解 分别输入如下内容：

```
>> sin(1.5)              %角度用弧度表示时，用 sin 命令计算
ans= 0.9975
>> cosd(60)              %角度用度表示时，要将命令 cos 改为 cosd 再计算
ans= 0.5000
>> tan(pi/3)             %pi 表示 π
```

```
ans= 1.7321                  %1.7321=√3
>> cot(- pi/4)
ans= - 1.0000
```

例 3.7.8 作函数 $y=x\sin x, x\in[-4\pi,4\pi]$的图形.

解 输入

```
>> ezplot('x* sin(x)',[- 4*pi,4*pi])
```

函数图形如图 3.7.1 所示.

例 3.7.9 在同一坐标系下作函数 $y_1=\sin x, y_2=\sin 2x, x\in[0,2\pi]$的图形.

解 输入

```
>> ezplot('sin(x)',[0,2*pi])             %y1=sinx 的图形
>> hold on                               %锁定当前图形窗口继续画图
>> ezplot('sin(2*x)',[0,2*pi])           %y2=sin2x 的图形
>> hold off                              %解除锁定当前图形窗口
```

函数图形如图 3.7.2 所示.

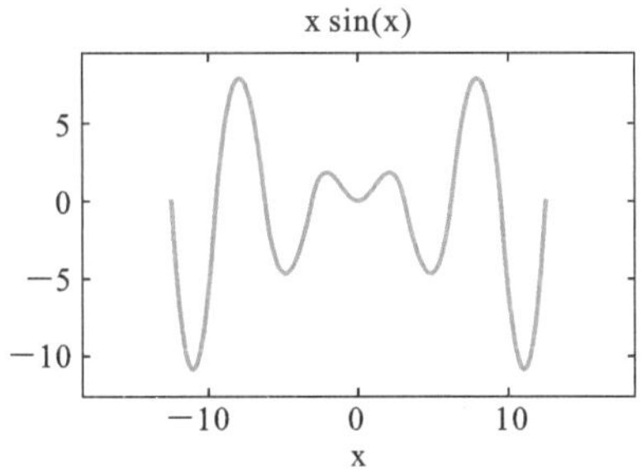

图 3.7.1

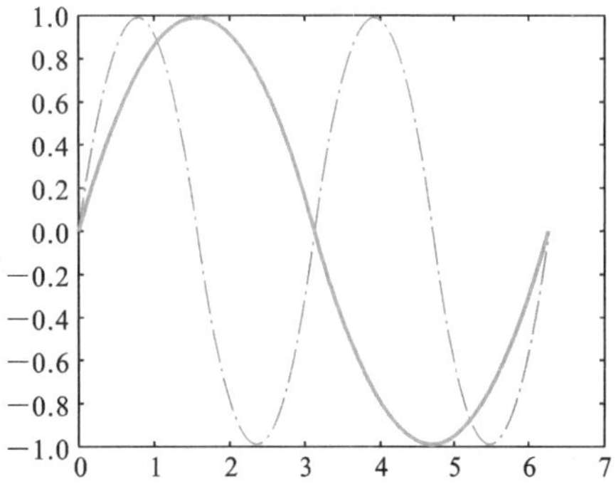

图 3.7.2

习　　题

1. 求下列各式的值：

(1) $5\sin 90°-\tan 0°+10\cos 180°-4\sin 270°-\frac{1}{2}\cot 270°$；

(2) $\frac{2}{3}\sin\frac{3\pi}{2}-\frac{4\sin\frac{\pi}{2}}{\cos\pi}+\frac{1}{4}\tan\pi$.

2. 计算$\sqrt{2}\left(\cos\frac{\pi}{12}+i\sin\frac{\pi}{12}\right)\times\sqrt{3}\left(\cos\frac{\pi}{6}+i\sin\frac{\pi}{6}\right)$.

3. 绘制下列函数的图形：

(1) $f(x)=\sin\frac{1}{x}, x\in[-0.1,0.1]$；　　(2) $y=\arcsin x, x\in[-1,1]$；

(3) $f(x)=\sin x, g(x)=\cos x, x\in[-2\pi,2\pi]$.

4. 在同一坐标系下作函数 $y_1=\sin x, y_2=\cos x, y_3=\sin x-\cos x, x\in[0,2\pi]$的图形.

第 4 章 函数的极限与连续

极限概念是高等数学最基本的概念之一，极限思想贯穿于微积分学，它来自于人们在生产实践中对精确值的求解过程，体现了人们不断深入地探究事物微小变化特征的认识过程．现代数学中，几乎所有的基本概念(连续、微分、积分)都是建立在极限概念的基础之上．连续性是自然界普遍存在的现象，这种现象在函数关系上的反应，就是函数的连续性．

本章将从我国古代数学问题出发，探索极限思想的起源，通过考察一些函数的变化情况给出六类极限，学习极限的各种求解方法，包括用 MATLAB 软件求极限；然后讨论函数连续的定义和判断方法，给出连续函数的性质；最后作为连续的反面，给出间断的定义和判断方法，并讨论四种类型的间断点．

4.1 函数的极限

【学习要求】

1. 理解极限思想的起源．
2. 理解 $x\to+\infty$、$x\to-\infty$、$x\to\infty$时函数的极限．
3. 了解 $x\to+\infty$、$x\to-\infty$与 $x\to\infty$的关系，理解 $x\to\infty$时极限存在的充分必要条件．
4. 理解 $x\to x_0$ 时函数的极限，了解函数左、右极限的概念．
5. 了解 $x\to x_0$ 与 $x\to x_0^-$、$x\to x_0^+$ 的关系，理解 $x\to x_0$ 时极限存在的充分必要条件．
6. 了解函数极限的性质．

4.1.1 极限思想的起源

引例 1 分割木棰

我国古代思想家庄子的著作《庄子・天下篇》中记载了他的一位朋友惠施提出的一个命题："一尺之棰，日取其半，万事不竭．"意思是，长度为一尺的木杖，今天截取一半，明天截取一半的一半，后天再截取一半的一半的一半，如此反复下去，总有一半留下，所以永远截取不完．一尺长的木杖，长度是有限的，但却可以无限地分割下去，这个辩论讲的是有限和无限的辩证统一，体现了古人朴素的唯物辩证思想．

用数学表述这个命题，木杖的长度记为 1，截取一半，长度变为 1/2，再截取一半，长度变为 1/4，再截取一半，长度变为 1/8，如此反复下去，就得到一个数列：

$$1,\frac{1}{2},\frac{1}{4},\frac{1}{8},\frac{1}{16},\cdots;$$

或者写成

$$1,\frac{1}{2},\frac{1}{2^2},\frac{1}{2^3},\frac{1}{2^4},\cdots,\frac{1}{2^n},\cdots,$$

记作数列 $a_n=\frac{1}{2^n}(n\in\mathbf{N})$，下标 n 表示截取木杖的次数.

可以观察到，随着 n 不断增大，记作 $n\to\infty$，数列 a_n 不断变小，越来越接近于常数 0，即有 $a_n\to 0$. 于是我们称**常数 0 为数列$\left\{a_n=\frac{1}{2^n}\right\}$当 $n\to\infty$ 时的极限**，记作

$$\lim_{n\to\infty}a_n=\lim_{n\to\infty}\frac{1}{2^n}=0 \quad 或 \quad a_n=\frac{1}{2^n}\to 0 \quad (n\to\infty).$$

引例 2　割圆术

计算圆的面积是一个古老而悠久的数学问题，历史上很多数学家对此作出了研究. 公元 3 世纪，我国数学家刘徽发明了一种求圆面积的方法——“割圆术”. 令圆的半径为 1，先作圆的内接正六边形，如图 4.1.1 所示，其面积记为 A_1；再作内接正十二边形，其面积记为 A_2，一次次进行下去，作出圆的一系列内接正 $3\times 2^n(n\in\mathbf{N})$ 边形，面积记为

$$A_1,A_2,A_3,\cdots,A_n,\cdots,$$

从而得到一个正多边形面积的数列，作为圆面积的近似. 刘徽说：“割之弥细，所失弥少，割之又割，以至于不可割，则与圆合体，而无所失矣.”意思是，随着分割次数 n 的不断增加，内接正多边形的边数也不断增加，内接正多边形与圆的差异就越小，其面积 A_n 就越来越接近于圆的面积 S. 我们现在知道，圆的面积公式为 $S=\pi r^2$，$r=1$ 时，$S=\pi$，于是我们称**圆面积 π 为内接正多边形面积数列 $\{A_n\}$ 当 $n\to\infty$ 时的极限**，记作

$$\lim_{n\to\infty}A_n=\pi \quad 或 \quad A_n\to\pi(n\to\infty).$$

图 4.1.1

计算出内接正 3×2^n 边形的面积，就得到了圆周率 π 的近似值. 刘徽用这一方法，给出了 π 的取值介于 3.1415 和 3.1416 之间，这是我国古代一个了不起的数学成就，比欧洲数学家得到类似结果早了一千多年.

【练习】

观察数列 $a_n=\frac{1}{n}$，考察 $n\to\infty$ 时数列的变化趋势.

解　写出数列的各项：

$$a_1=1,\quad a_2=\frac{1}{2},\quad a_3=\frac{1}{3},\quad \cdots,\quad a_{100}=\frac{1}{100},\quad \cdots,$$

如图 4.1.2 所示，随着 $n\to\infty$，数列 a_n 不断变小，即有 $a_n\to 0$. 于是我们称**常数 0 为数列 $\left\{a_n=\frac{1}{n}\right\}$ 当 $n\to\infty$ 时的极限**，记作 $\lim\limits_{n\to\infty}\frac{1}{n}=0$.

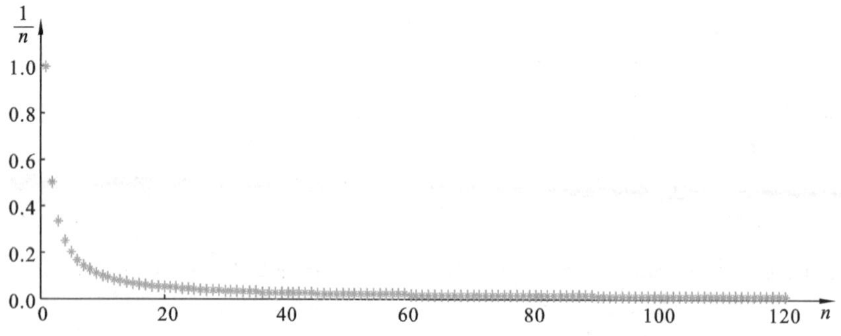

图 4.1.2

【拓展】

以上两个引例展示了数列的极限，数列其实是一种特殊的函数，它以自然数 n 为自变量，写成函数形式就是 $f(n)=a_n$. 对于数列 $\left\{f(n)=\frac{1}{n}\right\}$，将自变量 n 改写成实数 x，数列就变成了函数 $f(x)=\frac{1}{x}$，相应地 $n\to\infty$ 就变成了 x 取正值且无限增大，记为 $x\to+\infty$. 对于函数 $f(x)=\frac{1}{x}$ $(x>0)$，当 $x\to+\infty$ 时，也有极限的概念.

4.1.2　函数的极限

1. $x\to+\infty$ 时函数的极限

引例 3　观察函数 $f(x)=\frac{1}{x}$ $(x>0)$ 的图形(见图 4.1.3)，当 x 无限增大时，函数曲线向右方无限延伸，无限接近于 x 轴，也就是函数值无限趋近于常数 0，于是称常数 0 为函数 $f(x)=\frac{1}{x}$ $(x>0)$ 当 $x\to+\infty$ 时的极限，记作

$$\lim_{x\to+\infty}f(x)=\lim_{x\to+\infty}\frac{1}{x}=0.$$

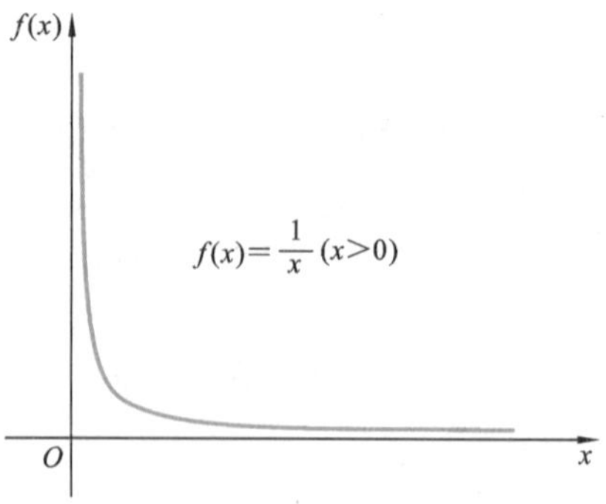

图 4.1.3

由此给出以下定义：

定义 4.1.1　设函数 $f(x)$ 在 x 大于某个正数时有定义，当 x 无限增大时，函数 $f(x)$ 的值无限趋近于某个确定的常数 A，则称 **A 为函数 $f(x)$ 当 $x\to+\infty$ 时的极限**，记为

$$\lim_{x\to+\infty}f(x)=A \quad 或 \quad f(x)\to A(x\to+\infty).$$

2. $x\to-\infty$ 时函数的极限

引例 4　继续讨论函数 $f(x)=\frac{1}{x}$，当 $x<0$ 时，$f(x)$ 也有定义，函数图形如图 4.1.4 所示.

可以看到，**当 x 取负值而绝对值无限增大时**（记为 $x\to-\infty$），函数曲线向左无限延伸，无限接近于 x 轴，也就是函数值无限趋近于常数 0，于是称常数 0 为函数 $f(x)=\dfrac{1}{x}(x<0)$ 当 $x\to-\infty$ 时的极限，记作

$$\lim_{x\to-\infty}f(x)=\lim_{x\to-\infty}\frac{1}{x}=0.$$

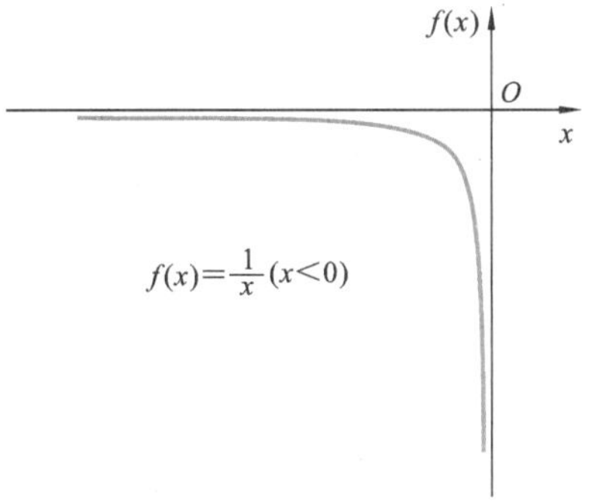

图 4.1.4

由此给出以下定义：

定义 4.1.2 设函数 $f(x)$ 在 x 小于某个负数时有定义，当自变量 x 取负值而绝对值无限增大时，函数 $f(x)$ 的值无限趋近于某个确定的常数 A，则**称 A 为函数 $f(x)$ 当 $x\to-\infty$ 时的极限**，记为

$$\lim_{x\to-\infty}f(x)=A \quad 或 \quad f(x)\to A(x\to-\infty).$$

3. $x\to\infty$ 时函数的极限

引例 5 进一步讨论函数 $f(x)=\dfrac{1}{x}$，事实上，当 $x\neq0$ 时，$f(x)$ 都有定义，函数图形如图 4.1.5所示. 可以看到，无论 x 的正负，当 $|x|$ 无限增大时，函数曲线向左方和右方无限延伸，无限接近 x 轴，也就是函数值无限趋近于常数 0，于是称常数 0 为函数 $f(x)=\dfrac{1}{x}(x\neq0)$ 当 $x\to\infty$ 时的极限，记作

$$\lim_{x\to\infty}f(x)=\lim_{x\to\infty}\frac{1}{x}=0.$$

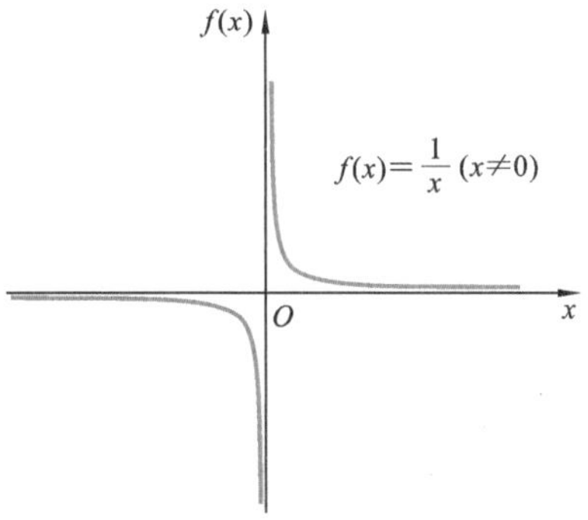

图 4.1.5

由此给出以下定义：

定义 4.1.3 设函数 $f(x)$ 在 $|x|$ 大于某个正数时有定义，当 $|x|\to+\infty$ 时，函数 $f(x)$ 的值无限趋近于相同的常数 A，则称 A 为函数 $f(x)$ 当 $x\to\infty$ 时的极限，记为

$$\lim_{x\to\infty}f(x)=A \quad 或 \quad f(x)\to A(x\to\infty).$$

例 4.1.1 观察函数 $f(x)=\dfrac{x}{x+1}$ 的图形(见图 4.1.6)，考察 $x\to\infty$ 时 $f(x)$ 的极限.

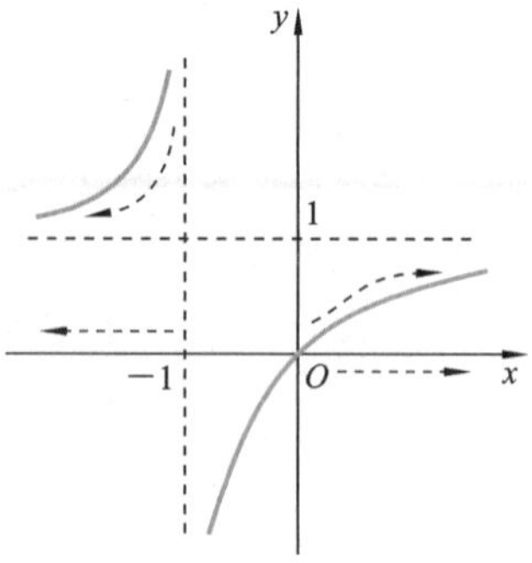

图 4.1.6

解 可以看到，当 $|x|\to+\infty$ 时，函数曲线向左方和右方无限延伸，无限接近水平直线 $y=1$，也就是函数值无限趋近于常数 1，所以常数 1 为 $f(x)=\dfrac{x}{x+1}$ 当 $x\to\infty$ 时的极限，即

$$\lim_{x\to\infty}\frac{x}{x+1}=1.$$

【说明】

$x\to\infty$ **这一变化方式是任意的**，也就是说，无论 x 的取值、正负如何任意地变化，只要满足 $|x|\to+\infty$，就有 $x\to\infty$ 成立. 这一点请特别注意理解.

另一方面，$x\to\infty$ 这个任意的变化方式中，当然就包含了 $x\to+\infty$ 和 $x\to-\infty$ 两种特殊的方式. 根据这两种特殊情况的极限是否存在，可以判断 $x\to\infty$ 时函数的极限是否存在，判断方法由下面定理给出.

定理 4.1.1 当 $x\to\infty$ 时，函数 $f(x)$ 的极限为 A 的充分必要条件是

$$\lim_{x\to+\infty}f(x)=\lim_{x\to-\infty}f(x)=A.$$

定理 4.1.1 告诉我们，在自变量 $x\to+\infty$ 和 $x\to-\infty$ 两种变化趋势下，函数**必须有相同的极限**，才有 $\lim\limits_{x\to\infty}f(x)$ 存在. 如果 $\lim\limits_{x\to+\infty}f(x)$ **不存在**，或者 $\lim\limits_{x\to-\infty}f(x)$ **不存在**，或者两个极限虽然存在但**不相等**，则 $\lim\limits_{x\to\infty}f(x)$ 不存在.

如在例 4.1.1 中，$\lim\limits_{x\to+\infty}\dfrac{x}{x+1}=\lim\limits_{x\to-\infty}\dfrac{x}{x+1}=1$，所以根据定理 4.1.1，$\lim\limits_{x\to\infty}\dfrac{x}{x+1}=1$.

例 4.1.2 观察 $f(x)=\arctan x$ 的图形(见图 4.1.7)，考察 $x\to\infty$ 时 $f(x)$ 的极限.

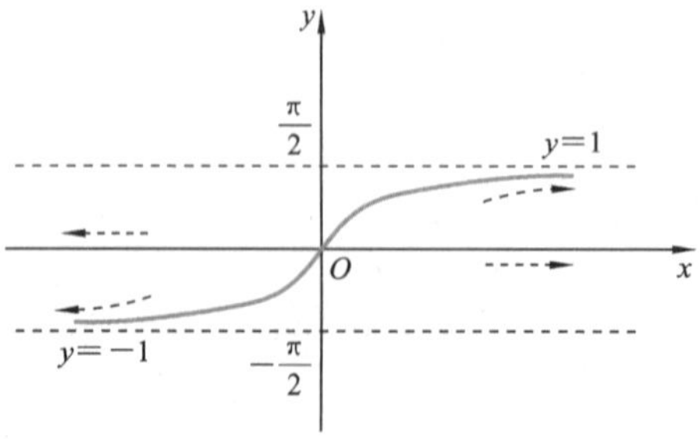

图 4.1.7

解 (1) 当 $x\to+\infty$ 时，函数曲线向右上方无限延伸，无限接近渐近线 $y=1$，也就是函数值无限趋近于常数 1，所以 $\lim\limits_{x\to+\infty}\arctan x=1$.

(2) 当 $x\to-\infty$ 时，函数曲线向左下方无限延伸，无限接近渐近线 $y=-1$，也就是函数值无

限趋近于常数-1,所以$\lim\limits_{x\to-\infty}\arctan x=-1$.

(3) 因为$x\to+\infty$和$x\to-\infty$时函数的极限不相等,所以根据定理4.1.1可知,$\lim\limits_{x\to\infty}\arctan x$不存在.

4. $x\to x_0$ 时函数的极限

除了可以考察$x\to\infty$时函数的极限,对于定义域里的一点x_0,还可以考察$x\to x_0$时函数的极限.

引例6 观察函数$f(x)=x^2-4x+4$的图形(见图4.1.8),已知$x=2$时,$f(2)=0$,当$x\to2$时,函数值$f(x)$越来越接近常数0,所以有$\lim\limits_{x\to2}(x^2-4x+4)=0$.

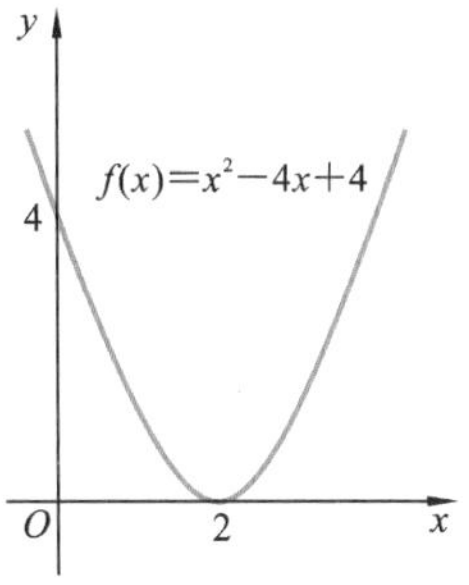

图4.1.8

由此给出$x\to x_0$时函数极限的定义.

定义4.1.4 设函数$f(x)$在x_0的某去心邻域内有定义,若$x\to x_0$时,$f(x)$的值无限趋近于常数A,则**称A为$f(x)$当$x\to x_0$时的极限**,记为

$$\lim_{x\to x_0}f(x)=A \quad 或 \quad f(x)\to A(x\to x_0).$$

例4.1.3 观察$f(x)=\dfrac{x^2-1}{x-1}$的图形(见图4.1.9),考察$x\to1$时$f(x)$的极限.

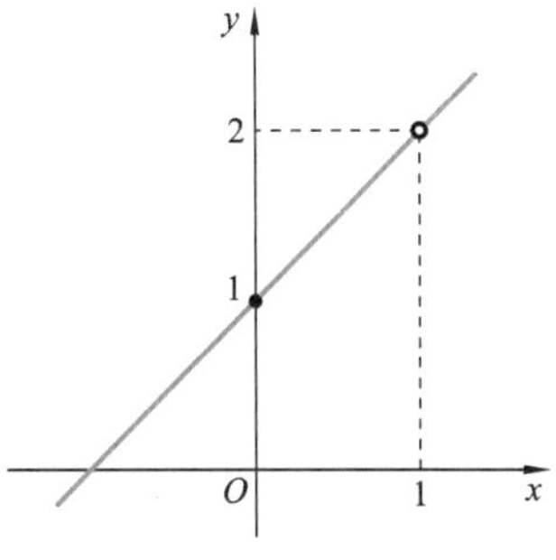

图4.1.9

解 该函数实际是$f(x)=x+1(x\neq1)$,可见,当$x=1$时,函数无定义,但当$x\to1$时,函数值无限趋近于常数2,所以$\lim\limits_{x\to1}\dfrac{x^2-1}{x-1}=2$.

注 从例4.1.3可以看到,$x\to x_0$时函数的极限是否存在,与函数在点x_0处有无定义没有关系,与函数在点x_0处函数值的大小也没有关系.

5. 左极限和右极限

$x \to x_0$ 表示 x **以任意的方式**无限趋于 x_0，而在某些情形中，会限定 x 从 x_0 的**左侧**（$x<x_0$ 这一侧）无限趋近于 x_0，记为 $x \to x_0^-$；或者限定 x 从 x_0 的**右侧**（$x>x_0$ 这一侧）无限趋近于 x_0，记为 $x \to x_0^+$，由此给出左极限和右极限的定义.

定义 4.1.5 若 $x \to x_0^-$ 时，函数 $f(x)$ 的值无限趋近于常数 A，则称 A 为 $f(x)$ 当 $x \to x_0^-$ 时的**左极限**，记为

$$\lim_{x \to x_0^-} f(x)=A \quad 或 \quad f(x) \to A(x \to x_0^-).$$

定义 4.1.6 若 $x \to x_0^+$ 时，函数 $f(x)$ 的值无限趋近于常数 A，则称 A 为 $f(x)$ 当 $x \to x_0^+$ 时的**右极限**，记为

$$\lim_{x \to x_0^+} f(x)=A \quad 或 \quad f(x) \to A(x \to x_0^+).$$

【说明】

$x \to x_0$ 这个**任意的变化方式**包含了 $x \to x_0^-$ 和 $x \to x_0^+$ 两种**特殊的方式**，根据 $x \to x_0^-$ 和 $x \to x_0^+$ 时左、右极限是否存在，可以判断 $x \to x_0$ 时函数的极限是否存在，判断方法由下面定理给出.

定理 4.1.2 当 $x \to x_0$ 时，函数 $f(x)$ 的极限为 A 的充分必要条件是 $f(x)$ 在点 x_0 的**左极限和右极限都存在且相等**，即

$$\lim_{x \to x_0^-} f(x)=\lim_{x \to x_0^+} f(x)=A.$$

定理 4.1.2 告诉我们，在自变量 $x \to x_0^-$ 和 $x \to x_0^+$ 两种变化趋势下，函数**必须有相同的极限**，才有 $\lim\limits_{x \to x_0} f(x)$ 存在. 如果**左极限** $\lim\limits_{x \to x_0^-} f(x)$ **不存在**，或者**右极限** $\lim\limits_{x \to x_0^+} f(x)$ **不存在**，或者左、右极限虽然存在但**不相等**，则 $\lim\limits_{x \to x_0} f(x)$ 不存在.

【方法】

该定理常用来判断分段函数在分段点处的极限是否存在.

例 4.1.4 判断分段函数 $f(x)=\begin{cases}1-x, & x \neq 0 \\ 2, & x=0\end{cases}$ 当 $x \to 0$ 时是否有极限.

解 函数图形如图 4.1.10 所示. 观察函数图形的变化趋势，可得

$$左极限 \lim_{x \to 0^-} f(x)=\lim_{x \to 0^-}(1-x)=1,$$

$$右极限 \lim_{x \to 0^+} f(x)=\lim_{x \to 0^+}(1-x)=1,$$

根据定理 4.1.2 知，左、右极限都存在且相等，所以

$$\lim_{x \to 0} f(x)=\lim_{x \to 0}(1-x)=0.$$

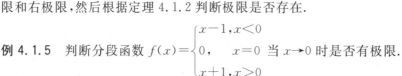

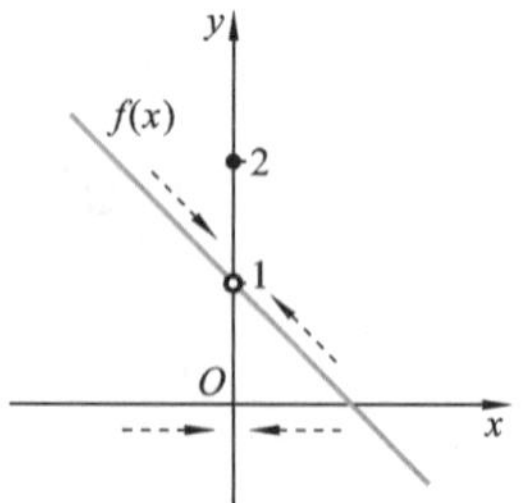

图 4.1.10

注 (1) 此时函数在 $x=0$ 处的函数值为 2，与极限值不相等，但这不影响函数的极限存在.

(2) 对于分段函数，在考察分段点处的极限时，通常要分别求出左极限和右极限，然后根据定理 4.1.2 判断极限是否存在.

例 4.1.5 判断分段函数 $f(x)=\begin{cases}x-1, x<0 \\ 0, \quad x=0 \\ x+1, x>0\end{cases}$ 当 $x \to 0$ 时是否有极限.

解 函数图形如图 4.1.11 所示．观察函数图形的变化趋势，可得

$$\text{左极限} \lim_{x \to 0^-} f(x) = \lim_{x \to 0^-}(x-1) = -1,$$

$$\text{右极限} \lim_{x \to 0^+} f(x) = \lim_{x \to 0^+}(x+1) = 1,$$

根据定理 4.1.2 知，左、右极限虽然存在但不相等，所以 $\lim\limits_{x \to 0} f(x)$ 不存在．

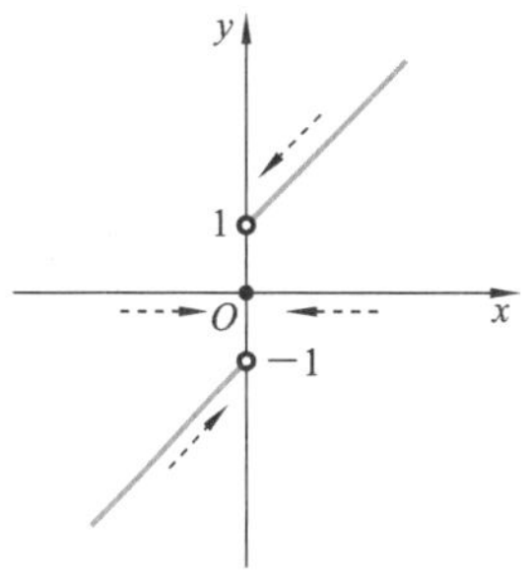

图 4.1.11

4.1.3 函数极限的性质

下面给出 $x \to x_0$ 时，函数极限的几个性质，这些性质同样适用于其他极限过程，但具体的表述形式略有不同．

定理 4.1.3(唯一性) 若 $\lim\limits_{x \to x_0} f(x) = A$，则极限 A 唯一．

定理 4.1.4(局部有界性) 若函数 $f(x)$ 当 $x \to x_0$ 时极限存在，则 $f(x)$ 在点 x_0 的某个去心邻域内有界．

定理 4.1.5(局部保号性) 若 $\lim\limits_{x \to x_0} f(x) = A$，且 $A > 0$（或 $A < 0$），则在点 x_0 的某个去心邻域内有 $f(x) > 0$（或 $f(x) < 0$）．

定理 4.1.6(单调有界定理) 单调递增有上界的函数必有极限；单调递减有下界的函数必有极限．

习　题

1．分析下列函数的变化趋势，判断极限是否存在，若存在，求出极限．

(1) $y = \dfrac{1}{\sqrt{x}}(x \to +\infty)$；　(2) $y = \ln x(x \to +\infty)$；

(3) $y = 2^{\frac{1}{x}}(x \to -\infty)$；　(4) $y = \cos x(x \to 0)$；

(5) $y = e^{2x+1}(x \to 1)$；　(6) $y = \arcsin x(x \to 0)$．

2．计算下列极限：

(1) $\lim\limits_{x \to 0} \dfrac{2}{x+2}$；　(2) $\lim\limits_{x \to 2}(3x+4)$；

(3) $\lim\limits_{x \to 2}(x^2-1)$；　(4) $\lim\limits_{x \to 0^+} \dfrac{1}{\ln x}$．

3．作出下列函数的图形，求分段点处的左、右极限，并讨论分段点处函数的极限．

(1) $f(x) = \begin{cases} x+1, & x < 0, \\ x-1, & x > 0; \end{cases}$　(2) $f(x) = \begin{cases} x^2, & 0 < x \leqslant 1, \\ 1, & x > 1. \end{cases}$

4．设 $f(x) = \begin{cases} 3x, & -1 < x < 1, \\ 2, & x = 1, \\ 3x^2, & 1 < x < 2, \end{cases}$ 求 $\lim\limits_{x \to -1^+} f(x)$，$\lim\limits_{x \to 1} f(x)$，$\lim\limits_{x \to 2^-} f(x)$．

4.2 无穷小与无穷大

【学习要求】

1. 理解无穷小的概念和性质.
2. 了解无穷大的概念.
3. 了解无穷小量的比较,知道等价无穷小的概念.

4.2.1 无穷小

1. 无穷小的概念

定义 4.2.1 在自变量 x 的某一变化过程中,如果函数 $f(x)$的极限为 0,则称函数 $f(x)$为**该变化过程中的无穷小**.

例如,由于$\lim\limits_{x\to 1}(x-1)=0$,故函数 $f(x)=x-1$ 是 $x\to 1$ 时的无穷小. 又如,由于$\lim\limits_{x\to\infty}\dfrac{1}{x}=0$,故$\dfrac{1}{x}$是 $x\to\infty$时的无穷小.

【说明】

(1) 无穷小指的是**极限为零的函数**(或**变量**),不是一个很小的数,不能将它与一个很小的数(如 0.01,0.0001,10^{-10}等)相混淆;但 0 是唯一可以看作无穷小的数,这是因为作为常函数 $f(x)\equiv 0$,则对任意的极限过程,都有 $\lim f(x)=0$.

(2) 一个函数是否为无穷小必须以自变量的某一变化过程为前提. 如 $f(x)=x-1$,当 $x\to 1$时,$f(x)$是无穷小,而当 $x\to 2$ 时,函数的极限为 1,不为 0,此时函数就不是无穷小;又如当 $x\to 0$ 时,$g(x)=1-\cos x\to 0$,是无穷小,而当 $x\to\dfrac{\pi}{2}$时,$g(x)\to 1\neq 0$,因而它不是无穷小.

【结论】

当 $x\to 0$ 时,$\sin x$,$1-\cos x$,$\tan x$,$\arcsin x$,e^x-1,$\ln(1+x)$,$\sqrt{1+x}-1$ 都是无穷小.

2. 无穷小的性质

定理 4.2.1 在自变量的同一变化过程中,

(1) 有限个无穷小的代数和仍是无穷小;

(2) 有限个无穷小的乘积仍是无穷小;

(3) 常数与无穷小的乘积仍是无穷小;

(4) 有界函数与无穷小的乘积仍是无穷小.

例 4.2.1 求$\lim\limits_{x\to 0}x\sin\dfrac{1}{x}$.

解 当 $x\to 0$ 时，$\sin\frac{1}{x}$ 是有界函数 $\left(\text{因}\left|\sin\frac{1}{x}\right|\leqslant 1\right)$，而 x 是无穷小，根据定理 4.2.1(4) 知，$\lim\limits_{x\to 0}x\sin\frac{1}{x}=0$.

例 4.2.2 求 $\lim\limits_{x\to+\infty}\cos x\frac{1}{1+x}$.

解 当 $x\to+\infty$ 时，$\cos x$ 是有界函数（因 $|\cos x|\leqslant 1$），而 $\lim\limits_{x\to+\infty}\frac{1}{1+x}=0$，是无穷小，根据定理 4.2.1(4)知，$\lim\limits_{x\to+\infty}\frac{\cos x}{1+x}=0$.

【衔接专业】

例 4.2.3 电容器的容抗特点.

由电工学知识知，如果交流电的频率为 f，在电容器容值 C 不变的情况下，电容器容抗 X_C 和交流电频率 f 之间的函数关系是 $X_C=\frac{1}{2\pi fC}$，不难看出，随着频率 f 增大，容抗 X_C 减小，且有 $\lim\limits_{f\to\infty}X_C=\lim\limits_{f\to\infty}\frac{1}{2\pi fC}=0$，即当 $f\to\infty$ 时，$X_C=\frac{1}{2\pi fC}$ 为无穷小.

上述结果的实际意义是：当交流电频率很高时，容抗接近于零，即电容对高频交流电来说，可以看作是短路的，高频交流电可以直接通过.

4.2.2 无穷大

定义 4.2.2 在自变量 x 的某一变化过程中，如果函数 $f(x)$ 的绝对值无限增大，则称 $f(x)$ 为该变化过程中的无穷大.

例如，函数 $f(x)=x^2$，当 $x\to\infty$ 时，$f(x)\to+\infty$，所以 $f(x)=x^2$ 是当 $x\to\infty$ 时的无穷大.

【说明】

(1) 无穷大指的是**绝对值无限增大的函数**（或**变量**），不是一个很大的数，不能将它与一个很大的数（如10^{10}，10^{100}，10^{1000}等）相混淆.

(2) 一个函数是否为无穷大必须以自变量的某一变化过程为前提. 如函数 $f(x)=\frac{1}{x}$，当 $x\to 0$ 时是无穷大，但在 x 的其他变化过程中就可以不是无穷大.

无穷小与无穷大有如下关系：

定理 4.2.2 在自变量的同一变化过程中，若 $f(x)$ 为无穷大，则 $\frac{1}{f(x)}$ 为无穷小；反之，若 $f(x)$ 为无穷小，且 $f(x)\neq 0$，则 $\frac{1}{f(x)}$ 为无穷大.

【衔接专业】

例 4.2.4 电容器的容抗特点(续).

例 4.2.3 提到，电容器容抗 X_C 和交流电频率 f 之间的函数关系是 $X_C=\frac{1}{2\pi fC}$，不难看出，随着频率 f 减小，容抗 X_C 增大，且有 $\lim\limits_{f\to 0}X_C=\lim\limits_{f\to 0}\frac{1}{2\pi fC}=\infty$，即当 $f\to 0$ 时，$X_C=\frac{1}{2\pi fC}$ 为无

穷大.

当交流电频率 f 变成 0 时,交流电就变成了直流电. 上述结果的实际意义是:对于直流电,电容器的容抗为无穷大,即电容对直流电来说,可以看作是断路的,电容器可以阻断直流电的通过.

4.2.3 无穷小量的比较

由无穷小的性质知,有限个无穷小的和、差、积仍是无穷小;但是关于两个无穷小的商,却会出现不同的情况. 例如,当 $x\to 0$ 时,x,x^2,$\sin x$ 都是无穷小,然而它们的商的极限各自为不同的值,

$$\lim_{x\to 0}\frac{x^2}{x}=0,\quad \lim_{x\to 0}\frac{x^2}{2x^2}=\frac{1}{2},\quad \lim_{x\to 0}\frac{\sin x}{x}=1.$$

两个无穷小之商的极限,反映了自变量在同一变化过程中,不同的无穷小趋近于 0 的快慢不同. 上面几个例子说明,在 $x\to 0$ 的过程中,$x^2\to 0$ 比 $x\to 0$"快些";$x^2\to 0$ 比 $2x^2\to 0$ 快$\frac{1}{2}$倍;而 $\sin x\to 0$ 与 $x\to 0$"快慢相当". 因此,有必要进一步讨论两个无穷小之商的各种情况.

定义 4.2.3 设 α,β 是自变量 $x\to\square$ 过程中的两个无穷小:

(1) 若$\lim\limits_{x\to\square}\frac{\beta}{\alpha}=0$,称 β 是比 α **高阶的无穷小**,记作 $\beta=o(\alpha)$;

(2) 若$\lim\limits_{x\to\square}\frac{\beta}{\alpha}=c\neq 0$,$c$ 为常数,称 β 与 α 是**同阶无穷小**;

(3) 若$\lim\limits_{x\to\square}\frac{\beta}{\alpha}=1$,称 β 与 α 是**等价无穷小**,记作 $\alpha\sim\beta$.

例如,因为$\lim\limits_{x\to 0}\frac{2x^3}{x^2}=2\lim\limits_{x\to 0}x=0$,所以当 $x\to 0$ 时,$2x^3$ 是比 x^2 高阶的无穷小,即 $3x^3=o(x^2)$;

因为$\lim\limits_{x\to 0}\frac{\sin 2x}{x}=2\lim\limits_{x\to 0}\frac{\sin 2x}{2x}=2$,所以当 $x\to 0$ 时,$\sin 2x$ 和 x 是同阶无穷小,

因为$\lim\limits_{x\to 0}\frac{\sin x}{x}=1$,所以当 $x\to 0$ 时,$\sin x$ 和 x 是等价无穷小.

习　　题

1. 当 $x\to 0$ 时,下列函数中哪些是无穷小? 哪些是无穷大?

(1) $y=\tan x$; (2) $y=\frac{1}{2}e^x$; (3) $y=\ln x^2$;

(4) $y=\ln(1+x)$; (5) $y=e^{\frac{1}{x}}$; (6) $y=\arctan\frac{1}{x}$.

2. 利用无穷小的性质计算下列极限:

(1) $\lim\limits_{x\to\infty}\frac{\sin x}{x}$; (2) $\lim\limits_{x\to\infty}\frac{\arctan x}{x}$; (3) $\lim\limits_{x\to 0}x\cos\frac{1}{x}$.

3. 在电阻-电容(RC)电路充电过程中,电容上电压 u_C 和电阻上电压 u_R 为

$$u_C=u_S(1-\mathrm{e}^{-\frac{t}{\tau}}),\quad u_R=u_S\mathrm{e}^{-\frac{t}{\tau}}\quad (\tau\text{ 为常数})$$

其中 u_S 表示电源电压，试判断 $t\to\infty$ 时 u_C，u_R 的变化规律.

4.3 函数极限的求解

【学习要求】

1. 掌握函数的和、差、积、商的极限运算法则，能灵活运用法则求极限.
2. 掌握两个重要极限的不同形式，能运用结论对函数作变形求极限.
3. 记住常用等价无穷小，会用等价无穷小代换化简、求解极限.

4.3.1 极限运算法则

本节讨论函数的和、差、积、商的极限运算法则. 我们仅对 $x\to x_0$ 时函数极限的情况进行讨论，所得法则也适用于 $x\to\infty$ 时函数的极限，以及其他情形的极限.

定理 4.3.1 设 $\lim\limits_{x\to x_0}f(x)=A$，$\lim\limits_{x\to x_0}g(x)=B$，则有

(1) 两个函数的和、差的极限等于各自极限的和、差，即

$$\lim_{x\to x_0}[f(x)\pm g(x)]=\lim_{x\to x_0}f(x)\pm\lim_{x\to x_0}g(x)=A+B;$$

(2) 两个函数的乘积的极限等于各自极限的乘积，即

$$\lim_{x\to x_0}[f(x)\cdot g(x)]=\lim_{x\to x_0}f(x)\cdot\lim_{x\to x_0}g(x)=AB;$$

(3) 两个函数的商的极限等于各自极限的商，即

$$\lim_{x\to x_0}\frac{f(x)}{g(x)}=\frac{\lim\limits_{x\to x_0}f(x)}{\lim\limits_{x\to x_0}g(x)}=\frac{A}{B}\text{，这里要求 }B\neq 0;$$

根据定理 4.3.1 易知，有限个函数的代数和的极限等于各自极限的代数和；特别地，设 n 为大于 0 的自然数，k 为常数，则有

(4) $\lim\limits_{x\to x_0}[f(x)]^n=[\lim\limits_{x\to x_0}f(x)]^n=A^n$；

(5) $\lim\limits_{x\to x_0}kf(x)=k\lim\limits_{x\to x_0}f(x)=kA$.

例 4.3.1 求 $\lim\limits_{x\to 1}(3x^2+2x-1)$.

解 $\lim\limits_{x\to 1}(3x^2+2x-1)=\lim\limits_{x\to 1}3x^2+\lim\limits_{x\to 1}2x-1=3+2-1=4$.

例 4.3.2 求 $\lim\limits_{x\to 2}\dfrac{x^3-1}{x^2-5x+3}$.

解 $\lim\limits_{x\to 2}\dfrac{x^3-1}{x^2-5x+3}=\dfrac{\lim\limits_{x\to 2}(x^3-1)}{\lim\limits_{x\to 2}(x^2-5x+3)}=\dfrac{2^3-1}{2^2-5\times 2+3}=-\dfrac{7}{3}$.

【衔接专业】

例 4.3.3　电容器充电电路电压的极限.

如图 4.3.1 所示是一个电容器充电电路，E 为电源电动势，R 为电阻值，C 为电容值，当开关闭合时，电容器就开始充电，由电工学知识可知，这时电容器端电压 u_C 与时间 t 的函数关系是

$$u_C(t)=E(1-\mathrm{e}^{-\frac{t}{RC}}),$$

试讨论随着时间 t 增大，$u_C(t)$有没有极限？

解　根据极限计算法则，有

$$\lim_{t\to+\infty}u_C(t)=\lim_{t\to+\infty}E(1-\mathrm{e}^{-\frac{t}{RC}})=E-E\lim_{t\to+\infty}\mathrm{e}^{-\frac{t}{RC}}.$$

因为 $t>0$ 时，$\mathrm{e}^{-\frac{t}{RC}}$ 为单调递减函数，所以 $t\to+\infty$时，$\mathrm{e}^{-\frac{t}{RC}}$ 为无穷小，$\lim\limits_{t\to+\infty}\mathrm{e}^{-\frac{t}{RC}}=0$，所以 $\lim\limits_{t\to+\infty}u_C(t)=E$.

结果表明，随着 t 增大，电容器的端电压 $u_C(t)$越来越接近于电源电动势 E，$u_C(t)$随时间的变化规律如图 4.3.2 所示.

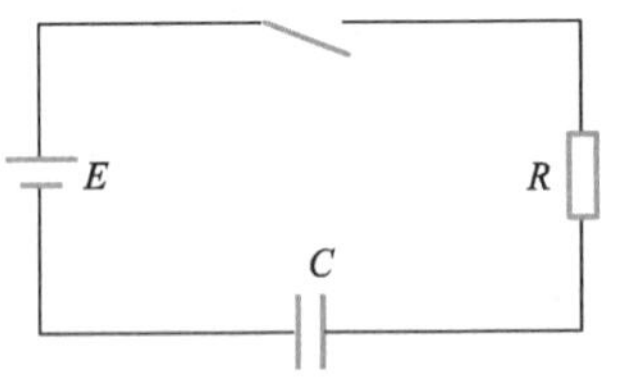

图 4.3.1

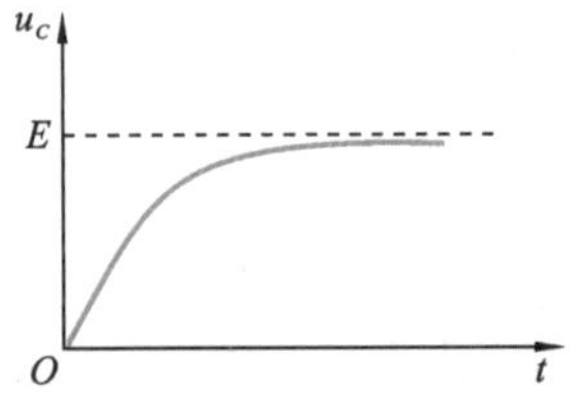

图 4.3.2

【注意】

对于一类分式函数求极限的问题，若分式函数中作分母的函数极限为 0，则商的极限运算法则不再适用，需要特殊的针对性地处理. 下面举几个这种情形的例子.

例 4.3.4　求$\lim\limits_{x\to3}\dfrac{x-3}{x^2-9}$.

分析　$x\to3$ 时，分子及分母的极限都为零，称为$\dfrac{0}{0}$**型极限**，这类极限不能直接运用商的极限运算法则. 注意到分子及分母有公因式 $x-3$，当 $x\to3$ 时 $x\neq3$，所以 $x-3\neq0$，因此先对分母因式分解，约去这个以零为极限的非零公因式，再利用商的极限运算法则计算极限.

解　$\lim\limits_{x\to3}\dfrac{x-3}{x^2-9}=\lim\limits_{x\to3}\dfrac{x-3}{(x-3)(x+3)}=\lim\limits_{x\to3}\dfrac{1}{x+3}=\dfrac{1}{6}$.

例 4.3.5　求$\lim\limits_{x\to1}\dfrac{x-1}{\sqrt{x}-1}$.

分析　这是一个$\dfrac{0}{0}$型极限，注意到分子 $x-1$ 可以因式分解成$(\sqrt{x}-1)(\sqrt{x}+1)$，这样分子和分母有公因式$\sqrt{x}-1$，约去这个公因式后再求解.

解　$\lim\limits_{x\to1}\dfrac{x-1}{\sqrt{x}-1}=\lim\limits_{x\to1}\dfrac{(\sqrt{x}-1)(\sqrt{x}+1)}{\sqrt{x}-1}=\lim\limits_{x\to1}(\sqrt{x}+1)=2$.

下面我们再讨论一些其他的不能直接运用极限运算法则，要先进行恒等变形，然后再求极限的例子.

例 4.3.6 求$\lim\limits_{x\to\infty}\dfrac{3x^3+x^2+2}{7x^3+5x^2-3}$.

分析 $x\to\infty$时，分子分母都是多项式函数，趋于无穷大，称为$\dfrac{\infty}{\infty}$**型极限**，求解方法是降幂，将分子和分母函数除以 x 的最高次幂，转化为无穷小后再计算.

解 将分子、分母分别除以 x^3，得

$$\lim_{x\to\infty}\frac{3x^3+x^2+2}{7x^3+5x^2-3}=\lim_{x\to\infty}\frac{3+\dfrac{1}{x}+\dfrac{2}{x^3}}{7+\dfrac{5}{x}-\dfrac{3}{x^3}}=\frac{3}{7}.$$

例 4.3.7 求 $\lim\limits_{x\to+\infty}(\sqrt{x+1}-\sqrt{x})$.

分析 $x\to+\infty$时，$\sqrt{x+1}\to\infty$，$\sqrt{x}\to\infty$，称为$\infty-\infty$**型极限**，不能直接运用极限法则，要先进行恒等变形，变成分式函数，将分子有理化后再计算极限.

解 $$\lim_{x\to+\infty}(\sqrt{x+1}-\sqrt{x})=\lim_{x\to+\infty}\frac{(\sqrt{x+1}-\sqrt{x})(\sqrt{x+1}+\sqrt{x})}{\sqrt{x+1}+\sqrt{x}}$$
$$=\lim_{x\to+\infty}\frac{x+1-x}{\sqrt{x+1}+\sqrt{x}}=\lim_{x\to+\infty}\frac{1}{\sqrt{x+1}+\sqrt{x}}=0.$$

例 4.3.8 求$\lim\limits_{x\to1}\left(\dfrac{1}{x-1}-\dfrac{2}{x^2-1}\right)$.

分析 $x\to1$ 时，$x-1$ 和 x^2-1 都是无穷小，则$\dfrac{1}{x-1}$和$\dfrac{1}{x^2-1}$都是无穷大，是$\infty-\infty$型极限，可先通分，消去无穷小公因式 $x-1$，再进行计算.

解 $$\lim_{x\to1}\left(\frac{1}{x-1}-\frac{2}{x^2-1}\right)=\lim_{x\to1}\left[\frac{1}{x-1}-\frac{2}{(x-1)(x+1)}\right]$$
$$=\lim_{x\to1}\frac{x+1-2}{(x-1)(x+1)}=\lim_{x\to1}\frac{1}{x+1}=\frac{1}{2}.$$

【方法归纳】

对于$\dfrac{0}{0}$型、$\dfrac{\infty}{\infty}$型、$\infty-\infty$型极限，不能直接使用极限运算法则，要先对函数进行恒等变形、化简，然后再求极限，常使用的有以下几种方法.

(1) 对于$\infty-\infty$型极限，往往需要先通分、化简，再求极限.

(2) 对于无理分式，先将分子、分母有理化，消去无穷小公因式，再求极限.

(3) 对分子或分母作因式分解，消去无穷小公因式，再求极限.

(4) 对于 $x\to\infty$时的$\dfrac{\infty}{\infty}$型极限，可将分子、分母同时除以分母的最高次幂，通过降幂将无穷大转换为无穷小，再求极限.

【衔接专业】

例 4.3.9 并联电路电阻值的极限.

如图 4.3.3 所示的电阻并联电路，由电学知识知，并联电路的总电阻是

$$R=\frac{R_1R_2}{R_1+R_2},$$

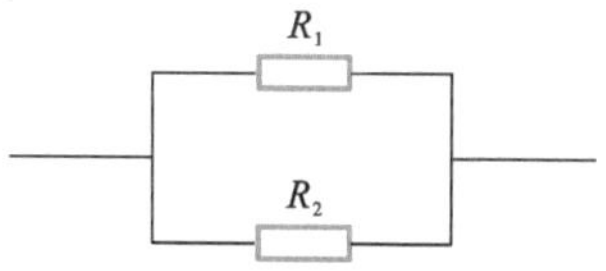

图 4.3.3

问当 R_1 不变，$R_2\to+\infty$ 时，总电阻 R 的极限是多少？

解 根据电学知识分析知，当 $R_2\to+\infty$ 时，含 R_2 的这条电路不通，相当于开路，电流全部从 R_1 流过，所以总电阻 $R=R_1$. 这个结果用极限方法计算如下：$R_2\to+\infty$ 时，$\frac{R_1R_2}{R_1+R_2}$ 是一个 $\frac{\infty}{\infty}$ 型极限，因此

$$\lim_{R_2\to+\infty}R=\lim_{R_2\to+\infty}\frac{R_1R_2}{R_1+R_2}=\lim_{R_2\to+\infty}\frac{R_1}{\frac{R_1}{R_2}+1}=\frac{R_1}{\lim\limits_{R_2\to+\infty}\frac{R_1}{R_2}+1}=\frac{R_1}{0+1}=R_1.$$

4.3.2 两个重要极限

1. 重要极限 Ⅰ

$$\lim_{x\to0}\frac{\sin x}{x}=1.$$

当 $x\to0$ 时，我们观察 $\frac{\sin x}{x}$ 值的变化，由于 $\frac{\sin x}{x}$ 是偶函数，在点 $x=0$ 两侧情形一致，所以，只需观察 x 取正数的情形，见表 4.3.1.

表 4.3.1

x/rad	1	0.1	0.01	0.001
$\frac{\sin x}{x}$	0.84147098	0.99833417	0.9999334	0.9999984

从表 4.3.1 可看出，当 $x\to0$ 时，$\frac{\sin x}{x}\to1$，由函数极限的定义，有 $\lim\limits_{x\to0}\frac{\sin x}{x}=1$.

【推广】

这种极限更一般的形式是：

$$\lim_{x\to\square}\frac{\sin\varphi(x)}{\varphi(x)}=\lim_{x\to\square}\frac{\varphi(x)}{\sin\varphi(x)}=1,$$

其中 $\varphi(x)$ 表示自变量的函数，$x\to\square$ 表示自变量的某个变化过程.

例如，当 $x\to\infty$ 时，$\varphi(x)=\frac{1}{x}\to0$，所以

$$\lim_{x\to\infty}x\sin\frac{1}{x}=\lim_{x\to\infty}\frac{\sin\frac{1}{x}}{\frac{1}{x}}=1.$$

又如当 $x\to1$ 时，$\varphi(x)=x-1\to0$，所以

$$\lim_{x\to1}\frac{\sin(x-1)}{x-1}=1.$$

【方法要点】

应用该重要极限求极限时，应先确定 $\varphi(x)$，再考察在自变量 $x\to\square$ 的过程中，$\varphi(x)$ 是否为无穷小，然后看能不能变换成 $\frac{\sin\varphi(x)}{\varphi(x)}$ 的形式，最后应用重要极限求解.

例 4.3.10 运用重要极限Ⅰ求下列各极限

(1) $\lim\limits_{x\to 0}\dfrac{\tan x}{x}$；　(2) $\lim\limits_{x\to 0}\dfrac{\sin 2x}{3x}$；　(3) $\lim\limits_{x\to 0}\dfrac{\sin 3x}{\sin 5x}$；　(4) $\lim\limits_{x\to -1}\dfrac{x^2-1}{\sin(x+1)}$.

解 (1) $\lim\limits_{x\to 0}\dfrac{\tan x}{x}=\lim\limits_{x\to 0}\dfrac{\sin x}{x}\cdot\dfrac{1}{\cos x}=\lim\limits_{x\to 0}\dfrac{\sin x}{x}\cdot\lim\limits_{x\to 0}\dfrac{1}{\cos x}=1$；

(2) $\lim\limits_{x\to 0}\dfrac{\sin 2x}{3x}=\lim\limits_{x\to 0}\dfrac{2}{3}\cdot\dfrac{\sin 2x}{2x}=\dfrac{2}{3}\lim\limits_{x\to 0}\dfrac{\sin 2x}{2x}=\dfrac{2}{3}$；

(3) $\lim\limits_{x\to 0}\dfrac{\sin 3x}{\sin 5x}=\lim\limits_{x\to 0}\dfrac{\sin 3x}{3x}\cdot\dfrac{5x}{\sin 5x}\cdot\dfrac{3}{5}=\lim\limits_{x\to 0}\dfrac{\sin 3x}{3x}\cdot\lim\limits_{x\to 0}\dfrac{5x}{\sin 5x}\cdot\dfrac{3}{5}=\dfrac{3}{5}$.

(4) 不能直接利用重要极限，先利用因式分解将分子变形，

$$\lim_{x\to -1}\frac{x^2-1}{\sin(x+1)}=\lim_{x\to -1}\frac{x+1}{\sin(x+1)}(x-1)=\lim_{x\to -1}\frac{x+1}{\sin(x+1)}\cdot\lim_{x\to -1}(x-1)=-2.$$

2. 重要极限Ⅱ

$$\lim_{x\to\infty}\left(1+\frac{1}{x}\right)^x=\mathrm{e}.$$

当 $x\to+\infty$ 和 $x\to-\infty$ 时，观察函数 $\left(1+\dfrac{1}{x}\right)^x$ 的值的变化，见表 4.3.2.

表 4.3.2

x	10	100	1000	10000	100000
$\left(1+\frac{1}{x}\right)^x$	2.50	2.705	2.717	2.718	2.71827
x	-10	-100	-1000	-10000	-100000
$\left(1+\frac{1}{x}\right)^x$	2.88	2.732	2.720	2.7183	2.71828

从表 4.3.2 可以看出，当 $x\to+\infty$ 和 $x\to-\infty$ 时，函数 $\left(1+\dfrac{1}{x}\right)^x$ 趋向一个定值，可以证明这个数是一个无理数，记为 $\mathrm{e}=2.71828182845\cdots$. 由函数极限的定义，即有

$$\lim_{x\to\infty}\left(1+\frac{1}{x}\right)^x=\mathrm{e}.$$

当 $x\to 0$ 时，该重要极限的另一种形式是

$$\lim_{x\to 0}(1+x)^{\frac{1}{x}}=\mathrm{e}.$$

【说明】

$\left(1+\dfrac{1}{x}\right)^x$ 和 $(1+x)^{\frac{1}{x}}$ 实际上是 $u(x)^{v(x)}$ 的形式，称为**幂指函数**，是一种复合函数. 当 $x\to\infty$ 时，$1+\dfrac{1}{x}\to 1$，因此 $\lim\limits_{x\to\infty}\left(1+\dfrac{1}{x}\right)^x$ 称为 1^∞ **型极限**；当 $x\to 0$ 时，$1+x\to 1$，$\dfrac{1}{x}\to\infty$，因此 $\lim\limits_{x\to 0}(1+x)^{\frac{1}{x}}$ 也是 1^∞ 型极限.

【推广】

1^∞ 型极限更一般的形式是：

当 $x\to\square$ 时，　　$w(x)\to\infty$，　$\lim\limits_{x\to\infty}\left[1+\dfrac{1}{w(x)}\right]^{w(x)}=\mathrm{e}$；

或者当 $x\to\square$ 时，　　$w(x)\to 0$，　$\lim\limits_{x\to\infty}[1+w(x)]^{\frac{1}{w(x)}}=\mathrm{e}$.

【方法要点】

应用该重要极限求极限时，应先确定 $w(x)$，再考察在自变量 $x\to\square$ 的过程中，是否为 1^{∞} 型极限，然后看能不能变形成 $\left[1+\dfrac{1}{w(x)}\right]^{w(x)}$ 或 $[1+w(x)]^{\frac{1}{w(x)}}$ 的形式，最后应用重要极限求解.

例 4.3.11　求下列各极限：

(1) $\lim\limits_{x\to\infty}\left(1+\dfrac{1}{x}\right)^{2x}$；　(2) $\lim\limits_{x\to\infty}\left(\dfrac{x^2+1}{x^2}\right)^{x^2}$；　(3) $\lim\limits_{x\to 0}(1+2x)^{\frac{1}{x}}$；

(4) $\lim\limits_{x\to 0}(1+\tan x)^{\cot x}$；　(5) $\lim\limits_{x\to\infty}\left(1-\dfrac{1}{x}\right)^{x}$.

解　(1) $\lim\limits_{x\to\infty}\left(1+\dfrac{1}{x}\right)^{2x}=\lim\limits_{x\to\infty}\left[\left(1+\dfrac{1}{x}\right)^{x}\right]^2=\left[\lim\limits_{x\to\infty}\left(1+\dfrac{1}{x}\right)^{x}\right]^2=\mathrm{e}^2$；

(2) 将 x^2 看作一个变量，于是 $\lim\limits_{x\to\infty}\left(\dfrac{x^2+1}{x^2}\right)^{x^2}=\lim\limits_{x\to\infty}\left(1+\dfrac{1}{x^2}\right)^{x^2}=\mathrm{e}$；

(3) 将 $2x$ 看作一个变量，于是

$$\lim_{x\to 0}(1+2x)^{\frac{1}{x}}=\lim_{x\to 0}(1+2x)^{\frac{1}{2x}\times 2}=\left[\lim_{x\to 0}(1+2x)^{\frac{1}{2x}}\right]^2=\mathrm{e}^2;$$

(4) 注意到 $\cot x=\dfrac{1}{\tan x}$，将 $\tan x$ 看作一个变量，$x\to 0$ 时 $\tan x\to 0$，于是

$$\lim_{x\to 0}(1+\tan x)^{\cot x}=\lim_{x\to 0}(1+\tan x)^{\frac{1}{\tan x}}=\mathrm{e};$$

(5) 这里作底数的函数是 $1-\dfrac{1}{x}$，与重要极限中的底函数 $1+\dfrac{1}{w(x)}$ 相差一个负号，因此要先将底函数 $1-\dfrac{1}{x}$ 变形成 $1+\dfrac{1}{-x}$，相应作指数的函数变形成 $-x$，才能应用重要极限，故

$$\lim_{x\to\infty}\left(1-\frac{1}{x}\right)^{x}=\lim_{x\to\infty}\left(1+\frac{1}{-x}\right)^{(-x)(-1)}=\lim_{x\to\infty}\left[\left(1+\frac{1}{-x}\right)^{-x}\right]^{-1}=\mathrm{e}^{-1}.$$

4.3.3　等价无穷小代换

定理 4.3.2　若在自变量 $x\to\square$ 的过程中，无穷小 $\alpha\sim\alpha'$，$\beta\sim\beta'$，且 $\lim\limits_{x\to\square}\dfrac{\beta'}{\alpha'}$ 存在，则

$$\lim_{x\to\square}\frac{\beta}{\alpha}=\lim_{x\to\square}\frac{\beta'}{\alpha'}.$$

定理表明，对于 $\dfrac{0}{0}$ 型极限 $\lim\limits_{x\to\square}\dfrac{\beta}{\alpha}$，可利用与之等价的无穷小的极限 $\lim\limits_{x\to\square}\dfrac{\beta'}{\alpha'}$ 来代换，实现简化计算. 常用的等价无穷小有：

当 $x\to 0$ 时，$\sin x\sim x$，　$\tan x\sim x$，　$\arcsin x\sim x$，　$\arctan x\sim x$，　$\ln(1+x)\sim x$，

$\mathrm{e}^x-1\sim x$，　$1-\cos x\sim\dfrac{x^2}{2}$，　$\sqrt{1+x}\sim 1+\dfrac{1}{2}x$.

例 4.3.12　利用等价无穷小代换求下列极限：

(1) $\lim\limits_{x\to 0}\dfrac{\tan 2x}{\sin 5x}$；　(2) $\lim\limits_{x\to 0}\dfrac{1-\cos x}{x\sin x}$；

(3) $\lim\limits_{x\to 0}\dfrac{\sin x}{x^2+3x}$；　(4) $\lim\limits_{x\to 0}\dfrac{\tan x-\sin x}{x^3}$.

解 (1) 当 $x\to 0$，$\tan 2x\sim 2x$，$\sin 5x\sim 5x$，因此

$$\lim_{x\to 0}\frac{\tan 2x}{\sin 5x}=\lim_{x\to 0}\frac{2x}{5x}=\frac{2}{5}.$$

(2) 当 $x\to 0$ 时，$1-\cos x\sim\frac{x^2}{2}$，$\sin x\sim x$，因此

$$\lim_{x\to 0}\frac{1-\cos x}{x\sin x}=\lim_{x\to 0}\frac{\frac{x^2}{2}}{x\cdot x}=\frac{1}{2}.$$

(3) $\lim\limits_{x\to 0}\frac{\sin x}{x^3+3x}=\lim\limits_{x\to 0}\frac{x}{x^2+3x}=\lim\limits_{x\to 0}\frac{1}{x+3}=\frac{1}{3}.$

(4) $\lim\limits_{x\to 0}\frac{\tan x-\sin x}{x^3}=\lim\limits_{x\to 0}\frac{\sin x(1-\cos x)}{x^3\cos x}=\lim\limits_{x\to 0}\frac{1}{\cos x}\cdot\lim\limits_{x\to 0}\frac{x\cdot\frac{x^2}{2}}{x^3}=\frac{1}{2}.$

【方法要点】

在利用等价无穷小代换计算极限时，**只能代换乘积代数式中的无穷小因式，相加(减)的代数式中的无穷小不能代换**，否则会出错.

例如第(4)小题，下面的解法是错误的：

当 $x\to 0$ 时，$\sin x\sim x$，$\tan x\sim x$，所以$\lim\limits_{x\to 0}\frac{\tan x-\sin x}{x^3}=\lim\limits_{x\to 0}\frac{x-x}{x^3}=0$. 该解法实际上将无穷小 $\tan x-\sin x$ 和 0 看成是等价的，但事实上 $\tan x-\sin x$ 是与 $\frac{1}{2}x^3$ 等价的.

习　　题

1. 利用极限四则运算法则计算下列极限：

(1) $\lim\limits_{x\to 2}(x^2+x-1)$；　(2) $\lim\limits_{x\to 3}\frac{x-3}{x^2+1}$；　(3) $\lim\limits_{x\to\infty}\frac{x^2-1}{2x^2-x-1}$；

(4) $\lim\limits_{x\to\infty}\frac{x^3-4x+1}{2x^2+x-1}$；　(5) $\lim\limits_{x\to 1}\frac{1-x^2}{1-x^3}$；　(6) $\lim\limits_{x\to+\infty}\frac{2^x+3^x}{2^{x+1}+3^{x+1}}$；

(7) $\lim\limits_{x\to 1}\frac{\sqrt{x}-1}{x-1}$；　(8) $\lim\limits_{x\to 0}\frac{\sqrt{1-x}-1}{x}$；　(9) $\lim\limits_{x\to\infty}(\sqrt{x^2+1}-\sqrt{x^2-1})$；

(10) $\lim\limits_{x\to 2}\left(\frac{1}{x-2}-\frac{4}{x^2-4}\right)$.

2. 利用重要极限计算下列极限：

(1) $\lim\limits_{x\to 0}\frac{(\sin ax)^2}{x^2}$($a$ 为常数)；　(2) $\lim\limits_{x\to\infty}x\tan\frac{1}{x}$；　(3) $\lim\limits_{x\to\pi}\frac{\sin x}{\pi-x}$；

(4) $\lim\limits_{x\to 0}\frac{\sin 3x}{\tan 5x}$；　(5) $\lim\limits_{x\to 0}\frac{1-\cos 2x}{x\sin x}$；　(6) $\lim\limits_{x\to 1}\frac{\sin^2(x-1)}{x-1}$；

(7) $\lim\limits_{x\to\infty}\left(1+\frac{2}{x}\right)^{x+1}$；　(8) $\lim\limits_{x\to\infty}\left(1+\frac{2}{x+1}\right)^x$；　(9) $\lim\limits_{x\to 0}(1-2x)^{\frac{1}{x}}$；

(10) $\lim\limits_{x\to\infty}\left(\frac{2x-1}{2x+1}\right)^x$.

4.4 极限的软件求解

【学习要求】

熟悉求不同类型极限的命令和参数.

比较复杂的函数,手工求解极限是比较困难的,而利用 MATLAB 软件求解,则非常简单,只需输入一个命令,立即就能获得结果.本节就来学习 MATLAB 求函数极限的命令.

4.4.1 基本命令

命令语法	功能
clear	清除所有变量
limit(f,x,a)	求 $x\to a$ 时 $f(x)$ 的极限
limit(f,x,a,'left')	求 $x\to a^-$ 时 $f(x)$ 的左侧极限
limit(f,x,a,'right')	求 $x\to a^+$ 时 $f(x)$ 的右侧极限
limit(f,x,inf)	求 $x\to+\infty$ 时 $f(x)$ 的极限
limit(f,x,-inf)	求 $x\to-\infty$ 时 $f(x)$ 的极限

4.4.2 求解示例

例 4.4.1 验证两个重要极限:

(1) $\lim\limits_{x\to 0}\dfrac{\sin x}{x}$; (2) $\lim\limits_{x\to 0}(1+x)^{\frac{1}{x}}$; (3) $\lim\limits_{x\to\infty}\left(1+\dfrac{1}{x}\right)^{x}$.

解 (1)
```
>> clear all;                 %清除历史命令
>> syms x;                    %生成符号变量 x
>> limit(sin(x)/x,x,0)
ans= 1
```
(2)
```
>> clear all;
>> syms x;
>> limit((1+ x)^(1/x),x,0)
ans= exp(1)                   %exp(1)即 e
```
(3)
```
>> clear all;
>> syms x;
>> limit((1+ 1/x)^x,x,inf)    %此命令验证了 x→+∞时的极限
```

```
ans= exp(1)                       %exp(1)即 e
>> limit((1+ 1/x)^x,x,- inf)      %此命令验证了 x→-∞时的极限
ans= exp(1)
```

$x\to+\infty$时的极限和 $x\to-\infty$时的极限都等于 1,证明 $x\to\infty$时极限为 1.

例 4.4.2 验证以下常用等价无穷小:

(1) $\tan x\sim x$; (2) $\arcsin x\sim x$; (3) $\arctan x\sim x$;

(4) $\ln(1+x)\sim x$; (5) $e^x-1\sim x$; (6) $1-\cos x\sim\frac{x^2}{2}$;

(7) $(1+x)^\alpha\sim 1+\alpha x$,这里分别取 $\alpha=3,\alpha=\frac{1}{2}$.

解 验证等价无穷小,也就是求两个无穷小的商在 $x\to 0$ 时的极限,看是否为 1.

(1)
```
>> clear all;
>> syms x;
>> limit(tan(x)/x,x,0)
ans= 1
```

(2)
```
>> clear all;
>> syms x;
>> limit(asin(x)/x,x,0)       %asin(x)表示 arcsinx
ans= 1
```

(3)
```
>> clear all;
>> syms x;
>> limit(atan(x)/x,x,0)       %atan(x)表示 arctanx
ans= 1
```

(4)
```
>> clear all;
>> syms x;
>> limit(log(1+ x)/x,x,0)     %log(1+ x)表示 ln(1+x),不表示以 10 为底的
                               对数 lg(1+x),lg(1+x)用 log10(1+ x)表示,
                               log2(1+x)用 log2(1+ x)表示
ans= 1
```

(5)
```
>> clear all;
>> syms x;
>> limit((exp(x)- 1)/x,x,0)      %exp(x)表示 e^x,输入命令时注意括号的前
                                  后对应
ans= 1
```

(6)
```
>> clear all;
>> syms x;
>> limit((1- cos(x))/(x^2/2),x,0)      %(x^2/2)表示 x^2/2,注意括号的前
                                        后对应
ans= 1
```

(7)
```
>> clear all;
```

```
>> syms x;
>> limit((1+ x)^3/(1+ 3* x),x,0)
ans= 1
>> clear all;
>> syms x;
>> limit((1+x)^(1/2)/(1+(1/2)* x),x,0)
ans= 1
```

例 4.4.3 求单侧极限 $\lim\limits_{x\to 0^+}\dfrac{|x|}{x}$，$\lim\limits_{x\to 0^-}\dfrac{|x|}{x}$.

解 计算过程如下：

```
>> syms x
>> limit(abs(x)/x,x,0,'right')        %right 表示右侧极限
ans= 1
>> limit(abs(x)/x,x,0,'left')         %left 表示左侧极限
ans= - 1
```

即

$$\lim_{x\to 0^+}\frac{|x|}{x}=1,\quad \lim_{x\to 0^-}\frac{|x|}{x}=-1.$$

例 4.4.4 求单侧极限 $\lim\limits_{x\to+\infty}\mathrm{e}^{-x}$，$\lim\limits_{x\to-\infty}\mathrm{e}^{x}$.

解 计算过程如下：

```
>> syms x
>> limit(exp(- x),x,inf)
ans= 0
>> limit(exp(x),x,- inf)
ans= 0
```

即

$$\lim_{x\to+\infty}\mathrm{e}^{-x}=0,\quad \lim_{x\to-\infty}\mathrm{e}^{x}=0.$$

例 4.4.5 计算复杂函数 $\lim\limits_{x\to+\infty}(1+2^x+3^x)^{\frac{1}{x}}$ 的极限.

解 计算过程如下：

```
>> syms x
>> limit((1+ 2^x+ 3^x)^(1/x),x,inf)
ans= 3
```

习　　题

1. 计算下列函数的极限：

(1) $\lim\limits_{n\to\infty}n\sin\dfrac{1}{n}$；　　(2) $\lim\limits_{x\to 0}\dfrac{\tan x-\sin x}{x^3}$；

(3) $\lim\limits_{x\to\infty}\left(1-\dfrac{1}{x}\right)^x$；　　(4) $\lim\limits_{x\to\infty}\left(\dfrac{3+x}{2+x}\right)^{2x}$.

2. 求下列函数的单侧极限：

(1) $\lim\limits_{x\to 0^-}\frac{|x|}{\sin x}$；　　(2) $\lim\limits_{x\to 0^+}x\ln x$.

3. 求下列复杂函数的极限：

(1) $\lim\limits_{x\to 1}\frac{1-x^2}{\sin\pi x}$；　　(2) $\lim\limits_{x\to 0}\left(\frac{1+x}{1-x}\right)^{\cot x}$；

(3) $\lim\limits_{x\to +\infty}(\sin\sqrt{x+1}-\sin\sqrt{x})$.

4.5 函数的连续和间断

【学习要求】

1. 理解函数在一点连续的概念，了解自变量增量和函数增量的概念.

2. 理解函数连续与函数增量有极限的联系，掌握判断函数连续的方法.

3. 根据函数连续定义的反面理解函数间断的概念，掌握判断函数间断的方法，熟悉四类间断点.

4. 了解连续函数的性质，能够利用连续性求极限.

自然界有很多现象，如气温的升降、植物生长的高度、流动河水的流量、物体运动的速度等，其量都是接连不断地变化的. 连续的概念就是这些自然现象的数学描述. 反映在函数关系上，就是自变量的微小变化，只能引起函数值的微小变化.

连续是函数的重要性态之一，在几何上表示为一条连贯、不间断的曲线. 连续函数是微积分研究的主要函数类型. 间断在几何上则表现为非连贯、有突变的曲线.

4.5.1 函数的连续性

1. 函数在一点处连续

引例 观察函数 $f(x)=2-x$ 的图形(见图 4.5.1)，判定函数在 $x=1$ 处的连续性.

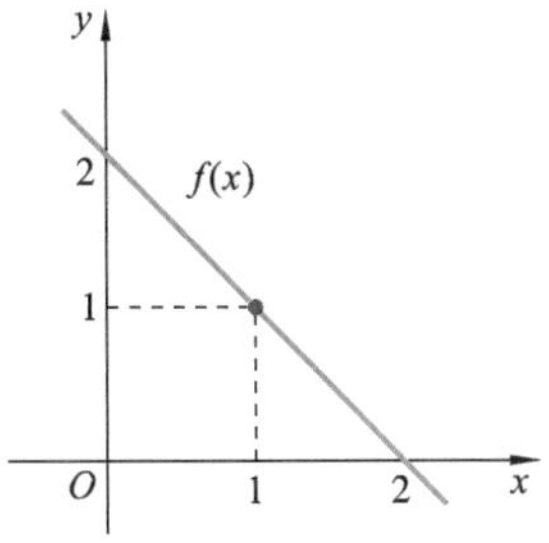

图 4.5.1

直观上看，$f(x)=2-x$ 的图形为一条连贯的直线，在 $x=1$ 这一点的附近也是连贯的，所

以 $f(x)$ 在 $x=1$ 处连续.

从函数有无定义来看，$f(x)=2-x$ 在 $x=1$ 处有定义，函数值 $f(1)=1$.

从极限来看，$x\to1$ 时，$\lim\limits_{x\to1}f(x)=\lim\limits_{x\to1}(2-x)=1$，函数在 $x=1$ 处有极限，并且此时极限值等于函数值，即有 $\lim\limits_{x\to1}f(x)=f(1)=1$.

这些结果不是偶然的，而是函数 $g(x)$ 在 $x=1$ 处连续的特性决定的. 由以上三个特性我们给出函数在一点处连续的定义.

定义 4.5.1 设函数 $f(x)$ 在点 x_0 的某邻域内有定义，如果有 $\lim\limits_{x\to x_0}f(x)=f(x_0)$，则称函数 **$f(x)$ 在点 x_0 处连续**.

简单地说，**若极限值等于函数值，则函数在该点处连续**.

本节开篇中提到，连续的概念反映在函数关系上，就是自变量的微小变化，只能引起函数值的微小变化. 自变量的变化越小，函数值的变化就越小. 这一表述用数学语言表达如下：

定义 4.5.2(自变量的增量和函数的增量) 设函数 $f(x)$ 在 x_0 的某邻域内有定义，当自变量 x 在该邻域内由 x_0 变到另一点时，我们将改变量记作 Δx，称为**自变量 x 在 x_0 处的增量**(或**改变量**). Δx 可正可负，当 $\Delta x>0$ 时，表示 x 是增加的，当 $\Delta x<0$ 时，表示 x 是减少的. 相应地，函数值由 $f(x_0)$ 变到 $f(x_0+\Delta x)$，将函数值的改变量记作 Δy，$\Delta y=f(x_0+\Delta x)-f(x_0)$，称为**函数 $f(x)$ 在 x_0 处的增量(或改变量)**. 自变量的变化和函数值的变化就用 Δx 和 Δy 来表示.

几何上，如图 4.5.2 所示，当自变量从 x_0 变化到 $x_0+\Delta x$ 时，Δx 表示函数曲线上点的横坐标的增量，Δy 表示函数曲线上点的纵坐标的增量.

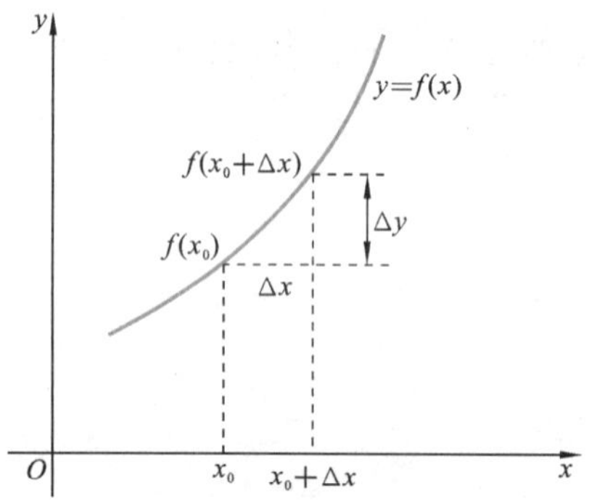

图 4.5.2

对于连续函数，自变量的变化越小，函数值的变化就越小，即当自变量的增量 $\Delta x\to0$ 时，函数的增量 $\Delta y\to0$. 换句话说，当 Δx 为无穷小时，Δy 也为无穷小. 由此函数连续的定义可以用增量的极限表述如下：

定义 4.5.3 设函数 $f(x)$ 在点 x_0 的某邻域内有定义，如果 $\Delta x\to0$ 时，

$$\lim_{\Delta x\to0}\Delta y=\lim_{\Delta x\to0}f(x_0+\Delta x)-f(x_0)=0,$$

则称**函数 $f(x)$ 在点 x_0 处连续**.

在定义 4.5.3 中，令 $x=x_0+\Delta x$，当 $\Delta x\to0$ 时，有 $x\to x_0$，于是

$$\lim_{\Delta x\to0}f(x_0+\Delta x)-f(x_0)=\lim_{x\to x_0}f(x)-f(x_0)=0,\quad 即\quad \lim_{x\to x_0}f(x)=f(x_0),$$

所以定义 4.5.1 和定义 4.5.3 是等价的.

利用函数图形是否连贯判断函数在一点处是否连续是直观的，但对于比较复杂的函数，图

形难以画出，就无法直观判断了，需要探讨判断连续的一般方法. 请看下面例题.

例 4.5.1 判断函数 $f(x)=\begin{cases}-x, & x<0\\ 0, & x=0\\ x, & x>0\end{cases}$ 在 $x=0$ 处是否连续.

解 函数在 $x=0$ 两侧的表达式不同，求极限时需要分别求左极限和右极限.

$$\lim_{x\to0^-}f(x)=\lim_{x\to0^-}(-x)=0,\quad \lim_{x\to0^+}f(x)=\lim_{x\to0^+}x=0,$$

因为左、右极限存在且相等，所以极限存在，$\lim\limits_{x\to0}f(x)=0$.

又 $f(0)=0$，极限等于函数值，所以 $f(x)$ 在 $x=0$ 处连续.

【判断方法】

由例 4.5.1 和定义 4.5.1 可知，函数 $f(x)$ 在点 x_0 处连续必须同时满足下列三个条件：

(1) $f(x)$ 在点 x_0 处有函数值；

(2) $f(x)$ 在点 x_0 处有极限(或左、右极限存在且相等，即 $\lim\limits_{x\to0^-}f(x)=\lim\limits_{x\to0^+}f(x)$)；

(3) 极限等于函数值，$\lim\limits_{x\to x_0}f(x)=f(x_0)$.

如果上述条件中任意一个不满足，则函数在点 x_0 处不连续.

例 4.5.2 判断函数 $f(x)=\begin{cases}2-x, & x\neq1\\ 2, & x=1\end{cases}$ 在 $x=1$ 处是否连续.

解 函数图形如图 4.5.3 所示. 按照判断方法，$f(x)$ 在 $x=1$ 处有函数值，$f(1)=2$，$f(x)$ 在点 x_0 处有极限，$\lim\limits_{x\to1}f(x)=1$，但是极限不等于函数值，所以 $f(x)$ 在 $x=1$ 处不连续.

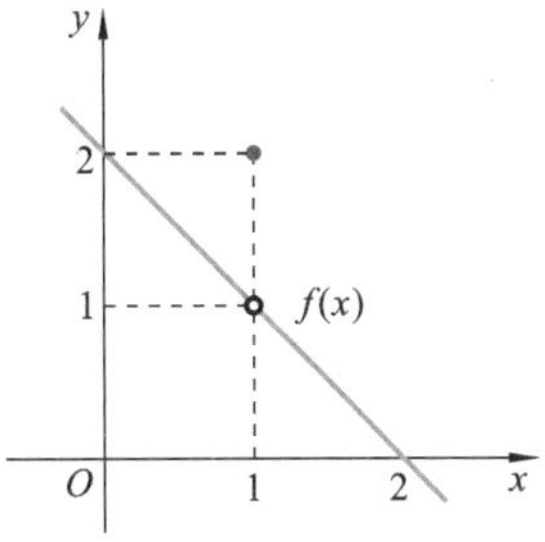

图 4.5.3

2. 函数在区间上连续

根据左、右极限的定义，参照定义 4.5.1 可以给出函数左、右连续的定义，进而给出函数在开区间、闭区间上连续的定义.

定义 4.5.4 如果函数 $f(x)$ 在点 x_0 处的左(右)极限存在且等于该点的函数值，即

$$\lim_{x\to x_0^-}f(x)=f(x_0)\left(\lim_{x\to x_0^+}f(x)=f(x_0)\right),$$

则称 $f(x)$ 在点 x_0 处左(右)连续.

定义 4.5.5 如果函数 $f(x)$ 在开区间 (a,b) 内每一点都连续，则称 $f(x)$ 在开区间 (a,b) 内连续.

定义 4.5.6 如果函数 $f(x)$ 在开区间 (a,b) 内连续，且在左端点 a 处右连续，在右端点 b 处左连续，则称 $f(x)$ 在闭区间 $[a,b]$ 上连续.

4.5.2 连续函数的性质

1. 连续函数的四则运算性质

由极限的四则运算法则及函数连续的定义很容易得到连续函数的四则运算性质.

定理 4.5.1 若函数 $f(x)$、$g(x)$ 在 x_0 处连续,则

$$f(x)\pm g(x),\quad f(x)\cdot g(x),\quad \frac{f(x)}{g(x)}(g(x)\neq 0)$$

也在 x_0 处连续.

也就是说,**连续函数的四则运算得到的函数仍是连续函数.**

2. 复合函数的连续性

由定理 4.5.1 和连续函数的定义可得到连续函数的复合运算法则.

定理 4.5.2 设函数 $u=g(x)$ 在 x_0 处连续,$u_0=g(x_0)$,$y=f(u)$ 在 u_0 处连续,则复合函数 $y=f[g(x)]$ 在 x_0 处连续,即

$$\lim_{x\to x_0} f[g(x)]=f[\lim_{x\to x_0} g(x)]=f[g(x_0)].$$

也就是说,**连续函数的复合函数仍是连续函数.**

在函数都连续的条件下,求复合函数 $y=f[g(x)]$ 的极限时,**函数符号 f 与极限符号 lim 可以交换顺序,求极限就是求复合连续函数的函数值.**

3. 初等函数的连续性

由连续函数的定义,我们可以证明基本初等函数在其定义域内都是连续的;由定理 4.5.1 和定理 4.5.2 可知,连续函数经过四则运算或复合运算以后也是连续函数;再由初等函数的定义,我们可以得出如下重要结论:

定理 4.5.3 一切初等函数在其定义区间内都是连续的.

这里所谓定义区间,就是包含在函数的定义域内的区间.

例 4.5.3 求 $\lim\limits_{x\to 0}\dfrac{\ln(1+x)}{x}$.

解 函数 $\dfrac{\ln(1+x)}{x}=\ln(1+x)^{\frac{1}{x}}$ 是由初等函数 $y=\ln u$ 和 $u=(1+x)^{\frac{1}{x}}$ 复合成的,所以是连续函数,则

$$\lim_{x\to 0}\frac{\ln(1+x)}{x}=\lim_{x\to 0}\ln(1+x)^{\frac{1}{x}}=\ln[\lim_{x\to 0}(1+x)^{\frac{1}{x}}]=\ln e=1.$$

例 4.5.4 求极限 $\lim\limits_{x\to\frac{\pi}{2}}\ln(\sin x)$.

解 因为 $\ln(\sin x)$ 为初等函数,$x=\dfrac{\pi}{2}$ 为其定义区间内的点,即连续点,所以求极限就是求初等函数的函数值,即

$$\lim_{x\to\frac{\pi}{2}}\ln(\sin x)=\ln\left(\sin\frac{\pi}{2}\right)=\ln 1=0.$$

4.5.3 函数的间断

客观事物大量地表现为量的连续的变动状态，同时，也有一些事物呈现量的突然的、不连续的变动状态，间断就是对这种非连续现象的数学描述.

定义 4.5.7 如果函数 $f(x)$ 在点 x_0 处不连续，则称 **$f(x)$ 在点 x_0 处间断，x_0 称为 $f(x)$ 的间断点.**

间断就是连续的反面，这样，直观判断函数是否间断，就是看函数图形是否连贯，若不连贯，函数在这一点处就间断.

上面我们给出了函数连续的判断方法，函数要满足三个条件，它在给定点处才连续，三个条件有一个不满足，函数就不连续，而是间断，由此给出函数在一点处间断的判断方法.

【判断方法】

函数 $f(x)$ 在点 x_0 处出现下列三种情形之一，则函数在点 x_0 处间断.

(1) $f(x)$ 在点 x_0 处没有函数值(没有定义)；

(2) $f(x)$ 在点 x_0 处没有极限(左、右极限不相等或者至少有一个不存在)；

(3) 极限不等于函数值.

函数的间断点可分为不同的类型，我们介绍四种间断点：**可去间断点、跳跃间断点、无穷间断点、振荡间断点**. 下面举例讲解间断判断方法的运用，并给出四种间断点的示例.

例 4.5.5 判断函数 $f(x)=\begin{cases} x^2, & x\neq 0 \\ 1, & x=0 \end{cases}$ 在点 $x=0$ 处是否间断.

解 函数图形如图 4.5.4 所示，直观判断，函数曲线在 $x=0$ 处不连贯，为间断点.

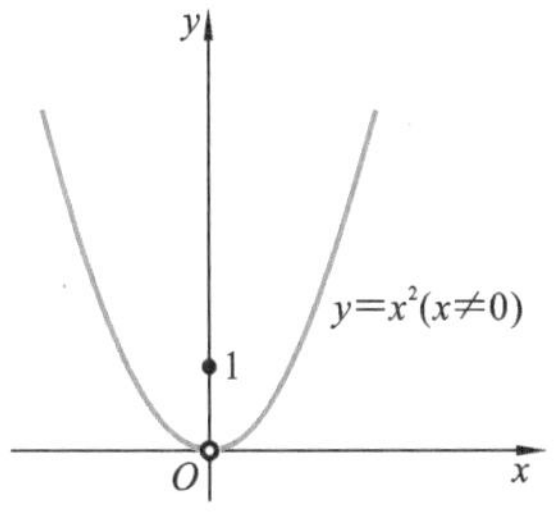

图 4.5.4

根据判断方法，在 $x=0$ 处，$f(0)=1$，$\lim\limits_{x\to 0}f(x)=\lim\limits_{x\to 0}x^2=0$，极限不等于函数值，所以 $x=0$ 为间断点.

从图形上看，函数曲线只在 $x=0$ 处有空缺，在其他点都连贯，这种间断点称为**可去间断点**. 它的特点是：函数在点 x_0 处的**极限不等于函数值**，或者**函数在该点没有定义**，即判断方法中的情形(1)和情形(3).

如果我们修改或者补充函数在可去间断点处的定义，将函数改为

$$f(x)=\begin{cases} x^2, & x\neq 0, \\ 0, & x=0, \end{cases}$$

就得到了一个连续函数，可去间断点就不存在了，这也是可去间断点名称的由来.

例 4.5.6 判断函数 $f(x)=\begin{cases} x-1, x<0 \\ 0, \quad x=0 \\ x+1, x>0 \end{cases}$ 在点 $x=0$ 处是否间断.

解 函数图形如图 4.5.5 所示，直观判断，函数曲线在 $x=0$ 处不连贯，为间断点. 根据判断方法，在 $x=0$ 处，

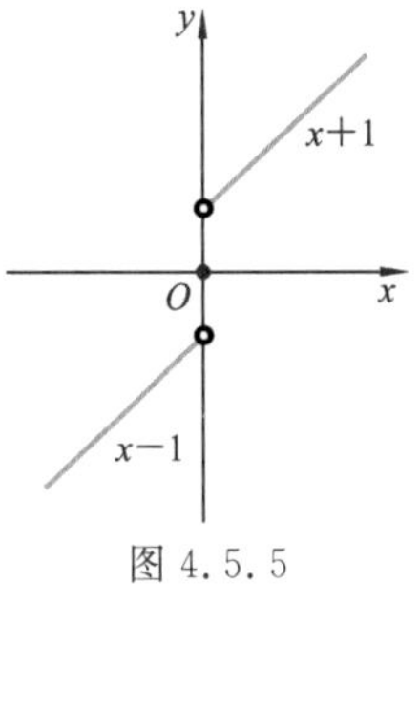

图 4.5.5

$$左极限 \lim_{x\to 0^-}f(x)=\lim_{x\to 0^-}(x-1)=-1,$$

$$右极限 \lim_{x\to 0^+}f(x)=\lim_{x\to 0^+}(x+1)=1,$$

左、右极限存在但不相等，因此 $f(x)$ 在 $x=0$ 处没有极限，所以 $x=0$ 为间断点.

从图形上看，函数值在 $x=0$ 两侧发生了突变（跳跃），函数曲线表现为错开的两段，这种间断点称为**跳跃间断点**. 它的特点是：函数在点 x_0 处的**左、右极限存在但不相等**.

【衔接专业】

如图 4.5.6 所示是一个带开关的电路，开关打开时，电阻上的电压为 0，开关闭合后，电阻上的电压为 u_s，电阻电压随时间的变化关系为

$$u(t)=\begin{cases}0 & 0<t<t_0,\\ u_s & t\geqslant t_0,\end{cases}$$

这是一个阶梯函数，$t=t_0$ 为跳跃间断点.

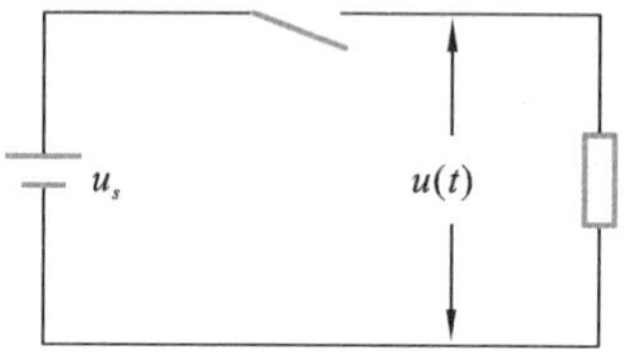

图 4.5.6

例 4.5.7 判断函数 $y=\tan x$ 在点 $x=\dfrac{\pi}{2}$ 处是否间断.

解 函数图形如图 4.5.7 所示，直观判断，函数曲线在 $x=\dfrac{\pi}{2}$ 处不连贯，为间断点.

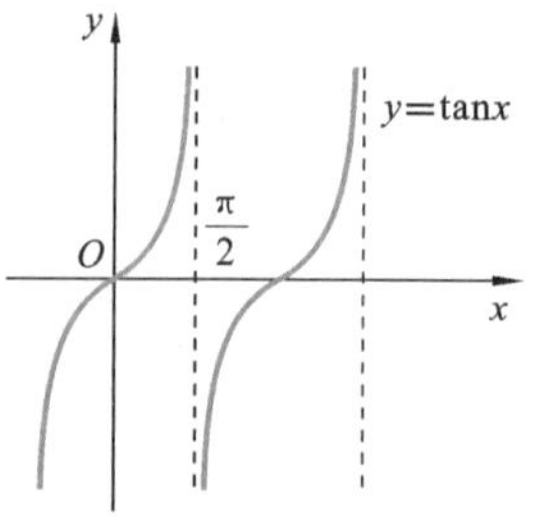

图 4.5.7

根据判断方法，在 $x=\dfrac{\pi}{2}$ 处，

$$\text{左极限}\ \lim_{x\to\frac{\pi}{2}^-}\tan x=+\infty,\quad \text{右极限}\ \lim_{x\to\frac{\pi}{2}^+}\tan x=-\infty,$$

左、右极限都为无穷大，因此 $y=\tan x$ 在 $x=\dfrac{\pi}{2}$ 处没有极限，所以 $x=\dfrac{\pi}{2}$ 为间断点.

从图形上看，函数值在 $x=\dfrac{\pi}{2}$ 两侧都趋于无穷大，这种间断点称为**无穷间断点**. 它的特点是：函数在点 x_0 处的**左极限(右极限)为无穷大**.

例 4.5.8 判断函数 $y=\sin\dfrac{1}{x}$ 在点 $x=0$ 处是否间断.

解 函数图形如图 4.5.8 所示，根据判断方法，在 $x=0$ 处，函数没有定义，所以 $x=0$ 为间断点.

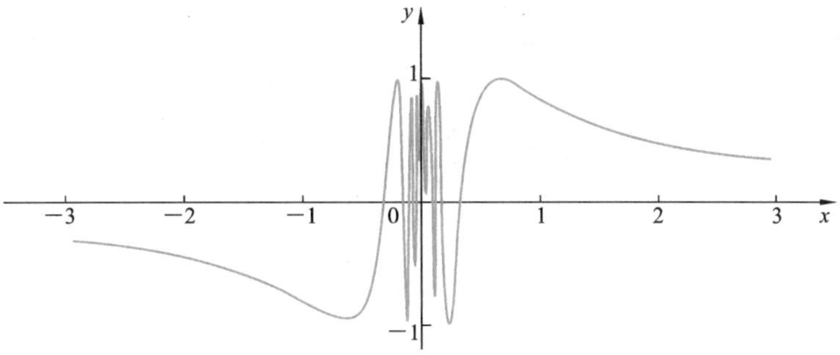

图 4.5.8

从图形上看，在 $x=0$ 附近，函数值在 -1 和 1 之间反复振荡，这种间断点称为**振荡间断点**.

习　　题

1. 设函数 $f(x)=\begin{cases}1+e^x, & x<0,\\ x+a, & x\geqslant 0,\end{cases}$ 试确定常数 a，使 $f(x)$ 为连续函数.

2. 讨论函数 $f(x)=\begin{cases}e^x-1, & x\leqslant 0\\ x\sin\dfrac{1}{x}, & x>0\end{cases}$ 在点 $x=0$ 处是否连续.

3. 判断并说明下列函数的间断点的类型：

(1) $f(x)=\dfrac{x^2-1}{x^2-3x+2}$，$x=1$，$x=2$；

(2) $f(x)=\dfrac{x}{\sin x}$，$x=0$；

(3) $f(x)=\begin{cases}4x, & 0\leqslant x\leqslant 2,\\ x^2+1, & 2<x\leqslant 4,\end{cases}$ $x=2$；

(4) $f(x)=\cos\dfrac{1}{x}$，$x=0$.

4. 求下列函数的间断点和连续区间：

(1) $f(x)=\dfrac{|x|}{x}$；

(2) $f(x)=\dfrac{x^2-2x+1}{x-1}$；

(3) $f(x)=\dfrac{1}{\sqrt{x^2+2x-3}}$；

(4) $f(x)=\dfrac{\sin x}{x(x-1)}$.

第 5 章 函数的导数及应用

十七世纪的欧洲，正处在文艺复兴和资本主义萌芽时期，工、农、商、航海、天文学等都得到了很大的发展，生产实践的发展对自然科学提出了新的课题，当时，科学界有三个重大的数学问题亟待解决：

1. 求变速直线运动的瞬时速度；
2. 求曲线的切线斜率；
3. 求函数的最大值和最小值.

对于这些问题，十七世纪的许多数学家如费马、笛卡尔、迪沙格、瓦里士、开普勒、卡瓦列里等进行了大量的探索，得到了许多有价值的结论；而牛顿和莱布尼茨在总结前人结论的基础上，提出了创新的概念，创立了微分学，实现了数学历史上的重大飞跃.

本章将在数学家们的工作基础之上，探索建立导数的概念，学习各种函数的求导方法，并运用导数这一重要工具，解决极限、单调性、极值、最值等问题，同时体会导数在专业和军事领域的应用，最后将看到这些工作都可以用 MATLAB 软件方便、快捷地完成.

5.1 导数的概念

【学习要求】

1. 理解求变速直线运动的瞬时速度的数学思想和方法，理解导数的概念.
2. 理解曲线的割线与切线的关系，记住导数的几何意义；会利用导数求平面曲线的切线和法线方程.
3. 理解导函数的概念，认识一些简单函数的导函数.
4. 认识物理学和电工学中的导数.

求变速直线运动的瞬时速度和求曲线的切线斜率这两个实际问题在数学上都可归结为在求一点处的变化率问题. 牛顿正是从瞬时速度问题出发，莱布尼茨则是从切线问题入手，分别给出了导数的初步概念.

5.1.1 变速直线运动的瞬时速度

引例 已知某物体作变速直线运动，位移函数为 $s=s(t)$，求 t_0 时刻的瞬时速度 $v(t_0)$.

(1) 作匀速直线运动的物体，在每一时刻速度不变，即瞬时速度等于平均速度，所以瞬时速度等于物体经过的位移除以所花的时间. 即

$$v=\frac{\Delta s}{\Delta t}.$$

(2) 作变速直线运动的物体，若用 $\bar{v}=\frac{\Delta s}{\Delta t}$ 计算，得到的是平均速度. 显然，在不同的时间间隔里，平均速度是不一样的，因此瞬时速度不能这样计算.

如何定义和计算瞬时速度，十七世纪的学者们进行了大量的研究，然而众说纷纭，难以定论，最终牛顿提出了创造性的思路.

牛顿是这样考虑的：

将一瞬间 t_0 扩展为一个小的时间段 $[t_0, t_0+\Delta t]$（见图 5.1.1）.

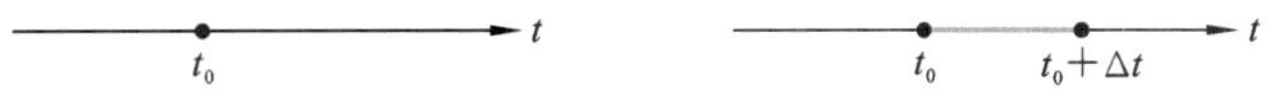

图 5.1.1

将时间段 $[t_0, t_0+\Delta t]$ 上的平均速度作为瞬时速度的近似值，即

$$v(t_0)\approx\bar{v}=\frac{\Delta s}{\Delta t}.$$

那么，在 Δt 越来越小的过程中，平均速度是不是越来越接近于客观存在的瞬时速度呢？我们借助数学实验来验证.

【数学实验】

设位移函数为 $s(t)=3t^2$，计算在 $[2, 2+\Delta t]$（$\Delta t>0$）这一时间段内的平均速度，观察其变化规律.

利用 MATLAB 软件编程，计算出一组结果. 由表 5.1.1 可见，随着 $\Delta t\to 0$，相应的平均速度 $\bar{v}\to 12$，于是极限值 12 就成为了 $t=2$ 时刻的瞬时速度.

表 5.1.1

<table>
<tr><th colspan="8">数学实验(语句)</th></tr>
<tr><th colspan="6">语句</th><th colspan="2">解释</th></tr>
<tr><td colspan="6">deltT=input('deltT=');</td><td colspan="2">时间增量</td></tr>
<tr><td colspan="6">T=input('T=');</td><td colspan="2">初始时间</td></tr>
<tr><td colspan="6">deltS=myS(T+deltT)−myS(T)</td><td colspan="2">位移增量</td></tr>
<tr><td colspan="6">V=deltS/deltT;</td><td colspan="2">平均速度</td></tr>
<tr><th colspan="8">数学实验(结果)</th></tr>
<tr><td>Δt</td><td>0.1</td><td>0.01</td><td>0.001</td><td>0.0001</td><td>0.00001</td><td>0.000001</td><td>$\to 0$</td></tr>
<tr><td>$\bar{v}$</td><td>12.3000</td><td>12.0300</td><td>12.0030</td><td>12.0003</td><td>12.0000</td><td>12.0000</td><td>$\to 12$</td></tr>
</table>

经过验证，瞬时速度就可以定义为：**平均速度在某时刻的极限**，即

$$v(t_0)=\lim_{\Delta t\to 0}\bar{v}=\lim_{\Delta t\to 0}\frac{\Delta s}{\Delta t}.$$

【方法归纳】

物体作变速直线运动的速度虽然是随时间变化的，但在很短的时间段里，速度的变化并不

大,因而就可以近似地看作是不变的,而且时间段取得越短,近似的程度就越高. 这样一来,**速度变(非匀)与不变(匀)的矛盾**,就可以在**"时间段很短"这个条件下相互转化**. 也就是说,当时间段取得很短时,可以近似地以匀速运动代替变速运动,即**以"匀"代替"非匀",以"平均速度"代替"瞬时速度"**;当时间段取得越来越短,以至于趋向于0时,平均速度的极限就等于瞬时速度.

这一过程可以归纳为三步:

(1) 把研究的一瞬间扩成一个小时段;

(2) 求此时段的平均速度,作为瞬时速度的近似值;

(3) 利用极限,求出精确值. 该极限值就定义为瞬时速度.

对于一点的问题,扩展到一个小区间上去研究,将变化的情况用不变的特性来近似代替,通过取极限来求得精确值. 这反映了人们从近似中去认识精确,从有限中去认识无限的辩证唯物主义认识过程.

【类比推广】

观察$\lim\limits_{\Delta t\to 0}\dfrac{\Delta s}{\Delta t}$,$\Delta t$ 表示在时间段$[t_0,t_0+\Delta t]$内时间的增量,即自变量的增量;$s(t)$为位移函数,Δs 表示在时间段$[t_0,t_0+\Delta t]$内位移的增量,即位移函数的增量.

一般而言,我们习惯于将自变量的增量记为 Δx,相应的函数 $y=f(x)$在$[x_0,x_0+\Delta x]$上的增量记为 Δy,从而可将$\lim\limits_{\Delta t\to 0}\dfrac{\Delta s}{\Delta t}$记为$\lim\limits_{\Delta x\to 0}\dfrac{\Delta y}{\Delta x}$.

$\lim\limits_{\Delta x\to 0}\dfrac{\Delta y}{\Delta x}$稍显复杂,数学上常将其记为相对简单的符号 $f'(x_0)$,即

$$f'(x_0)=\lim_{\Delta x\to 0}\frac{\Delta y}{\Delta x}.$$

由此给出函数在一点处的导数的定义.

5.1.2 导数的定义

定义 5.1.1 设函数 $y=f(x)$在点 x_0 的某个邻域内有定义,当自变量 x 在点 x_0 处取增量 Δx 时,函数 y 取相应的增量 Δy,如果当 $\Delta x\to 0$ 时,极限$\lim\limits_{\Delta x\to 0}\dfrac{\Delta y}{\Delta x}$存在,则称**函数 $f(x)$在点 x_0 处可导**,这个极限称为**函数 $f(x)$在点 x_0 处的导数**,记为

$$f'(x_0),\quad y'\big|_{x=x_0},\quad \left.\frac{\mathrm{d}f(x)}{\mathrm{d}x}\right|_{x=x_0},\quad \left.\frac{\mathrm{d}y}{\mathrm{d}x}\right|_{x=x_0},\quad 即\quad f'(x_0)=\lim_{\Delta x\to 0}\frac{\Delta y}{\Delta x}.$$

由定义 5.1.1 可以看到,导数的本质就是**增量比的极限**.

观察图 5.1.2 可知,当 $x=x_0+\Delta x$ 时,$y=f(x_0+\Delta x)$,所以函数的增量可表示为

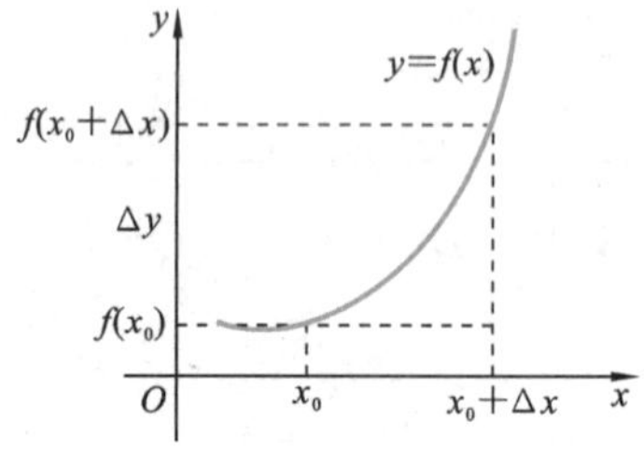

图 5.1.2

$$\Delta y=f(x_0+\Delta x)-f(x_0),$$

从而导数的定义一般写成如下形式：

$$f'(x_0)=\lim_{\Delta x\to 0}\frac{f(x_0+\Delta x)-f(x_0)}{\Delta x}.$$

【回顾引例】

由导数的定义可知，t_0 时刻的瞬时速度 $v(t_0)$ 就是位移函数 $s(t)$ 在 t_0 处的导数 $s'(t_0)$，即

$$v(t_0)=s'(t_0).$$

5.1.3 导数的几何意义

莱布尼茨是在研究一般曲线的切线问题时，给出导数的初步定义的. 莱布尼茨从曲线的割线入手，探讨割线和切线的关系.

观察图 5.1.3，已知函数 $y=f(x)$ 的图形为连续曲线，M 为曲线上的给定点，坐标为 $M(x_0,f(x_0))$，给定自变量的增量 Δx，当 $x=x_0+\Delta x$ 时，$y=f(x_0+\Delta x)$，对应着函数曲线上另一点 N，坐标为 $N(x_0+\Delta x,f(x_0+\Delta x))$，连接点 M 和点 N，得割线 MN，割线 MN 与点 M 处的切线之间有什么联系呢？

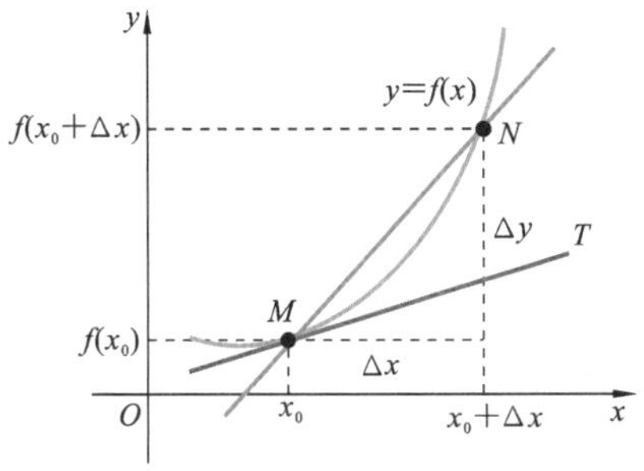

图 5.1.3

莱布尼茨运用变化的观点和极限的方法来考察这一问题.

当 $\Delta x\to 0$ 时，$x_0+\Delta x\to x_0$，$f(x_0+\Delta x)\to f(x_0)$，对应有点 N 沿曲线趋近于点 M，带动割线 MN 旋转. 当点 N 与点 M 重合时，割线将旋转到一个特殊的位置，这个位置就定义为切线所在的位置.

后来，经学者们完善，将切线定义为：

当平面曲线 $y=f(x)$ 上任一点 N 沿曲线趋近于切点 $M(x_0,f(x_0))$ 时，**割线 MN 的极限就是曲线在点 M 处的切线 MT**.

进一步，在图 5.1.3 点 x_0 处，当自变量取增量时 Δx，对应函数的增量 $\Delta y=f(x_0+\Delta x)-f(x_0)$，而**增量比 $\frac{\Delta y}{\Delta x}$ 恰好表示割线 MN 的斜率**. 当 $\Delta x\to 0$ 时，割线 MN 的极限为切线 MT，相应地，由导数的定义知，增量比的极限 $\lim\limits_{\Delta x\to 0}\frac{\Delta y}{\Delta x}=f'(x_0)$. 也就是说，**割线 MN 的斜率的极限就是切线 MT 的斜率**，它等于 $f'(x_0)$. 由此给出定理 5.1.1，它表达了导数的几何意义.

定理 5.1.1 若函数 $f(x)$ 在点 x_0 处可导，则导数 $f'(x_0)$ 就是曲线 $y=f(x)$ 在点 $M(x_0,f(x_0))$ 处的切线 MT 的斜率，即

$$k_{MT}=f'(x_0).$$

【几何拓展】

如何确定曲线 $y=f(x)$在给定点 $M(x_0,y_0)$处的切线方程?

关键:根据导数的几何意义确定切线的斜率.

由直线的点斜式方程知,曲线 $y=f(x)$在点 $M(x_0,y_0)$处的**切线方程**为

$$y-y_0=f'(x_0)(x-x_0).$$

过切点 $M(x_0,y_0)$且与切线垂直的直线称为曲线 $y=f(x)$在点 M_0 处的**法线**. 若 $f'(x_0)\neq 0$,则**法线方程**为

$$y-y_0=-\frac{1}{f'(x_0)}(x-x_0).$$

【衔接专业】

在物理学中,有图 5.1.4 所示的"位移-时间"关系曲线,以及图 5.1.5 所示的"速度-时间"关系曲线. 在电工学中,有图 5.1.6、图 5.1.7 所示的伏安特性曲线.

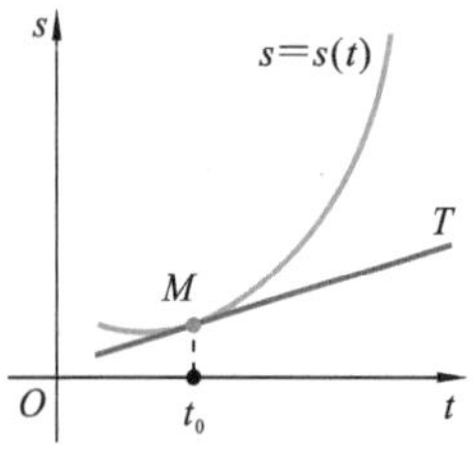

图 5.1.4

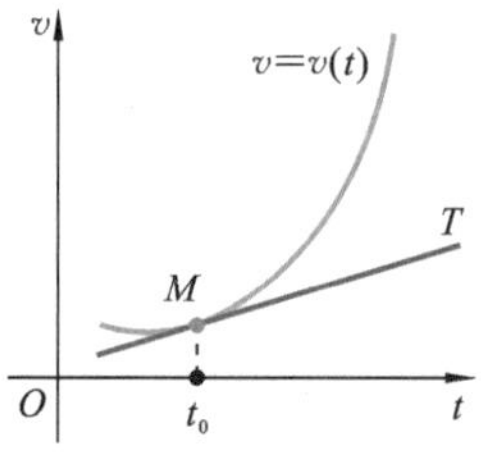

图 5.1.5

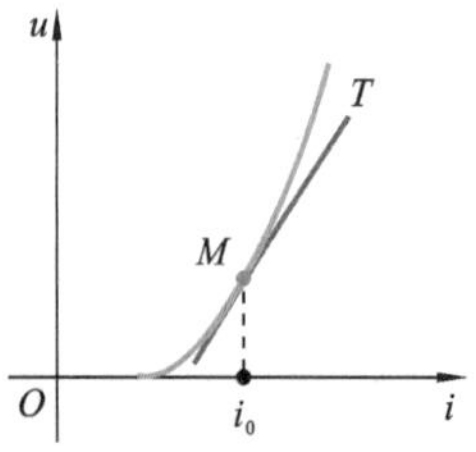

图 5.1.6

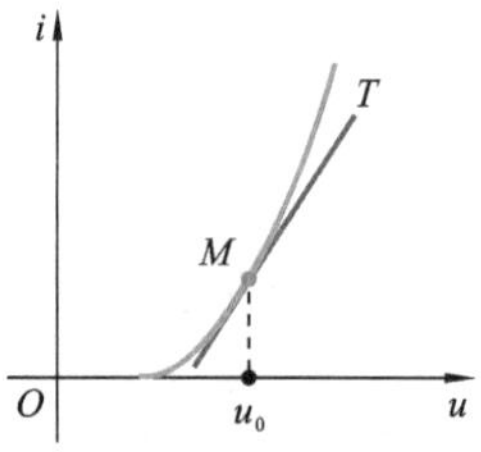

图 5.1.7

图 5.1.4 中,位移函数 $s(t)$在点 $M(t_0,s(t_0))$处切线的斜率为 $s'(t_0)$,表示物体在 t_0 时刻的位移的变化率——速度 $v(t_0)=s'(t_0)$.

图 5.1.5 中,速度函数 $v(t)$在点 $M(t_0,v(t_0))$处切线的斜率为 $v'(t_0)$,表示物体在 t_0 时刻的速度的变化率——加速度 $a(t_0)=v'(t_0)$.

图 5.1.6 中,在点 $M(i_0,u(i_0))$处切线的斜率为 $u'(i_0)$,表示在点 i_0 处的电压对电流的变化率——电阻 $r(i_0)=u'(i_0)$.

图 5.1.7 中,在点 $M(u_0,i(u_0))$处切线的斜率为 $i'(u_0)$,即物体在点 u_0 处的电流对电压的变化率——电导 $g(u_0)=i'(u_0)$.

5.1.4 导函数

如果函数 $f(x)$在区间 I 内的每一点处都可导,则称 $f(x)$**在区间 I 内可导**. 此时,在区间 I

内的每一点 x 处，都对应着 $f(x)$ 的一个导数值 $f'(x)$，这样，在区间 I 内就构成了一个新的函数，这个函数称为 $f(x)$ 的**导函数**，记为

$$f'(x),\quad y',\quad \frac{dy}{dx},\quad \frac{df(x)}{dx}.$$

在不致混淆时，也将导函数简称为导数.

显然，函数 $f(x)$ 在点 x_0 处的导数，就是 $f(x)$ 在点 x_0 处的导函数值. 因此，**要计算函数在某点的导数，可先求出函数的导函数，然后计算在该点的导函数值**，即有

$$f'(x_0)=f'(x)\big|_{x=x_0}$$

下面给出几个导函数（均可用导数的定义推出，需熟记）：

(1) $C'=0$；　　(2) $(x^2)'=2x$；　　(3) $(x^3)'=3x^2$；

(4) $(e^x)'=e^x$；　　(5) $(\sin x)'=\cos x$；　　(6) $(\cos x)'=-\sin x$.

例 5.1.1　求下列函数的导数：

(1) $5'$；　　(2) 设 $f(x)=x^2$，求 $f'(3)$；　　(3) 设 $f(x)=e^x$，求 $f'(0)$.

解　(1) $5'=0$；

(2) $f'(3)=(x^2)'\big|_{x=3}=2x\big|_{x=3}=2\times3=6$；

(3) $f'(0)=(e^x)'\big|_{x=0}=e^x\big|_{x=0}=e^0=1$.

例 5.1.2　求曲线 $f(x)=x^3$ 在点 $M(2,8)$ 处的切线方程和法线方程.

分析　曲线在点 $M(x_0,y_0)$ 处的切线方程为 $y-y_0=f'(x_0)(x-x_0)$，法线方程为 $y-y_0=-\frac{1}{f'(x_0)}(x-x_0)$，点 M 的坐标为 $(2,8)$，可知 $x_0=2$，$y_0=8$.

此题的关键是求 $f'(x_0)$，需要先求 $f'(x)$，再将 $x_0=2$ 代入求出 $f'(2)$.

解　第一步，求导函数 $f'(x)$，$f'(x)=(x^3)'=3x^2$；

第二步，求导函数值 $f'(x_0)$. 当 $x_0=2$ 时，$f'(2)=3\times2^2=12$；

第三步，将导函数值代入切线方程，得

$$y-8=12(x-2),\quad 即\quad 12x-y-16=0;$$

第四步，将导函数值代入法线方程，得

$$y-8=-\frac{1}{12}(x-2),\quad 即\quad x+12y-98=0.$$

习　题

1. 对下列函数求 $\frac{\Delta y}{\Delta x}$ 的值：

(1) $y=x^3-2$，当 $x=2$，$\Delta x=0.1$ 时；

(2) $y=\frac{1}{x}$，当 $x=2$，$\Delta x=0.01$ 时.

2. 根据导数定义，求下列函数的导数和导数值：

(1) $y=3x^2$，求 y'，并求 $y'\big|_{x=-3}$，$y'\big|_{x=-1/2}$，$y'\big|_{x=2}$.

(2) $y=2x^2-4x+1$，求 y'，并求 $y'\big|_{x=1/2}$，$y'\big|_{x=1/3}$.

3. 将一个物体垂直上抛，经过时间 t 秒后，物体上升的高度为 $s=10t-\frac{1}{2}gt^2$，求物体在 1 秒到 $1+\Delta t$ 秒这段时间内的平均速度以及物体在 1 秒末的瞬时速度.

4. 一个线圈匝数为 100，通过线圈的磁通量函数为 $\Phi(t)=t^2$，求线圈中的感应电动势(提示：感应电动势的表达式为 $\mathscr{E}=n\Phi'(t)$，n 为线圈匝数).

5.2 函数的求导

【学习要求】

1. 掌握函数的和、差、积、商的求导法则，牢记基本导数公式.
2. 能灵活运用法则和公式求导数.
3. 掌握二重复合函数的求导法则，会求二重复合函数的导数.
4. 理解二阶导数的概念，会求简单函数的二阶导数.

在上节介绍了几个常用函数的导数：

(1) $C'=0$； (2) $(x^2)'=2x$； (3) $(x^3)'=3x^2$；

(4) $(e^x)'=e^x$； (5) $(\sin x)'=\cos x$； (6) $(\cos x)'=-\sin x$.

在微分学和实际应用中，遇到的函数会更复杂，例如，下列函数的导数等于什么？

(1) $(4x^3-5\cos x+18)'=?$ (2) $(x\cdot e^x)'=?$ (3) $\left(\frac{\sin x}{x^2}\right)'=?$

(4) $[(2x+6)^3]'=?$ (5) $\frac{de^{2t+3}}{dt}=?$ (6) $(\cos x)''=?$

本节先介绍函数的和、差、积、商的求导法则和基本初等函数的求导公式，在此基础上，讨论复合函数的求导法则和二阶导数的求解方法.

5.2.1 函数的和、差、积、商的求导法则

定理 5.2.1 如果函数 $u=u(x)$ 和 $v=v(x)$ 都在点 x 处可导，则它们的和、差在点 x 处可导，且

$$(u\pm v)'=u'\pm v'.$$

函数的代数和的求导法则可推广到有限个可导函数的情况，例如，

$$(u\pm v\pm w)'=u'\pm v'\pm w'.$$

例 5.2.1 求下列函数的导数：

(1) $y=x^3-x^2+4$； (2) $y=x^2-\cos x+\sqrt{2}$.

解 (1) $y'=(x^3-x^2+4)'=(x^3)'-(x^2)'+(4)'=3x^2-2x+0=3x^2-2x$；

(2) $y'=(x^2-\cos x+\sqrt{2})'=(x^2)'-(\cos x)'+(\sqrt{2})'=2x+\sin x$.

定理 5.2.2 如果函数 $u=u(x)$ 和 $v=v(x)$ 都在点 x 处可导,则它们的积在点 x 处可导,且

$$(uv)'=u'v+uv'.$$

特别地, $(Cu)'=Cu'$(其中 C 为任意常数).

函数乘积的求导法则可推广到有限个可导函数的情况,例如,

$$(uvw)'=u'vw+uv'w+uvw'.$$

例 5.2.2 求下列函数的导数:

(1) $y=x^2\sin x$; (2) $y=2x^3-3x^2+4$; (3) $y=5x^2-x^2\mathrm{e}^x$.

解 (1) $y'=(x^2\sin x)'=(x^2)'\sin x+x^2(\sin x)'=2x\sin x+x^2\cos x$;

(2) $y'=(2x^3-3x^2+4)'=(2x^3)'-(3x^2)'+(4)'$
$=2(x^3)'-3(x^2)'=6x^2-6x=6(x^2-x)$;

(3) $y'=(5x^2-x^2\mathrm{e}^x)'=(5x^2)'-(x^2\mathrm{e}^x)'=5(x^2)'-[(x^2)'\mathrm{e}^x+x^2(\mathrm{e}^x)']$
$=5\cdot 2x-(2x\mathrm{e}^x+x^2\mathrm{e}^x)=10x-2x\mathrm{e}^x-x^2\mathrm{e}^x$.

例 5.2.3 设函数 $f(x)=(1+x^2)(3-x^3)$,求 $f'(1)$ 和 $f'(-1)$.

解 $f'(x)=(1+x^2)'(3-x^3)+(1+x^2)(3-x^3)'=2x(3-x^3)+(1+x^2)(-3x^2)$
$=6x-2x^4-3x^2-3x^4=6x-3x^2-5x^4$,

所以 $f'(1)=6x-3x^2-5x^4\big|_{x=1}=-2$, $f'(-1)=6x-3x^2-5x^4\big|_{x=-1}=-14$.

定理 5.2.3 如果函数 $u=u(x)$ 和 $v=v(x)$ 都在点 x 处可导,当作分母的函数 $v(x)\neq 0$ 时,它们的商在点 x 处可导,且

$$\left(\frac{u}{v}\right)'=\frac{u'v-uv'}{v^2}\ (v\neq 0).$$

例 5.2.4 求下列函数的导数:

(1) $y=\dfrac{2-3x}{2+x}$; (2) $y=\dfrac{1}{x^2+1}$.

解 (1) $y'=\left(\dfrac{2-3x}{2+x}\right)'=\dfrac{(2-3x)'(2+x)-(2-3x)(2+x)'}{(2+x)^2}$

$=\dfrac{-3(2+x)-(2-3x)}{(2+x)^2}=-\dfrac{8}{(2+x)^2}$;

(2) $y'=\left(\dfrac{1}{x^2+1}\right)'=\dfrac{0-(x^2+1)'}{(x^2+1)^2}=-\dfrac{2x}{(x^2+1)^2}$.

例 5.2.5 求正切函数 $y=\tan x$ 的导数.

解 由 $\tan x=\dfrac{\sin x}{\cos x}$ 得

$$(\tan x)'=\left(\frac{\sin x}{\cos x}\right)'=\frac{(\sin x)'\cos x-\sin x(\cos x)'}{\cos^2 x}$$

$$=\frac{\cos x\cos x+\sin x\sin x}{\cos^2 x}=\frac{1}{\cos^2 x}=\sec^2 x.$$

即 $$(\tan x)'=\sec^2 x.$$

用类似的方法可得余切函数 $y=\cot x$ 的导数:$(\cot x)'=-\csc^2 x$.

5.2.2 基本导数公式

我们将前面例子中得到的基本初等函数的导数归纳如下,称为基本导数公式. 基本导数公

式是微积分的基础,同学们一定要牢记.

(1) $(C)'=0$;　(2) $(x^{\alpha})'=\alpha x^{\alpha-1}$;

(3) $(a^x)'=a^x\cdot\ln a(a>0,a\neq 1)$;　(4) $(\mathrm{e}^x)'=\mathrm{e}^x$;

(5) $(\log_a x)'=\dfrac{1}{x\ln a}\ (a>0,a\neq 1)$;　(6) $(\ln x)'=\dfrac{1}{x}$;

(7) $(\sin x)'=\cos x$;　(8) $(\cos x)'=-\sin x$;

(9) $(\tan x)'=\sec^2 x$;　(10) $(\cot x)'=-\csc^2 x$;

(11) $(\sec x)'=\sec x\cdot\tan x$;　(12) $(\csc x)'=-\csc x\cdot\cot x$;

(13) $(\arcsin x)'=\dfrac{1}{\sqrt{1-x^2}}$;　(14) $(\arccos x)'=-\dfrac{1}{\sqrt{1-x^2}}$;

(15) $(\arctan x)'=\dfrac{1}{1+x^2}$;　(16) $(\mathrm{arccot}x)'=-\dfrac{1}{1+x^2}$.

例 5.2.6　由基本导数公式求下列函数的导数:

(1) $\sqrt{x}$;　(2) $\dfrac{1}{x}$;　(3) 2^x;　(4) $\left(\dfrac{1}{3}\right)^x$;

(5) $\log_5 x$;　(6) $\log_{\frac{1}{4}}x$.

解　(1) $(\sqrt{x})'=(x^{\frac{1}{2}})'=\dfrac{1}{2}\cdot x^{\frac{1}{2}-1}=\dfrac{1}{2}x^{-\frac{1}{2}}$;

(2) $\left(\dfrac{1}{x}\right)'=(x^{-1})'=(-1)\cdot x^{-1-1}=-x^{-2}$;

(3) $(2^x)'=2^x\cdot\ln 2$;

(4) $\left[\left(\dfrac{1}{3}\right)^x\right]'=\left(\dfrac{1}{3}\right)^x\ln\dfrac{1}{3}=-\ln 3\cdot\dfrac{1}{3^x}$;

(5) $(\log_5 x)'=\dfrac{1}{x\ln 5}$;

(6) $(\log_{\frac{1}{4}}x)'=\dfrac{1}{x\ln\dfrac{1}{4}}=-\dfrac{1}{x\ln 4}$.

例 5.2.7　设 $y=2^x\arcsin x$,求 y'.

解　$y'=(2^x)'\arcsin x+2^x(\arcsin x)'=2^x\ln 2\cdot\arcsin x+\dfrac{2^x}{\sqrt{1-x^2}}$

$=2^x\left(\ln 2\cdot\arcsin x+\dfrac{1}{\sqrt{1-x^2}}\right)$.

例 5.2.8　设 $y=x^2\ln x\cos x$,求 $\dfrac{\mathrm{d}y}{\mathrm{d}x}$.

解　$\dfrac{\mathrm{d}y}{\mathrm{d}x}=(x^2)'\ln x\cos x+x^2(\ln x)'\cos x+x^2\ln x(\cos x)'$

$=2x\ln x\cos x+x\cos x-x^2\ln x\sin x$.

例 5.2.9　由基本导数公式求下列函数的导数:

(1) 设 $s(t)=\sin t$,求$\dfrac{\mathrm{d}s(t)}{\mathrm{d}t}$;　(2) 设 $y=u^3$,求$\dfrac{\mathrm{d}y}{\mathrm{d}u}$;　(3) 设 $R(\delta)=2\mathrm{e}^{\delta}$,求$\dfrac{\mathrm{d}R(\delta)}{\mathrm{d}\delta}$.

提示 在3.1节"函数的概念与几何性质"中讲过，函数既可以用 y 表示，也可以用其他符号如 s，R 表示；自变量既可以用 x 表示，也可以用其他符号如 t，δ，u 表示. 所以，基本导数公式中的自变量和函数换成其他字母表示，求导公式依然成立.

解 (1) $\dfrac{\mathrm{d}s(t)}{\mathrm{d}t}=\dfrac{\mathrm{d}\sin t}{\mathrm{d}t}=\cos t$； (2) $\dfrac{\mathrm{d}y}{\mathrm{d}u}=\dfrac{\mathrm{d}u^3}{\mathrm{d}u}=3u^2$； (3) $\dfrac{\mathrm{d}R(\delta)}{\mathrm{d}\delta}=\dfrac{\mathrm{d}2\mathrm{e}^{\delta}}{\mathrm{d}\delta}=2\mathrm{e}^{\delta}$.

5.2.3 复合函数的求导法则

引例 函数 $y=\sin 2x$ 的导数等于什么？

思考 由基本导数公式，$(\sin x)'=\cos x$，那么 $(\sin 2x)'=\cos 2x$ 吗？

验证 根据倍角公式，$y=\sin 2x=2\sin x\cos x$，因此根据函数乘法的求导公式，

$$\begin{aligned}(\sin 2x)'&=(2\sin x\cos x)'=2[(\sin x)'\cos x+\sin x(\cos x)']\\&=2(\cos^2 x-\sin^2 x)=2\cos 2x.\end{aligned}$$

解答 $2\cos 2x$ 才是正确的求导结果，而 $\cos 2x$ 是错误的. 其原因是，函数 $\sin 2x$ 是复合函数，是由 $y=\sin u$ 和 $u=2x$ 复合而成的二重复合函数. **复合函数不是基本初等函数**，因此**不能直接使用基本初等函数的导数公式**.

下面定理给出了二重复合函数的求导法则.

定理5.2.4 若 $u=g(x)$ 在点 x 处可导，而 $y=f(u)$ 在对应的点 $u=g(x)$ 处可导，那么复合函数 $y=f[g(x)]$ 在点 x 处可导，且

$$y'=f'(u)\cdot g'(x)\quad 或\quad \frac{\mathrm{d}y}{\mathrm{d}x}=\frac{\mathrm{d}y}{\mathrm{d}u}\cdot\frac{\mathrm{d}u}{\mathrm{d}x}.$$

复合函数的求导法则可叙述为：**复合函数对自变量的导数，等于外层函数对中间变量的导数乘以中间变量对自变量的导数**. 这一法则又称为**链式法则**.

根据复合函数的求导法则，由于 $y=\sin 2x$ 是 $y=\sin u$ 和 $u=2x$ 复合而成的函数，所以 $y=\sin 2x$ 的导数是

$$\frac{\mathrm{d}y}{\mathrm{d}x}=\frac{\mathrm{d}y}{\mathrm{d}u}\cdot\frac{\mathrm{d}u}{\mathrm{d}x}=\frac{\mathrm{d}\sin u}{\mathrm{d}u}\cdot\frac{\mathrm{d}(2x)}{\mathrm{d}x}=\cos u\cdot 2=2\cos 2x.$$

例5.2.10 求函数 $y=\sin(3x^2)$ 的导数.

解 函数 y 可分解为 $y=\sin u$，$u=3x^2$，于是得

$$\frac{\mathrm{d}y}{\mathrm{d}x}=\frac{\mathrm{d}y}{\mathrm{d}u}\cdot\frac{\mathrm{d}u}{\mathrm{d}x}=\frac{\mathrm{d}\sin u}{\mathrm{d}u}\cdot\frac{\mathrm{d}3x^2}{\mathrm{d}x}=\cos u\cdot 6x=6x\cos(3x^2).$$

例5.2.11 求函数 $y=(3x^2+2)^3$ 的导数.

解 函数 y 可分解为 $y=u^3$，$u=3x^2+2$，于是得

$$\begin{aligned}\frac{\mathrm{d}y}{\mathrm{d}x}&=\frac{\mathrm{d}y}{\mathrm{d}u}\cdot\frac{\mathrm{d}u}{\mathrm{d}x}=\frac{\mathrm{d}u^3}{\mathrm{d}u}\cdot\frac{\mathrm{d}(3x^2+2)}{\mathrm{d}x}\\&=3u^2\cdot 6x=3\,(3x^2+2)^2\cdot 6x\\&=18x\,(3x^2+2)^2.\end{aligned}$$

【方法归纳】

复合函数的求导主要分为两个步骤：**先分解，再求导**. 第一步依据3.6节中复合函数的分解过程进行：**由外向内，逐层展开，彻底分解，直至最简**. 第二步的关键是：**正确求导不掉链，最后不忘代回来**. 归纳成口诀：**由外向内，逐层求导，依次相乘，回代变量**.

例 5.2.12 求函数 $y=\ln(3x+5)$的导数.

解 函数 y 可分解为 $y=\ln u, u=3x+5$,则有

$$\frac{dy}{dx}=\frac{dy}{du}\cdot\frac{du}{dx}=\frac{d\ln u}{du}\cdot\frac{d(3x+5)}{dx}=\frac{1}{u}\cdot 3=\frac{1}{3x+5}\cdot 3=\frac{3}{3x+5}.$$

对复合函数求导法则熟练以后,可以不把中间变量 u 写出来,只要按逻辑过程操作就可以了.

如例 5.2.12 求函数 $y=\ln(3x+5)$的导数解答过程可写成:

$$y'=\frac{1}{3x+5}\cdot(3x+5)'=\frac{3}{3x+5}.$$

例 5.2.13 函数 $y=(2x+6)^3$,求 y'.

解 $y'=3(2x+3)^2\cdot(2x+6)'=3(2x+3)^2\cdot 2=6(2x+6)^2$.

例 5.2.14 函数 $y=\sin(3-2x)$,求 y'.

解 $y'=\cos(3-2x)\cdot(3-2x)'=\cos(3-2x)\cdot(-2)=-2\cos(3-2x)$.

例 5.2.15 函数 $y=e^{-3x^2}$,求$y'|_{x=1}$.

解 $y'=e^{-3x^2}\cdot(-3x^2)'=-6xe^{-3x^2}$,所以$y'|_{x=1}=-6e^{-3}$.

例 5.2.16 函数 $y=\sin(x^2)$,求$\frac{dy}{dx}$.

解 $\frac{dy}{dx}=[\sin(x^2)]'=\cos(x^2)(x^2)'=2x\cos(x^2)$.

例 5.2.17 $y=\sin^2 x$,求 y'.

解 $y'=[(\sin x)^2]'=2\sin x\cdot(\sin x)'=2\sin x\cos x$.

【衔接专业】

例 5.2.18 设雷达信号的表达式为正弦型函数 $s(t)=\sin(2t+1)$,求 $s'(t)$.

解 $$s'(t)=[\sin(2t+1)]'=\frac{d\sin(2t+1)}{d(2t+1)}\cdot\frac{d(2t+1)}{dt}$$

$$=\cos(2t+1)\cdot(2t+1)'=2\cos(2t+1).$$

例 5.2.19 设一种信号强度呈指数衰减的信号发生器,衰减方式为 $R(\delta)=2e^{-2\delta}$,求$R'(0.1)$.

解 $R'(\delta)=2(e^{-2\delta})'=2e^{-2\delta}\cdot\frac{d(-2\delta)}{d\delta}=-4e^{-2\delta}$,所以 $R'(0.1)=-4e^{-0.2}$.

【方法推广】

二重复合函数的求导法则可推广到三个中间变量的情形.例如,设

$$y=f(u),\quad u=g(v),\quad v=h(x),$$

则复合函数 $y=f\{g[h(x)]\}$的导数为

$$\frac{dy}{dx}=\frac{dy}{du}\cdot\frac{du}{dv}\cdot\frac{dv}{dx}.$$

例 5.2.20 $y=\ln\sin(x^2)$,求 y'.

解 函数 y 可分解为 $y=\ln u, u=\sin v, v=x^2$,于是

$$\frac{dy}{dx}=\frac{dy}{du}\cdot\frac{du}{dv}\cdot\frac{dv}{dx}=\frac{d\ln u}{du}\cdot\frac{d\sin v}{dv}\cdot\frac{dx^2}{dx}=\frac{1}{u}\cdot\cos v\cdot 2x$$

$$=\frac{1}{\sin(x^2)}\cdot\cos(x^2)\cdot 2x=2x\cot(x^2).$$

例 5.2.21 $y=\tan^2(2x)$，求 y'.

解 $y'=[\tan^2(2x)]'=2\tan(2x)\cdot[\tan(2x)]'=2\tan(2x)\sec^2(2x)\cdot(2x)'$

$=4\tan(2x)\sec^2(2x)$.

例 5.2.22 函数 $y=\ln\sqrt{x^2+\sin^2 x}$，求 y'.

解 函数可写成 $y=\frac{1}{2}\ln(x^2+\sin^2 x)$，于是

$$y'=\frac{1}{2}\frac{1}{(x^2+\sin^2 x)}(x^2+\sin^2 x)'=\frac{1}{2(x^2+\sin^2 x)}[2x+2\sin x(\sin x)']$$

$$=\frac{x+\sin x\cos x}{x^2+\sin^2 x}.$$

5.2.4 二阶导数

我们知道，瞬时速度 $v(t)$ 是路程函数 $s(t)$ 对时间 t 的导数，加速度函数 $a(t)$ 是速度函数 $v(t)$ 对时间 t 的导数，因此，$a(t)$ 就是 $s(t)$ 对 t 的**导数的导数**. 将加速度函数 $a(t)$ 称为路程函数 $s(t)$ 对时间 t 的**二阶导数**，记作

$$a(t)=[v(t)]'=[s'(t)]'=s''(t).$$

定义 5.2.1 一般地，函数 $y=f(x)$ 的导函数 $f'(x)$ 仍是 x 的函数，如果导函数 $f'(x)$ 可导，我们将导函数 $f'(x)$ 的导数称为函数 $y=f(x)$ 的**二阶导数**，记为

$$f''(x),\quad y'',\quad \frac{d^2 f(x)}{dx^2},\quad \frac{d^2 y}{dx^2}.$$

例 5.2.23 求下列函数的二阶导数：

(1) $y=x^3+3x^2+1$；　(2) $y=x\ln x$；　(3) $s=e^t\cos t$.

解 (1) $y'=3x^2+6x$，$y''=6x+6$.

(2) $y'=(x\ln x)'=\ln x+x\cdot\frac{1}{x}=1+\ln x$，　$y''=(1+\ln x)'=\frac{1}{x}$.

(3) $s'=(e^t\cos t)'=e^t\cos t-e^t\sin t=e^t(\cos t-\sin t)$，

$s''=[e^t(\cos t-\sin t)]'=e^t(\cos t-\sin t)+e^t(-\sin t-\cos t)$

$=-2e^t\sin t$.

例 5.2.24 证明函数 $y=e^x\sin x$ 满足关系式 $y''-2y'+2y=0$.

证 $y'=e^x\sin x+e^x\cos x=e^x(\sin x+\cos x)$，

$y''=e^x(\sin x+\cos x)+e^x(\cos x-\sin x)=2e^x\cos x$，

于是，$$y''-2y'+2y=2e^x\cos x-2e^x(\sin x+\cos x)+2e^x\sin x=0.$$

例 5.2.25 已知带点粒子作变速直线运动，其运动方程为 $s(t)=A\cos(\omega t+\varphi)$（$A,\omega,\varphi$ 是常数），求物体运动的加速度.

解 因为 $s(t)=A\cos(\omega t+\varphi)$，所以

$$v(t)=s'(t)=-A\omega\sin(\omega t+\varphi),$$

$$a(t)=v'(t)=s''(t)=-A\omega\cdot\cos(\omega t+\varphi)\cdot\omega=-A\omega^2\cos(\omega t+\varphi),$$

所以物体运动的加速度为 $-A\omega^2\cos(\omega t+\varphi)$.

习　题

1. 求下列函数的导数：

(1) $y=3x^2-\frac{2}{x^2}+5$；　(2) $y=(1+x^2)\sin x$；　(3) $\rho=\sqrt{\varphi}\sin\varphi$；

(4) $y=\frac{1}{1+\sqrt{x}}-\frac{1}{1-\sqrt{x}}$；　(5) $s=\frac{\sin t}{\sin t+\cos t}$；　(6) $y=2\tan x+\sec x-1$.

2. 求下列函数在给定点处的导数值：

(1) $y=x^5+3\sin x$，求 $y'|_{x=0}$，$y'|_{x=\frac{\pi}{2}}$；

(2) $f(t)=\frac{1-\cos t}{1+\cos t}$，求 $f'\left(\frac{\pi}{2}\right)$，$f'(0)$；

(3) $f(x)=\frac{3}{5-x}+\frac{x^2}{5}$，求 $f'(0)$，$f'(2)$.

3. 若曲线 $y=-2x^2+8x-9$ 的某点处的切线与 x 轴平行，求其切点的坐标.

4. 求曲线 $y=x^2+1$ 在点 $x=1$ 处的切线方程与法线方程.

5. 已知物体的运动方程为 $s=t^2-6t+5$，其中 s 的单位是米，t 的单位是秒，问在什么时候这物体的速度为零？

6. 从时间 $t=0$ 开始到 t 秒时通过导线的电量(单位：库仑)由公式 $Q=2t^2+3t+1$ 表示，试求 $t=3$ 秒时的电流强度(单位：安培).

7. 指出下列复合函数的复合过程，并求它们的导数：

(1) $y=(3x^2+1)^{10}$；　(2) $y=\cos\left(5t+\frac{\pi}{4}\right)$；　(3) $y=\sqrt[3]{\frac{1}{1+x^2}}$；

(4) $y=\tan\left(\frac{x}{2}+1\right)$；　(5) $y=\sin^2 x$；　(6) $y=\tan x^2$；

(7) $y=e^{-3x^2}$；　(8) $y=\arctan e^x$；　(9) $y=(\arcsin x)^2$；

(10) $y=\ln(1+x^2)$.

8. 求下列函数的导数(其中 a 为常数)：

(1) $y=(x^2+4x-7)^5$；　(2) $y=(x-1)\sqrt{x^2+1}$；　(3) $y=\cos^3(x^2+1)$；

(4) $y=\arcsin(1-2x)$；　(5) $y=e^{-\frac{x}{2}}\cos 3x$；　(6) $\ln(x+\sqrt{a^2+x^2})$；

(7) $y=\frac{1-\ln x}{1+\ln x}$；　(8) $y=\ln(\sec x+\tan x)$.

9. 求下列函数的导数：

(1) $y=\log_a(x+x^3)$；　(2) $y=\ln x^2$；　(3) $y=\log_2\cos x^2$；

(4) $y=\ln[(x^2+3)(x^3+1)]$；　(5) $y=\left(\arcsin\frac{x}{2}\right)^2$；　(6) $y=\ln\tan\frac{x}{2}$；

(7) $y=e^{\arctan\frac{x}{2}}$；　(8) $y=\ln\ln\ln x$；　(9) $y=x^{10}+10^x$；

(10) $y=e^{\sqrt{x}}$.

10. 求下列函数的二阶导数：

(1) $y=x^{10}+3x^5+\sqrt{2}x^3$；　(2) $y=(x+3)^4$；　(3) $y=e^x+x^2$；

(4) $y=e^{x}+\ln x$.

11. 设 $f(x)=(x+10)^{6}$,求 $f''(2)$.

12. 验证函数 $y=e^{\sqrt{x}}+e^{-\sqrt{x}}$满足关系式:$xy''+\frac{1}{2}y'-\frac{1}{4}y=0$.

13. 设雷达信号的表达式为正弦型函数 $s(t)=100\sin\left(5t+\frac{3\pi}{4}\right)$,求 $s'(t)$.

14. 设一种信号强度呈指数衰减的信号发生器,衰减方式为 $R(\delta)=2e^{-2\delta}$,求它在 0.1 s 时的衰减速率 $R'(0.1)$.

5.3 导数的应用

【学习要求】

1. 掌握洛必达法则,会用洛必达法则求解未定式的极限.
2. 掌握单调性判定定理,会用导数判断函数的单调性,会求单调区间.
3. 记住驻点的定义,理解极值的定义,掌握极值的求解方法,能求出函数的极值.
4. 掌握最值的求解方法,能解决电工学和简单军事案例中的最值问题.

5.3.1 洛必达法则

1. $\frac{0}{0}$型、$\frac{\infty}{\infty}$型未定式的极限

在求函数极限时,常遇到求$\frac{0}{0}$型、$\frac{\infty}{\infty}$型未定式的极限. 这时,极限的四则运算法则不再适用,为了求出这两类极限,我们需要探讨新的极限求解方法.

定理 5.3.1(洛必达法则) 如果函数 $f(x)$和 $g(x)$在点 x_0 的某去心邻域内有定义,且

(1) $\lim\limits_{x\to x_0}f(x)=0$,$\lim\limits_{x\to x_0}g(x)=0$;

(2) 在点 x_0 的某去心邻域内,$f'(x)$和 $g'(x)$都存在,且 $g'(x)\neq 0$;

(3) $\lim\limits_{x\to x_0}\frac{f'(x)}{g'(x)}$存在(或者为无穷大);

则

$$\lim_{x\to x_0}\frac{f(x)}{g(x)}=\lim_{x\to x_0}\frac{f'(x)}{g'(x)}.$$

例 5.3.1 求$\lim\limits_{x\to 0}\frac{1-\cos x}{x^2}$.

解 这是$\frac{0}{0}$型未定式,

$$\lim_{x\to 0}\frac{1-\cos x}{x^2}=\lim_{x\to 0}\frac{(1-\cos x)'}{(x^2)'}=\lim_{x\to 0}\frac{\sin x}{2x}=\frac{1}{2}\lim_{x\to 0}\frac{\sin x}{x}=\frac{1}{2}.$$

关于洛必达法则,我们作如下说明:

(1) 当$\lim\limits_{x\to x_0}f(x)=\infty$,$\lim\limits_{x\to x_0}g(x)=\infty$,或 $x\to\infty$时,定理的结论仍成立.

(2) 使用洛必达法则求$\lim\limits_{x\to x_0}\dfrac{f(x)}{g(x)}$的极限,要求$\lim\limits_{x\to x_0}\dfrac{f'(x)}{g'(x)}$存在(或为无穷大).若$\lim\limits_{x\to x_0}\dfrac{f'(x)}{g'(x)}$不存在,就不能用洛必达法则求原极限,但不能由此认为原极限不存在,要改用其他方法求原极限.

(3) 如果$\lim\limits_{x\to x_0}\dfrac{f'(x)}{g'(x)}$仍是$\dfrac{0}{0}$型或$\dfrac{\infty}{\infty}$型,且$\lim\limits_{x\to x_0}\dfrac{f''(x)}{g''(x)}$存在,则可以再次使用洛必达法则.特别要注意,当再次使用洛必达法则后,不再是未定式时,就不能再使用洛必达法则.

例 5.3.2 求$\lim\limits_{x\to 0}\dfrac{x-\tan x}{x-\sin x}$.

解 这是$\dfrac{0}{0}$型未定式,可使用洛必达法则,故

$$\lim_{x\to 0}\frac{x-\tan x}{x-\sin x}=\lim_{x\to 0}\frac{(x-\tan x)'}{(x-\sin x)'}=\lim_{x\to 0}\frac{1-\sec^2 x}{1-\cos x}.$$

这还是$\dfrac{0}{0}$型未定式,可再次使用洛必达法则,故

$$\lim_{x\to 0}\frac{1-\sec^2 x}{1-\cos x}=\lim_{x\to 0}\frac{-2\sec^2 x\tan x}{\sin x}=\lim_{x\to 0}\left(-\frac{2}{\cos^3 x}\right)=-2,\quad 即\quad \lim_{x\to 0}\frac{x-\tan x}{x-\sin x}=-2.$$

例 5.3.3 求$\lim\limits_{x\to +\infty}\dfrac{x^n}{e^x}$($n$为自然数).

解 这是$\dfrac{\infty}{\infty}$型未定式,反复使用洛必达法则,使 x^n 降幂.

$$\lim_{x\to +\infty}\frac{x^n}{e^x}=\lim_{x\to +\infty}\frac{(x^n)'}{(e^x)'}=\lim_{x\to +\infty}\frac{nx^{n-1}}{e^x}=\lim_{x\to +\infty}\frac{n(n-1)x^{n-2}}{e^x}=\cdots=\lim_{x\to +\infty}\frac{n!}{e^x}=0.$$

例 5.3.4 求$\lim\limits_{x\to 1}\dfrac{x^3-3x+2}{x^3-x^2-x+1}$.

解 这是$\dfrac{\infty}{\infty}$型未定式,

$$\lim_{x\to 1}\frac{x^3-3x+2}{x^3-x^2-x+1}=\lim_{x\to 1}\frac{3x^2-3}{3x^2-2x-1}=\lim_{x\to 1}\frac{6x}{6x-2}=\frac{3}{2}.$$

注意,上式中的$\lim\limits_{x\to 1}\dfrac{6x}{6x-2}$已不是未定式,如果再用一次洛必达法则,则会得出极限是 1 的错误结果.

例 5.3.5 求$\lim\limits_{x\to\infty}\dfrac{x+\sin x}{x}$.

分析 这是$\dfrac{0}{0}$型的未定式,但因为

$$\lim_{x\to\infty}\frac{(x+\sin x)'}{(x)'}=\lim_{x\to\infty}\frac{1+\cos x}{1}=\lim_{x\to\infty}(1+\cos x),$$

上式的极限不存在,洛必达法则失效,要改用其他方法讨论.

解 $\lim\limits_{x\to\infty}\dfrac{x+\sin x}{x}=\lim\limits_{x\to\infty}\left(1+\dfrac{\sin x}{x}\right)=1+0=1.$

2. 其他形式未定式的极限

未定式还有 $0\cdot\infty$ 型、$\infty-\infty$ 型、0^0 型、1^∞ 型、∞^0 型等形式，可通过函数变形，化为 $\frac{0}{0}$ 型、$\frac{\infty}{\infty}$ 型的未定式求解.

例 5.3.6 求 $\lim\limits_{x\to0^+}x^n\ln x$.

解 这是 $0\cdot\infty$ 型的未定式，利用无穷大与无穷小的关系，可化为 $\frac{\infty}{\infty}$ 型未定式.

$$\lim_{x\to0^+}x^n\ln x=\lim_{x\to0^+}\frac{\ln x}{x^{-n}}=\lim_{x\to0^+}\frac{\frac{1}{x}}{-nx^{-n-1}}=\lim_{x\to0^+}\frac{-x^n}{n}=0.$$

例 5.3.7 求 $\lim\limits_{x\to1}\left(\frac{1}{1-x}-\frac{1}{\ln x}\right)$.

解 这是 $\infty-\infty$ 型的未定式，可利用通分的方法转化为 $\frac{0}{0}$ 型未定式.

$$\lim_{x\to1}\left(\frac{1}{1-x}-\frac{1}{\ln x}\right)=\lim_{x\to1}\frac{\ln x-1+x}{(1-x)\ln x}=\lim_{x\to1}\frac{\frac{1}{x}+1}{-\ln x+\frac{1-x}{x}}=\frac{2}{-\lim\limits_{x\to1}\ln x+0},$$

因为 $\lim\limits_{x\to1}\ln x=0$，分母极限为 0，分母为无穷小，所以原函数极限为 ∞.

例 5.3.8 求 $\lim\limits_{x\to0^+}x^x$.

解 这是 0^0 型的未定式，x^x 可以借助指数函数变形成 $x^x=e^{\ln x^x}=e^{x\ln x}$，所以

$$\lim_{x\to0^+}x^x=e^{\lim\limits_{x\to0^+}x\ln x},$$

而 $\lim\limits_{x\to0^+}x\ln x=\lim\limits_{x\to0^+}\frac{\ln x}{\frac{1}{x}}=\lim\limits_{x\to0^+}\frac{\frac{1}{x}}{-\frac{1}{x^2}}=\lim\limits_{x\to0^+}(-x)=0$，所以 $\lim\limits_{x\to0^+}x^x=e^0=1$.

5.3.2 函数的单调性

引例 图 5.3.1 为某市 2014 年元旦这一天 24 小时的气温变化图：

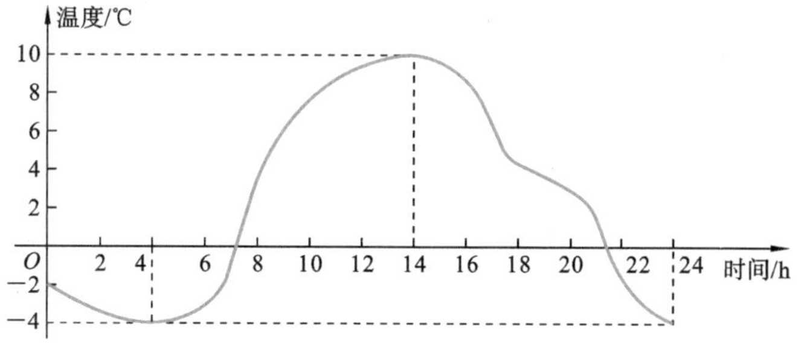

图 5.3.1

(1) 观察这个气温变化图，说出气温在这一天内的变化情况；

(2) 当天的最高温度、最低温度是多少？在几点钟达到；

(3) 什么时间段气温下降？什么时间段气温上升？

实际生活中，我们常常需要了解数据的变化规律，或者说，随着自变量的变化，函数值如何变化. 这类问题在数学中反映了函数的一个基本性质——**单调性**. 单调性与函数的什么特点有关系呢？

由图 5.3.2 可以看出，如果函数在区间$[a,b]$上是增函数，那么它的图形是一条沿 x 轴正方向上升的曲线，这时，曲线上各点处切线的倾斜角都是锐角，因此它们的斜率 $f'(x)$都是正的，即 $f'(x)>0$.

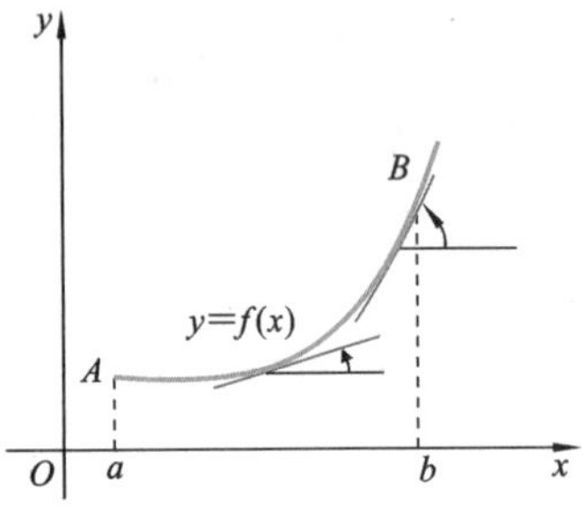

图 5.3.2

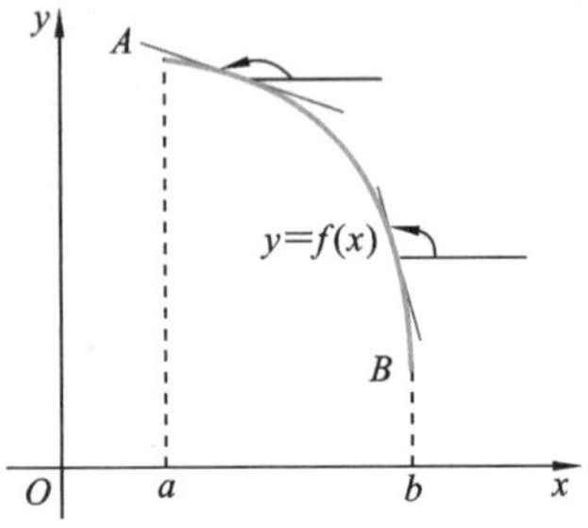

图 5.3.3

同样，由图 5.3.3 可以看出，如果函数在区间$[a,b]$上是减函数，那么它的图形是一条沿 x 轴正方向下降的曲线，这时，曲线上各点处切线的倾斜角都是钝角，因此，它们的斜率 $f'(x)$都是负的，即 $f'(x)<0$.

由此可见，函数的单调性与其导数的正负有关. 事实上，导数的正负可以用来判断函数的单调性.

定理 5.3.2(单调性判定定理) 设函数 $f(x)$在闭区间$[a,b]$上连续，在开区间(a,b)内可导，则在(a,b)内，

(1) 如果 $f'(x)>0$，那么 $f(x)$**单调递增**，区间(a,b)称为函数的**单调递增区间**；

(2) 如果 $f'(x)<0$，那么 $f(x)$**单调递减**，区间(a,b)称为函数的**单调递减区间**.

例 5.3.9 确定 $f(x)=3x-x^3$ 的单调性与单调区间.

解 函数的定义域为$(-\infty,+\infty)$，$f'(x)=3-3x^2=3(1-x^2)$.

判断单调性就是判断函数的导数的正负. 要想知道导数在哪个区间上为正，哪个区间上为负，就要先找到 $f'(x)=0$ 的点.

令 $f'(x)=0$，得 $x_1=-1$，$x_2=1$，这两个点把定义域分成了三个区间，如表 5.3.1 所示.

表 5.3.1

x	$(-\infty,-1)$	-1	$(-1,1)$	1	$(1,+\infty)$
$f'(x)$	负	0	正	0	负
$f(x)$	递减	-2	递增	2	递减

在$(-\infty,-1)$和$(1,+\infty)$内，$f'(x)<0$，$f(x)$单调递减；在$(-1,1)$内，$f'(x)>0$，$f(x)$单调递增.

例 5.3.10 确定 $f(x)=\sqrt[3]{x^2}$的单调性与单调区间.

解 函数的定义域为$(-\infty,\infty)$，且 $f'(x)=\dfrac{2}{3\sqrt[3]{x}}$ $(x\neq 0)$.

在定义域内,没有使 $f'(x)=0$ 的点,但是当 $x=0$ 时,$f'(x)$不存在,这个点同样把定义域分成了两个区间:$(-\infty,0)$和$(0,+\infty)$.

在$(-\infty,0)$内,$f'(x)<0$,$f(x)$单调递减;在$(0,+\infty)$内,$f'(x)>0$,$f(x)$单调递增.

【方法归纳】

使 $f'(x)=0$ 的点,称为函数的**驻点**;导数不存在的点,称为**不可导点**.

确定函数的单调性和单调区间的步骤如下:

(1) 确定函数的定义域,求出导数;

(2) 求出驻点和不可导点,并以这两类点为分界点,将定义域分为若干个区间;

(3) 考察导数在各区间内的符号,判断函数在相应区间上的单调性.

5.3.3 函数的极值

1. 极值的定义

极值是函数的局部性态,讨论的是一点处的函数值与该点附近其他点处的函数值的大小关系.

定义 5.3.1 设函数 $f(x)$在点 x_0 的某邻域内有定义,对邻域内的任意一点 $x(x\neq x_0)$,不等式 $f(x_0)>f(x)$(或 $f(x_0)<f(x)$)恒成立,那么称 $f(x_0)$是函数 $f(x)$的一个**极大值**(或**极小值**),称 x_0 为 $f(x)$的**极大值点**(或**极小值点**).

极大值与极小值统称为**极值**,极大值点与极小值点统称为**极值点**.

如图 5.3.4 所示,$f(x_1)$与 $f(x_3)$是函数的极大值,$f(x_2)$与 $f(x_4)$是函数的极小值. 从图中还可看到极大值$f(x_1)$在数值上比极小值 $f(x_4)$小,这是合理的,因为极值是函数的局部性态.

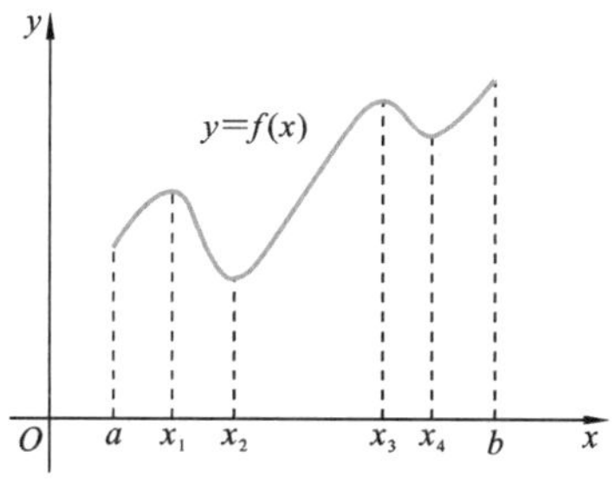

图 5.3.4

2. 极值的判定法

从图 5.3.4 我们还可以看出,对于连续函数来说,极值点一定出现在函数单调性的分界点.因此,对可导函数有如下定理:

定理 5.3.3(极值的必要条件) 若函数 $f(x)$在点 x_0 处可导,且在点 x_0 处取得极值,那么 $f'(x_0)=0$.

使 $f'(x)=0$ 的点,称为函数的驻点. 因此可导函数的极值点一定是驻点,但驻点不一定是极值点. 例如,如图 5.3.5 所示,函数 $f(x)=x^3$,$x=0$ 是它的驻点,但不是函数的极值点.

另外,极值点还可能出现在不可导点处. 例如,如图 5.3.6 所示,函数 $f(x)=(x-2)^{\frac{2}{3}}$,$x=2$是它的不可导点,但 $x=2$ 恰是极小值点.

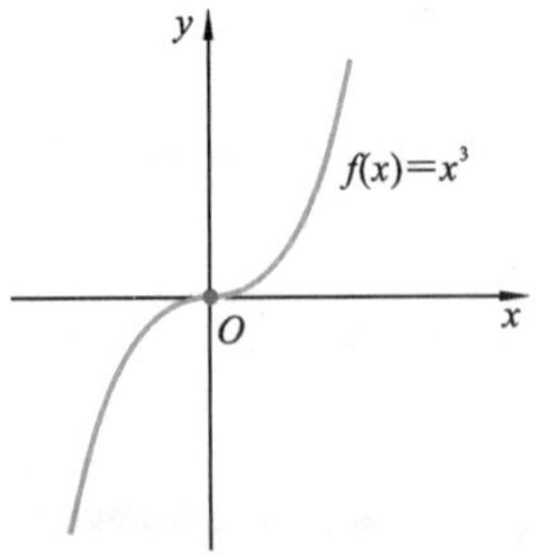

图 5.3.5

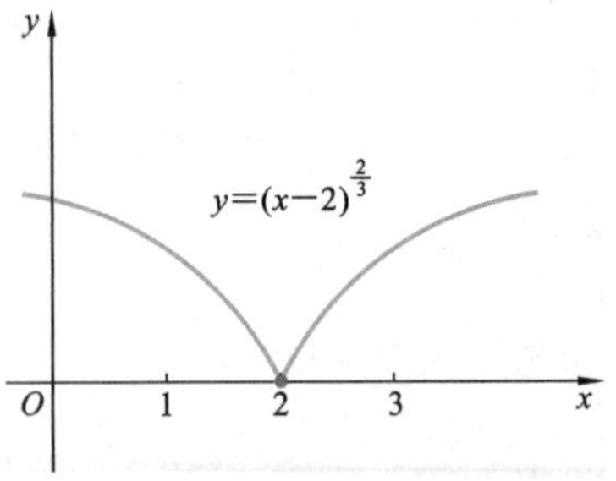

图 5.3.6

因此，**连续函数的极值点一定在驻点和不可导点处**，但并非所有的驻点和不可导点都是极值点，那么，如何判断驻点和不可导点是不是极值点呢？我们有如下定理.

定理 5.3.4(第一充分条件) 设 $f(x)$在点 x_0 处连续且在 x_0 的某个去心邻域内可导，在这个邻域内，

(1) 若 $x<x_0$ 时，$f'(x)>0$，$x>x_0$ 时，$f'(x)<0$，则 x_0 是 $f(x)$的极大值点；

(2) 若 $x<x_0$ 时，$f'(x)<0$，$x>x_0$ 时，$f'(x)>0$，则 x_0 是 $f(x)$的极小值点；

(3) 若在 x_0 的某去心邻域内，$f'(x)$的符号相同，那么 x_0 不是 $f(x)$的极值点.

【方法归纳】

由定理 5.3.3 和定理 5.3.4，可以给出求函数极值点和极值的步骤：

(1) 确定 $f(x)$的定义域；

(2) 求出 $f'(x)$；

(3) 求出 $f(x)$的全部驻点和不可导点，这些点把定义域分成若干个小区间；

(4) 讨论 $f'(x)$在各小区间内的符号，求出函数的极值点和极值.

例 5.3.11 求函数 $f(x)=x-\frac{3}{2}x^{\frac{2}{3}}$的极值.

解 函数的定义域为$(-\infty,+\infty)$，且 $f'(x)=1-x^{-\frac{1}{3}}(x\neq 0)$.

令 $f'(x)=0$，得驻点 $x=1$，而当 $x=0$ 时 $f'(x)$不存在. 驻点 $x=1$ 和不可导点 $x=0$ 把定义域分成三个小区间，根据 $f'(x)$在每个小区间内的符号，确定函数 $f(x)$的单调性，将所得的结果列成表 5.3.2.

表 5.3.2

x	$(-\infty,0)$	0	$(0,1)$	1	$(1,+\infty)$
$f'(x)$	正	不存在	负	0	正
$f(x)$	递增	极大值	递减	极小值	递增

由表可知，$f(x)$在 $x=0$ 点处取得极大值 $f(0)=0$；在 $x=1$ 处取得极小值 $f(1)=-\frac{1}{2}$.

【衔接专业】

例 5.3.12 电工学中交流电压的一种形式是 $u(t)=U_m\sin(\omega t)$，试在一个周期内讨论其极值情况.

解 函数 $u(t)$是一个正弦型函数，最小正周期为 $T=\frac{2\pi}{\omega}$，下面在区间$\left[0,\frac{2\pi}{\omega}\right]$内讨论其极值.

令 $u'(t)=U_m\omega\cos(\omega t)=0$，则 $\cos(\omega t)=0$，解得 $\omega t=\frac{\pi}{2}$ 或 $\frac{3\pi}{2}$，即在 $\left[0,\frac{2\pi}{\omega}\right]$ 内，驻点为 $t_1=\frac{\pi}{2\omega}$，$t_2=\frac{3\pi}{2\omega}$. 同时，$u(t)$没有不可导点.

两个驻点把区间 $\left[0,\frac{2\pi}{\omega}\right]$ 分成三个小区间，根据 $u'(t)$在每个小区间内的符号，确定函数 $u(t)$的单调性，将所得的结果列成表 5.3.3.

表 5.3.3

x	$\left[0,\frac{\pi}{2\omega}\right)$	$\frac{\pi}{2\omega}$	$\left(\frac{\pi}{2\omega},\frac{3\pi}{2\omega}\right)$	$\frac{3\pi}{2\omega}$	$\left[\frac{3\pi}{2\omega},\frac{2\pi}{\omega}\right]$
$u'(t)$	正	0	负	0	正
$u(t)$	递增	极大值	递减	极小值	递增

由此可知，$u(t)$在 $t_1=\frac{\pi}{2\omega}$点处取得极大值 $u\left(\frac{\pi}{2\omega}\right)=U_m$；在 $t_2=\frac{3\pi}{2\omega}$处取得极小值 $u\left(\frac{3\pi}{2\omega}\right)=-U_m$.

5.3.4 函数的最值

最值问题是十七世纪科学家当时面临的四大难题之一. 最值问题的解决对于军事上炮弹的最远射程问题以及天文学上的近日点和远日点问题有着重要意义. 除了这些，在现实生活中，最值问题也是普遍存在的. 在工农业生产、工程技术中经常会遇到用料最省、成本最小、利润最大、效率最高等问题. 这类问题在数学上都可归结为求函数的最大值和最小值问题.

1. 最值的定义

定义 5.3.2 设 $f(x)$在区间 I 上有定义，若存在 $x_0\in I$，使得对 I 上的一切 x，恒有 $f(x)\leqslant f(x_0)$（或 $f(x)\geqslant f(x_0)$），则称 $f(x_0)$是函数 $f(x)$在 I 上的**最大值**（或**最小值**）. 函数的最大值与最小值统称为**最值**，使函数取到最值的点称为**最值点**.

由定义可以看到，函数的最值与前面学习的极值很相似，都涉及函数值的比较. 区别在于，最值是在**整个区间上**函数值的比较，极值则是在**一点附近**函数值的比较，由此可见，极值是**局部性**的，而最值是**全局性**的.

2. 最值的求法

要求最值，首先要考察最值是否存在. 对于闭区间上的连续函数，有以下定理保证最值存在.

定理 5.3.5(最值定理) 闭区间$[a,b]$上的连续函数$f(x)$一定存在最大值和最小值.

如图 5.3.7 所示，连续函数 $f(x)$在点 x_0 取得最大值 M，在点 x_1 取得最小值 m.

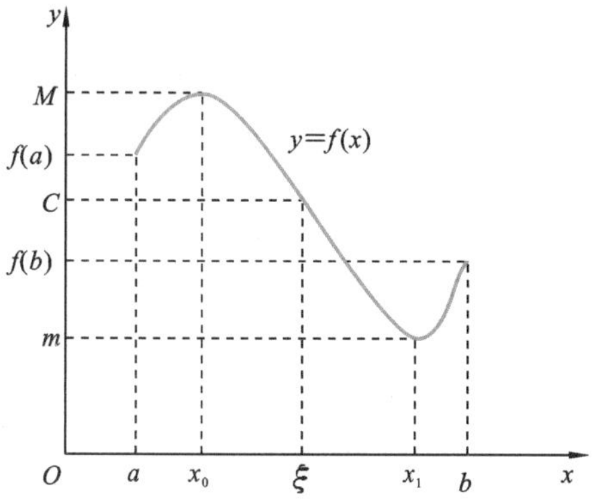

图 5.3.7

有了最值定理作保证，下面我们讨论闭区间上连续函数最值的求法.

【方法归纳】

类似于极值的求法，我们可以判定最值只可能在驻点、不可导点或端点取得. 因此，对于闭区间$[a,b]$上的连续函数，求最值的步骤为：

(1) **求导**：求导数 $f'(x)$.

(2) **找点**：求 $f(x)$在(a,b)内所有的驻点和不可导点：$x_1,\cdots,x_m$.

(3) **算值**：计算上述所有点和端点的函数值 $f(x_1),\cdots,f(x_m)$和 $f(a),f(b)$.

(4) **比较**：比较函数值的大小，其中最大的就是最大值，最小的就是最小值.

例 5.3.13 求函数 $f(x)=\frac{3}{2}x^{\frac{2}{3}}-x$ 在区间$\left[-\frac{1}{27},8\right]$上的最值.

解 由于函数 $f(x)$在区间$\left[-\frac{1}{27},8\right]$上连续，所以存在最大值和最小值.

(1) 求导：$f'(x)=x^{-\frac{1}{3}}-1=\frac{1-\sqrt[3]{x}}{\sqrt[3]{x}}(x\neq 0)$，故 $x=0$ 为不可导点.

(2) 找点：令 $f'(x)=0$，得驻点 $x=1$. 这样，最值的只可能在驻点 $x=1$，不可导点 $x=0$ 以及端点 $x=-\frac{1}{27}$，$x=8$ 取得.

(3) 算值：计算上述点的函数值，得 $f(0)=0$，$f(1)=\frac{1}{2}$，$f\left(-\frac{1}{27}\right)=\frac{11}{54}$，$f(8)=-2$.

(4) 比较：比较这四个函数值的大小，可知最大值为 $f(1)=\frac{1}{2}$，最小值为 $f(8)=-2$.

在例 5.3.13 中，函数在闭区间上有多个可能的极值点，因此要逐个比较大小. 如果函数在闭区间上只有一个极值点，它是最值点吗？我们有如下结论回答这个问题.

【结论】

若函数在区间内**连续**，且**只有一个极小**(或**极大**)**值点**，则这个点就是最小(或最大)值点. 这个结论对闭区间、开区间和无穷区间都是成立的.

3. 最值的应用

案例 1 追击问题

一间谍在河北岸 A 处进行间谍活动，被我军执勤战士发现. 间谍以 7 m/s 速度向正北逃窜，同时我军战士骑摩托车从河南岸 B 处向正东追击，速度为 14 m/s，已知河的宽度为 50 m，问我军战士何时射击最好？

分析 什么时候射击最好呢？显然，距离目标越近，射击命中率越高，所以相距最近时射击最好. 由于在间谍逃窜与战士追击的过程中，他们之间的距离在随时发生改变. 这样就可能存在一个时刻，他们之间的距离最近，此时命中率最高. 那么，战士与间谍的距离是如何随时间变化的呢？

解 设 t 为追击时间，如图 5.3.8 所示，经过时间 t 后，我军战士追击至 B_1 点，间谍逃窜至 A_1 点. 距离 B_1A_1 为直角三角形的斜边. 根据已知条件，AO 长为 50 m，BO 长为 410 m，所以 A_1O 长是 $50+7t$，B_1O 长就是 $410-14t$.

因此，战士与间谍之间的距离为

$$s(t)=\sqrt{(50+7t)^2+(410-14t)^2}\quad(t\geqslant 0).$$

现在，何时射击最好就转化为函数 $s(t)$在哪一点处取最小值.

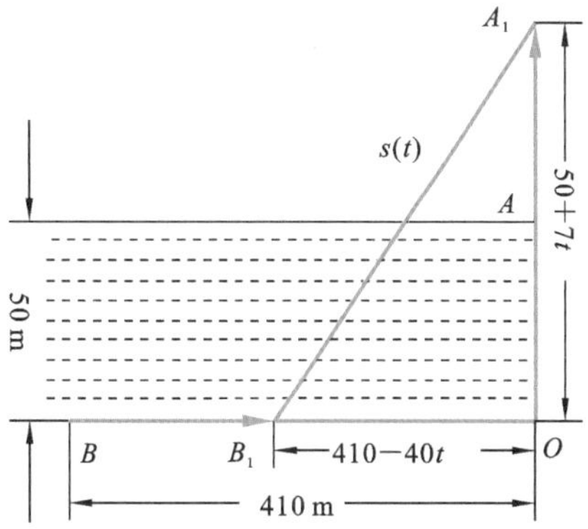

图 5.3.8

第一步:求导. $s'(t)=\dfrac{245t-5390}{\sqrt{(50+7t)^2+(410-14t)^2}}$.

第二步,找点. 令 $s'(t)=0$,求得唯一驻点为 $t=22$. 这个函数没有不可导点.

按照极值的判别方法,$t=22$ 是极小值点. 由前述结论,这个唯一的极值点就是函数的最小值点. 也就是说,追击 22 s 后射击最好.

【归纳】

在实际应用中,若问题本身存在最值,且可导的目标函数在区间内部只有唯一驻点,则该驻点就是所求的最值点.

案例 2　公路修筑的设计

设工厂铁路线上 AB 段的距离为 100 km. 工厂 C 距 A 处为 20 km, AC 垂直于 AB. 为了运输需要,要在 AB 线上选定一点 D 向工厂修筑一条公路(见图 5.3.9). 已知铁路每公里货运的运费与公路上每公里货运的运费之比为 3∶5. 为了使货物从供应站 B 运到工厂 C 的运费最省,问 D 点应选在何处?

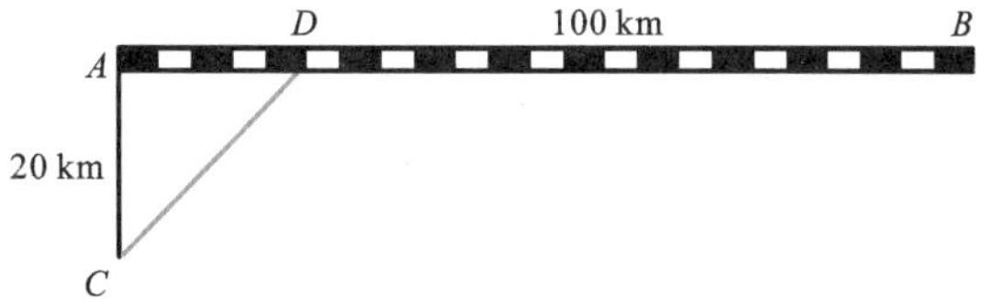

图 5.3.9

解　设 D 点距 A 点距离为 x(km),即 $AD=x$,则

$$DB=100-x,\quad CD=\sqrt{20^2+x^2}=\sqrt{400+x^2}.$$

设单位运费为 k,从 B 点到 C 点需要的总运费为 y,那么 $y=5k\cdot CD+3k\cdot DB$,即

$$y=5k\sqrt{400+x^2}+3k(100-x)\ (0\leqslant x\leqslant 100).$$

现在问题就归结为:x 在闭区间[0,100]内取何值时目标函数 y 的值最小.

先求 y 对 x 的导数,$y'=k\left(\dfrac{5x}{\sqrt{400+x^2}}-3\right)$,令 $y'=0$,解得 $x=15$.

因此,当 D 点设在距 A 点 15 km 时,总运费最省.

案例 3　电路功率匹配问题

设由电动势 $\mathscr{E}$、内阻 r 的电源与外电阻 R 构成闭合电路,如图 5.3.10 所示. 在 r 与 $\mathscr{E}$ 不变时,R 等于多少才能使外电阻 R 上获得的电功率最大?

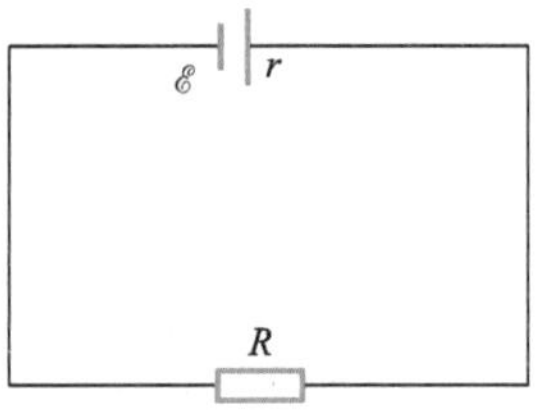

图 5.3.10

解　由电学知识知，消耗在外电阻 R 上的电功率为 $P=UI$，I 为闭合电路中的电流，U 为路端电压.

由全电路欧姆定律知，电流强度 $I=\dfrac{\mathscr{E}}{R+r}$，$U=\mathscr{E}-Ir$，所以电功率

$$P=P(R)=UI=(\mathscr{E}-Ir)I=\left(\mathscr{E}-\frac{\mathscr{E}r}{R+r}\right)\frac{\mathscr{E}}{R+r}$$
$$=\mathscr{E}^2\left[\frac{1}{R+r}-\frac{r}{(R+r)^2}\right],$$

令 $P'(R)=\mathscr{E}^2\left[-\dfrac{1}{(R+r)^2}+\dfrac{2r}{(R+r)^3}\right]=\mathscr{E}^2\ \dfrac{r-R}{(R+r)^3}=0$，解得 $R=r$.

因此，函数 $P(R)$ 在区间 $(0,+\infty)$ 内存在唯一驻点 $R=r$. 由该问题的实际意义可知，电功率的最大值一定存在，故在唯一驻点 $R=r$ 处，电功率 P 取得最大值. 即当外阻等于内阻时，输出功率最大，最大功率为 $P(r)=\dfrac{\mathscr{E}^2}{4r}$.

5.3.5　拉格朗日中值定理

定理 5.3.6　设函数 $f(x)$ 在闭区间 $[a,b]$ 上连续，在开区间 (a,b) 内可导，则至少存在一点 $\xi\in(a,b)$，使得 $f(b)-f(a)=f'(\xi)(b-a)$.

证明略. 为便于理解，只作几何解释. 由定理得 $\dfrac{f(b)-f(a)}{b-a}=f'(\xi)$，由图 5.3.11 可见，$\dfrac{f(b)-f(a)}{b-a}$ 是弦 AB 的斜率，而 $f'(\xi)$ 为曲线 $y=f(x)$ 在点 $(\xi,f(\xi))$ 处的切线的斜率. 因此，拉格朗日中值定理的几何意义是：如果连续曲线 $y=f(x)$，$x\in[a,b]$，除端点外，处处都有不垂直于 x 轴的切线，那么，至少存在一点 $\xi\in(a,b)$，使曲线在点 $(\xi,f(\xi))$ 处的切线平行于弦 AB.

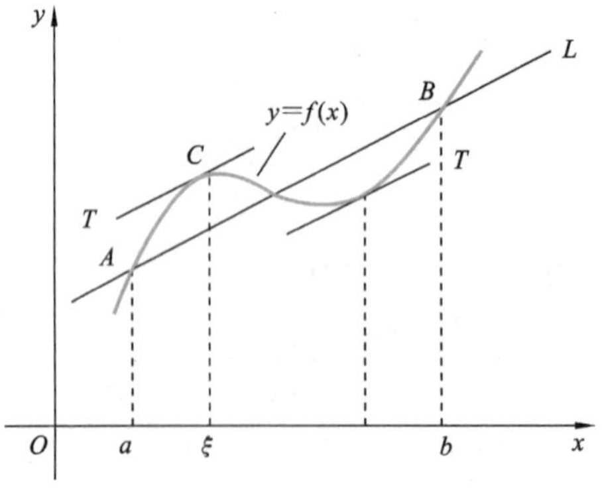

图 5.3.11

由定理可得下面两个推论.

推论 1　如果函数 $f(x)$ 在区间 (a,b) 内恒为零，则函数 $f(x)$ 在区间 (a,b) 内是一个常数.

推论 1 的几何意义是：如果在区间 (a,b) 内，曲线上任一点处切线的斜率恒为零，则此曲线一定是一条平行于 x 轴的直线.

推论 2　函数 $f(x)$ 和 $g(x)$，如果在区间 (a,b) 内恒有 $f'(x)=g'(x)$，则在 (a,b) 内 $f(x)=$

$g(x)+C$（C为任意常数）.

推论2表明：如果两个函数在区间(a,b)内导数相等，则这两个函数至多相差一个常数. 这一结论在学习第6章不定积分的概念时将要用到.

习　题

1. 用洛必达法则求下列极限：

(1) $\lim\limits_{x\to 0}\dfrac{\sin 5x}{x}$；　(2) $\lim\limits_{x\to 1}\dfrac{\ln x}{x-1}$；　(3) $\lim\limits_{x\to 0}\dfrac{1-\cos x}{x^3}$；

(4) $\lim\limits_{x\to 0}\dfrac{e^x\cos x-1}{\sin x}$；　(5) $\lim\limits_{x\to 0}\dfrac{e^x-\cos x}{x\sin x}$；　(6) $\lim\limits_{x\to 0}\dfrac{e^x-e^{-x}}{\sin x}$；

(7) $\lim\limits_{x\to \frac{\pi}{2}^+}\dfrac{\ln\left(x-\dfrac{\pi}{2}\right)}{\tan x}$；　(8) $\lim\limits_{x\to \frac{\pi}{2}}\dfrac{\ln\sin x}{(\pi-2x)^3}$；　(9) $\lim\limits_{x\to 1}\left(\dfrac{1}{\ln x}-\dfrac{x}{\ln x}\right)$；

(10) $\lim\limits_{x\to 1}\left(\dfrac{x}{x-1}-\dfrac{1}{\ln x}\right)$.

2. 判定下列函数的单调性：

(1) $f(x)=\arctan x-x$；　(2) $y=\dfrac{x-1}{x+1}(x>-1)$.

3. 确定下列函数的单调区间和每个单调区间上的单调性：

(1) $y=x^4-2x^2-5$；　(2) $y=x+\sqrt{1-x}$；　(3) $y=x-e^x$.

4. 求下列函数的极值：

(1) $y=x-\ln(1+x)$；　(2) $y=x^3e^{-x}$；　(3) $y=x+\dfrac{1}{x}$；

(4) $y=x+\tan x$；　(5) $y=2x^3-6x^2-18x+7$.

5. 求下列函数在所给的区间上的最大值与最小值：

(1) $y=\sqrt[3]{x^2}+2$，　$x\in[-1,2]$；　(2) $y=|4x^3-18x^2+27|$，　$x\in[0,2]$.

6. 要制造一个容积为V的无盖圆桶，问底面半径r和高h应如何确定，用料最省.

7. 敌人汽车从河的北岸A点处以30 km/h的速度向正北逃窜，同时我军摩托车从河的南岸的B点处开始追击，速度为120 km/h，如图5.3.12所示. 已知河的宽度为0.25 km，问我军何时开始射击最好（相距最近时射击最好）？

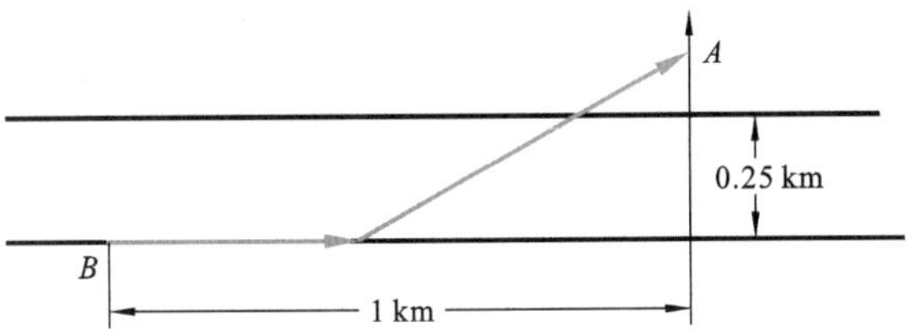

图5.3.12

8. 设火炮发射炮弹的初速度为v_0，发射角为α，在理想状态下，炮弹射程的方程为$d=\dfrac{2v_0^2}{g}\sin 2\alpha$，问$\alpha$为多大时炮弹的射程最大？最大射程为多少？

5.4 函数的微分

【学习要求】

1. 理解微分的由来和微分的概念.
2. 记住导数和微分的关系,会求简单函数的增量和微分.
3. 理解微分的几何意义,了解微分在工程中的应用.

微分是一元函数微分学的又一个重要概念. 导数是研究函数的变化率,而微分则是研究函数增量的近似值. 本节主要介绍微分的概念及其应用.

5.4.1 微分的概念

引例 设有一块边长为 x_0 的正方形金属薄片,如图 5.4.1 所示,受热后它的边长伸长了 Δx,问其面积增加了多少?

解 正方形的面积 A 与边长 x 的函数关系为 $A=x^2$,金属薄片受热后,边长 x_0 伸长到 $x_0+\Delta x$,这时面积 A 相应的改变量为

$$\Delta A=(x_0+\Delta x)^2-x_0^2=2x_0\Delta x+(\Delta x)^2.$$

从上式看出,ΔA 由两部分构成,第一部分 $2x_0\Delta x$ 是 Δx 的线性函数,第二部分是$(\Delta x)^2$,当 Δx 很小时,第二部分的值比第一部分的值小得多,可以忽略不计,因此,可用第一部分 $2x_0\Delta x$ 作为 ΔA 的近似值,即

$$\Delta A\approx 2x_0\Delta x.$$

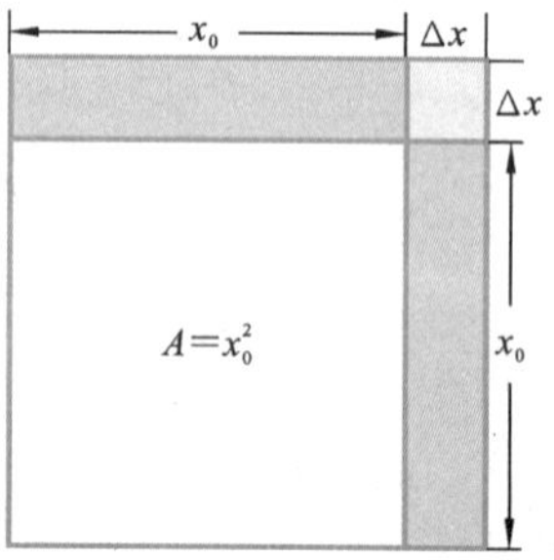

图 5.4.1

根据以上分析,给出下面定义.

定义 5.4.1 设函数 $y=f(x)$在点 x_0 的某区间内有定义,若函数增量 Δy 可表示为

$$\Delta y=A\Delta x+o(\Delta x),$$

其中 A 是不依赖于 Δx 的常数,则称函数 $y=f(x)$在点 x_0 处**可微**,$A\Delta x$ 称为函数在点 x_0 处的**微分**.

定义 5.4.1 中并未指明常数 A 是什么,下面的定理将告诉我们,$A=f'(x_0)$.

定理 5.4.1 设函数 $y=f(x)$在点 x_0 的某区间内可导(从而也有定义),则函数在点 x_0 处可微,且微分为 $f'(x_0)\Delta x$,记作$\mathrm{d}y\big|_{x=x_0}$,即有

$$\mathrm{d}y\big|_{x=x_0}=f'(x_0)\Delta x.$$

同样,把 x 看作它自身的函数,根据微分的定义,有 $\mathrm{d}x=x'\cdot\Delta x=\Delta x$. 也就是说,自变量 x 也有微分,它的微分 $\mathrm{d}x$ 就是自变量的增量 Δx,即

$$\mathrm{d}x=\Delta x.$$

若 $f(x)$**在区间 I 内的每一点 x 都可微**,则称函数 $f(x)$**在区间 I 内可微**. 将 x_0 改写为一般

的 x，则 $y=f(x)$ 在 x 处的微分可以写成

$$dy=f'(x)dx,$$

从而

$$f'(x)=\frac{dy}{dx}.$$

上式表示，**函数的导数等于函数的微分与自变量的微分的商**，因此导数也称为“**微商**”，函数可导也称为**函数可微**，反之，函数可微也就是函数可导，两者是等价的.

例 5.4.1 设函数 $y=x^2$，当 $x=2,\Delta x=0.01$ 时，求增量 Δy 和微分 dy.

解 函数在 $x=2$ 处的增量为

$$\Delta y=f(2+0.01)-f(2)=(2+0.01)^2-2^2=0.0401.$$

函数在 $x=2$ 处的微分为

$$dy\Big|_{\substack{x=2\\ \Delta x=0.01}}=(x^2)'\Delta x\Big|_{\substack{x=2\\ \Delta x=0.01}}=2x\Delta x\Big|_{\substack{x=2\\ \Delta x=0.01}}=0.04.$$

可以看出，以 dy 代替 Δy 近似值程度很高，而 dy 比 Δy 更容易计算.

例 5.4.2 求函数 $y=x^3$ 在 $x=1$ 处的微分.

解 $y=x^3$ 在 $x=1$ 处的微分为 $dy\big|_{x=1}=(x^3)'\big|_{x=1}dx=(3x^2)\big|_{x=1}dx=3dx$.

例 5.4.3 求函数 $y=\tan x$ 的微分.

解 $y=\tan x$ 的微分为 $dy=(\tan x)'dx=\sec^2 x dx$.

【方法归纳】

从微分的表达式 $dy=f'(x)dx$ 可以看出，求微分其实就是求导数，因此求解一般初等函数的微分，就是先根据求导的各种方法，求出导数，再写出微分表达式即可.

5.4.2 微分的几何意义

为了对函数的微分有更直观的了解，我们来说明其几何意义.

如图 5.4.2 所示，设函数曲线 $y=f(x)$，过其上一点 $M(x_0,y_0)$ 的切线为 MT，它的倾角为 α. 当自变量 x 有增量 $\Delta x=MQ$ 时，函数 y 的增量 $\Delta y=NQ$，同时切线的纵坐标也得到对应的增量 PQ. 从直角三角形 MPQ 中可知，

$$PQ=\tan\alpha\cdot MQ=f'(x)\Delta x=dy.$$

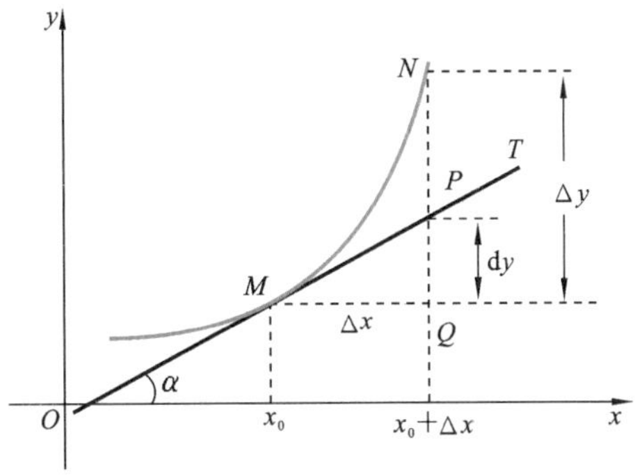

图 5.4.2

由此可知，函数 $f(x)$ 在点 x_0 的微分 dy 的几何意义是：曲线在点 $M(x_0,y_0)$ 处的**切线的纵坐标对应于 Δx 的增量**.

5.4.3 微分的应用

由微分的几何意义可知，当$|\Delta x|$很小时，可用微分 $dy=f'(x_0)\Delta x$ 来近似代替 Δy，从而使 Δy 的计算大为简化. 在工程技术中，在精度要求不是非常高的情况下，可利用微分进行近似计算.

例 5.4.4 要在半径 $r=1$ cm 的某金属球面上镀一层厚度为 0.01 cm 的铜，估计需用铜多少克(铜的密度 $\rho=8.9\ \text{g/cm}^3$)?

解 先用微分求镀层的体积的近似值，再乘以密度，便得需用铜的质量.

球的体积函数为 $V=f(r)=\frac{4}{3}\pi r^3$，由题意可知，$r=1$，$\Delta r=0.01$. 于是

$$\Delta V\approx dV=\left(\frac{4}{3}\pi r^3\right)'\Delta r\bigg|_{\substack{r=1\\ \Delta r=0.01}}=4\pi r^2\Delta r\bigg|_{\substack{r=1\\ \Delta r=0.01}}\approx 0.13\ \text{cm}^3,$$

故镀层需用铜的质量为

$$m\approx 8.9\times 0.13=1.16\ (\text{g}).$$

【衔接专业】

例 5.4.5 用微分的近似思想推导雷达高度修正公式 $\Delta H\approx\frac{r^2}{2R}$($r$ 为飞机的斜距，R 为地球半径).

如图 5.4.3 所示，雷达位于地面上的 A 点，飞机位于空中的 B 点，雷达垂直波瓣相对 A 点水平面的仰角为 α，测出飞机的斜距为 r，由此计算出飞机的高度为 $H=r\sin\alpha$，而飞机的实际高度应是 $BD=BC+CD$，BD 与 H 有差别，因此需要修正高度.

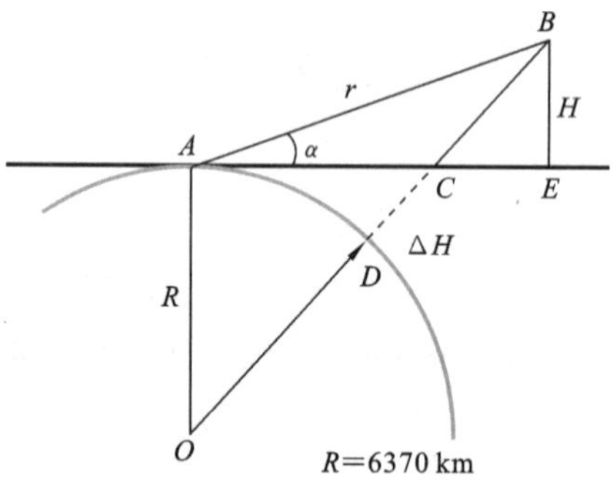

图 5.4.3

已知地球半径 $R=6370$ km，斜距 r 和高度 H 相对地球半径是很小的，仰角 α 也很小，所以斜距 r 与 AC，高度 H 与 BC 相差很小，可以近似地看作相等，即 $AC\approx r$，$BC\approx H$.

AE 是 A 点处地面的切线，$AE\perp OA$，$\triangle OAC$ 是一个直角三角形，由勾股定理可得

$$OA^2+AC^2=OC^2,$$
$$R^2+r^2=(R+\Delta H)^2=R^2+2R\cdot\Delta H+(\Delta H)^2,$$

化简得

$$r^2=2R\cdot\Delta H+(\Delta H)^2.$$

因为 ΔH 相对地球半径 R 是很小的，而且 $(\Delta H)^2$ 更小，对上式右边两项比较而言，$(\Delta H)^2\ll 2R\cdot\Delta H$，所以 $(\Delta H)^2$ 可以忽略不计，从而得到 $r^2\approx 2R\cdot\Delta H$，即

$$\Delta H\approx\frac{r^2}{2R},$$

因此，最终飞机的高度

$$BD\approx H+\Delta H\approx r\sin\alpha+\frac{r^2}{2R}.$$

习　　题

1. 求下列各函数的微分：

(1) $y=\dfrac{1}{x}+2\sqrt{x}$；　(2) $y=\dfrac{x^3-1}{x^3+1}$；　(3) $y=\cos(x^2)$；

(4) $y=e^{\sin 2x}$；　(5) $y=\ln\sqrt{1-x^2}$；　(6) $y=(e^x+e^{-x})^2$；

(7) $y=e^{-x}\cos 3x$；　(8) $y=\arcsin\sqrt{1-x^2}$；　(9) $y=\arctan\sqrt{1-\ln x}$；

(10) $y=5^{\ln\tan x}$.

2. 已知函数 $y=x^2+x$，求 x 由 2 变到 1.99 时函数的改变量与微分.

5.5　导数的专业应用和软件求解

【学习要求】

1. 理解运用导数对电路进行分析的过程.
2. 熟悉用 MATLAB 求导数、驻点和最值的命令.
3. 体会综合运用相关命令求解函数极值和最值问题的过程.

5.5.1　导数的专业应用

例 5.5.1　自感电动势.

已知正弦交流电 $i=I_m\sin\omega t$ 在线圈内产生的自感电动势 $\mathscr{E}_L=-L\dfrac{di}{dt}$，其中 L 表示线圈的自感系数，i 表示电流强度，公式中的负号表示自感电动势总是阻止电路中电流的变化. 试求自感电动势 $\mathscr{E}_L$.

解　$\mathscr{E}_L=-L\dfrac{di}{dt}=-L(I_m\sin\omega t)'=-LI_m\omega\cos\omega t$　$\left(运用公式\ \sin\left(x+\dfrac{\pi}{2}\right)=\cos x\right)$

$=-LI_m\omega\sin\left(\omega t+\dfrac{\pi}{2}\right)$　$\left(运用公式 -\sin x=\sin(x-\pi)，将\ \omega t+\dfrac{\pi}{2}\ 看作\ x\right)$

$=LI_m\omega\sin\left(\omega t+\dfrac{\pi}{2}-\pi\right)=LI_m\omega\sin\left(\omega t-\dfrac{\pi}{2}\right)$.

由结果可知，自感电动势 $\mathscr{E}_L$ 也是一个正弦量，但在相位上，$\mathscr{E}_L$ 滞后于电流 i 90°.

例 5.5.2　电容器的充电和放电.

如图 5.5.1 所示的是电容器充放电回路(RC 电路)，其中 E 是电源的电动势. 当开关拨到 a 端时，RC 电路与直流电源接通，电容器充电. 当开关拨到 b 端时，电源断开，电容器放电. 电容器上电压的变化规律是：

充电时，$u_C=E(1-e^{-\frac{t}{RC}})$，放电时，$u_C=Ee^{-\frac{t}{RC}}$.

试求：(1) 电容器的充电速度和放电速度；(2) 电容器充电和放电时电路中的电流；(3) 分析电容器电压 u_C 和电路中电流 i 的单调性.

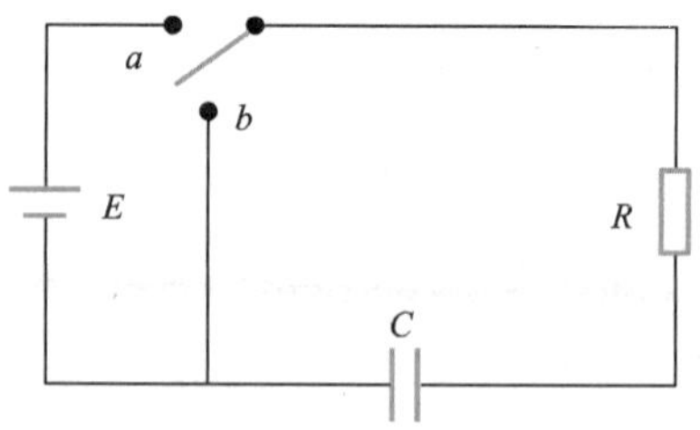

图 5.5.1

解 (1) 电容器的充电速度和放电速度就是电容器的充电电压和放电电压 $u_C(t)$ 对时间 t 的导数. 充电速度为

$$u'_C(t)=E(1-e^{-\frac{t}{RC}})'=E\cdot(-e^{-\frac{t}{RC}})\left(-\frac{t}{RC}\right)'=\frac{E}{RC}e^{-\frac{t}{RC}}.$$

分析 因为 t 增大时，$e^{-\frac{t}{RC}}$ 为单调递减函数，所以充电速度 $u'_C(t)$ 是按负指数规律衰减的.

当 $t=0$ 时，$u'_C(0)=\dfrac{E}{RC}e^0=\dfrac{E}{RC}$.

当 $t=3RC$ 时，$u'_C(3RC)=\dfrac{E}{RC}e^{-3}\approx\dfrac{E}{RC}\cdot\dfrac{1}{2.71^3}\approx0.05\dfrac{E}{RC}$.

也就是说，$t=3RC$ 时的充电速度只有开始时刻的 5%，所以一般认为经过 $3RC$ 秒后充电就算完成了，RC 称为**时间常数**，通常用 τ 表示，即 $\tau=RC$.

放电速度为 $u'_C(t)=E(e^{-\frac{t}{RC}})'=-\dfrac{E}{RC}e^{-\frac{t}{RC}}$.

(2) 由电工学可知，流过电容器导线的电流为 $i=\dfrac{dQ}{dt}$，同时由 $Q=Cu_C$，得

$$i=C\frac{du_C}{dt}=Cu'_C(t),$$

所以充电时电路中的电流为 $$i=C\frac{E}{RC}e^{-\frac{t}{RC}}=\frac{E}{R}e^{-\frac{t}{RC}},$$

放电时电路中的电流为 $$i=C\left(-\frac{E}{RC}e^{-\frac{t}{RC}}\right)=-\frac{E}{R}e^{-\frac{t}{RC}}.$$

(3) 充电时，电压 u_C 的导数 $u'_C(t)=\dfrac{E}{RC}e^{-\frac{t}{RC}}>0$，所以 $u_C(t)=E(1-e^{-\frac{t}{RC}})$ 为单调递增函数. $t\to+\infty$ 时，$e^{-\frac{t}{RC}}\to0$，$u_C\to E$.

放电时，电压 u_C 的导数 $u'_C(t)=-\dfrac{E}{RC}e^{-\frac{t}{RC}}<0$，所以 $u_C(t)=Ee^{-\frac{t}{RC}}$ 为单调递减函数. $t\to+\infty$ 时，$e^{-\frac{t}{RC}}\to0$，$u_C\to0$.

充电时，电流 $i=\dfrac{E}{R}e^{-\frac{t}{RC}}$；放电时，电流 $i=-\dfrac{E}{R}e^{-\frac{t}{RC}}$，负号表示放电时电流方向与充电时电流方向相反. 讨论电流的单调性时都取正号.

电流的导数 $i'(t)=-\dfrac{E}{R^2C}e^{-\frac{t}{RC}}<0$，所以 $i=\dfrac{E}{R}e^{-\frac{t}{RC}}$ 为单调递减函数. $t\to+\infty$ 时，$e^{-\frac{t}{RC}}\to0$，$i\to0$.

例 5.5.3 ***RCL* 串联稳态电路分析.**

如图 5.5.2 所示的电阻、电容、电感串联交流电路中，已知电容的电压是 $u_C=U_m\sin\omega t$，求 (1) 电容器导线上的电流 i；(2) 电阻电压 u_R；(3) 电感电压 u_L.

解 (1) 由电工学可知，流过电容器导线的电流为 $i=\dfrac{dQ}{dt}$，同时由 $Q=Cu_C$，得

$$i=C\frac{\mathrm{d}u_C}{\mathrm{d}t}=C(U_{\mathrm{m}}\sin\omega t)'$$
$$=CU_{\mathrm{m}}\omega\cos\omega t\quad\left(\text{运用公式}\ \sin\left(x+\frac{\pi}{2}\right)=\cos x\right)$$
$$=CU_{\mathrm{m}}\omega\sin\left(\omega t+\frac{\pi}{2}\right).$$

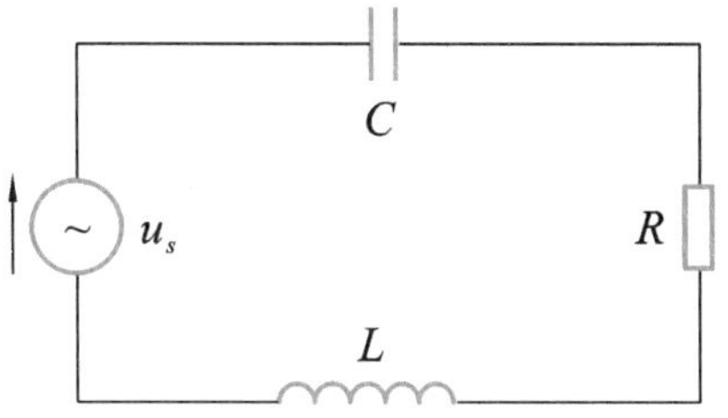

图 5.5.2

（2）电阻的端电压为 $u_R=Ri$，将 i 的结果式代入得

$$u_R=Ri=RC\frac{\mathrm{d}u_C}{\mathrm{d}t}=RCU_{\mathrm{m}}\omega\sin\left(\omega t+\frac{\pi}{2}\right).$$

（3）电感的端电压为 $u_L=L\frac{\mathrm{d}i}{\mathrm{d}t}$，将 $i=C\frac{\mathrm{d}u_C}{\mathrm{d}t}$ 代入得

$$u_L=L\frac{\mathrm{d}i}{\mathrm{d}t}=L\frac{\mathrm{d}}{\mathrm{d}t}\left(C\frac{\mathrm{d}u_C}{\mathrm{d}t}\right)=LC\frac{\mathrm{d}^2u_C}{\mathrm{d}t^2}$$
$$=LC(U_{\mathrm{m}}\sin\omega t)''=LC(U_{\mathrm{m}}\omega\cos\omega t)'$$
$$=LCU_{\mathrm{m}}\omega^2(-\sin\omega t)\quad(\text{运用公式}\ \sin(x+\pi)=-\sin x)$$
$$=LCU_{\mathrm{m}}\omega^2\sin(\omega t+\pi).$$

与电容电压 $u_C=U_{\mathrm{m}}\sin\omega t$ 比较，可以看到，电阻电压 $u_R=RCU_{\mathrm{m}}\omega\sin\left(\omega t+\frac{\pi}{2}\right)$ 的相位角比电容电压 u_R 的相位角超前 90°，电感电压 $u_L=LCU_{\mathrm{m}}\omega^2\sin(\omega t+\pi)$ 的相位角比电容电压 u_R 的相位角超前 180°.

5.5.2 导数的软件求解

1. 基本命令

命令语法	功能
syms x	定义变量 x
diff(f,x)	对函数 f 求关于变量 x 的一阶导函数
diff(f,x,n)	对函数 f 求关于变量 x 的 n 阶导函数
eval(y)	计算函数 $y=y(x)$ 在给定 x 时的函数值
x=fzero(f,x0)	求使函数 $f=0$ 的点 x，x_0 是给定的某个初值，当 f 为导函数时，则求的是驻点 x
x=fzero(f,[a,b])	求区间 $[a,b]$ 上使 $f=0$ 的点 x
[x1,fval]=fminbnd(f,a,b)	求函数 f 在区间 $[a,b]$ 上的最小值点 x_1 和最小值

2. 求解示例

例 5.5.4 求下列函数的导数：

（1）$y=\frac{1}{\sqrt{a^2-x^2}}$；　（2）$y=\mathrm{e}^{\sin^3 x}$；　（3）$y=[\ln(x^2)]^3$；　（4）$\begin{cases}x=t^2,\\ y=4t.\end{cases}$

解 （1）`>> syms x;  f='1/sqrt(a^2- x^2)';  %定义函数 f`

```
>> diff (f, x)                          %计算 f 的一阶导函数
ans= 1/(a^2- x^2)^(3/2)* x
```

(2)
```
>> syms x;  f= 'exp( sin(x)^3 )';  diff (f, x)
ans= 3* sin(x)^2* cos(x)* exp(sin(x)^3)
```

(3)
```
>> syms x;  f= '(log(x^2))^3';  diff (f, x)
ans= 6* log(x^2)^2/x
```

(4)
```
>> syms t; x= 't^2';  y= '4* t';         %定义关于 t 的函数 x 和 y
>> f1= diff (y, t)/diff (x, t)           %dy/dx=(dy/dt)/(dx/dt)
ans= 2/t
```

例 5.5.5 求下列函数的二阶导数：

(1) $y=5x^4-3x+1$；　　(2) $y=\frac{1}{x^2-1}$；　　(3) $y=x\cos x$.

解 (1)
```
>> syms x;  f= '5* x^4- 3* x+ 1';        %定义函数 f
>> diff (f, x, 2)                        %计算 f 的二阶导函数
ans= 60* x^2
```

(2)
```
>> syms x; f= '1/(x^2- 1)'; diff (f, x, 2)
ans= 8/(x^2- 1)^3* x^2- 2/(x^2- 1)^2
```

(3)
```
>> syms x; f= 'x* cos(x)'; diff (f, x, 2)
ans= - 2* sin(x)- x* cos(x)
```

例 5.5.6 求下列函数在给定点的导数值：

(1) $y=\frac{1}{\sqrt{x^2-1}}, x=3$；　　(2) $y=\arctan x, x=1$.

解 (1)
```
>> syms x;  f= '1/sqrt(x^2- 1)';
>> f1= diff (f, x)                       %先计算 f 的导函数 f1
f1= - 1/(x^2- 1)^(3/2)* x
>> x= 3;  eval(f1)                       %计算导函数 f1 在 x=3 时的函数值
ans= - 0.1326
```

(2)
```
>> syms x;  f= 'arctan(x)';
>> f1= diff (f, x)
f1= 1/(1+ x^2)
>> x= 1;  eval(f1)
ans= 0.5
```

例 5.5.7 求函数 $y=\cos x+0.25\sin x$ 在 $\left[0,\frac{\pi}{2}\right]$ 上的驻点.

解 第一步，求导函数.

```
>> syms x;  y= 'cos(x)+ 0.25* sin(x)';
>> diff (y, x)
ans= - sin(x)+ 1/4* cos(x)               %得到 y 的导函数
```

第二步，求驻点.

```
>> x= fzero('- sin(x)+ 1/4* cos(x)',[0,pi/2])
```

```
                                    %求[0,π/2]上使导函数等于零的点
x= 0.2450                           %得到驻点
>> rad2deg(x)                       %将弧度换算为度
ans= 14.0362                        %角度为14°2′10″
```

例 5.5.8　验证连续函数的最值定理.

已知连续函数 $y=0.5x\sin x$，求它在区间[2,9]上的最小值和最小值点、最大值和最大值点.

解　求解过程如下：

第一步：绘图.

```
>> syms x
>> ezplot('0.5* x* sin(x)',[2,9])   %画出函数图形
>> axis equal                       %保持坐标轴比例一致
```

函数图形如图 5.5.3 所示，可见最小值点在 5 附近，最大值点在 8 附近.

第二步：求最小值.

```
>> [x1,fval]= fminbnd('0.5* x* sin(x)',2,9)
                                    %求函数的最小值点 x1 和最小值 fval
x1= 4.9132                          %最小值点为 4.9132
fval= - 2.4072                      %最小值为-2.4072
>> [x2,fval]= fminbnd('- 0.5* x* sin(x)',2,9)
                                    %将函数取负后求最小值点 x2 和最小值
                                      fval,实际求的是原来函数的最大值点和
                                      最大值的负值
x2= 7.9787                          %最大值点为 7.9787
fval= - 3.9584                      %最大值的负值
>> fval= - fval                     %再次取负求函数的最大值
fval= 3.9584                        %最大值为 3.9584
```

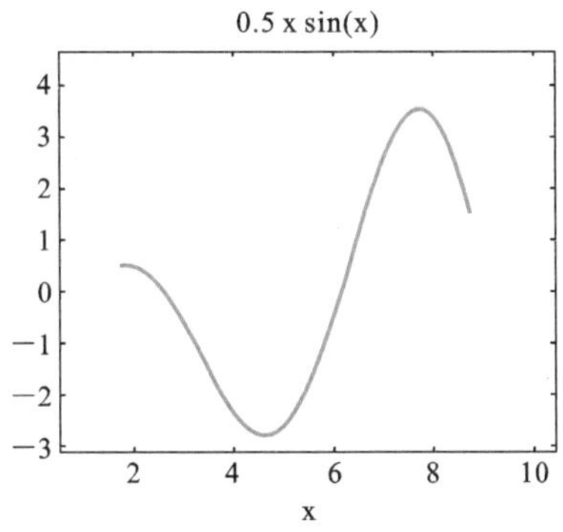

图 5.5.3

例 5.5.9(最小值问题)　如图 5.5.4 所示，工厂 P 到铁路的垂直距离为 3 km，垂足 A 到火车站 B 有直线铁路，长度为 5 km，汽车运费为 20 元/(t·km)，铁路运费为 15 元/(t·km)，为使运费最省，计划在 A 点和 B 点之间的铁路上取 D 点，在 D 点建一转运站，问 D 点应取在何处？

解 由已知条件，可设 D 到 A 的距离为 x，总费用 L 只与 x 有关，$L(x)$及其定义域为

$$L(x)=20\sqrt{x^2+9}+15(5-x),x\in[0,5].$$

计算过程如下：

第一步，绘图.

```
>> syms x
>> ezplot('20* sqrt(x^2+ 9)+ 15* (5- x)',[0,5])        %画出函数图形
```

函数图形如图 5.5.5 所示，可见最小值点在 3 与 4 之间，且是唯一的.

第二步，求最小值.

fminbnd 命令采用的是数值方法，它不仅将最小值点与最小值同时给出，而且在函数不可导时仍可求解，在实际操作时很实用.

```
>> [x1,fval]= fminbnd('20* sqrt(9+ x.^2)+ 15* (5- x)',0,5)
                          %求函数的最小值点 x1 和最小值 fval
x1= 3.4017                %最小值点为 3.4017
fval= 114.6863            %最小值为 114.6863
```

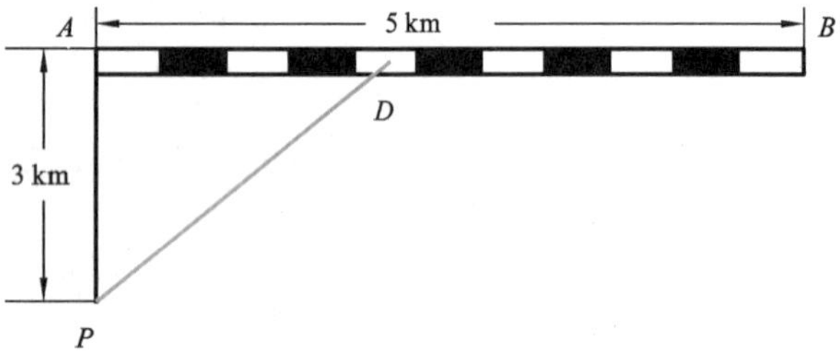

图 5.5.4

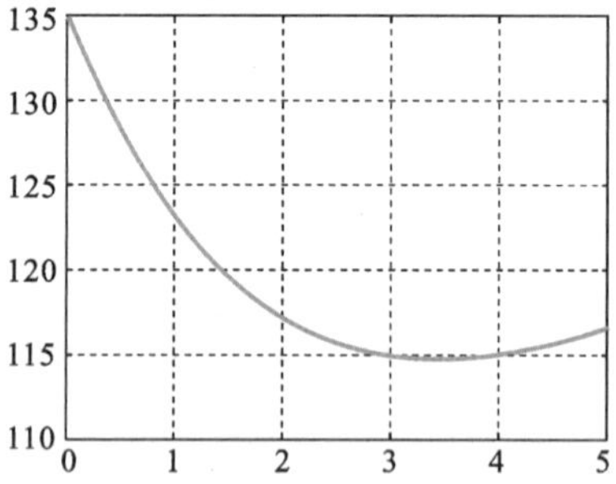

图 5.5.5

习　　题

1. 求下列函数的导数：

(1) $y=\sqrt{1+2x}+\dfrac{1}{\sqrt{1+x^2}}$；　　(2) $y=\cos^2(\cos 2x)$；

(3) $y=\ln[\ln(\ln x)]$；　　(4) $y=e^{-\left(\sin\frac{1}{x}\right)^2}$.

2. 求下列函数的二阶导数：

(1) $y=x\tan x-\csc x$；　　(2) $y=(1+x^2)\arctan x$.

3. 求下列函数的驻点：

(1) $y=\sin x-\dfrac{2}{\pi}x,x\in\left[0,\dfrac{\pi}{2}\right]$；　　(2) $y=e^x-2x^2,x_0=0$.

4. (最大值问题) 设某工厂生产某产品 x 件的成本是 $C(x)=x^3-6x^2+15x$，售出该产品 x 件的收入是 $R(x)=9x$，问是否存在一个取得最大利润的生产水平？如果存在，请找出来.

第 6 章 不定积分与定积分

在前面关于导数和微分的学习中，我们讨论了函数如何求导数(微分)的问题，以及导数的一些重要的应用. 导数和微分可以看成是一类数学运算，我们知道，很多数学运算是存在逆运算的，那么求导数(微分)有没有逆运算呢? 有，不定积分与定积分就可以看成求导数(微分)的逆运算. 积分是高等数学中的一个核心概念，已成为高等数学中最基本的工具，并在自然科学和工程学中得到广泛运用.

本章从探讨求导数的逆运算入手，引出原函数和不定积分的概念，利用逆运算的关系，结合函数求导的特点，得出不定积分的三种计算方法. 通过求解变速直线运动的位移和曲面梯形的面积问题，引出定积分的概念，归纳其数学思想和方法，并探索得到微积分基本公式. 在结合不定积分的计算方法和微积分基本公式的基础上，得到定积分的三种计算方法. 同时将看到，不定积分和定积分的计算都能用 MATLAB 软件方便地完成. 最后将讨论定积分在几何、军事、电工学领域的简单应用.

6.1 原函数与不定积分

【学习要求】

1. 理解原函数的概念，知道原函数存在定理.
2. 掌握不定积分的定义，熟记基本积分公式，知道不定积分的性质.

运用函数的求导方法，能求得很多函数的导函数，反过来，给出一个导函数，能不能找出被求导的那个函数呢? 这实际上是求导运算的逆运算的问题，先看两个例子.

由已经学习过的基本求导公式，我们知道在区间$(-\infty,+\infty)$内，

$$(x^2)'=2x,\quad (\sin x)'=\cos x,$$

于是我们说 $2x$ 是函数 x^2 的导数，$\cos x$ 是函数 $\sin x$ 的导数. 现在反过来，给出函数 $2x$ 和 $\cos x$，问什么函数的导数等于这两个函数呢?

从右往左逆着看上面两式，马上就得到答案：x^2 和 $\sin x$. 这时我们说，由于 x^2 和 $\sin x$ 的导数等于 $2x$ 和 $\cos x$，就称 x^2 是 $2x$ 的**一个原函数**，$\sin x$ 是 $\cos x$ 的**一个原函数**. 由此给出如下定义.

6.1.1 原函数

定义 6.1.1 设函数 $f(x)$定义在区间 I 上，如果存在可导函数 $F(x)$，对区间 I 上任何 x，

都有 $F'(x)=f(x)$，则称函数 $F(x)$ 是 $f(x)$ 在区间 I 上的**一个原函数**.

例如，设作变速直线运动的物体的位移函数为 $s(t)$，那么，物体在时刻 t 的瞬时速度函数 $v(t)=s'(t)$，从而位移 $s(t)$ 就是瞬时速度 $v(t)$ 的一个原函数.

值得注意的是，要找一个函数的原函数，前提是这个函数的原函数是存在的. 那么，什么样的函数才能有原函数呢？对于这个问题有如下的结论：

原函数存在定理 如果函数 $f(x)$ 在区间 I 上连续，则 $f(x)$ 在区间 I 上一定存在原函数.

在上面关于原函数的举例时，我们反复提到"一个原函数"，这是什么意思呢？难道说，一个函数的原函数不唯一？我们继续讨论.

对于函数 $2x$，由求导公式容易知道，除了有 $(x^2)'=2x$，还有 $(x^2+1)'=2x$，$(x^2-2)'=2x$，等等，按照定义，x^2+1，x^2-2 也是 $2x$ 的原函数，可见一个函数的**原函数确实不唯一**. 那么，这些原函数之间，又有什么样的关系呢？

可以看到，x^2，x^2+1，x^2-2 彼此相差一个常数，即与 x^2 相差一个常数的函数都是 $2x$ 的原函数.

一般地，设 $F(x)$ 是 $f(x)$ 在区间 I 上的一个原函数，对于任意常数 C，$F(x)+C$ 也是 $f(x)$ 的原函数，即 $f(x)$ 有无穷多个原函数. 进一步地，$f(x)$ 在区间 I 上的所有原函数都可以表示成 $F(x)+C$ 的形式.

由此引入一个新的概念——不定积分.

6.1.2 不定积分

定义 6.1.2 如果 $F(x)$ 是 $f(x)$ 在区间 I 上的一个原函数，那么 $f(x)$ 的所有原函数 $F(x)+C$ 称为 $f(x)$ 在区间 I 上的**不定积分**，记作 $\int f(x)\mathrm{d}x$，即

$$\int f(x)\mathrm{d}x = F(x)+C,$$

式中，"$\int$"称为**积分号**，$f(x)$ 称为**被积函数**，x 称为**积分变量**，任意常数 C 称为**积分常数**.

由定义可知，如果要求不定积分 $\int f(x)\mathrm{d}x$，只要找到函数 $f(x)$ 的一个原函数 $F(x)$，再加上积分常数 C 就可以了.

例 6.1.1 求下列不定积分：(1) $\int 2x\mathrm{d}x$； (2) $\int \cos x\mathrm{d}x$.

解 (1) 因为 $(x^2)'=2x$，即 x^2 是 $2x$ 的一个原函数，所以 $\int 2x\mathrm{d}x = x^2+C$.

(2) 因为 $(\sin x)'=\cos x$，即 $\sin x$ 是 $\cos x$ 的一个原函数，所以 $\int \cos x\mathrm{d}x = \sin x + C$.

由不定积分的定义知，**积分运算是导数运算的逆运算**，即有

$$\left[\int f(x)\mathrm{d}x\right]' = f(x); \quad \int F'(x)\mathrm{d}x = F(x)+C.$$

这就是说，**若先积分后求导，则积分与求导互相抵消，函数不变；反之，若先求导后积分，则积分与求导抵消后相差积分常数** C. 利用这结论可以检验积分结果正确与否.

例 6.1.2 检验下列积分的正确性：

(1) $\int x^2\mathrm{d}x = \frac{1}{3}x^3+C$； (2) $\int \sin 2x\mathrm{d}x = \cos 2x + C$.

解 (1) 由于 $\left(\frac{1}{3}x^3+C\right)'=\frac{1}{3}\cdot 3x^2=x^2$，所以 $\int x^2\mathrm{d}x = \frac{1}{3}x^3+C$ 是正确的.

(2) 由于 $(\cos 2x + C)' = -2\sin 2x \neq \sin 2x$，所以 $\int \sin 2x \, dx = \cos 2x + C$ 是错误的.

6.1.3 基本积分公式

从上节知道，求不定积分是求导数的逆运算. 因此，根据这种互逆关系，可以从基本导数公式推导出相应的基本积分公式.

例如，根据幂函数的导数规律，有

$$\left(\frac{1}{\mu+1} x^{\mu+1}\right)' = \frac{1}{\mu+1}(x^{\mu+1})' = x^{\mu} \quad (\mu \neq -1),$$

所以
$$\int x^{\mu} \, dx = \frac{1}{\mu+1} x^{\mu+1} + C \quad (\mu \neq -1).$$

又如，当 $x > 0$ 时，$(\ln|x|)' = (\ln x)' = \frac{1}{x}$；当 $x < 0$ 时，$(\ln|x|)' = [\ln(-x)]' = \frac{1}{x}$，所以

$$\int \frac{1}{x} \, dx = \ln|x| + C.$$

用同样的方法可以得到其他的不定积公式，把它们列举如下，称为**基本积分公式**.

(1) $\int k \, dx = kx + C$ (k 为常数)；

(2) $\int x^{\mu} \, dx = \frac{1}{\mu+1} x^{\mu+1} + C (\mu \neq -1)$；

(3) $\int \frac{1}{x} \, dx = \ln|x| + C$；

(4) $\int a^x \, dx = \frac{a^x}{\ln a} + C$；

(5) $\int e^x \, dx = e^x + C$；

(6) $\int \sin x \, dx = -\cos x + C$；

(7) $\int \cos x \, dx = \sin x + C$；

(8) $\int \sec^2 x \, dx = \tan x + C$；

(9) $\int \csc^2 x \, dx = -\cot x + C$；

(10) $\int \frac{1}{\sqrt{1-x^2}} \, dx = \arcsin x + C$；

(11) $\int \frac{1}{1+x^2} \, dx = \arctan x + C$.

这些公式可通过对等式右端的函数求导后等于左端的被积函数来直接验证. 基本积分公式是求不定积分的基础，必须熟记.

6.1.4 不定积分的性质

根据不定积分的定义和导数的运算法则，不定积分有如下性质：

性质 1 设函数 $f(x)$ 及 $g(x)$ 的原函数存在，则

$$\int [f(x) \pm g(x)] \, dx = \int f(x) \, dx \pm \int g(x) \, dx.$$

即两个函数的代数和的不定积分，等于各个函数的不定积分的代数和，此性质对于有限个函数的代数和都是成立的.

性质 2 设函数 $f(x)$ 的原函数存在，k 为非零常数，则 $\int k f(x) \, dx = k \int f(x) \, dx$. 即求不定积分时，被积函数中非零的常数因子 k 可以提到积分号外.

习　题

1. 运用基本积分公式和不定积分的性质求解下列不定积分：

(1) $\int x^5 dx$；　(2) $\int x^{-2} dx$；　(3) $\int 3e^x dx$；　(4) $\int \sqrt{x} dx$；

(5) $\int (\cos x - 3\sin x)\, dx$；　(6) $\int \frac{1}{\sqrt{x}} dx$；　(7) $\int \frac{1}{x^3} dx$；

(8) $\int 3^x dx$；　(9) $\int \frac{5}{x} dx$；　(10) $\int (2 \cdot 3^x - 3 \cdot 2^x) dx$.

2. 运用基本积分公式和不定积分的性质求解下列不定积分：

(1) $\int 7x^3 dx$；　(2) $\int x^{-\frac{3}{2}} dx$；　(3) $\int (e^x + 1) dx$；

(4) $\int \tan^2 x dx$；　(5) $\int \sin \frac{x}{2} \cos \frac{x}{2} dx$；　(6) $\int (\sec^2 x + \csc^2 x) dx$；

(7) $\int \frac{x^2}{x^2+1} dx$；　(8) $\int \left(\frac{2}{1+x^2} - \frac{2}{\sqrt{1-x^2}}\right) dx$；　(9) $\int \left(\sqrt{x} - \frac{1}{\sqrt{x}}\right) dx$；

(10) $\int \frac{(1-x)^2}{\sqrt{x}} dx$；　(11) $\int \left(\frac{3x^2 - 2x - \sqrt{x}}{x}\right) dx$；　(12) $\int \frac{1}{x(x+1)} dx$.

3. 已知曲线 $y=f(x)$ 上任意一点 $P(x,y)$ 处切线的斜率 $k=\frac{1}{4}x$，若曲线过点 $\left(2,\frac{5}{2}\right)$，求此曲线方程(提示：根据导数的几何意义和不定积分的概念求解).

4. 验证函数 $\arcsin(2x-1)$，$\arccos(1-2x)$，$2\arcsin\sqrt{x}$ 及 $2\arctan\sqrt{\frac{x}{1-x}}$ 都是 $\frac{1}{\sqrt{x(1-x)}}$ 的原函数.

5. 设战斗机着陆后的位置函数为 $s(t)$，着陆后的速度为 $v(t)\geqslant 0$，根据经验，战斗机的着陆速度函数为 $v(t)=100-\frac{4}{5}t^3$，求战斗机完全停止前经过的路程 s(提示：$s(t)=v'(t)$).

6.2　不定积分的计算

【学习要求】

1. 能运用基本积分公式和不定积分的性质求解简单函数的不定积分.
2. 熟记常用的凑微分形式，能运用凑微分法求解一些特定类型的不定积分.
3. 熟记分部积分公式，掌握被积函数的选择原则，能求解常见函数乘积的不定积分.

6.2.1　直接积分法

利用基本积分公式和不定积分的性质，经过适当变形，求出不定积分的方法，称为**直接积分法.

例 6.2.1 求不定积分 $\int \sqrt{3}\mathrm{d}x$.

解 $\int \sqrt{3}\mathrm{d}x = \sqrt{3}x + C$.

例 6.2.2 求不定积分 $\int x^{-3}\mathrm{d}x$.

解 $\int x^{-3}\mathrm{d}x = \frac{1}{-3+1}x^{-3+1} + C = -\frac{1}{2x^2} + C$.

例 6.2.3 求不定积分 $\int \frac{1}{3\sqrt[3]{x^2}}\mathrm{d}x$.

解 $\int \frac{1}{3\sqrt[3]{x^2}}\mathrm{d}x = \frac{1}{3}\int x^{-\frac{2}{3}}\mathrm{d}x = \frac{1}{3}\cdot\frac{1}{-\frac{2}{3}+1}x^{-\frac{2}{3}+1} + C = x^{\frac{1}{3}} + C$.

例 6.2.2、例 6.2.3 表明,有时被积函数实际是幂函数,但是用分式或根式表示,只需要经过适当的函数变形后,便可利用不定积分的性质及常用的积分公式来求积分.

例 6.2.4 求不定积分 $\int\left(\frac{1}{x^2} - 3\cos x + \frac{2}{x}\right)\mathrm{d}x$.

解
$$\begin{aligned}\int\left(\frac{1}{x^2} - 3\cos x + \frac{2}{x}\right)\mathrm{d}x &= \int x^{-2}\mathrm{d}x - 3\int\cos x\mathrm{d}x + 2\int\frac{1}{x}\mathrm{d}x\\ &= -x^{-1} - 3\sin x + 2\ln|x| + C.\end{aligned}$$

注意:逐项积分后,每个不定积分都含有一个积分常数,这些积分常数可以合并成一个积分常数.

例 6.2.5 求不定积分 $\int(10^x + \sec^2 x)\mathrm{d}x$.

解 $\int(10^x + \sec^2 x)\mathrm{d}x = \int 10^x\mathrm{d}x + \int\sec^2 x\mathrm{d}x = \frac{10^x}{\ln 10} + \tan x + C$.

例 6.2.6 求不定积分 $\int\frac{x^2}{1+x^2}\mathrm{d}x$.

解
$$\begin{aligned}\int\frac{x^2}{1+x^2}\mathrm{d}x &= \int\frac{x^2+1-1}{1+x^2}\mathrm{d}x = \int\left(1-\frac{1}{1+x^2}\right)\mathrm{d}x = \int\mathrm{d}x + \int\frac{1}{1+x^2}\mathrm{d}x\\ &= x + \arctan x + C.\end{aligned}$$

例 6.2.7 求不定积分 $\int\frac{(x-\sqrt{x})(1+\sqrt{x})}{\sqrt[3]{x}}\mathrm{d}x$.

解
$$\begin{aligned}\int\frac{(x-\sqrt{x})(1+\sqrt{x})}{\sqrt[3]{x}}\mathrm{d}x &= \int\frac{x\sqrt{x}-\sqrt{x}}{\sqrt[3]{x}}\mathrm{d}x = \int x^{\frac{7}{6}}\mathrm{d}x - \int x^{\frac{1}{6}}\mathrm{d}x\\ &= \frac{6}{13}x^{\frac{13}{6}} - \frac{6}{7}x^{\frac{7}{6}} + C.\end{aligned}$$

例 6.2.8 求不定积分 $\int\sin^2\frac{x}{2}\mathrm{d}x$.

解
$$\begin{aligned}\int\sin^2\frac{x}{2}\mathrm{d}x &= \int\frac{1-\cos x}{2}\mathrm{d}x = \frac{1}{2}\int(1-\cos x)\mathrm{d}x = \frac{1}{2}\left[\int\mathrm{d}x - \int\cos x\mathrm{d}x\right]\\ &= \frac{1}{2}(x-\sin x) + C.\end{aligned}$$

【归纳】

检验求不定积分的结果是否正确,可以利用求导和求不定积分的互逆关系进行:把求不定积分得到的结果再求导数,看是否等于被积函数即可.

例如检验例 6.2.8,将结果再求导数:

$$\left[\frac{1}{2}(x-\sin x)+C\right]'=\frac{1}{2}(1-\cos x)=\frac{1}{2}\left[1-\left(1-2\sin^2\frac{x}{2}\right)\right]=\sin^2\frac{x}{2},$$

与被积函数一致,所以计算正确.

6.2.2 凑微分法

能用直接积分法计算的不定积分是十分有限的,复合函数就不能用直接积分法计算.注意到复合函数求导得到的仍然是复合函数,可考虑将复合函数的求导法则反过来用于不定积分,通过适当的变量替换(换元),就可以计算出所求不定积分.

引例 求不定积分 $\int\cos 2x\mathrm{d}x$.

尝试 如果直接套用公式 $\int\cos x\mathrm{d}x=\sin x+C$,得 $\int\cos 2x\mathrm{d}x=\sin 2x+C$. 这个结果正确吗?可以利用求导和求不定积分的互逆关系进行检验.

检验 因为 $(\sin 2x+C)'=2\cos 2x$,与被积函数相差系数 2,所以结果不正确.

解答 这是因为被积函数 $\cos 2x$ 是复合函数,中间的变量是 $2x$,而不是 x,因此不能直接应用基本积分公式 $\int\cos x\mathrm{d}x=\sin x+C$,需要先做变形,做法如下.

注意到被积函数 $\cos 2x$ 中的变量是 $2x$,先将积分变量从 $\mathrm{d}x$ 变为 $\frac{1}{2}\mathrm{d}(2x)$,得

$$\int\cos 2x\mathrm{d}x=\frac{1}{2}\int\cos 2x\mathrm{d}(2x).$$

再令 $2x=u$,于是

$$\frac{1}{2}\int\cos 2x\mathrm{d}(2x)=\frac{1}{2}\int\cos u\mathrm{d}u=\frac{1}{2}\sin u+C=\frac{1}{2}\sin 2x+C.$$

检验 因为 $\left(\frac{1}{2}\sin 2x+C\right)'=\frac{1}{2}\cdot 2\cdot\cos 2x=\cos 2x$,所以上述方法得到的结果是正确的.

小结 上述方法的关键是先将积分变量 $\mathrm{d}x$ 凑成了 $\frac{1}{2}\mathrm{d}(2x)$,再通过变量代换 $u=2x$ 化简不定积分为 $\frac{1}{2}\int\cos u\mathrm{d}u$,然后利用基本积分公式求得结果.

【归纳】

引例展示的求不定积分的方法称为**凑微分法**,也称为**第一类换元积分法**. 它的步骤有:

第一步:**凑微分**. 如果不定积分能写成 $\int f[\varphi(x)]\varphi'(x)\mathrm{d}x$ 的形式,就把 $\varphi'(x)$ 写到微分号后面,凑成 $\int f[\varphi(x)]\mathrm{d}\varphi(x)$ 的形式.

第二步:**换元**. 作代换 $\varphi(x)=u$,把积分写成 $\int f(u)\mathrm{d}u$ 的形式.

第三步:**积分**. 求出积分得 $F(u)+C$.

第四步：**回代**. 把 $u=\varphi(x)$ 代入 $F(u)+C$ 中.

凑微分法用等式表达为

$$\begin{aligned}\int g(x)\mathrm{d}x &= \int f[\varphi(x)]\varphi'(x)\mathrm{d}x = \int f[\varphi(x)]\mathrm{d}\varphi(x) \\ &= \int f(u)\mathrm{d}u = F(u)+C = F[\varphi(x)]+C.\end{aligned}$$

上述步骤中，关键是怎样将不定积分拆分成 $\int f[\varphi(x)]\varphi'(x)\mathrm{d}x$ 的形式，再将 $\varphi'(x)$ 凑成 $\mathrm{d}\varphi(x)$. 下面结合例题讲解方法.

例 6.2.9 求不定积分 $\int (2x+1)^2\mathrm{d}x$.

解 先将 $\mathrm{d}x$ 凑微分成 $\frac{1}{2}\mathrm{d}(2x+1)$. 再令 $2x+1=u$，得

$$\begin{aligned}\int (2x+1)^2\mathrm{d}x &= \frac{1}{2}\int (2x+1)^2\mathrm{d}(2x+1) = \frac{1}{2}\int u^2\mathrm{d}u \\ &= \frac{1}{6}u^3+C = \frac{1}{6}(2x+1)^3+C.\end{aligned}$$

例 6.2.10 求不定积分 $\int \frac{1}{x-a}\mathrm{d}x$.

解 先将 $\mathrm{d}x$ 凑微分成 $\mathrm{d}(x-a)$. 再令 $x-a=u$，得

$$\int \frac{1}{x-a}\mathrm{d}x = \int \frac{1}{x-a}\mathrm{d}(x-a) = \int \frac{1}{u}\mathrm{d}u = \ln|u|+C = \ln|x-a|+C.$$

例 6.2.11 求不定积分 $\int \tan x\mathrm{d}x$.

解 $\int \tan x\mathrm{d}x = \int \frac{1}{\cos x}\sin x\mathrm{d}x$，先将 $\sin x\mathrm{d}x$ 凑微分成 $-\mathrm{d}(\cos x)$. 再令 $\cos x=u$，得

$$\int \tan x\mathrm{d}x = -\int \frac{1}{\cos x}\mathrm{d}(\cos x) = -\int \frac{1}{u}\mathrm{d}u = -\ln|u|+C = -\ln|\cos x|+C.$$

【归纳】

要掌握第一类换元法，首先要熟悉求导公式和基本积分公式，以便顺利找出凑微分的方式. 同时，凑微分法是有一些规律的，熟记一些常见的凑微分形式，再经过一定的解题训练，就可以掌握解题技巧.

常用的凑微分形式

(1) $\int f(ax+b)\mathrm{d}x = \frac{1}{a}\int f(ax+b)\mathrm{d}(ax+b)$； (2) $\int f(x^2)x\mathrm{d}x = \frac{1}{2}\int f(x^2)\mathrm{d}(x^2)$；

(3) $\int f(\mathrm{e}^x)\mathrm{e}^x\mathrm{d}x = \int f(\mathrm{e}^x)\mathrm{d}(\mathrm{e}^x)$； (4) $\int f(\ln x)\frac{1}{x}\mathrm{d}x = \int f(\ln x)\mathrm{d}(\ln x)$；

(5) $\int f(\sin x)\cos x\mathrm{d}x = \int f(\sin x)\mathrm{d}(\sin x)$； (6) $\int f(\cos x)\sin x\mathrm{d}x = -\int f(\cos x)\mathrm{d}(\cos x)$；

(7) $\int f(\tan x)\sec^2 x\mathrm{d}x = \int f(\tan x)\mathrm{d}(\tan x)$； (8) $\int f(\sqrt{x})\frac{1}{\sqrt{x}}\mathrm{d}x = 2\int f(\sqrt{x})\mathrm{d}(\sqrt{x})$.

换元是为了方便使用基本积分公式，运算熟练后，所设中间变量 u 可以不必写出.

例 6.2.12 求不定积分 $\int e^{-3x}dx$.

解 $\int e^{-3x}dx=-\frac{1}{3}\int e^{-3x}d(-3x)=-\frac{1}{3}e^{-3x}+C.$

例 6.2.13 求不定积分 $\int\sin(x-1)dx$.

解 $\int\sin(x-1)dx=\int\sin(x-1)d(x-1)=-\cos(x-1)+C.$

例 6.2.14 求不定积分 $\int\frac{dx}{1+e^x}$.

解 $\int\frac{dx}{1+e^x}=\int\frac{1+e^x-e^x}{1+e^x}dx=\int\left(1-\frac{e^x}{1+e^x}\right)dx=\int dx-\int\frac{e^x}{1+e^x}dx$

$$=x-\int\frac{1}{1+e^x}d(1+e^x)=x-\ln(1+e^x)+C.$$

例 6.2.15 求不定积分 $\int\frac{xdx}{1+3x^2}$.

解 $\int\frac{xdx}{1+3x^2}=\frac{1}{2}\int\frac{1}{1+3x^2}d(x^2)=\frac{1}{6}\int\frac{1}{1+3x^2}d(1+3x^2)=\frac{1}{6}\ln(1+3x^2)+C.$

例 6.2.16 求不定积分 $\int xe^{x^2}dx$.

解 先将 xdx 凑微分成$\frac{1}{2}d(x^2)$，得

$$\int xe^{x^2}dx=\frac{1}{2}\int e^{x^2}d(x^2)=\frac{1}{2}e^{x^2}+C.$$

例 6.2.17 求不定积分 $\int\sin^3 xdx$.

解 $\int\sin^3 xdx=\int\sin^2 x\cdot\sin xdx=-\int(1-\cos^2 x)d\cos x=-\int d\cos x+\int\cos^2 xd\cos x$

$$=-\cos x+\frac{1}{3}\int d\cos^3 x=-\cos x+\frac{1}{3}\cos^3 x+C.$$

求不定积分还有第二类换元积分法，比较复杂，本书不作讲解，有兴趣的同学请参阅同济大学编写的《高等数学(第六版)》(高等教育出版社).

6.2.3 分部积分法

前面用复合函数求导法则导出了换元积分法，下面利用两函数乘积的求导法则来导入另一种积分法——**分部积分法**.

设 $u(x)$、$v(x)$是两个可微函数，由导数和微分性质，有$(uv)'=uv'+u'v$，

$$d(uv)=udv+vdu,\quad 即\quad udv=d(uv)-vdu,$$

两边积分，得

$$\int udv=uv-\int vdu.$$

这就是**分部积分公式**.

【说明】

分部积分法的作用在于：如果$\int vdu$ 比$\int udv$ 容易求解时，分部积分法可以化难为易.

对于被积函数是**反三角函数乘幂函数**、**对数函数乘幂函数**、**幂函数乘三角函数**、**幂函数乘指**

数函数这些类型的不定积分，都可以使用分部积分法.

例 6.2.18 求不定积分 $\int x\cos x\mathrm{d}x$(幂函数乘三角函数型).

解 设 $x=u$，$\cos x\mathrm{d}x=\mathrm{d}\sin x=\mathrm{d}v$，则 $\sin x=v$，$\mathrm{d}u=\mathrm{d}x$. 于是，用分部积分公式得

$$\int x\cos x\mathrm{d}x=\int x\mathrm{d}\sin x=x\sin x-\int\sin x\mathrm{d}x=x\sin x+\cos x+C.$$

【小结】

利用分部积分公式时，如果 u、v 选择不当，可能使所求积分更加复杂. 选择 u 和 v 的一般法则是，按照"**反三角函数**、**对数函数**、**幂函数**、**三角函数**、**指数函数**(简称：**反对幂三指**)"的顺序，将顺序在前的作为 u，将顺序在后的凑成 $\mathrm{d}v$. 例 6.2.18 中，x 是幂函数，排在三角函数 $\cos x$ 前面，所以将 x 作为 u，将 $\cos x\mathrm{d}x$ 凑成 $\mathrm{d}v$.

例 6.2.19 求不定积分 $\int x^2\mathrm{e}^x\mathrm{d}x$(幂函数乘指数函数型).

解 按照法则，幂函数 x^2 排在指数函数 e^x 前面，所以设 $x^2=u$，$\mathrm{e}^x\mathrm{d}x=\mathrm{d}\mathrm{e}^x=\mathrm{d}v$，则 $v=\mathrm{e}^x$，$\mathrm{d}u=2x\mathrm{d}x$，于是

$$\int x^2\mathrm{e}^x\mathrm{d}x=\int x^2\,\mathrm{d}\mathrm{e}^x=x^2\mathrm{e}^x-\int\mathrm{e}^x\mathrm{d}(x^2)=x^2\mathrm{e}^x-2\int x\mathrm{e}^x\mathrm{d}x.$$

由于 $\int x\mathrm{e}^x\mathrm{d}x$ 仍是幂函数乘指数函数型的不定积分，再用一次分部积分法，得

$$\int x\mathrm{e}^x\mathrm{d}x=\int x\mathrm{d}\mathrm{e}^x=x\mathrm{e}^x-\int\mathrm{e}^x\mathrm{d}x=x\mathrm{e}^x-\mathrm{e}^x+C,$$

最后求得

$$\int x^2\mathrm{e}^x\mathrm{d}x=x^2\mathrm{e}^x-2x\mathrm{e}^x+2\mathrm{e}^x+C=(x^2-2x+2)\mathrm{e}^x+C.$$

运用分部积分法熟练后，可不必写出如何选取 u、v，而直接套用公式.

例 6.2.20 求不定积分 $\int\ln x\mathrm{d}x$(对数函数乘幂函数型).

解 将 $\ln x$ 视作 u，$\mathrm{d}x$ 视作 $\mathrm{d}v$，则

$$\int\ln x\mathrm{d}x=x\ln x-\int x\mathrm{d}(\ln x)=x\ln x-\int x\cdot\frac{1}{x}\mathrm{d}x=x\ln x-\int\mathrm{d}x=x\ln x-x+C.$$

例 6.2.21 求不定积分 $\int\arcsin x\mathrm{d}x$ (反三角函数乘幂函数型).

解 将 $\arcsin x$ 视作 u，$\mathrm{d}x$ 视作 $\mathrm{d}v$，则

$$\begin{aligned}\int\arcsin x\mathrm{d}x&=x\arcsin x-\int x\mathrm{d}(\arcsin x)=x\arcsin x-\int\frac{x}{\sqrt{1-x^2}}\mathrm{d}x\\&=x\arcsin x-\int\frac{1}{2\sqrt{1-x^2}}\mathrm{d}x^2=x\arcsin x+\int\frac{1}{2\sqrt{1-x^2}}\mathrm{d}(1-x^2)\\&=x\arcsin x+\sqrt{1-x^2}+C.\end{aligned}$$

习　　题

1. 求解下列不定积分

(1) $\int(4x-3)\mathrm{d}x$；　　(2) $\int\frac{3}{1-2x}\mathrm{d}x$；　　(3) $\int(1-5x^2)\mathrm{d}x$；

(4) $\int(2x-5)^3\mathrm{d}x$； (5) $\int \mathrm{e}^{3x}\mathrm{d}x$； (6) $\int \mathrm{e}^{-x}\mathrm{d}x$；

(7) $\int \sin 2x\mathrm{d}x$； (8) $\int 3\sin(3x-5)\mathrm{d}x$； (9) $\int 2\cos(x-1)\mathrm{d}x$；

(10) $\int 220\cos\left(50x-\frac{\pi}{4}\right)\mathrm{d}x$.

2. 用凑微分法求解下列不定积分：

(1) $\int \frac{3}{(x+1)^2}\mathrm{d}x$； (2) $\int \frac{3}{3x-5}\mathrm{d}x$； (3) $\int \mathrm{e}^{-3x}\mathrm{d}x$；

(4) $\int 10^{2x}\mathrm{d}x$； (5) $\int \frac{\mathrm{d}x}{\sqrt{1-25x^2}}$； (6) $\int \frac{1}{1+9x^2}\mathrm{d}x$；

(7) $\int \frac{x^2}{x^3-1}\mathrm{d}x$； (8) $\int x\sqrt{x^2+1}\mathrm{d}x$； (9) $\int (\sin x)^2\cos x\mathrm{d}x$；

(10) $\int (\cos x)^{-2}\sin x\mathrm{d}x$； (11) $\int \frac{1}{x\ln x}\mathrm{d}x$； (12) $\int \frac{\arctan x}{1+x^2}\mathrm{d}x$；

(13) $\int \frac{\sin\sqrt{x}}{x}\mathrm{d}x$； (14) $\int \frac{1}{(x+1)\sqrt{x}}\mathrm{d}x$.

3. 用分部积分法求解下列不定积分：

(1) $\int x\sin x\mathrm{d}x$； (2) $\int x^2\cdot\cos 2x\mathrm{d}x$； (3) $\int x\mathrm{e}^{-x}\mathrm{d}x$； (4) $\int \ln\frac{x}{2}\mathrm{d}x$；

(5) $\int \arctan x\mathrm{d}x$； (6) $\int x^2\ln x\mathrm{d}x$； (7) $\int (x+1)\ln x\mathrm{d}x$； (8) $\int (x-1)\mathrm{e}^x\mathrm{d}x$.

4. 近年来，世界范围内每年的石油消耗率的增长指数大约为 0.07. 1970 年初，消耗率大约为每年 161 亿桶. 设 $R(t)$ 表示从 1970 年起第 t 年的石油消耗率，则 $R(t)=16\mathrm{e}^{0.07t}$(亿桶). 试用此式估算从 2020 年到 2030 年间石油消耗的总量.

6.3 定积分的概念

【学习要求】

1. 理解求变速直线运动的位移的数学思想、方法和步骤.
2. 熟悉定积分的定义和相关概念，体会定积分的数学意义和物理意义.
3. 探讨求曲边梯形的面积问题，理解定积分的几何意义，知道定积分的性质.

6.3.1 求变速直线运动的位移

引例 设歼 11 飞机起飞时作变速直线运动，如图 6.3.1 所示，已知速度 $v(t)$ 是时间 t 的连续函数，且 $v(t)\geqslant 0$，计算飞机从时刻 T_1 到 T_2 这段时间内的位移 s.

在物理课上学习直线运动时，我们知道，只有当物体作匀速直线运动，即每一时刻的瞬时速度为常量 $v(t)\equiv v$ 时，位移 $s=v(T_2-T_1)$. 现在飞机作变速直线运动，显然不能直接用刚才的

图 6.3.1

公式计算位移，这该怎么办呢？

思考 我们注意到，飞机的速度 $v(t)$ 是时间 t 的连续函数，连续函数有一个特点，函数值是连续变化的，当自变量变化很小时，函数值的变化也很小. 具体到速度函数，当时间变化很小时，速度变化也很小，近似不变. 也就是说，在很小的时间段 Δt_i 上，飞机的速度可以近似成常量 v_i，飞机作匀速直线运动，从而经过的位移可以近似表示成 $v_i\Delta t_i$. 这体现了“**以均匀代替非均匀，以不变代替变化，以常数代替变量**”的数学思想，是解决问题的关键.

求解 为了实现上述近似，按如下步骤求解问题.

(1) **分割** 在时间段 $[T_1,T_2]$ 中任意插入若干个分点，把 $[T_1,T_2]$ 分割成若干个小时间段，每个小时间段记为 Δt_i.

(2) **近似** 在小时间段 Δt_i 上，任意取一个时刻的速度 v_i，飞机近似以速度 v_i 作匀速直线运动，于是在小时间段上走过的位移 Δs_i 可近似表示为 $\Delta s_i\approx v_i\Delta t_i$，并且在每个小时间段上都可以这样近似.

(3) **求和** 把所有小时间段上走过的位移的近似值相加，就得到总位移 s 的近似值 $s\approx\sum v_i\Delta t_i$.

(4) **取极限** 要让位移的近似值 $\sum v_i\Delta t_i$ 尽量接近准确值 s，就要在每个小时间段 Δt_i 上，让位移的近似值 $v_i\Delta t_i$ 尽量接近准确值 Δs_i，这就要在每个小时间段上，让速度的变化尽量小. 怎么实现这个要求呢？办法是让每个小时间段都越来越小，也就是对整个时间段 $[T_1,T_2]$，要插入更多的分点，让分割越来越细，实际上是**取每个小时间段 $\Delta t_i\to 0$ 的极限**的过程，这样做了以后，就有 $s=\lim\limits_{\Delta t_i\to 0}\sum v_i\Delta t_i$.

【小结】

综上，通过“分割—近似—求和—取极限”的步骤，将一个整体问题转化成多个局部问题，经过恰当的近似，简化了问题，降低了求解难度，对局部的求和又获得了整体的近似结果，再经过取极限的数学处理，求出了整体的精确结果. 这种解决方法体现了“**化整为零取近似，积零为整取极限**”的辩证思想.

6.3.2 定积分的定义

在高等数学中，将引例中得到的位移的表达式 $\lim\limits_{\Delta t_i\to 0}\sum\limits_i v_i\Delta t_i$ 写成 $\int_{T_1}^{T_2}v(t)\mathrm{d}t$，读作**速度函数 $v(t)$ 在时间段 $[T_1,T_2]$ 上的定积分**，即有 $s=\int_{T_1}^{T_2}v(t)\mathrm{d}t$.

将速度函数 $v(t)$ 换成一般的函数 $f(x)$，将时间段 $[T_1,T_2]$ 换成一般的闭区间 $[a,b]$，将自变量 t 换成 x，可以写出表达式：$\int_a^b f(x)\mathrm{d}x$.

这个表达式称为定积分，定义如下.

定义 6.3.1 如果 $f(x)$ 在区间 $[a,b]$ 上连续，或者 $f(x)$ 在区间 $[a,b]$ 上有界且只有有限个第一类间断点，则 $\int_a^b f(x)\mathrm{d}x$ 是存在的，称为 $f(x)$ 在区间 $[a,b]$ 上的**定积分**，记其结果为 A，即有

$$A=\int_a^b f(x)\mathrm{d}x,$$

其中，"$\int$"称为**积分号**，$[a,b]$ 称为**积分区间**，a,b 分别称为**积分下限**和**积分上限**，$f(x)$ 称为**被积函数**，x 称为**积分变量**.

【说明】

定积分既表示一个数学概念，又表示一种运算，$f(x)$ 在 $[a,b]$ 上存在定积分也称为 $f(x)$ 在 $[a,b]$ 上**可积**. 引例表达了定积分的**物理意义：作变速直线运动的物体在给定时间段上走过的位移**.

为了进一步理解定积分的定义，我们再讨论一个例子.

案例　求曲边梯形的面积.

设 $y=f(x)$ 为区间 $[a,b]$ 上的非负连续函数，由直线 $x=a,x=b,y=0$ 及曲线 $y=f(x)$ 所围成的图形（见图 6.3.2）称为曲边梯形，其中曲线弧称为曲边，求它的面积.

思考　由于曲边梯形的高 $f(x)$ 在区间 $[a,b]$ 上连续，因此在很小的区间上，高 $f(x)$ 的变化非常小，可以近似地看作不变. 这样，如果将区间 $[a,b]$ 划分成许多小区间，每个小区间形成的窄曲边梯形近似看作窄矩形，整个曲边梯形的面积就近似等于所有窄矩形面积之和（见图6.3.3）. 当区间的划分无限细密时，这个近似值就无限趋近于所求曲边梯形的面积，这仍然体现了**"以直线代替曲线，以不变代替变化"**的数学思想和**"化整为零取近似，积零为整取极限"**的辩证思想.

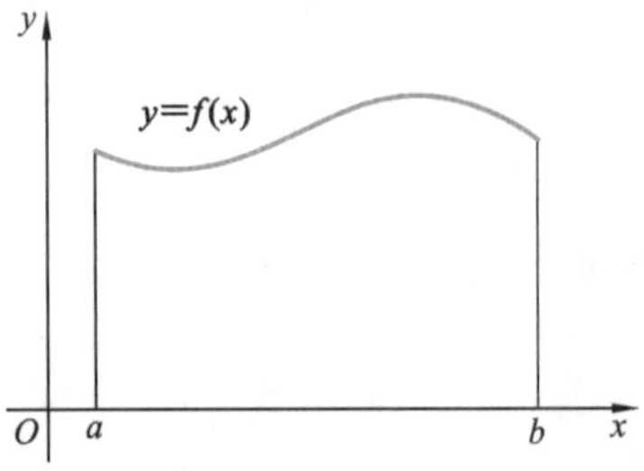

图 6.3.2

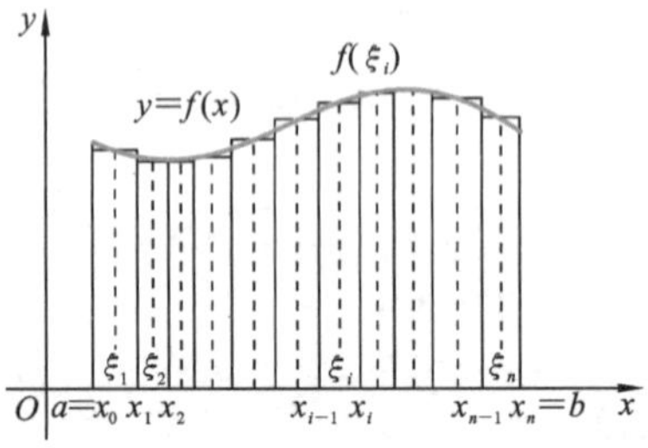

图 6.3.3

求解　具体分为以下四步：

(1) **分割**　在区间 $[a,b]$ 中任意插入 $n-1$ 个分点 $a=x_0<x_1<\cdots<x_{n-1}<x_n=b$，把底边分成 n 个小区间，每个小区间的长度记为

$$\Delta x_i=x_i-x_{i-1}\quad(i=1,2,\cdots,n),$$

过各分点作 x 轴的垂线，把曲边梯形分成 n 个窄曲边梯形（见图 6.3.3）.

(2) **近似**　在每个小区间 $[x_{i-1},x_i]$ 上随意取一点 $\xi_i(x_{i-1}\leqslant\xi_i\leqslant x_i)$，以 Δx_i 为底，$f(\xi_i)$ 为高的窄矩形的面积近似代替第 i 个窄曲边梯形的面积 ΔA_i，即

$$\Delta A_i\approx f(\xi_i)\Delta x_i\quad(i=1,2,\cdots,n).$$

这一步体现了**"以直代曲"**的数学思想，也是解决问题的关键.

(3) **求和**　把 n 个窄矩形的面积相加就得到整个曲边梯形面积 A 的近似值：

$$A\approx\sum_{i=1}^{n}f(\xi_i)\Delta x_i\quad(i=1,2,\cdots,n).$$

(4) **取极限** 对区间$[a,b]$插入更多的分点，让分割越来越细，也就是取每个小区间的长度$\Delta x_i \to 0$的极限. 这样，和式$\sum\limits_{i=1}^{n} f(\xi_i)\Delta x_i$的极限就是曲边梯形的面积$A$，即

$$A = \lim_{\Delta x_i \to 0} \sum_{i=1}^{n} f(\xi_i)\Delta x_i.$$

【小结】

可以看到，经过与引例类似的思考和求解，对于曲边梯形的面积，我们也得到了类似的表达式，于是按照定积分的定义，曲边梯形面积的表达式$\lim\limits_{\Delta x_i \to 0} \sum\limits_{i=1}^{n} f(\xi_i)\Delta x_i$可以写成$\int_a^b f(x)\mathrm{d}x$，即有

$$A = \int_a^b f(x)\mathrm{d}x = \lim_{\Delta x_i \to 0} \sum_{i=1}^{n} f(\xi_i)\Delta x_i.$$

定义6.3.1给出的是定积分的一个简单的定义，定积分的严谨定义则是按照上述"分割、近似、求和、取极限"的步骤给出的，叙述如下：

定义6.3.2 设函数$f(x)$在闭区间$[a,b]$上有界.

(1) **分割** 在$[a,b]$中任意插入若干个分点$a=x_0<x_1<\cdots<x_{n-1}<x_n=b$，将区间$[a,b]$分为$n$个小区间$[x_0,x_1]$，$[x_1,x_2]$，…，$[x_{n-1},x_n]$，每个小区间长度记为$\Delta x_i = x_i - x_{i-1}(i=1,2,\cdots,n)$.

(2) **近似** 在每个小区间上任取一点$\xi_i(x_{i-1}\leqslant \xi_i \leqslant x_i)$，作函数值$f(\xi_i)$与小区间长度$\Delta x_i$的乘积$f(\xi_i)\Delta x_i$.

(3) **求和** 作出和式$\sum\limits_{i=1}^{n} f(\xi_i)\Delta x_i$，称为**积分和**.

(4) **取极限** 记$\lambda = \max\limits_{1\leqslant i\leqslant n}\{\Delta x_i\}$，如果不论区间$[a,b]$如何分法，点$\xi_i$如何取法，只要当$\lambda\to 0$时，极限$\lim\limits_{\lambda\to 0}\sum\limits_{i=1}^{n} f(\xi_i)\Delta x_i$存在.

则称这个极限为函数$f(x)$在区间$[a,b]$上的**定积分**，记作

$$\int_a^b f(x)\mathrm{d}x = \lim_{\lambda \to 0} \sum_{i=1}^{n} f(\xi_i)\Delta x_i.$$

【归纳总结】

从定义6.3.2可以看到，定积分表达了人们求解一类问题的统一的思路和处理过程. 从数学含义上看，定积分本质上是一个极限，事实上高等数学中连续、导数、定积分的概念都是用极限概念给出的. 极限表述的是自变量趋于定值或无穷大时，函数的变化趋势；连续表述的是自变量趋于定值时，极限值等于函数值；导数表述的是自变量趋于定值或无穷大时，函数增量与自变量增量之比的极限；定积分表述的是对区间的分割越来越细时，积分和的极限. 可以看到，极限作为高等数学中的一个开创性概念，将连续、导数、定积分等概念联系在了一起，成为研究函数变化规律的一个重要工具.

6.3.3 定积分的几何意义

由计算曲边梯形面积的方法可看到：如果$f(x)\geqslant 0$，图形在x轴上方，如图6.3.4(a)所示，则定积分$\int_a^b f(x)\mathrm{d}x$表示曲边梯形的面积A；如果$f(x)\leqslant 0$，图形在x轴下方，如图6.3.4(b)所

示，则定积分$\int_a^b f(x)\mathrm{d}x$表示曲边梯形面积的负值，$\int_a^b f(x)\mathrm{d}x=-A$；如果 $f(x)$ 在区间$[a,b]$上有正、有负时，如图 6.3.4(c) 所示，则定积分$\int_a^b f(x)\mathrm{d}x$等于曲线$y=f(x)$与$x=a$，$x=b$以及x轴围成的曲边梯形面积的代数和，即$\int_a^b f(x)\mathrm{d}x=A_1-A_2+A_3$.

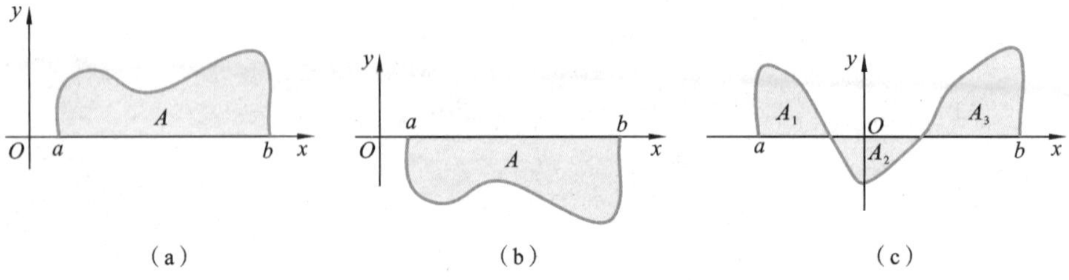

图 6.3.4

6.3.4 定积分的性质

性质 1 定积分的值与表达式中积分变量的写法无关. 也就是说，$\int_a^b f(x)\mathrm{d}x$ 可以写成$\int_a^b f(t)\mathrm{d}t$，$\int_a^b f(u)\mathrm{d}u$，等等，它们都表示同一个数学概念.

性质 2 规定积分上限和下限相同时，$\int_a^a f(x)\mathrm{d}x=0$.

性质 3 规定 $\int_b^a f(x)\mathrm{d}x=-\int_a^b f(x)\mathrm{d}x$.

性质 4 $\int_a^b \mathrm{d}x=b-a$，表示对常数 1 的定积分等于区间的长度$b-a$，对应的几何意义是底边长为$b-a$、高为 1 的矩形的面积.

设 $f(x)$和 $g(x)$在某区间上可积，有

性质 5 两个函数的和(差)的定积分等于它们的定积分的和(差)，即

$$\int_a^b [f(x)\pm g(x)]\mathrm{d}x=\int_a^b f(x)\mathrm{d}x\pm\int_a^b g(x)\mathrm{d}x.$$

此性质可推广到有限个函数的情形.

性质 6 被积函数的常数因子可以提到积分号外面，即 $\int_a^b kf(x)\mathrm{d}x=k\int_a^b f(x)\mathrm{d}x$.

性质 7 对任意实数 c，有 $\int_a^b f(x)\mathrm{d}x=\int_a^c f(x)\mathrm{d}x+\int_c^b f(x)\mathrm{d}x$.

该性质表示定积分对积分区间具有可加性，不论 a,b,c 的相对位置如何，等式总成立.

习　　题

1. 利用定积分的性质，比较下列各组定积分的大小：

(1) $\int_1^2 x^2\mathrm{d}x,\int_1^2 x^3\mathrm{d}x$；　　(2) $\int_1^2(\ln x)^2\mathrm{d}x,\int_1^2(\ln x)^3\mathrm{d}x$；

(3) $\int_3^4 \ln x\mathrm{d}x,\int_3^4(\ln x)^2\mathrm{d}x$；　　(4) $\int_0^{\frac{\pi}{2}}\sin^{10}x\mathrm{d}x,\int_0^{\frac{\pi}{2}}\sin^2 x\mathrm{d}x$.

2. 用定积分的几何意义说明下列等式：

(1) $\int_0^1\sqrt{1-x^2}\mathrm{d}x=\frac{\pi}{4}$；　　(2) $\int_{-\frac{\pi}{2}}^{\frac{\pi}{2}}\cos x\mathrm{d}x=2\int_0^{\frac{\pi}{2}}\cos x\mathrm{d}x$.

6.4 微积分基本公式

【学习要求】

1. 通过求变速直线运动的位移，体会微积分基本公式的猜想和验证过程.
2. 熟记微积分基本公式，理解其数学含义.
3. 能运用微积分基本公式求解简单的定积分.

如何方便、简单地计算定积分是一个重要的问题，本节将以速度与位移问题为引例，对定积分与原函数的关系进行探讨，导出计算定积分的简便有效的方法.

6.4.1 变速直线运动的位移

引例 设飞机在时间段$[t_1,t_2]$内作变速直线运动，飞行速度为$v(t)$且$v(t)\geqslant 0$，其位移函数为$s(t)$，求飞机在该时间段内所经过的位移s.

解 根据定积分的定义，所求位移为$s=\int_{t_1}^{t_2}v(t)\mathrm{d}t$.

另一方面，位移s又可通过位移函数在时间段$[t_1,t_2]$内的增量表示为$s=s(t_2)-s(t_1)$，所以有

$$\int_{t_1}^{t_2}v(t)\mathrm{d}t=s(t_2)-s(t_1).$$

由原函数的知识可知，位移函数是速度函数的原函数，即有$v(t)=s'(t)$.

由此可知，**速度函数$v(t)$在区间$[t_1,t_2]$上的定积分等于它的一个原函数(位移函数)$s(t)$在$[t_1,t_2]$上的增量.**

根据上述引例，我们可以把一般函数$f(x)$的定积分都看成是物体以速度$f(x)$作变速直线运动的情形，于是可以猜想：**对于满足一定条件的函数$f(x)$，它在区间$[a,b]$上的定积分是否也等于它的原函数$F(x)$在两端点的函数值之差呢？**即

$$\int_a^b f(x)\mathrm{d}x=F(b)-F(a).$$

下面通过两个例子验证上述结论.

例 6.4.1 计算定积分 $\int_0^1 x\mathrm{d}x$.

解 $\frac{x^2}{2}$是 x 的一个原函数，按猜想的方法，有

$$\int_0^1 x\mathrm{d}x = \frac{x^2}{2}\Big|_{x=1} - \frac{x^2}{2}\Big|_{x=0} = \frac{1^2}{2} - \frac{0^2}{2} = \frac{1}{2} - 0 = \frac{1}{2}.$$

这个结果是否正确，下面按定积分的定义计算进行验证.

被积函数 x 在积分区间[0,1]上连续，所以它在区间[0,1]上可积，并且积分与区间的分法和分点 ξ_i 的取法无关，因此，为了便于计算，不妨把区间分成 n 等份，分点为 $x_i=\frac{i}{n}$，$i=1,2,\cdots,n-1$；这样，每个小区间$[x_{i-1},x_i]$的长度 $\Delta x_i=\frac{1}{n}$，$i=1,2,\cdots,n$；取 $\xi_i=x_i$，$i=1,2,\cdots,n$. 于是，得和式

$$\begin{aligned}\sum_{i=1}^{n} f(\xi_i)\Delta x_i &= \sum_{i=1}^{n} x_i\Delta x_i = \sum_{i=1}^{n}\frac{i}{n}\cdot\frac{1}{n} = \frac{1}{n^2}\sum_{i=1}^{n} i \\ &= \frac{1}{n^2}(1+2+3+\cdots+n) = \frac{1}{n^2}\cdot\frac{n(n+1)}{2} = \frac{1}{2}\left(1+\frac{1}{n}\right).\end{aligned}$$

当分割越来越细，即 $n\to\infty$时，上式右端的极限为$\frac{1}{2}$. 由定积分的定义，得 $\int_0^1 x\mathrm{d}x=\frac{1}{2}$，可见按定义计算的结果与用猜想的方法计算的结果是一致的.

例 6.4.2 求定积分 $\int_0^{\pi}\sin x\mathrm{d}x$.

解 按猜想方法，得 $\int_0^{\pi}\sin x\mathrm{d}x = -\cos x\big|_{x=\pi} - (-\cos x)\big|_{x=0} = 2$.

这个结果是否正确，我们根据定积分的定义，通过数学实验进行验证.

首先，按照定积分的定义，利用划分的小矩形面积之和来近似计算 $\sin x$ 在$[0,\pi]$上的定积分值（见图 6.4.1），显然，分割越细，近似精度就越好.

其次，利用表 6.4.1 中数学软件 MATLAB 的命令，将区间分成 n 等份，计算每点的函数值，求各矩形的面积和.

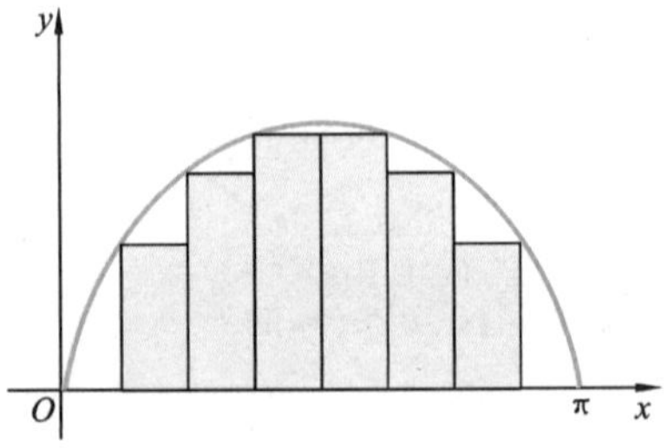

图 6.4.1

表 6.4.1

数学实验（命令）							
语　句				解　释			
x=0:pi/n:pi				积分区间划分为 n 等份			
y=sin(x)				计算对应每点的函数值			
s=trapz(x,y)				近似计算定积分值			
数学实验（结果）							
n	10	30	50	80	100	500	1000
s	1.9835	1.9926	1.9993	1.9997	1.9998	2.0000	2.0000

可以看到，随着划分越来越细，近似值越来越接近数值 2，实验的结果与用猜想的方法计算的结果是一致的.

事实上，这一猜想在理论上也是成立的，并有下述结论.

6.4.2 微积分基本公式

定理 6.4.1 如果函数 $f(x)$在区间$[a,b]$上连续，又 $F(x)$是 $f(x)$的任一原函数，则有

$$\int_a^b f(x)\mathrm{d}x=[F(x)]_a^b=F(b)-F(a).$$

上式称为**微积分基本公式**. 公式可表述为：**连续函数** $f(x)$在区间$[a,b]$上的**定积分**，等于其**原函数** $F(x)$在$[a,b]$上的**增量**.

这个公式最早是由牛顿和莱布尼茨各自独立得到的，因此也被称为**牛顿-莱布尼茨公式**. 牛顿-莱布尼茨公式是微积分学发展进程中的一座丰碑，它揭示了定积分与原函数之间的联系，为计算定积分提供了一条简捷的途径.

例 6.4.3 计算下列定积分：

(1) $\int_0^{\frac{\pi}{3}}\cos x\mathrm{d}x$； (2) $\int_{-3}^4|x|\mathrm{d}x$； (3) $\int_1^2\left(x+\frac{1}{x}\right)^2\mathrm{d}x$.

解 (1) $\int_0^{\frac{\pi}{3}}\cos x\mathrm{d}x=\sin x\Big|_0^{\frac{\pi}{3}}=\frac{\sqrt{3}}{2}$.

(2) $\int_{-3}^4|x|\mathrm{d}x=\int_{-3}^0(-x)\mathrm{d}x+\int_0^4 x\mathrm{d}x=-\left[\frac{x^2}{2}\right]_{-3}^0+\left[\frac{x^2}{2}\right]_0^4=\frac{25}{2}$.

(3) $\int_1^2\left(x+\frac{1}{x}\right)^2\mathrm{d}x=\int_1^2\left(x^2+2+\frac{1}{x^2}\right)\mathrm{d}x=\left[\frac{x^3}{3}+2x-\frac{1}{x}\right]_1^2=\frac{29}{6}$.

例 6.4.4 计算正弦曲线 $y=\sin x$ 在$[0,\pi]$上与 x 轴所围成的平面图形的面积，如图 6.4.2 所示.

解 根据定积分的几何意义，所求面积为

$$A=\int_0^{\pi}\sin x\mathrm{d}x=-[\cos x]_0^{\pi}=-[-1-1]=2.$$

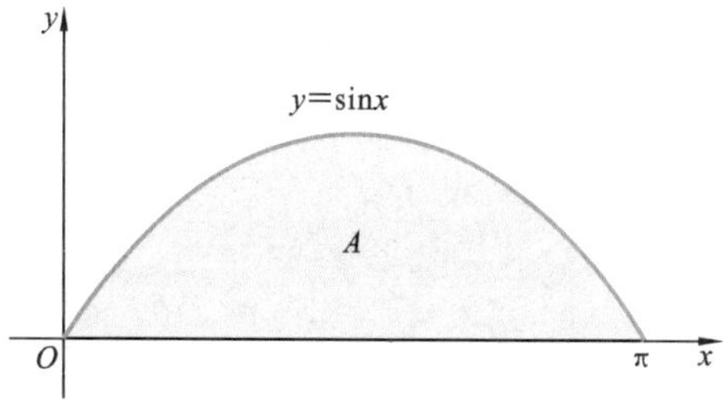

图 6.4.2

例 6.4.5 设 $\int_0^a x^2\mathrm{d}x=9$，求常数 a.

解 因为 $\int_0^a x^2\mathrm{d}x=\left[\frac{x^3}{3}\right]_0^a=\frac{a^3}{3}$，依题意$\frac{a^3}{3}=9$，则 $a=3$.

习　题

1. 运用微积分基本公式计算下列定积分：

(1) $\int_{-1}^1(x-1)^3\mathrm{d}x$； (2) $\int_0^1\frac{x}{x+1}\mathrm{d}x$； (3) $\int_1^{\sqrt{3}}\frac{\mathrm{d}x}{1+x^2}$；

(4) $\int_0^1(\sqrt{x}-\mathrm{e}^x)\mathrm{d}x$； (5) $\int_1^2\left(\frac{1}{x}-\frac{1}{x^2}\right)\mathrm{d}x$； (6) $\int_0^2|1-x|\mathrm{d}x$.

2. 设分段函数 $f(x)=\begin{cases}x+1, & x\leqslant 1,\\ x^2, & x>1,\end{cases}$ 求$\int_0^2 f(x)\mathrm{d}x$.

3. 设分段函数 $f(x)=\begin{cases}\mathrm{e}^x, & -1\leqslant x\leqslant 0,\\ \sin x+\cos x, & 0<x\leqslant\pi,\end{cases}$ 求定积分 $\int_{-1}^{\pi} f(x)\mathrm{d}x$.

6.5 定积分的计算

【学习要求】

1. 能运用微积分基本公式和定积分的性质求解简单函数的定积分.
2. 能运用凑微分法求解一些特定类型的定积分.
3. 熟记定积分的分部积分公式,能求解常见函数乘积的定积分.

6.5.1 直接积分法

根据微积分基本公式,计算定积分可分为两步:**第一步求原函数,第二步求函数增量**.而不定积分的计算方法已经解决了求原函数的问题,所以**利用微积分基本公式和定积分的性质,结合基本积分公式,求出定积分的方法,称为直接积分法**.

例 6.5.1 求定积分$\int_0^1 (10^x+\sec^2 x)\mathrm{d}x$.

解 $\int_0^1 (10^x+\sec^2 x)\mathrm{d}x=\int_0^1 10^x\mathrm{d}x+\int_0^1 \sec^2 x\mathrm{d}x=\left.\frac{10^x}{\ln 10}\right|_0^1+\tan x\Big|_0^1=\frac{9}{\ln 10}+\tan 1.$

例 6.5.2 设 $f(x)=\begin{cases}x+1, & x\geqslant 0,\\ 1, & x<0,\end{cases}$ 求定积分 $\int_{-1}^2 f(x)\mathrm{d}x$.

解
$$\int_{-1}^2 f(x)\mathrm{d}x=\int_{-1}^0 f(x)\mathrm{d}x+\int_0^2 f(x)\mathrm{d}x=\int_{-1}^0 \mathrm{d}x+\int_0^2 (x+1)\mathrm{d}x$$
$$=[x]_{-1}^0+\left[\frac{x^2}{2}+x\right]_0^2=5.$$

有了微积分基本公式,定积分的计算可以转化为不定积分的计算.计算不定积分有凑微分法和分部积分法,为计算不定积分带来了方便,计算定积分也有相应的凑微分法和分部积分法.

6.5.2 凑微分法

例 6.5.3 求定积分$\int_0^{\frac{\pi}{2}} \cos^5 x\sin x\mathrm{d}x$.

解 先用凑微分法求不定积分:

$$\int \cos^5 x\sin x\mathrm{d}x=-\int \cos^5 x\mathrm{d}\cos x=-\frac{1}{6}(\cos x)^6+C.$$

再用微积分基本公式求定积分：

$$\int_0^{\frac{\pi}{2}} \cos^5 x\sin x\mathrm{d}x = -\frac{1}{6}(\cos x)^6\Big|_0^{\frac{\pi}{2}} = -\frac{1}{6}\left(\cos^6\frac{\pi}{2} - \cos^6 0\right) = \frac{1}{6}.$$

更简洁的做法如下：

$$\int_0^{\frac{\pi}{2}} \cos^5 x\sin x\mathrm{d}x = -\int_0^{\frac{\pi}{2}} \cos^5 x\mathrm{d}(\cos x) = -\frac{1}{6}(\cos x)^6\Big|_0^{\frac{\pi}{2}} = \frac{1}{6}.$$

其过程是，**直接对定积分中的被积函数凑微分，求出原函数后加上积分上、下限，最后求原函数的增量.**

例 6.5.4 求定积分 $\int_1^2 (2x+1)^2\mathrm{d}x$.

解 $\int_1^2 (2x+1)^2\mathrm{d}x = \frac{1}{2}\int_1^2 (2x+1)^2\mathrm{d}(2x+1) = \frac{1}{6}(2x+1)^3\Big|_1^2 = \frac{49}{3}$.

例 6.5.5 求定积分 $\int_0^1 \mathrm{e}^{-3x}\mathrm{d}x$.

解 $\int_0^1 \mathrm{e}^{-3x}\mathrm{d}x = -\frac{1}{3}\int_0^1 \mathrm{e}^{-3x}\mathrm{d}(-3x) = -\frac{1}{3}\mathrm{e}^{-3x}\Big|_0^1 = \frac{1}{3}(1-\mathrm{e}^{-3})$.

例 6.5.6 求定积分 $\int_1^2 \frac{\mathrm{d}x}{x(1+\ln x)}$.

解 连续凑微分得

$$\begin{aligned}\int_1^2 \frac{\mathrm{d}x}{x(1+\ln x)} &= \int_1^2 \frac{\mathrm{d}(\ln x)}{1+\ln x} = \int_1^2 \frac{\mathrm{d}(1+\ln x)}{1+\ln x} \\ &= [\ln|1+\ln x|]_1^2 = \ln|1+\ln 2|.\end{aligned}$$

例 6.5.7 求定积分 $\int_0^1 \frac{\mathrm{d}x}{1+\mathrm{e}^x}$.

解 对被积函数变形并连续凑微分得

$$\begin{aligned}\int_0^1 \frac{\mathrm{d}x}{1+\mathrm{e}^x} &= \int_0^1 \frac{(1+\mathrm{e}^x)-\mathrm{e}^x}{1+\mathrm{e}^x}\mathrm{d}x = \int_0^1\left(1-\frac{\mathrm{e}^x}{1+\mathrm{e}^x}\right)\mathrm{d}x = \int_0^1 \mathrm{d}x - \int_0^1 \frac{\mathrm{e}^x}{1+\mathrm{e}^x}\mathrm{d}x \\ &= x\Big|_0^1 - \int_0^1 \frac{1}{1+\mathrm{e}^x}\mathrm{d}\mathrm{e}^x = 1 - \int_0^1 \frac{1}{1+\mathrm{e}^x}\mathrm{d}(1+\mathrm{e}^x) \\ &= 1-\ln(1+\mathrm{e}^x)\Big|_0^1 = 1-\ln(1+\mathrm{e})+\ln 2.\end{aligned}$$

6.5.3 分部积分法

定理 6.5.1 设函数 $u(x)$，$v(x)$（以下简记为 u，v）在区间 $[a,b]$ 上有连续的导数，则有

$$\int_a^b u\mathrm{d}v = (uv)\Big|_a^b - \int_a^b v\mathrm{d}u.$$

上式称为**定积分的分部积分公式**. 其作用与不定积分的分部积分法相同，当 $\int_a^b u\mathrm{d}v$ 不易求得，而 $\int_a^b v\mathrm{d}u$ 较易求得时，通过分部积分法实现化难为易.

例 6.5.8 求定积分 $\int_0^1 \ln x\mathrm{d}x$.

解 $\int_0^1 \ln x\mathrm{d}x = x\ln x\Big|_0^1 - \int_0^1 x\frac{1}{x}\mathrm{d}x = 0 - \int_0^1 \mathrm{d}x = -1$.

例 6.5.9 求定积分 $\int_0^{\frac{\pi}{2}} x\sin x\mathrm{d}x$.

解 $\int_0^{\frac{\pi}{2}} x\sin x\mathrm{d}x = -\int_0^{\frac{\pi}{2}} x\mathrm{d}(\cos x) = -[x\cos x]_0^{\frac{\pi}{2}} + \int_0^{\frac{\pi}{2}} \cos x\mathrm{d}x$

$= -[0-0] + [\sin x]_0^{\frac{\pi}{2}} = 1.$

例 6.5.10 求定积分 $\int_0^{\frac{\pi}{2}} x^2\cos x\mathrm{d}x$.

解 连续使用分部积分法，得

$$\int_0^{\frac{\pi}{2}} x^2\cos x\mathrm{d}x = \int_0^{\frac{\pi}{2}} x^2\mathrm{d}(\sin x) = [x^2\sin x]_0^{\frac{\pi}{2}} - \int_0^{\frac{\pi}{2}} 2x\sin x\mathrm{d}x = \frac{\pi^2}{4} + 2\int_0^{\frac{\pi}{2}} x\mathrm{d}(\cos x)$$

$$= \frac{\pi^2}{4} + 2\,[x\cos x]_0^{\frac{\pi}{2}} - 2\int_0^{\frac{\pi}{2}} \cos x\mathrm{d}x = \frac{\pi^2}{4} - 2.$$

例 6.5.11 求定积分 $\int_0^{\frac{1}{2}} \arcsin x\mathrm{d}x$.

解 $\int_0^{\frac{1}{2}} \arcsin x\mathrm{d}x = [x\arcsin x]_0^{\frac{1}{2}} - \int_0^{\frac{1}{2}} x\mathrm{d}\arcsin x$

$$= \frac{1}{2}\cdot\frac{\pi}{6} - \int_0^{\frac{1}{2}} \frac{x}{\sqrt{1-x^2}}\mathrm{d}x = \frac{\pi}{12} + \frac{1}{2}\int_0^{\frac{1}{2}} \frac{1}{\sqrt{1-x^2}}\mathrm{d}(1-x^2)$$

$$= \frac{\pi}{12} + [\sqrt{1-x^2}]_0^{\frac{1}{2}} = \frac{\pi}{12} + \frac{\sqrt{3}}{2} - 1.$$

习　题

1. 运用牛顿-莱布尼茨公式计算下列定积分：

(1) $\int_1^4 x^3\,\mathrm{d}x$；　(2) $\int_0^{\frac{\pi}{2}} \sin x\mathrm{d}x$；　(3) $\int_{\frac{\pi}{3}}^{\pi} 2\sin x\mathrm{d}x$；

(4) $\int_{\frac{\pi}{3}}^{\frac{\pi}{2}} \cos\left(x+\frac{\pi}{3}\right)\mathrm{d}x$；　(5) $\int_1^2 \sqrt{x}\mathrm{d}x$；　(6) $\int_1^2 \frac{1}{\sqrt{x}}\mathrm{d}x$；

(7) $\int_{-1}^1 (x-1)^3\mathrm{d}x$；　(8) $\int_0^1 (2x+3)^4\mathrm{d}x$；　(9) $\int_1^{\sqrt{3}} \frac{\mathrm{d}x}{1+x^2}$；

(10) $\int_1^3 \frac{2}{x} + x\mathrm{d}x\mathrm{d}x$；　(11) $\int_1^2 \left(\frac{1}{x} - \frac{1}{x^2}\right)\mathrm{d}x$；　(12) $\int_0^2 |1-x|\,\mathrm{d}x$.

2. 用凑微分法计算下列定积分：

(1) $\int_{\frac{\pi}{3}}^{\pi} \sin\left(x+\frac{\pi}{3}\right)\mathrm{d}x$；　(2) $\int_{-2}^1 \frac{1}{(1+5x)^3}\mathrm{d}x$；　(3) $\int_0^{\frac{\pi}{2}} \sin x\cos^3 x\mathrm{d}x$；

(4) $\int_1^{\mathrm{e}} \frac{1+\ln x}{x}\mathrm{d}x$；　(5) $\int_{\mathrm{e}}^{\mathrm{e}^2} \frac{\ln^2 x}{x}\mathrm{d}x$；　(6) $\int_0^{\sqrt{3}a} \frac{\mathrm{d}x}{a^2+x^2}$；

(7) $\int_0^1 \frac{\mathrm{d}x}{\sqrt{4-x^2}}$；　(8) $\int_{\frac{\pi}{6}}^{\frac{\pi}{2}} \cos^2 t\mathrm{d}t$；　(9) $\int_0^5 \frac{x^3}{1+x^2}\mathrm{d}x$；

(10) $\int_0^3 \frac{1}{(x+1)\sqrt{x}}\mathrm{d}x$.

3. 用分部积分法计算下列定积分：

(1) $\int_0^1 xe^{-2x}\mathrm{d}x$； (2) $\int_0^{\frac{\pi}{2}} x^2\cos x\mathrm{d}x$； (3) $\int_1^e x\ln x\mathrm{d}x$；

(4) $\int_0^1 x\cdot\arctan x\mathrm{d}x$； (5) $\int_{\frac{\pi}{4}}^{\frac{\pi}{3}} \frac{x}{\sin^2 x}\mathrm{d}x$； (6) $\int_0^{\frac{\pi}{2}} e^x\cos x\mathrm{d}x$.

4. 利用函数的奇偶性计算下列定积分：

(1) $\int_{-\pi}^{\pi} x^4\sin x\mathrm{d}x$； (2) $\int_{-5}^{5} \frac{x^3}{x^4+2x^2+1}\mathrm{d}x$.

5. 设分段函数 $f(x)=\begin{cases}x+1, & x\leqslant 1,\\ x^2, & x>1,\end{cases}$ 求 $\int_0^2 f(x)\mathrm{d}x$.

6. 设分段函数 $f(x)=\begin{cases}e^x, & -1\leqslant x\leqslant 0,\\ \sin x, & 0<x\leqslant\frac{\pi}{3}\end{cases}$ 求定积分 $\int_{-1}^{\frac{\pi}{3}} f(x)\mathrm{d}x$.

7. 军用保障汽车以 4.8 m/s 的速度行驶，在距前方悬崖 10 m 时，以加速度 $a=-1.2\ \mathrm{m/s^2}$ 刹车，问汽车会掉下悬崖吗？

8. 设子弹以初速度 $v_0=200$ m/s 垂直打入木板，由于受到阻力，子弹将以加速度 $a=-3000(24+t)$ m/s 减速，已知木板厚度为 10 cm，问战士可以用该木板作掩护吗？

6.6 不定积分和定积分的软件求解

【学习要求】

熟悉用 MATLAB 求不定积分、定积分、广义积分的命令和参数.

手工求解不定积分和定积分是比较复杂的，难度也比较大，而利用数学软件 MATLAB 求解，则非常简单，只需输入几行命令，立即就能获得结果. 本节就来学习 MATLAB 求原函数和定积分的命令.

6.6.1 基本命令

命令语法	功能
int(f,x)	计算不定积分，得到 $f(x)$ 的一个原函数，f 为函数表达式，x 为自变量
int(f,x,a,b)	计算 $f(x)$ 在区间 $[a,b]$ 的定积分
int(f,x,a,inf)	计算 $f(x)$ 在区间 $[a,+\infty)$ 的广义积分
int(f,x,−inf,b)	计算 $f(x)$ 在区间 $(-\infty,b]$ 的广义积分

6.6.2 求解示例

例 6.6.1 求下列函数的一个原函数：

(1) $\sec x(\sec x-\tan x)$；　(2) $\frac{1}{1+\cos 2x}$；　(3) $\frac{\ln(x+1)}{\sqrt{x+1}}$；

(4) $x^2\arctan x$；　(5) $\frac{2x+3}{x^2+3x-10}$；　(6) $\frac{\cos x\sin x}{(1+\cos x)^2}$.

解 (1)
```
>> clear all;
>> syms x;
>> f= ' sec(x)*(sec(x)-tan(x)) ';
>> int(f,x)
ans= sin(x)/cos(x)-1/cos(x)
```
(2)
```
>> clear all;
>> syms x;
>> f= '1/( 1+cos(2*x) ) ';
>> int(f, 'x')
ans= 1/2*tan(x)
```
(3)
```
>> clear all;
>> syms x;
>> f= ' log(x+1)/sqrt(x+1) ';
>> int(f, x )
ans= 2*log(x+1)*(x+1)^(1/2)-4*(x+1)^(1/2)
```
(4)
```
>> clear all;
>> syms x;
>> f= ' x^2*atan(x) ';
>> int(f, x )
ans= 1/3*x^3*atan(x)-1/6*x^2+1/6*log(x^2+1)
```
(5)
```
>> clear all;
>> syms x;
>> f= ' (2*x+3)/(x^2+3* x-10) ';
>> int(f, x )
ans= log(x^2+3*x-10)
```
(6)
```
>> clear all;
>> syms x;
>> f= ' cos(x)*sin(x)/(1+cos(x) )^2 ';
>> int(f, x)
ans= -1/(1+cos(x))-log(1+cos(x))
```
例 6.6.2 计算下列定积分：

(1) $\int_0^1 \sqrt{1-x^2}\,dx$；　(2) $\int_4^9 \sqrt{x}(1+\sqrt{x})\,dx$；

(3) $\int_1^2 \frac{1}{x+x^3}\mathrm{d}x$；　　　　(4) $\int_0^2 |(1-x)(x-4)|\mathrm{d}x$.

解 (1)
```
>> clear all;
>> syms x;
>> f= 'sqrt(1-x^2)';
>> int(f,x,0,1)
ans= 1/4*pi
```
(2)
```
>> clear all;
>> syms x;
>> f= 'sqrt(x)* (1+sqrt(1+sqrt(x)))';
>> int(f,x,4,9)
ans= 271/6
```
(3)
```
>> clear all;
>> syms x;
>> f= '1/(x+x^3)';
>> int(f,x,1,2)
ans= 3/2* log(2)- 1/2* log(5)
```
(4)
```
>> clear all;
>> syms x;
>> f= 'abs((1-x)*(x-4))';
>> int(f,x,0,2)
ans= 3
```

例 6.6.3 判断广义积分 $\int_0^{+\infty} \mathrm{e}^{-x}\mathrm{d}x$ 与 $\int_{-\infty}^{+\infty} \frac{1}{1+x^2}\mathrm{d}x$ 的敛散性，收敛时计算结果.

解
```
>> f= ' exp(- x) ';
>> int(f, x, 0,inf);
ans= 1          %给出确定结果表明该广义积分收敛
>> f= ' 1/(1+x^2) ';
>> int(f,x,-inf,inf)
ans= pi         %结果为π,该广义积分收敛
```

习　　题

1. 求下列函数的一个原函数：

(1) $x^2\mathrm{e}^{3x}$；　(2) $\frac{2}{1+x^2}$；　(3) $\frac{(1+x)^2}{x(1+x^2)}$；

(4) $\frac{\mathrm{e}^x}{1+\mathrm{e}^x}$；　(5) $\frac{\cos 2x}{\cos^2 x\sin^2 x}$；　(6) $\sqrt{1+\cos x}$；

(7) $\frac{1}{\cos^2 x(1+\tan x)}$.

2. 计算下列定积分：

(1) $\int_0^{\frac{\pi}{4}} \frac{1-\sin 2x}{1+\sin 2x}dx$；　(2) $\int_0^{\frac{\pi}{2}} \frac{1}{5-3\cos x}dx$；　(3) $\int_{-2}^{-\sqrt{2}} \frac{1}{\sqrt{x^2-1}}dx$；

(4) $\int_0^{\frac{\pi}{2}} e^{2t}\cos t dx$；　(5) $\int_0^1 \frac{x^{\frac{3}{2}}}{1+x}dx$；　(6) $\int_2^{2\pi} \sqrt{\sin^2 x}dx$.

3. 判定广义积分$\int_1^{+\infty} \frac{1}{x^2(x+1)}dx$ 和$\int_0^{+\infty} e^{-px}\sin\omega x dx (p>0,\omega>0)$ 的敛散性，若收敛，计算出积分值.

6.7　定积分的应用

【学习要求】

1. 掌握用定积分求平面图形的面积的方法和公式.
2. 理解用定积分求解简单军事问题的方法和过程.
3. 了解广义积分的概念.
4. 理解用定积分求解简单电工学问题的方法和过程.

定积分是求某种总量的数学模型，不仅能求曲边梯形的面积和变速直线运动的路程，而且在几何、电学和军事方面都有广泛的应用.

6.7.1　几何应用：求平面图形的面积

一般情况，由上曲线 $y=f(x)$ 和下曲线 $y=g(x)(f(x)\geqslant g(x))$，以及两直线 $x=a, x=b$ 所围成的平面图形(见图 6.7.1)，面积计算公式为

$$S=\int_a^b [f(x)-g(x)]dx.$$

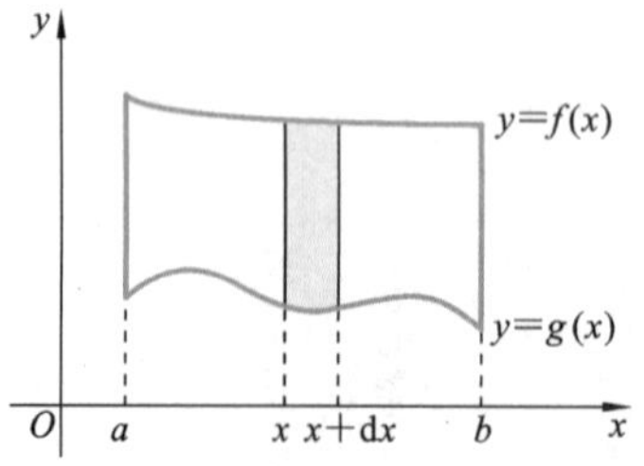

图 6.7.1

例 6.7.1　求由两条抛物线 $y=x^2$ 和 $x=y^2$ 所围成的图形的面积.

解　(1) $x=y^2$ 在第一象限的表达式为 $y=\sqrt{x}$，画图(见图 6.7.2)，求出两条抛物线的交点 (0,0) 和 (1,1)；

(2) 取 x 为积分变量，积分区间为$[0,1]$；

(3) 确定上曲线 $f(x)=\sqrt{x}$，下曲线 $g(x)=x^2$；

(4) 按公式计算面积，可得

$$S=\int_0^1(\sqrt{x}-x^2)\mathrm{d}x=\left[\frac{2}{3}x^{\frac{3}{2}}-\frac{1}{3}x^3\right]_0^1=\frac{1}{3}.$$

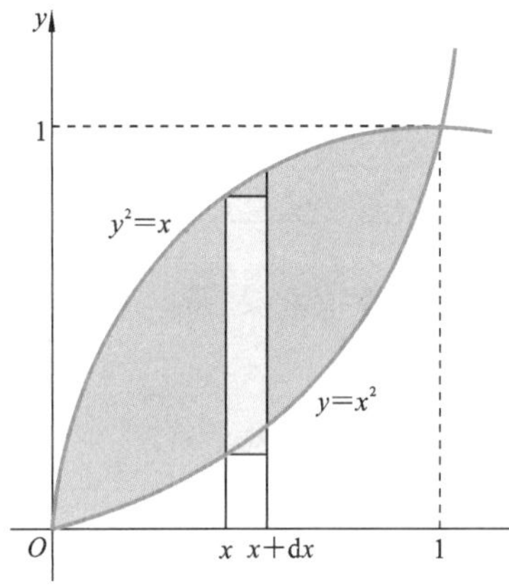

图 6.7.2

【方法归纳】

求平面图形面积的一般步骤为：

(1) 画出所求平面图形的简图；

(2) 根据平面图形的特点，确定积分变量与积分区间；

(3) 确定上曲线和下曲线的表达式；

(4) 把面积表示为定积分，并计算.

例 6.7.2 求抛物线 $y=x^2-1$ 与直线 $y=1+x$ 所围成的图形的面积.

解 (1) 画图(见图 6.7.3)，求出交点为$(-1,0)$和$(2,3)$；

(2) 取 x 为积分变量，积分区间为$[-1,2]$；

(3) 确定上曲线 $f(x)=1+x$，下曲线 $g(x)=x^2-1$；

(4) 按公式计算面积，可得

$$S=\int_{-1}^2(1+x-x^2+1)\mathrm{d}x=\frac{9}{2}.$$

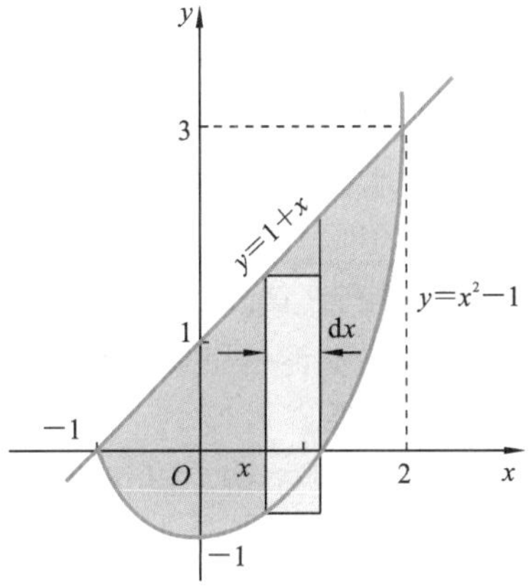

图 6.7.3

6.7.2 军事应用

例 6.7.3 军用保障汽车以 4.8 m/s 的速度行驶，在距前方悬崖 10 m 时，以加速度 $a=-1.2\ \mathrm{m/s^2}$ 刹车. 问汽车会掉下悬崖吗？

解 首先求从开始刹车到停车所需的时间.

当 $t=0$ 时，汽车速度 $v_0=4.8\ (\mathrm{m/s})$，刹车后 t 时刻汽车的速度为

$$v(t)=v_0+at=4.8-1.2t.$$

当汽车停止时，速度 $v(t)=0$，即

$$v(t)=4.8-1.2t=0,$$

解得 $t=4(\mathrm{s})$. 于是从开始刹车到停车，汽车所走过的距离为

$$s=\int_0^4 v(t)\mathrm{d}t=\int_0^4(4.8-1.2t)\mathrm{d}t=\left[4.8t-1.2\cdot\frac{1}{2}t^2\right]_0^4=9.6\ (\mathrm{m}),$$

即在刹车后，汽车需走过 9.6 m 才能停住，而汽车距悬崖有 10 m，所以汽车可以在悬崖边刹住车，不会掉下去.

例 6.7.4 子弹以初速度 $v_0=200$ m/s 垂直进入木板，由于受到阻力，子弹以加速度 $a=-3000(24+t)\ \mathrm{m/s^2}$ 减速，已知木板厚度为 10 cm，问战士可以用该木板作掩护吗？

解 由题意可知，子弹受到阻力作减速运动，其速度为

$$v(t)=v_0+at=200-3000(24+t)t.$$

当子弹停止时，速度 $v(t)=0$，由

$$v(t)=200-72000t-3000t^2=0,$$

化简后，得到

$$-15t^2-360t+1=0,$$

解得 $t=\dfrac{360+\sqrt{360^2-4\times(-15)\times1}}{2\times(-15)}$ 或 $t=\dfrac{360-\sqrt{360^2-4\times(-15)\times1}}{2\times(-15)}$，

时间为负值没有意义，取

$$t=\frac{360-\sqrt{360^2-4\times(-15)\times1}}{2\times(-15)}\approx0.00278(\mathrm{s}).$$

于是在这段时间内，子弹运动的距离为

$$s=\int_0^{0.00278}v(t)\mathrm{d}t=\int_0^{0.00278}(200-72000t-3000t^2)\mathrm{d}t$$

$$=[200t-36000t^2-1000t^3]_0^{0.00278}=0.277(\mathrm{m})=27.7(\mathrm{cm}).$$

显然，子弹能够穿透木板，所以战士不能用该木板作掩护，它是不安全的.

例 6.7.5 探险队寻找稀有金属，需利用探测设备对神秘地带进行地毯式搜索. 如果探险队每小时搜索 0.1 平方公里，假设搜索区域是由函数 $y=\mathrm{e}^{-x}$，直线 $x=1$ 和 x 轴所围成的部分(见图 6.7.4)，可见这个区域是一片没有边界的“无穷”区域. 由于条件限制，要求 4 小时内完成搜索任务，探险队能否完成搜索呢？

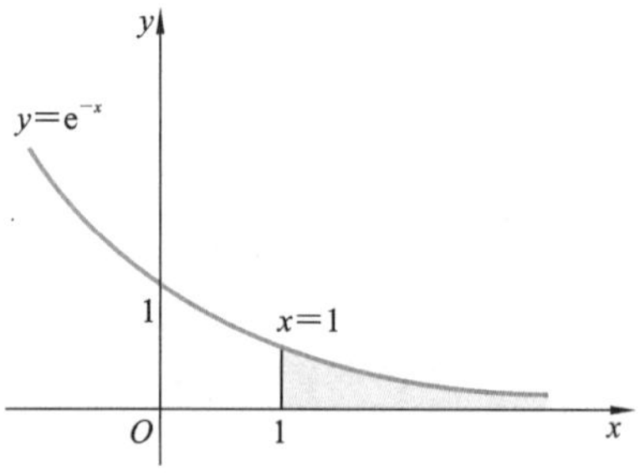

图 6.7.4

解 如果区域是一个有界的区域，比如 x 在区间 $[1,b]$ 上变化，则根据定积分的几何意义，该区域的面积为

$$A=\int_1^b\mathrm{e}^{-x}\mathrm{d}x=-\mathrm{e}^{-x}\Big|_1^b=\mathrm{e}^{-1}-\mathrm{e}^{-b}.$$

然而此时区域是一个无界区域，x 的取值区间为 $[1,+\infty)$，因此面积应表示为

$$S=\int_1^{+\infty}\mathrm{e}^{-x}\mathrm{d}x,$$

称它为**无穷区间的广义积分**.

比较积分 $\int_1^b\mathrm{e}^{-x}\mathrm{d}x$ 和 $\int_1^{+\infty}\mathrm{e}^{-x}\mathrm{d}x$，后一积分可以看成是前一积分的积分上限 $b\to+\infty$ 时的极限，即

$$\int_1^{+\infty}\mathrm{e}^{-x}\mathrm{d}x=\lim_{b\to+\infty}\int_1^b\mathrm{e}^{-x}\mathrm{d}x,$$

于是可以先求出定积分 $\int_1^b\mathrm{e}^{-x}\mathrm{d}x$ 的表达式，再对表达式取 $b\to+\infty$ 的极限，就能求得 $\int_1^{+\infty}\mathrm{e}^{-x}\mathrm{d}x$ 的结果.

所以，区域的面积可用极限表示为

$$S=\lim_{b\to+\infty}A=\lim_{b\to+\infty}(\mathrm{e}^{-1}-\mathrm{e}^{-b})=\mathrm{e}^{-1}-0\approx0.368(\text{平方公里}).$$

从计算结果可以看到，尽管积分的区间是无限大的，但搜索区域的面积是有限的，而探险队 4 个小时能搜索 0.4 平方公里，所以能完成搜索任务.

广义积分

这种积分区间是无穷区间的积分问题，在电工学等专业中经常会遇到，有三种情形：

$$\int_a^{+\infty} f(x)\mathrm{d}x,\quad \int_{-\infty}^{b} f(x)\mathrm{d}x,\quad \int_{-\infty}^{+\infty} f(x)\mathrm{d}x,$$

它们都称为**无穷区间的广义积分**.

在计算广义积分时,为了书写的方便,常常省去极限符号,而形式地把$+\infty$、$-\infty$当成"数".也就是说,如果$F(x)$是$f(x)$的一个原函数,记

$$F(+\infty)=\lim_{x\to+\infty}F(x),\quad F(-\infty)=\lim_{x\to-\infty}F(x),$$

则广义积分可表示为

$$\int_a^{+\infty} f(x)\mathrm{d}x = F(x)\Big|_a^{+\infty} = F(+\infty)-F(a),$$

$$\int_{-\infty}^{b} f(x)\mathrm{d}x = F(x)\Big|_{-\infty}^{b} = F(b)-F(-\infty),$$

$$\int_{-\infty}^{+\infty} f(x)\mathrm{d}x = F(x)\Big|_{-\infty}^{+\infty} = F(+\infty)-F(-\infty).$$

例 6.7.6 计算广义积分$\int_{-\infty}^{+\infty}\frac{1}{1+x^2}\mathrm{d}x$.

解 如图 6.7.5 所示,

$$\int_{-\infty}^{+\infty}\frac{1}{1+x^2}\mathrm{d}x = \arctan x\Big|_{-\infty}^{+\infty} = \arctan(+\infty)-\arctan(-\infty)$$

$$=\frac{\pi}{2}-\left(-\frac{\pi}{2}\right)=\pi.$$

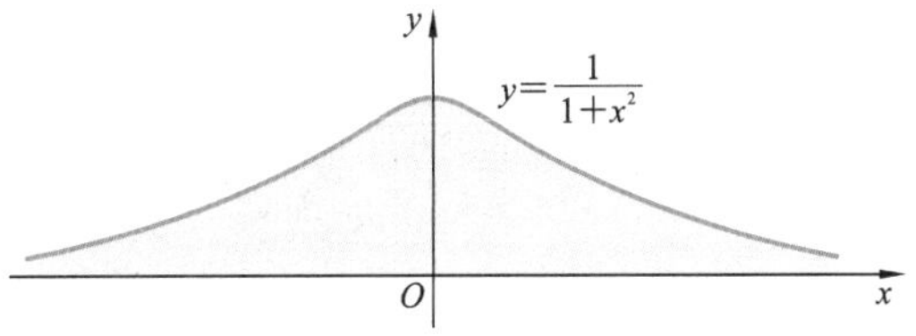

图 6.7.5

6.7.3 电工学应用

例 6.7.7 电容器累积电荷量.

雷达系统中普遍存在电容器充放电回路(简称 RC 回路),为脉冲电磁波提供能量.现有如图 6.7.6 所示的简单 RC 回路,已知电源电压为 E,电阻阻值为 R,电容器容量为 C,充电时电流强度为 $i(t)=\frac{E}{R}\mathrm{e}^{-\frac{t}{RC}}$,求从 0 到 5 秒时间内,电容器上累积的电荷量.

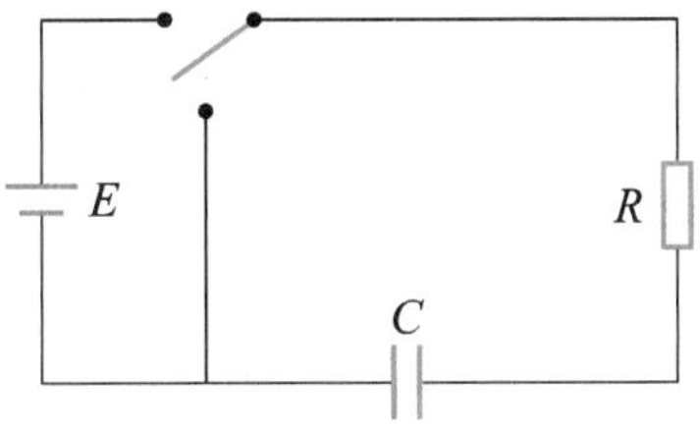

图 6.7.6

解 根据电学原理,电荷量等于电流强度对充电时间的定积分. 在[0,5]秒时间内,电容器上累积的电荷量

$$Q=\int_0^T i(t)\mathrm{d}t=\int_0^5 \frac{E}{R}\mathrm{e}^{-\frac{t}{RC}}\mathrm{d}t.$$

根据导数与原函数的关系,可找到 $i(t)$ 的原函数为 $-EC\mathrm{e}^{-\frac{t}{RC}}$,所以

$$Q=-EC\mathrm{e}^{-\frac{t}{RC}}\Big|_0^5=-EC\mathrm{e}^{-\frac{5}{RC}}+EC=EC(1-\mathrm{e}^{-\frac{5}{RC}}).$$

例 6.7.8 在 RC 充放电电路中,电源电压为 E,电阻阻值为 R,电容器容量为 C,充电时电流为 $i(t)=\frac{E}{R}\mathrm{e}^{-\frac{t}{RC}}$,求在充电过程结束后,电容器上的电压 U_C.

解 整个充电过程从理论上讲充电时间是无限长,所以累积电荷量 Q 应该是电流在 $(0,+\infty)$ 时间段上的广义积分,即

$$\begin{aligned}Q&=\int_0^{+\infty} i(t)\mathrm{d}t=\int_0^{+\infty}\frac{E}{R}\mathrm{e}^{-\frac{t}{RC}}\mathrm{d}t=-EC\mathrm{e}^{-\frac{t}{RC}}\Big|_0^{+\infty}\\&=-EC(\mathrm{e}^{-\infty}-\mathrm{e}^0)=EC.\end{aligned}$$

再由电容器电压公式 $U_C=\frac{Q}{C}$,得 $U_C=E$.

上式说明,只要充电时间足够长,电容器上的电压可以达到电源电压 E.

例 6.7.9 某米波雷达的电源中,有一单相全波整流电路,如图 6.7.7 所示,交流电源电压经整流后,供给负载 R 直流电压,如果变压器的次级电压为 $u(t)=U_m\sin\omega t$,如何计算 R 上的电压平均值?

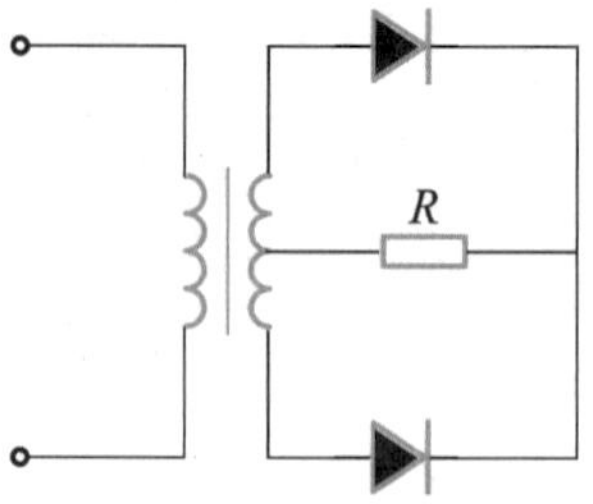

图 6.7.7

解 变压器的初级电压周期为 $\frac{2\pi}{\omega}$,经整流后变成周期为 $\frac{\pi}{\omega}$ 的电压 $u(t)=U_m\sin\omega t$,它就是负载 R 上的电压,其平均值可由下面定积分求得:

$$\begin{aligned}\bar{U}&=\frac{\omega}{\pi}\int_0^{\frac{\pi}{\omega}}U_m\sin\omega t\,\mathrm{d}t=\frac{U_m}{\pi}\int_0^{\frac{\pi}{\omega}}\sin\omega t\,\mathrm{d}\omega t=-\frac{U_m}{\pi}[\cos\omega t]_0^{\frac{\pi}{\omega}}\\&=-\frac{U_m}{\pi}[\cos\pi-\cos0]=\frac{2U_m}{\pi}=0.637U_m.\end{aligned}$$

习　题

求由下列曲线所围成的图形的面积:

(1) $y=x, y=\frac{1}{x}$ 与 $x=2$;　　(2) $y=\mathrm{e}^x, y=\mathrm{e}^{-x}$ 与 $x=1$;

(3) $y=\sqrt{x}$ 与直线 $y=x$;　　(4) $y=\mathrm{e}^x$ 与直线 $y=\mathrm{e}$.

第 7 章 常微分方程

在科学研究和生产实践中，经常要寻求客观事物的变量之间的函数关系. 对于简单的问题，可由几何、物理等相关知识直接建立，而对于复杂的问题，往往要通过数学分析的方法，建立相应的数学模型得到. 而这种数学模型经常是一个含有未知函数的导数或微分的等式，即所说的微分方程.

微分方程是与微积分学同时发展起来的研究客观世界的强有力的数学工具. 1846 年亚当斯和勒威耶通过计算微分方程，预见了海王星的存在及其准确位置. 如今，微分方程在自动控制、弹道设计、飞机和导弹飞行的稳定性，以及考古学、社会学等许多领域都有广泛的应用.

通过本章的学习，我们要知道常微分方程的一些基本概念，认识三类简单的微分方程，学会辨识这些微分方程，并掌握相应的求解方法，还要体会微分方程在电工学、军事、社会领域的简单应用.

7.1 常微分方程的基本概念

【学习要求】

1. 体会常微分方程的建立过程，能根据条件建立简单的常微分方程.
2. 了解常微分方程的基本概念.

下面我们通过两个简单实例的讨论来说明微分方程的基本概念.

例 7.1.1 已知曲线上任一点 $P(x,y)$ 处的切线的斜率为 $3x^2$，且过点(1,2)，求这条曲线的方程.

解 设所求曲线的方程为 $y=f(x)$，根据导数的几何意义，曲线在点 $P(x,y)$ 处的切线的斜率为 $\frac{\mathrm{d}y}{\mathrm{d}x}$，于是有

$$\frac{\mathrm{d}y}{\mathrm{d}x}=3x^2, \tag{1}$$

且未知函数 $y=f(x)$ 应满足条件：

$$x=1, \quad y=2.$$

对方程(1)两边积分得

$$y=x^3+C, \tag{2}$$

把条件 $x=1, y=2$ 代入式(2)得 $C=1$. 于是，所求的曲线方程为

$$y=x^3+1. \tag{3}$$

例 7.1.2 设质点以匀加速度 a 作直线运动，且 $t=0$ 时，$s=0$，$v=v_0$，求质点运动的位移与时间 t 的关系.

解 设质点运动的位移与时间的关系为 $s=s(t)$，由二阶导数的物理意义知

$$\frac{\mathrm{d}^2 s}{\mathrm{d}t^2}=a, \tag{1}$$

并且，未知函数 $s=s(t)$ 应满足条件：

$$\begin{cases} s|_{t=0}=0, \\ v|_{t=0}=v_0. \end{cases} \tag{2}$$

对方程(1)两边积分得

$$v=\frac{\mathrm{d}s}{\mathrm{d}t}=at+C_1, \tag{3}$$

再对式(3)两边积分得

$$s(t)=\frac{1}{2}at^2+C_1t+C_2, \tag{4}$$

由条件(2)可确定式(4)中的 $C_1=v_0$，$C_2=0$，故有

$$s(t)=\frac{1}{2}at^2+v_0t. \tag{5}$$

类似的问题还有很多.

定义 7.1.1 含有未知函数的导数(或微分)的方程，称为**微分方程**. 未知函数是一元函数的微分方程，称为**常微分方程**.

在微分方程中，所含未知函数的导数的最高阶数，称为微分方程的**阶**. 如例 7.1.1 中方程(1)是一阶微分方程，例 7.1.2 中方程(1)是二阶微分方程.

能使方程成为恒等式的函数 $y=f(x)$ 称为该微分方程的**解**. 如例 7.1.1 中函数(2)、(3)都是方程(1)的解，例 7.1.2 中函数(4)、(5)都是方程(1)的解.

微分方程的解有两种形式：一种不含任意常数；一种含有任意常数. 如果方程的解中，含有独立的任意常数的个数与方程的阶数相等，这样的解称为微分方程的**通解**(这里所说的独立的任意常数，是指不能通过合并同类项而减少的任意常数). 如例 7.1.1 中函数(2)是方程(1)的通解，例 7.1.2 中函数(4)是方程(1)的通解. 通解是对某类变化过程的一般规律的描述，如果要确定一个特定的变化规律，就还要增加描述这个特定变化的初始状态的条件，这个条件称为**初始条件**. 如例 7.1.2 中式(2)就是方程(1)的初始条件.

由初始条件可以确定通解中的任意常数，此时得到的解称为微分方程的**特解**. 如例 7.1.2 中函数(5)是方程(1)满足条件(2)的特解.

习　题

1. 设一阶微分方程 $\frac{\mathrm{d}y}{\mathrm{d}x}=3x$，(1) 求它的通解；(2) 求过点(2,5)的特解.
2. 在函数族 $y=C_1\mathrm{e}^x+C_2\mathrm{e}^{-x}$ 中，求出满足条件 $y(0)=2$，$y'(0)=0$ 的函数.
3. 验证 $y=\mathrm{e}^x$ 是 $y''-2y'+y=0$ 方程的解.

7.2 可分离变量的微分方程

【学习要求】

1. 能辨识可分离变量的微分方程，会求解可分离变量的微分方程.
2. 理解可分离变量的微分方程在军事和社会领域的简单应用.

下面我们讨论一阶微分方程$\frac{\mathrm{d}y}{\mathrm{d}x}=f(x,y)$的解法.

例 7.2.1 求一阶微分方程$\frac{\mathrm{d}y}{\mathrm{d}x}=2y^2\sin x$ 的通解.

解 方程的右边表达式中含有待求函数 y，直接对方程积分是不能求解的. 但是我们注意到，$\frac{\mathrm{d}y}{\mathrm{d}x}$可以看成是 $\mathrm{d}y$、$\mathrm{d}x$ 的商，方程右边是 y^2 与 $\sin x$ 的积，而乘法和除法运算在等式中是可以移项的，因此可以对方程作如下变形：

$$\frac{\mathrm{d}y}{y^2}=2\sin x\mathrm{d}x.$$

这样，含有 x 的部分与含有 y 的部分被分离到了等式的两端，然后对等式两边同时求不定积分(在形式上，左边以 y 为变量求不定积分，右边以 x 为变量求不定积分)，即

$$\int\frac{1}{y^2}\mathrm{d}y=2\int\sin x\mathrm{d}x,$$

得

$$-\frac{1}{y}=-2\cos x-C,\quad \text{即}\quad y=\frac{1}{2\cos x+C}.$$

可以验证，函数 $y=\frac{1}{2\cos x+C}$是方程的通解.

一般地，若一阶微分方程$\frac{\mathrm{d}y}{\mathrm{d}x}=f(x,y)$中的 $f(x,y)$可写为 $h(x)g(y)$形式，即有

$$\frac{\mathrm{d}y}{\mathrm{d}x}=h(x)g(y),\tag{1}$$

则称方程(1)为**可分离变量的微分方程**. 该类方程的等式右边可以**分解成关于 x 的函数和关于 y 的函数的乘积**，因此，可将方程化为等式一边只含变量 y，而另一边只含变量 x 的形式，即

$$\frac{\mathrm{d}y}{g(y)}=h(x)\mathrm{d}x\quad (g(y)\neq 0),$$

然后对于上式两边积分得

$$\int\frac{\mathrm{d}y}{g(y)}=\int h(x)\mathrm{d}x,$$

即为方程(1)的通解.

例 7.2.2 求微分方程 $y'=\frac{1+y}{1+x}$的通解及满足初始条件 $y|_{x=0}=1$的特解.

解 将方程分离变量得 $\frac{1}{y+1}\mathrm{d}y=\frac{1}{x+1}\mathrm{d}x,$

两边积分得 $\ln|y+1|=\ln|x+1|+C_1,$

变形化简 $\ln\left|\frac{y+1}{x+1}\right|=C_1\Rightarrow\left|\frac{y+1}{x+1}\right|=\mathrm{e}^{C_1}\Rightarrow\frac{y+1}{x+1}=\pm\mathrm{e}^{C_1}=C,$

得方程的通解为 $y=C(x+1)-1,$

代入初始条件 $y|_{x=0}=1$，得 $C=2$. 于是所求特解为

$$y=2x+1.$$

例 7.2.3 某空降部队进行跳伞训练，伞兵打开降落伞后，降落伞和伞兵在下降过程中所受空气阻力与降落伞的下降速度成正比(见图 7.2.1)，设伞兵打开降落伞时($t=0$)的下降速度为 v_0，求降落伞下降的速度 v 与 t 的函数关系.

解 设时刻 t 降落伞下降速度为 $v(t)$，伞所受空气阻力为 kv(k 为比例系数)，阻力与运动方向相反，还受到伞和伞兵的重力 $G=mg$ 的作用，由牛顿第二定律得

图 7.2.1

$$m\frac{\mathrm{d}v}{\mathrm{d}t}=mg-kv,$$

且有初始条件 $v|_{t=0}=v_0$. 对上述方程分离变量得

$$\frac{\mathrm{d}v}{mg-kv}=\frac{\mathrm{d}t}{m},$$

两边积分 $\int\frac{\mathrm{d}v}{mg-kv}=\frac{1}{m}\int\mathrm{d}t,$

可得 $-\frac{1}{k}\ln|mg-kv|=\frac{t}{m}+C_1,$

变形化简得 $v=\frac{mg}{k}+C\mathrm{e}^{-\frac{k}{m}t}\left(C=-\frac{1}{k}\mathrm{e}^{-kC_1}\right).$

由初始条件得 $C=v_0-\frac{mg}{k}$，故所求特解为

$$v=\frac{mg}{k}+\left(v_0-\frac{mg}{k}\right)\mathrm{e}^{-\frac{k}{m}t}.$$

由此可见，随着 t 的增大，速度 v 逐渐趋于常数$\frac{mg}{k}$，这说明伞兵打开伞后，开始阶段是减速运动，后来逐渐趋于匀速运动.

【社会应用】

人口增长与马尔萨斯模型

由于资源的有限性，当今世界各国都注意有计划地控制人口的增长. 为了得到人口预测模型，必须首先搞清楚影响人口增长的因素. 影响人口增长的因素有很多，如人口的自然出生率、人口的自然死亡率、人口的迁移、自然灾害、战争等等. 如果一开始就把所有因素都考虑进去，则无从下手. 较好的办法是，先把问题简化，建立初步的模型，再逐步修改，得到较完善的模型.

例 7.2.4 英国人口统计学家马尔萨斯(1766—1834)在担任牧师期间，查看了教堂 100 多年间人口出生的统计资料，发现人口出生率是一个常数，依据这个最基本的规律，他在 1798 年出版的《人口原理》一书中提出了闻名于世的马尔萨斯人口模型. 模型的基本假设是：在人口自然增长过程中，相对净增长率(出生率与死亡率之差)是常数，即单位时间内人口的增长量与人

口基数成正比,比例系数设为 r. 在此假设下,推导并求出人口随时间变化的数学模型.

解 设时刻 t 的人口为 $N(t)$,把 $N(t)$ 当作连续、可微函数处理(因人口总数很大,可以近似地这样处理,称为**离散变量连续化处理**). 根据马尔萨斯的假设,在 t 到 $t+\Delta t$ 时间段内,人口的增长量为

$$N(t+\Delta t)-N(t)=rN(t)\Delta t,$$

将上式两边除以 Δt,再取 $\Delta t\to 0$ 的极限,即

$$\lim_{\Delta t\to 0}\frac{N(t+\Delta t)-N(t)}{\Delta t}=\lim_{\Delta t\to 0}rN(t),$$

得

$$\frac{\mathrm{d}N}{\mathrm{d}t}=rN.$$

加上初始条件,即 $t=t_0$ 时刻的人口为 N_0,于是有

$$\begin{cases}\dfrac{\mathrm{d}N}{\mathrm{d}t}=rN,\\ N(t_0)=N_0.\end{cases}$$

这就是**马尔萨斯人口模型**,它是一个带初始条件的可分离变量微分方程.

由分离变量法,有 $$\frac{\mathrm{d}N}{N}=r\mathrm{d}t,$$

两边积分得 $$\ln N=rt+C_1,$$

化简得 $$N(t)=Ce^{rt}\ (C=e^{C_1}),$$

代入初始条件得 $$C=N_0e^{-rt_0},$$

所以模型的解为 $$N(t)=N_0e^{r(t-t_0)}.$$

此式表明人口以指数规律随时间无限增长.

模型检验 据估计 1961 年地球上的人口总数为 3.06×10^9,而在以后 7 年中,人口总数以每年 2% 的速度增长. 这样 $t_0=1961$,$N_0=3.06\times 10^9$,$r=0.02$. 于是人口增长公式为

$$N(t)=3.06\times 10^9 e^{0.02(t-1961)}.$$

从上式可推断出世界人口每经过 34.6 年增加一倍. 这个公式非常准确地反映了 1700—1961 年间的世界人口总数,因为这一时期地球上的人口大约每 35 年翻一番. 但是,人们以美国人口为研究对象,用马尔萨斯模型向后推算,却发现计算的结果与人口资料相比有很大的差异:若按此模型计算,到 2670 年,地球上将有 36000 亿人口,如果地球表面全是陆地(事实上地球表面还有 80% 被水覆盖),我们也只得互相踩着肩膀站成两层,这是非常荒谬的. 因此,这一模型的假设条件还不合理,需要作出修正,有兴趣的读者可以进一步进行探讨.

习 题

1. 求下列可分离变量微分方程的通解:

(1) $2x^2+3x-5y'=0$; (2) $xy'=y\ln y$;

(3) $(y+3)\mathrm{d}x+\cot x\mathrm{d}y=0$; (4) $y'=\dfrac{x}{2y}e^{2x-y^2}$.

2. 求下列可分离变量微分方程满足初始条件的特解:

(1) $y'=e^{2x-y}$, $y(0)=0$; (2) $xy'+y=y^2$, $y(1)=0.5$.

7.3 齐次方程

【学习要求】

1. 认识齐次方程，能通过变形化简得到齐次方程.
2. 会通过变量代换求解齐次方程.

如果一阶微分方程$\frac{dy}{dx}=f(x,y)$中的函数$f(x,y)$可写成$\frac{y}{x}$的函数，即$f(x,y)=\varphi\left(\frac{y}{x}\right)$，则称该方程为**齐次方程**.

例如，$(xy-y^2)dx-(x^2-2xy)dy=0$是齐次方程，因为

$$f(x,y)=\frac{xy-y^2}{x^2-2xy}=\frac{\frac{y}{x}-\left(\frac{y}{x}\right)^2}{1-2\left(\frac{y}{x}\right)}.$$

在齐次方程

$$\frac{dy}{dx}=\varphi\left(\frac{y}{x}\right) \tag{1}$$

中，引进新的未知函数$u=\frac{y}{x}$就可化为可分离变量的方程. 因为由$u=\frac{y}{x}$有

$$y=ux,\quad \frac{dy}{dx}=u+x\frac{du}{dx},$$

代入方程(1)，得

$$u+x\frac{du}{dx}=\varphi(u),$$

即

$$x\frac{du}{dx}=\varphi(u)-u$$

为可分离变量的方程. 分离变量得

$$\frac{du}{\varphi(u)-u}=\frac{dx}{x},$$

两端积分，得

$$\int\frac{du}{\varphi(u)-u}=\int\frac{dx}{x}.$$

求出积分后，再以$\frac{y}{x}$代替u，便得所给齐次方程的通解.

例 7.3.1 解方程 $y^2+x^2\frac{dy}{dx}=xy\frac{dy}{dx}$.

解 原方程可写成

$$\frac{dy}{dx}=\frac{y^2}{xy-x^2}=\frac{\left(\frac{y}{x}\right)^2}{\frac{y}{x}-1},$$

因此它是齐次方程. 令$\frac{y}{x}=u$,则

$$y=ux,\quad \frac{\mathrm{d}y}{\mathrm{d}x}=u+x\frac{\mathrm{d}u}{\mathrm{d}x},$$

于是原方程变为

$$u+x\frac{\mathrm{d}u}{\mathrm{d}x}=\frac{u^2}{u-1},\quad 即\quad x\frac{\mathrm{d}u}{\mathrm{d}x}=\frac{u}{u-1},$$

分离变量,得
$$\left(1-\frac{1}{u}\right)\mathrm{d}u=\frac{\mathrm{d}x}{x},$$

两端积分,得
$$u-\ln|u|+C=\ln|x|,$$

化简为
$$\ln|xu|=u+C,$$

以$\frac{y}{x}$代上式中的u,便得所给方程的通解为

$$\ln|y|=\frac{y}{x}+C.$$

例 7.3.2 解方程 $x\frac{\mathrm{d}y}{\mathrm{d}x}=y\ln\frac{y}{x}$.

解 原方程可写为
$$\frac{\mathrm{d}y}{\mathrm{d}x}=\frac{y}{x}\ln\frac{y}{x},$$

因此它为齐次方程. 令$\frac{y}{x}=u$,则

$$y=ux,\quad \frac{\mathrm{d}y}{\mathrm{d}x}=u+x\frac{\mathrm{d}u}{\mathrm{d}x},$$

于是原方程变为
$$u+x\frac{\mathrm{d}u}{\mathrm{d}x}=u\ln u,$$

分离变量,得
$$\frac{\mathrm{d}u}{u(\ln u-1)}=\frac{\mathrm{d}x}{x},$$

凑微分得
$$\frac{\mathrm{d}\ln u}{\ln u-1}=\frac{\mathrm{d}x}{x},$$

积分得
$$\ln|\ln u-1|=\ln|x|+\ln|C|=\ln|Cx|,$$

化简为
$$\ln u-1=Cx,$$

以$\frac{y}{x}$代上式中的u,便得所给方程的通解为

$$\ln\frac{y}{x}=Cx+1.$$

习　题

1. 求下列齐次方程的通解:

(1) $(x^2+y^2)\mathrm{d}x-xy\mathrm{d}y=0$;　　(2) $xy'-y-\sqrt{y^2-x^2}=0$.

2. 求下列齐次方程的特解:

(1) $(y^2-3x^2)\mathrm{d}y+2xy\mathrm{d}x=0, y|_{x=0}=1$;　　(2) $y'=\frac{x}{y}+\frac{y}{x}, y|_{x=1}=2$.

7.4　一阶线性微分方程

【学习要求】

1. 认识一阶线性微分方程,能通过变形化简得到一阶线性微分方程.
2. 理解常数变易法,会求解一阶线性微分方程.
3. 理解一阶线性微分方程在电路分析中的应用.

形如

$$\frac{dy}{dx}+P(x)y=Q(x) \tag{1}$$

的微分方程称为**一阶线性微分方程**,其中 $P(x)$,$Q(x)$为已知函数,$Q(x)$称为自由项.

当 $Q(x)\neq 0$ 时,称为**一阶非齐次线性微分方程**.

当 $Q(x)\equiv 0$ 时,方程变为

$$\frac{dy}{dx}+P(x)y=0, \tag{2}$$

称为与非齐次方程对应的**一阶齐次线性微分方程**.

先求一阶齐次线性微分方程(2)的解. 这实际上是一个可分离变量的微分方程,分离变量得

$$\frac{dy}{y}=-P(x)dx,$$

两边积分得
$$\ln|y|=-\int P(x)dx+C_1,$$

于是得方程的解

$$y=Ce^{-\int P(x)dx},$$

其中 $C=\pm e^{C_1}$ 为不等于零的任意常数.

又 $y=0$ 也是一阶齐次线性微分方程的解,所以方程的通解为

$$y=Ce^{-\int P(x)dx}\quad (C\text{ 为任意常数}).$$

在得到齐次线性方程(2)的解的基础上,再求非齐次线性方程(1)的解,将要用到的方法称为**常数变易法**,下面举例说明.

例 7.4.1　求方程 $y'=\frac{y+x\ln x}{x}$的通解.

解　方程变形为
$$y'-\frac{1}{x}y=\ln x,$$

这是一阶非齐次线性微分方程. 对应的齐次方程为

$$y'-\frac{1}{x}y=0,$$

分离变量有
$$\frac{\mathrm{d}y}{y}=\frac{\mathrm{d}x}{x},$$
两边积分得
$$\ln|y|=\ln|x|+C_1,$$
化简得
$$y=Cx\ (C=\pm e^{C_1}).$$

又 $y=0$ 也是齐次方程的解，所以齐次方程的通解为
$$y=Cx(C\text{ 为任意常数}).$$
再用常数变易法求非齐次方程的通解，将通解中的常数 C 改写为函数 $C(x)$，即有
$$y=C(x)x,$$
将其代入原方程并化简得
$$xC'(x)=\ln x,\quad \text{即}\quad C'(x)=\frac{1}{x}\ln x,$$
积分得
$$C(x)=\int\frac{\ln x}{x}\mathrm{d}x=\frac{1}{2}(\ln x)^2+C,$$
所以非齐次方程的通解为 $y=\frac{1}{2}x(\ln x)^2+Cx$.

【方法归纳】

运用常数变易法求解一阶非齐次线性微分方程的步骤为：

(1) 求出与非齐次线性方程对应的齐次线性方程的通解；

(2) 将齐次线性方程的通解中的任意常数 C 改为待定函数 $C(x)$，设其为非齐次线性方程的通解；

(3) 将所设的通解代入非齐次线性方程，解出 $C(x)$，求得非齐次线性方程的通解.

由常数变易法还可以写出一阶非齐次线性微分方程(1)的**通解公式**：
$$y=e^{-\int P(x)\mathrm{d}x}\left[\int Q(x)e^{\int P(x)\mathrm{d}x}\mathrm{d}x+C\right].$$
对于比较简单的方程，可以直接按公式求解.

例 7.4.2 求方程 $y'+y=1$ 的通解.

解 这里 $P(x)=1, Q(x)=1$，所以方程的通解为
$$y=e^{-\int 1\mathrm{d}x}\left(\int 1\cdot e^{\int 1\mathrm{d}x}\mathrm{d}x+C\right)=e^{-x}\left(\int e^x\mathrm{d}x+C\right)=1+Ce^{-x}.$$

【衔接专业】

例 7.4.3 ***RL* 串联电路分析.**

在串联电路中有电阻 R、电感 L 和交流电源，电动势 $E=E_0\sin\omega t$(见图 7.4.1). 在时刻 $t=0$ 时接通电路，求电路中电流强度 i 与时间 t 的关系(E_0,ω 为常数).

解 设任一时刻 t 的电流强度为 i，由部分电路欧姆定律知，电流在电阻 R 上产生的电压 $U_R=Ri$，在电感 L 上产生的电压 $U_L=L\frac{\mathrm{d}i}{\mathrm{d}t}$. 由克氏定律知，各元件电压之和等于电源电动势，即 $U_R+U_L=E$，于是有
$$Ri+L\frac{\mathrm{d}i}{\mathrm{d}t}=E_0\sin\omega t,$$

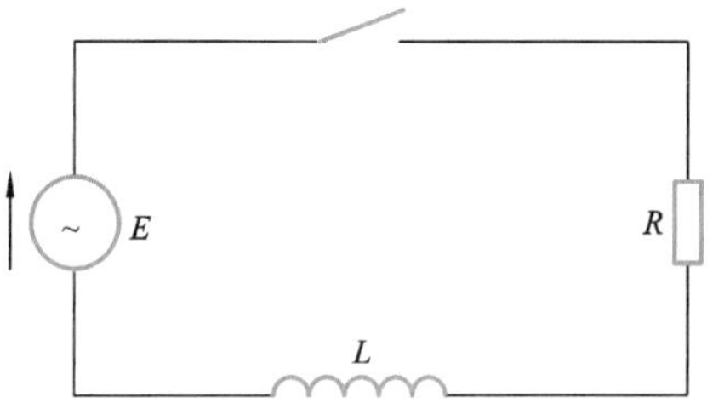

图 7.4.1

变形得一阶非齐次线性微分方程

$$\frac{\mathrm{d}i}{\mathrm{d}t}+\frac{R}{L}i=\frac{E_0}{L}\sin\omega t,$$

这里

$$P(t)=\frac{R}{L},\quad Q(t)=\frac{E_0}{L}\sin\omega t.$$

直接利用通解公式得

$$\begin{aligned}i(t)&=\mathrm{e}^{-\int\frac{R}{L}\mathrm{d}t}\left(\int\frac{E_0}{L}\sin\omega t\,\mathrm{e}^{\int\frac{R}{L}\mathrm{d}t}\mathrm{d}t+C\right)=\mathrm{e}^{-\frac{R}{L}t}\left(\int\frac{E_0}{L}\sin\omega t\,\mathrm{e}^{\frac{R}{L}t}\mathrm{d}t+C\right)\\&=C\mathrm{e}^{-\frac{R}{L}t}+\frac{E_0}{R^2+L^2\omega^2}(R\sin\omega t-L\omega\cos\omega t).\end{aligned}$$

开关刚连通时，电路中电流为 0，所以初始条件为 $i|_{t=0}=0$，解得

$$C=\frac{E_0L\omega}{R^2+L^2\omega^2},$$

所以电流 i 与时间 t 的关系为

$$i(t)=\frac{E_0}{R^2+L^2\omega^2}(L\omega\,\mathrm{e}^{-\frac{R}{L}t}+R\sin\omega t-L\omega\cos\omega t).$$

习　　题

1. 求下列一阶线性微分方程的通解：

(1) $y'+y=\mathrm{e}^{-x}$；　　(2) $y'+\frac{y}{x}=\sin x$；

(3) $y'\cos x+y\sin x=1$；　　(4) $y'+ay=b\sin x$（其中 a,b 为常数）.

2. 求下列一阶线性微分方程的特解：

(1) $y'+\frac{1-2x}{x^2}y=1, y(1)=0$；　　(2) $\frac{\mathrm{d}y}{\mathrm{d}x}-y\tan x=\sec x, y(0)=0$.

7.5　常微分方程的软件求解

【学习要求】

1. 熟悉 MATLAB 求解微分方程的命令，熟悉 MATLAB 中表达微分方程的语法.

2. 体会电路分析中微分方程的求解过程.

几种简单的常微分方程可以手工求解，更复杂、更高阶的常微分方程手工难以求解，而利用数学软件 MATLAB 求解则非常简单. 本节学习 MATLAB 求解常微分方程的命令.

7.5.1 基本命令

命令语法	功　能
s=dsolve('方程','自变量')	求常微分方程的通解，s 为解析解的表达式
s=dsolve('方程','初始条件1','初始条件2','自变量')	求常微分方程满足若干初始条件的特解，s 为解析解的表达式

7.5.2 求解示例

例 7.5.1 求一阶微分方程 $\frac{\mathrm{d}u}{\mathrm{d}t}=1+u^2$ 的通解.

解 `>> u=dsolve('Du=1+u^2','t')` %Du 表示一阶导数 $\frac{\mathrm{d}u}{\mathrm{d}t}$，$t$ 为自变量

```
u= tan(t+C1)
```

所以通解为 $u=\tan(t+C_1)$.

例 7.5.2 求一阶微分方程 $y'=-y+t+1, y(0)=2$ 的特解.

解 `>> y=dsolve(' Dy=-y+t+1','y(0)=2','t')` %Dy 表示 y'，初始条件 $y(0)=2$

```
y=t+2*exp(-t)
```

所以特解为 $y=t+2\mathrm{e}^{-t}$.

例 7.5.3 求二阶微分方程 $y''-3y'+2y=3\sin x$ 的通解.

解 先将方程改写为 $y''=3y'-2y+3\sin x$，则有

```
>> y=dsolve('D2y=3*Dy-2*y+3*sin(x)','x')
```

%D2y 表示二阶导数 y''，x 表示自变量

```
y=9/10*cos(x)+3/10*sin(x)+exp(2*x)*C1+exp(x)*C2
```

所以通解为 $y=C_1\mathrm{e}^{2x}+C_2\mathrm{e}^{x}+\frac{9}{10}\cos x+\frac{3}{10}\sin x$.

例 7.5.4 求二阶微分方程 $y''-5y'+6y=x^2\mathrm{e}^{2x}, y(0)=\frac{10}{3}, y(1)=0$ 的特解.

解 先将方程改写为 $y''=5y'-6y+x^2\mathrm{e}^{2x}$，则有

```
>> y=dsolve('D2y=5*Dy-6*y+x^2*exp(2*x)', 'y(0)=10/3', 'y(1)=0', 'x')
```

%初始条件 y(0)= 10/3，y(1)= 0

```
y= 10/3* exp(2* x)- 1/3* x* (6+ 3* x+ x^2)* exp(2* x)
```

所以特解为 $y=\frac{10}{3}\mathrm{e}^{2x}-\frac{1}{3}x(6+3x+x^2)\mathrm{e}^{2x}$.

【衔接专业】

例 7.5.5 *RL* 串联电路分析.

在雷达电路中常常要分析 *RL* 串联电路，它有两种形式，如图 7.5.1(a)、(b)所示.

图 7.5.1(a)中，开关先拨到 a 点，电阻和线圈与直流电源连通，电路中有电流通过，电流随时间的变化规律满足微分方程(b). 然后开关拨到 b 点，电源被断开，由于线圈的电感作用，电

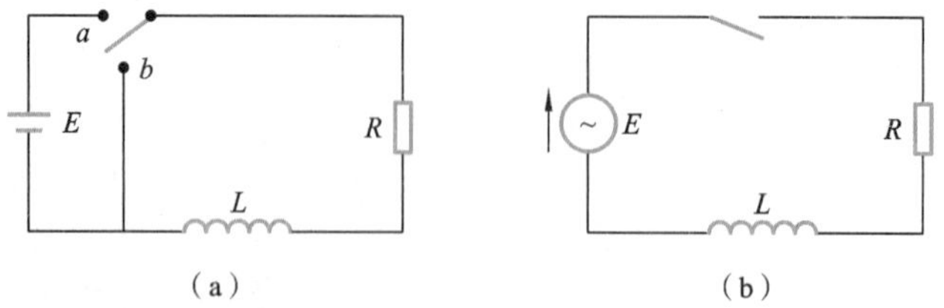

图 7.5.1

路中产生电流，电流随时间的变化规律满足微分方程(a). 图 7.5.1(b)中，开关连通后，电阻和线圈与交流电源连通，电路中有电流通过，电流随时间的变化规律满足微分方程(c).

$$(a)\begin{cases}\dfrac{\mathrm{d}i}{\mathrm{d}t}+\dfrac{R}{L}i=0,\\ i\big|_{t=0}=\dfrac{E}{R};\end{cases}\quad (b)\begin{cases}\dfrac{\mathrm{d}i}{\mathrm{d}t}+\dfrac{R}{L}i=E,\\ i\big|_{t=0}=0;\end{cases}\quad (c)\begin{cases}\dfrac{\mathrm{d}i}{\mathrm{d}t}+\dfrac{R}{L}i=\dfrac{E}{L}\sin\omega t,\\ i\big|_{t=0}=0.\end{cases}$$

请解出三种情况下电流关于时间的函数表达式.

解 (a) 先将方程改写为 $i'=-\dfrac{R}{L}i$，再输入

```
>> syms i t R L        %定义变量 i,t,常量 R,L
>> i= dsolve('Di= - R/L* i','i(0)= E/R','t')
i= E/R* exp(- R/L* t)
```

所以特解为 $i(t)=\dfrac{E}{R}\mathrm{e}^{-\frac{R}{L}t}$.

(b) 先将方程改写为 $i'=-\dfrac{R}{L}i+E$，再输入

```
>> syms i t R L E      %定义变量 i,t,常量 R,L,E
>> i= dsolve('Di= - R/L* i+ E','i(0)= 0','t')
i= E/R* L- E/R* L* exp(- R/L* t)
```

所以特解为 $i(t)=\dfrac{E}{R}L-\dfrac{E}{R}L\mathrm{e}^{-\frac{R}{L}t}$.

(c) 先将方程改写为 $i'=-\dfrac{R}{L}i+\dfrac{E}{L}\sin\omega t$，再输入

```
>> syms i t R L E w    %定义变量 i,t,常量 R,L,E,w
>> i= dsolve('Di= - R/L* i+ E/L* sin(w* t)','i(0)= 0','t')
i= 1/(R^2+ w^2* L^2)* E* w* L* exp(- R/L* t)
- E* (cos(w* t)* L* w- sin(w* t)* R)/(R^2+ w^2* L^2)
```

所以特解为 $i(t)=\dfrac{E}{R^2+L^2\omega^2}(L\omega\mathrm{e}^{-\frac{R}{L}t}+R\sin\omega t-L\omega\cos\omega t)$.

例 7.5.6 *RC* 串联电路分析.

在雷达电路中常常要分析 *RC* 串联电路，它有两种形式，如图 7.5.2(a)、(b)所示.

图 7.5.2(a)中，开关先拨到 a 点，电阻和电容器与直流电源连通，给电容器充电，电压随时间的变化规律满足微分方程(b). 然后开关拨到 b 点，电源被断开，电容器放电，电压随时间的变化规律满足微分方程(a). 图 7.5.2(b)中，开关连通后，电阻和电容器与交流电源连通，给电容器充电，电压随时间的变化规律满足微分方程(c).

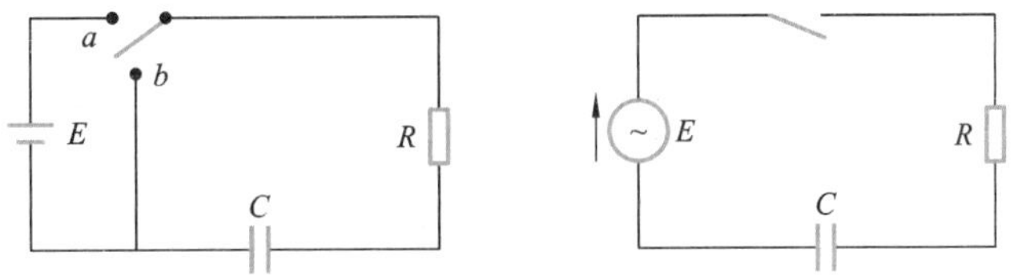

(a)　　　　(b)

图 7.5.2

(a) $\begin{cases}\dfrac{\mathrm{d}u_C}{\mathrm{d}t}+\dfrac{1}{RC}u_C=0,\\ u_C\big|_{t=0}=E;\end{cases}$ (b) $\begin{cases}\dfrac{\mathrm{d}u_C}{\mathrm{d}t}+\dfrac{1}{RC}u_C=\dfrac{E}{RC},\\ u_C\big|_{t=0}=0;\end{cases}$ (c) $\begin{cases}\dfrac{\mathrm{d}u_C}{\mathrm{d}t}+\dfrac{1}{RC}u_C=\dfrac{E}{RC}\sin\omega t,\\ u_C\big|_{t=0}=0.\end{cases}$

请解出三种情况下电容器的电压关于时间的函数表达式.

解　(a) 先将方程改写为 $u'_C=-\dfrac{u_C}{RC}$,再输入

```
>> syms u t R C     %定义变量 u,t,常量 R,C
>> u= dsolve('Du= - u/(R* C)','u(0)= E','t')
u= E* exp(- 1/R/C* t)
```

所以特解为 $u_C(t)=E\mathrm{e}^{-\frac{1}{RC}t}$.

(b) 先将方程改写为 $u'_C=-\dfrac{u_C}{RC}+\dfrac{E}{RC}$,再输入

```
>> syms u t R C E     %定义变量 u,t,常量 R,C,E
>> u= dsolve('Du= - u/(R* C)+ E/(R* C)','u(0)= 0','t')
u= E- E* exp(- 1/R/C* t)
```

所以特解为 $u_C(t)=E-E\mathrm{e}^{-\frac{1}{RC}t}$.

(c) 先将方程改写为 $u'_C=-\dfrac{u_C}{RC}+\dfrac{E}{RC}\sin\omega t$,再输入

```
>> syms u t R C E w     %定义变量 u,t,常量 R,C,E,w
>>u=dsolve('Du=-u/(R*C)+E/(R*C)*sin(w*t)','u(0)=0','t')
u=1/(1+w^2*R^2*C^2)*E*w*R*C*exp(-1/R/C*t)
-E*(w*R*C*cos(w*t)-sin(w*t))/(1+w^2*R^2*C^2)
```

所以特解为 $u_C(t)=\dfrac{E}{1+R^2C^2\omega^2}(RC\omega\mathrm{e}^{-\frac{1}{RC}t}+\sin\omega t-RC\omega\cos\omega t)$.

习　　题

1. 求下列微分方程的通解:

(1) $y'=y-2$;　(2) $y'-x^3y=2$;　(3) $y'''-y''-3y'+2y=0$.

2. 求下列微分方程的特解:

(1) $y''=\sin(2x)-y, y(0)=0, y'(0)=1$;　(2) $(1+x^2)y''=2xy', y(0)=1, y'(0)=0$.

第 8 章 空间解析几何与向量代数

在平面解析几何中，通过建立平面直角坐标系，将平面上的点用坐标(一对有序实数)来表示，使平面几何问题转化为代数问题来加以研究；同时，也根据几何图形的直观性，来解决代数问题. 本章将用类似方法建立空间直角坐标系，将空间中的点用坐标(三个有序实数)来表示，建立空间几何图形与代数方程之间的关系，并利用代数方法研究空间中的向量、曲面、平面与直线. 空间解析几何是平面解析几何的推广，学习时要注意与平面解析几何的异同，提高空间想象能力.

8.1 空间直角坐标系与曲面

【学习要求】

1. 掌握空间直角坐标系的概念、空间中点的坐标表示、两点间的距离公式.
2. 掌握球面、常见柱面的方程和图形特点.
3. 了解二次曲面的类型、标准方程和图形特点.

8.1.1 空间直角坐标系

1. 空间直角坐标系

以空间一定点 O 为**坐标原点**，过 O 点作三条互相垂直的数轴 Ox、Oy、Oz，分别称为 **x 轴**、**y 轴**、**z 轴**，并且取相同的长度单位，三条数轴正向之间的顺序通常按照**右手法则**确定：如图 8.1.1所示，用右手握住 z 轴，让右手的四指从 x 轴的正向转向 y 轴的正向，这时大姆指的指向是 z 轴的正向. 按这样的规定所组成的坐标系称为**空间直角坐标系**.

由任意两条坐标轴确定的平面称为**坐标平面**. x 轴与 y 轴、y 轴与 z 轴、z 轴与 x 轴组成的三个坐标平面分别为 xOy 平面、yOz 平面、zOx 平面. 三个坐标面把空间划分成八个部分，每个部分称为一个**卦限**，八个卦限分别用Ⅰ、Ⅱ、Ⅲ、Ⅳ、Ⅴ、Ⅵ、Ⅶ、Ⅷ来表示，如图 8.1.2 所示.

2. 空间中点的坐标

设 M 为空间中的一点，过 M 点分别作与 x 轴、y 轴、z 轴垂直的平面，交点依次为 P、Q、R.

设 P、Q、R 三点在三个坐标轴上的坐标依次为 x、y、z，如图 8.1.3 所示. 由此，空间一点 M 就唯一地确定了一个有序三维数组 (x,y,z)，称为点 M 的**坐标**，x、y、z 分别称为点 M 的**横坐标**、**纵坐标**、**竖坐标**，记为 $M(x,y,z)$.

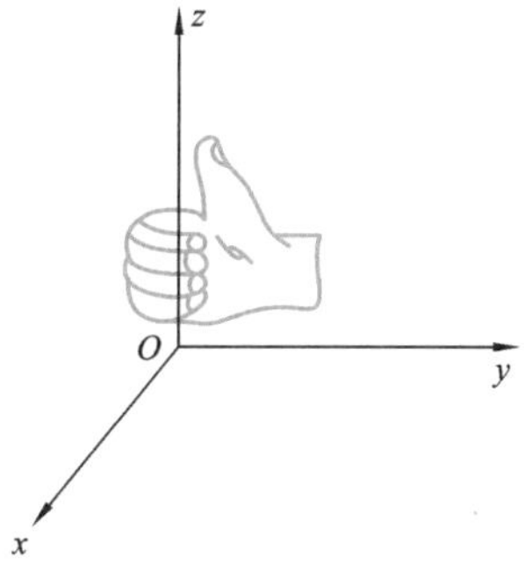

图 8.1.1

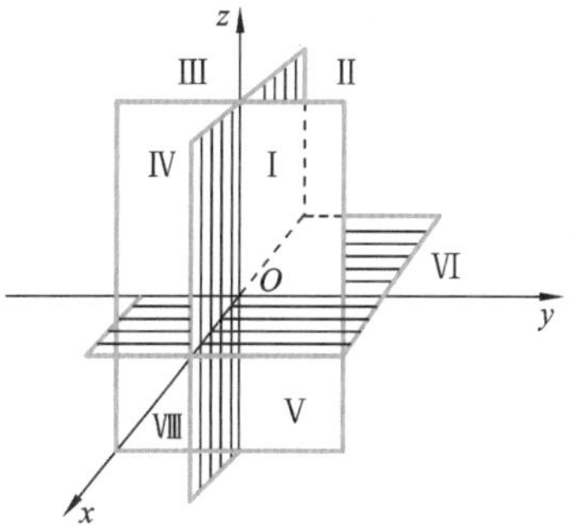

图 8.1.2

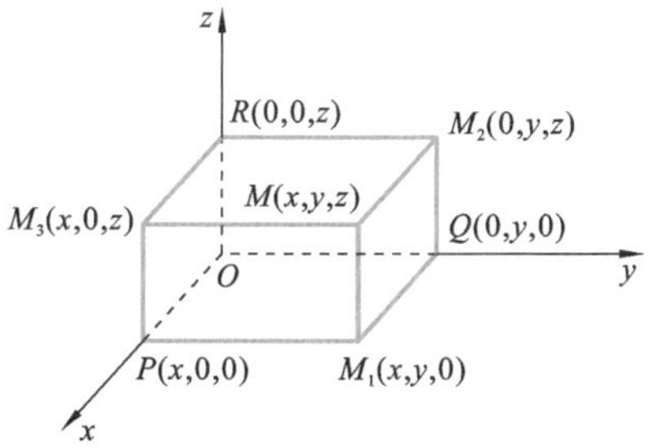

图 8.1.3

显然，原点 O 的坐标是 $(0,0,0)$，x 轴、y 轴和 z 轴上点的坐标分别为 $(x,0,0)$，$(0,y,0)$ 和 $(0,0,z)$，xOy 平面、yOz 平面和 zOx 平面上点的坐标分别为 $(x,y,0)$，$(0,y,z)$ 和 $(x,0,z)$.

3. 两点间的距离

设 $M_1(x_1,y_1,z_1)$，$M_2(x_2,y_2,z_2)$ 为空间两点，则 M_1 与 M_2 之间的距离为

$$|M_1M_2|=\sqrt{(x_2-x_1)^2+(y_2-y_1)^2+(z_2-z_1)^2}.$$

这是平面上两点间距离公式的推广.

特别地，点 $M(x,y,z)$ 与原点 $O(0,0,0)$ 之间的距离为

$$|OM|=\sqrt{x^2+y^2+z^2}.$$

例 8.1.1 在 y 轴上求与点 $A(1,-3,7)$ 和 $B(5,7,-5)$ 等距离的点.

解 因为所求的点在 y 轴上，故设为 $M(0,y,0)$，依题意有

$$|MA|=|MB|,$$

即有 $$\sqrt{(1-0)^2+(-3-y)^2+(7-0)^2}=\sqrt{(5-0)^2+(7-y)^2+(-5-0)^2},$$

解得 $y=2$，因此所求的点为 $M(0,2,0)$.

例 8.1.2 已知 $A(3,-2,0)$，$B(6,-2,4)$，求由 A，B 及坐标原点所构成的三角形三边的长.

解 由空间两点间的距离公式得

$$|AB|=\sqrt{(6-3)^2+[-2-(-2)]^2+(4-0)^2}=5,$$

$$|OA|=\sqrt{3^2+(-2)^2+0^2}=\sqrt{13},$$
$$|OB|=\sqrt{6^2+(-2)^2+4^2}=\sqrt{56}.$$

8.1.2 空间曲面及其方程

1. 曲面方程的概念

在空间解析几何中，我们把曲面看成是空间中按照一定的规律运动的点的轨迹. 空间中的点按一定的规律运动，它的坐标(x,y,z)就要满足某个关系式，这个关系式就是曲面的方程，记作$F(x,y,z)=0$. 于是有下列定义.

定义 8.1.1 如果曲面 S 与三元方程 $F(x,y,z)=0$ 有如下关系：

(1) 曲面 S 上任意一点的坐标都满足方程 $F(x,y,z)=0$；

(2) 不在曲面 S 上点的坐标都不满足方程 $F(x,y,z)=0$，

则称方程 $F(x,y,z)=0$ 为**曲面 S 的方程**，曲面 S 称为**方程 $F(x,y,z)=0$ 的图形**.

例 8.1.3 求以 $P_0(x_0,y_0,z_0)$为球心、半径为 R 的球面方程.

解 设 $P(x,y,z)$为球面上任意一点，则$|PP_0|=R$，根据两点间距离公式有

$$\sqrt{(x-x_0)^2+(y-y_0)^2+(z-z_0)^2}=R,$$

于是所求的球面方程为

$$(x-x_0)^2+(y-y_0)^2+(z-z_0)^2=R^2.$$

显然，球面上的点满足该方程，而不在球面上的点不满足该方程.

特别地，球心在原点(0,0,0)、半径为 R 的球面方程为

$$x^2+y^2+z^2=R^2,$$

其图形如图 8.1.4 所示.

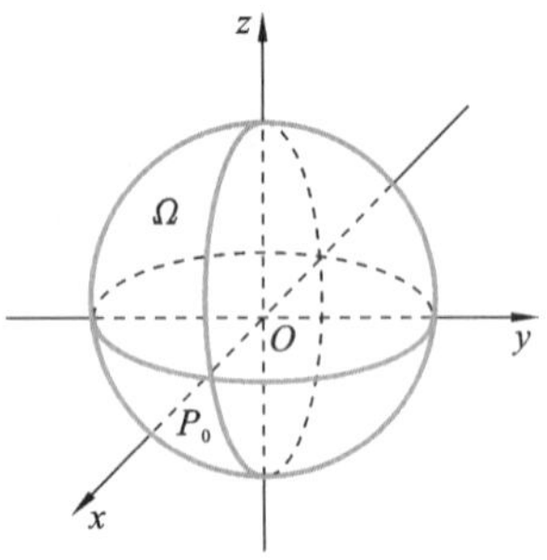

图 8.1.4

一般地，球心在点(x_0,y_0,z_0)、半径为 R 的球面方程为

$$(x-x_0)^2+(y-y_0)^2+(z-z_0)^2=R^2.$$

2. 常用曲面及其方程

(1) 柱面

定义 8.1.2 平行于定直线并沿曲线 C 移动的直线 L 形成的轨迹，称为**柱面**，曲线 C 称为柱面的**准线**，动直线 L 称为柱面的**母线**，如图 8.1.5 所示.

这里我们主要学习**母线平行于坐标轴的柱面**.

设方程 $x^2+y^2=R^2$，讨论在空间直角坐标系中其所表示的图形.

在 xOy 平面上，该方程表示圆心在原点、半径为 R 的圆周 C. 在空间直角坐标系中，设 $M_1(x,y,0)$为圆周 C 上任意一点，显然 M_1 的坐标满足方程 $x^2+y^2=R^2$. 进一步，过点 M_1 且平行于 z 轴的直线 l 上的任意一点 $M(x,y,z)$，其坐标也满足方程 $x^2+y^2=R^2$. 由点 M 的任意性可知，直线 l 都在图形上. 再进一步，由 M_1 的任意性知，过整个圆周 C 且平行于 z 轴的直线都在图形上，这一图形如图 8.1.6 所示. 因此，方程 $x^2+y^2=R^2$ 所表示的图形是以 xOy 平面上原点为圆心、半径为 R 的圆周为准线，母线 l 平行于 z 轴的**圆柱面**.

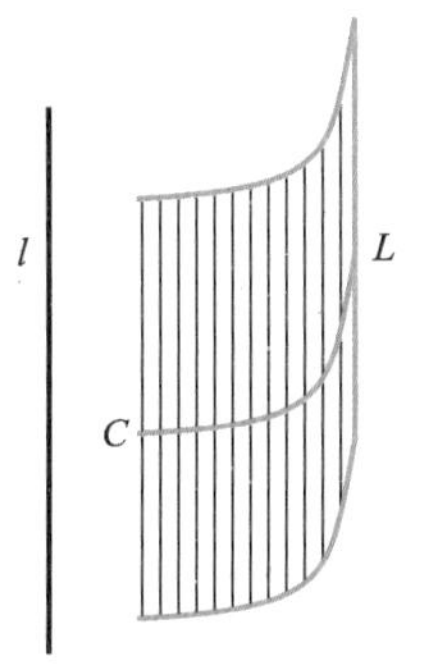

图 8.1.5

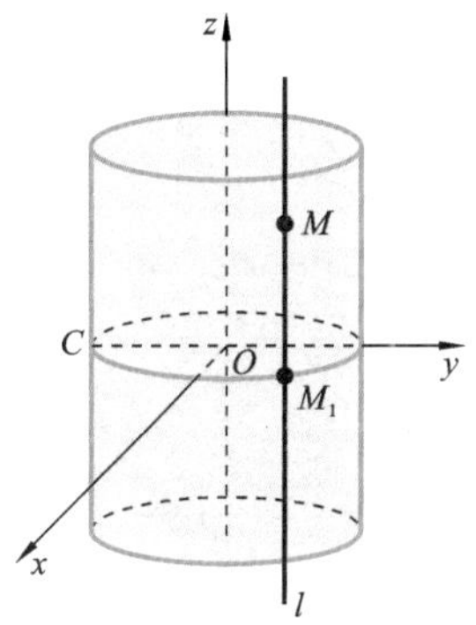

图 8.1.6

类似地，方程 $y^2+z^2=R^2$ 所表示的图形是母线平行于 x 轴的**圆柱面**，方程 $z^2+x^2=R^2$ 所表示的图形是母线平行于 y 轴的**圆柱面**.

方程$\frac{x^2}{a^2}+\frac{y^2}{b^2}=1(a,b>0)$所表示的图形是母线平行于 z 轴的**椭圆柱面**，如图 8.1.7 所示.

方程 $y^2=2px(p>0)$所表示的图形是母线平行于 z 轴的**抛物柱面**，如图 8.1.8 所示.

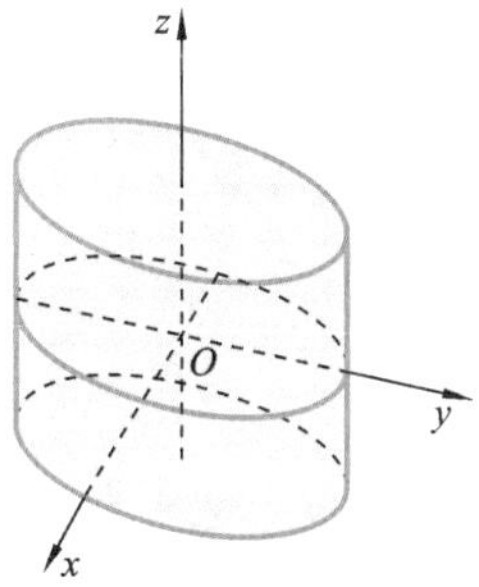

图 8.1.7

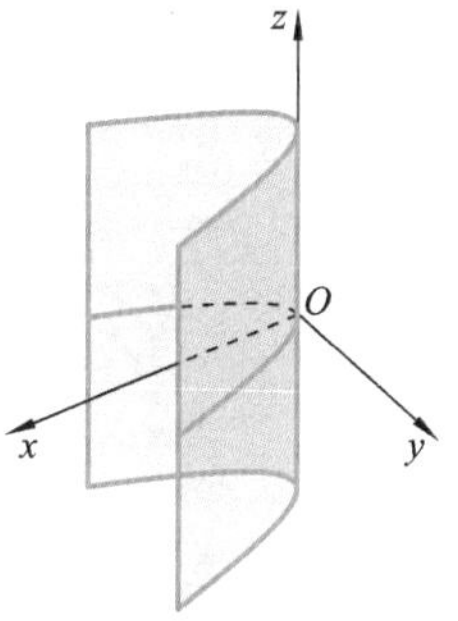

图 8.1.8

一般地，只含 x,y 而缺 z 的方程 $F(x,y)=0$ 表示母线平行于 z 轴的柱面；$F(y,z)=0$ 表示母线平行于 x 轴的柱面；$F(z,x)=0$ 表示母线平行于 y 轴的柱面.

(2) 二次曲面

在空间直角坐标系中，曲面的方程一般为 x,y,z 的二次方程，因此称为**二次曲面**. 其基本类型有：椭球面、锥面、抛物面、双曲面. 下面给出它们的标准方程和图形.

椭球面方程：$\frac{x^2}{a^2}+\frac{y^2}{b^2}+\frac{z^2}{c^2}=1$($a,b,c$ 为正数)(见图 8.1.9).

椭圆锥面方程：$\frac{x^2}{a^2}+\frac{y^2}{b^2}=z^2$($a,b$ 为正数)(见图 8.1.10).

椭圆抛物面方程：$\frac{x^2}{2p}+\frac{y^2}{2q}=z$($p,q$ 同号)(见图 8.1.11).

双曲抛物面方程：$\frac{x^2}{2p}-\frac{y^2}{2q}=z$($p,q$ 同号)(见图 8.1.12).

单叶双曲面方程：$\frac{x^2}{a^2}+\frac{y^2}{b^2}-\frac{z^2}{c^2}=1$($a,b,c$ 为正数)(见图 8.1.13).

双叶双曲面方程：$\frac{x^2}{a^2}+\frac{y^2}{b^2}-\frac{z^2}{c^2}=-1$($a,b,c$ 为正数)(见图 8.1.14).

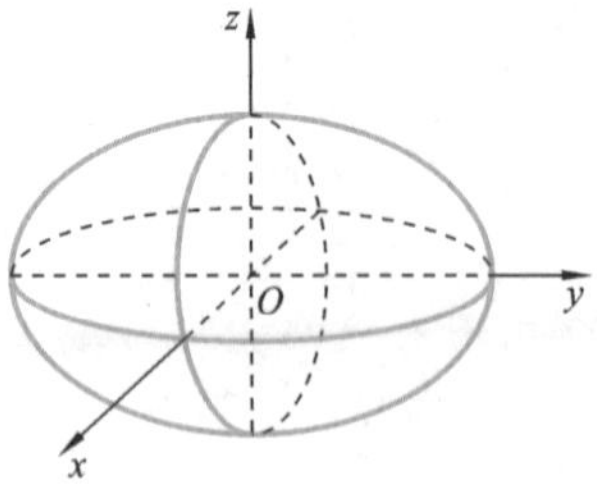

图 8.1.9

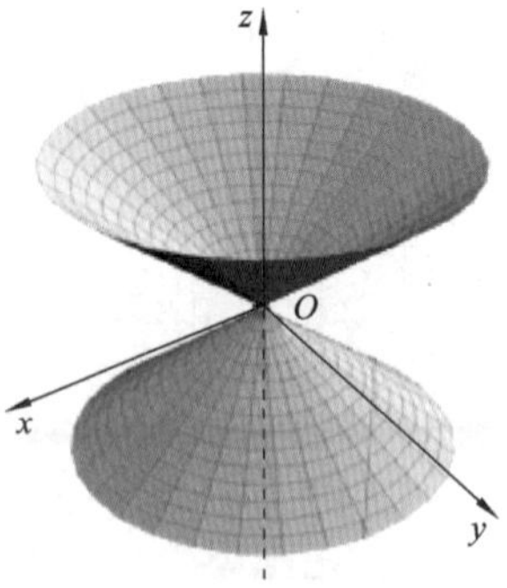

图 8.1.10

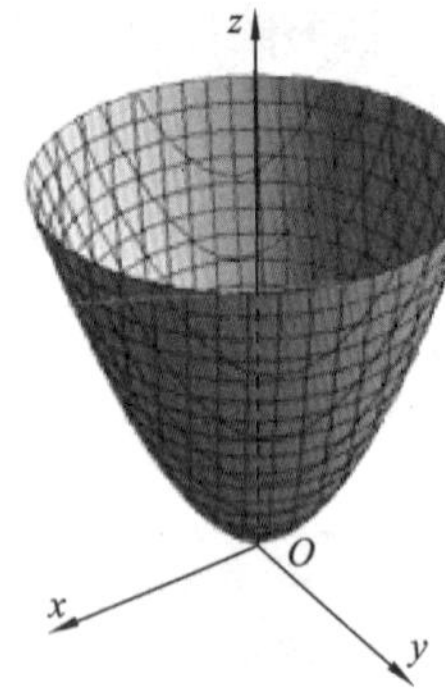

图 8.1.11

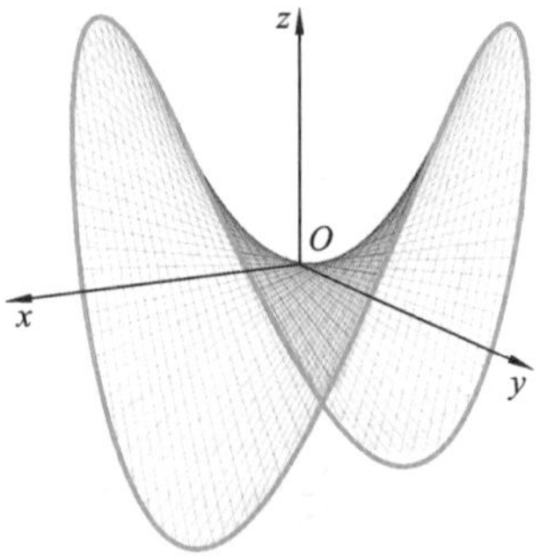

图 8.1.12

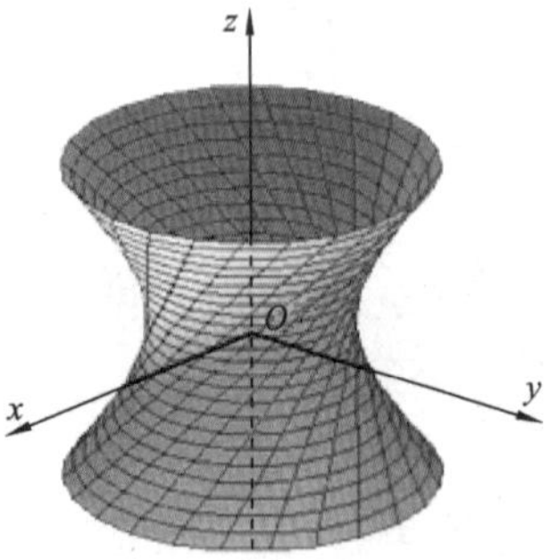

图 8.1.13

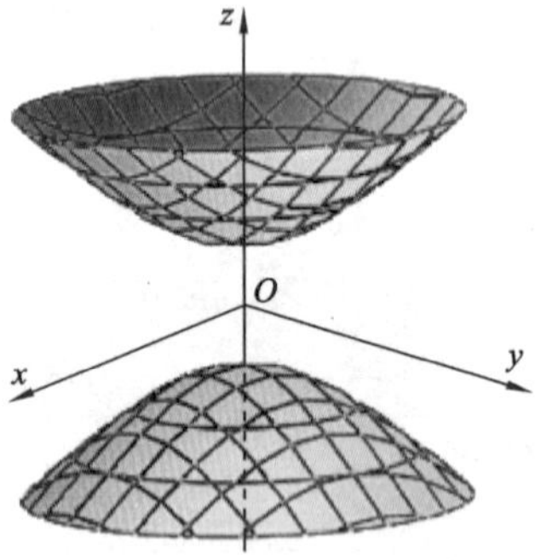

图 8.1.14

习　　题

1. 在空间直角坐标系中，画出下列各点：

$A(2,1,3)$，　$B(1,2,-1)$，　$C(-2,2,2)$，　$D(2,-2,-2)$，　$E(0,0,-4)$，　$F(3,0,4)$.

2. 指出下列各点位置：

$A(2,0,0)$，　$B(0,-3,0)$，　$C(0,-3,1)$，　$D(-5,0,3)$，　$E(3,2,0)$，　$F(0,0,0)$.

3. 求出点$(2,-3,-1)$关于下面对称的点的坐标.

(1) 各坐标平面；　　(2) 各坐标轴；　　(3) 原点.

4. 试求点 $A(4,-3,5)$ 到坐标原点、xOy 平面及 z 轴的距离.
5. 在 z 轴上求一点，使之与点 $(-4,1,7)$ 和点 $(3,5,-2)$ 的距离相等.
6. 求 $A(1,2,2)$ 和 $B(-1,0,1)$ 两点间的距离.
7. 求下列球面的球心与半径：
(1) $x^2+y^2+z^2-2x+4y-4z-7=0$；
(2) $2x^2+2y^2+2z^2-4z-8=0$.
8. 求下列各球面的方程：
(1) 中心在点 $(3,-2,5)$，半径 $R=4$；
(2) 中心在点 $(-1,-3,2)$ 且通过点 $(1,-1,1)$；
(3) 一条直径的两个端点为 $(2,-3,5)$ 和 $(4,1,-3)$.
9. 指出下列各方程在平面解析几何和空间解析几何中各表示什么图形：
(1) $x^2+y^2=1$；　(2) $x^2-y^2=0$；　(3) $y-\sqrt{3}z=0$；
(4) $\dfrac{x^2}{4}+\dfrac{y^2}{9}=1$；　(5) $\dfrac{x^2}{1}-\dfrac{y^2}{9}=1$；　(6) $x^2=4y$.

8.2 向量及其线性运算

【学习要求】

1. 了解向量的概念，熟悉向量的线性运算及性质.
2. 熟悉向量的坐标表示，能用坐标作线性运算.

8.2.1 向量的概念

在实际问题中，有一类量，只有大小，没有方向，例如高度、重量、温度等，这类量通常称为数量或标量；但还有一类量，既有大小又有方向，例如位移、力、速度、加速度、电场强度等，我们把这类量称为**向量(或矢量)**.

向量常用有向线段来表示，有向线段的长度表示该向量的大小，有向线段的方向表示该向量的方向. 以 A 为起点、B 为终点的有向线段所表示的向量，记为 $\overrightarrow{AB}$，有时为了简单起见，还可用小写黑体字如 $\boldsymbol{a}$，$\boldsymbol{b}$ 等来表示向量，如图 8.2.1 所示.

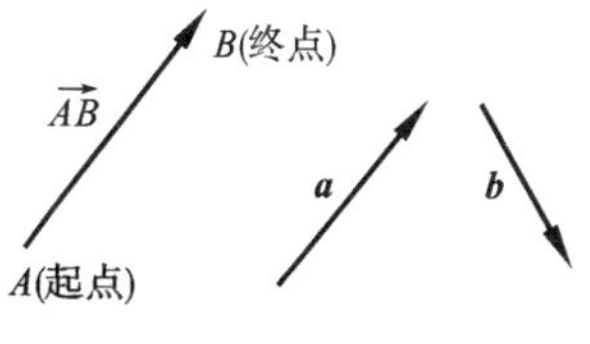

图 8.2.1

在数学上，由于我们只研究向量的大小和方向，与其起点是无关的，这种向量称为**自由向量**.

向量的大小称为向量的**模**，表示向量的长度，记为 $|\overrightarrow{AB}|$.

模为 1 的向量称为**单位向量**. 模为 0 的向量称为**零向量**，记为 $\mathbf{0}$，零向量的方向不确定.

如果两个向量 $\boldsymbol{a}$ 和 $\boldsymbol{b}$ 的模相等、方向相同，则这两个**向量相等**，记为 $\boldsymbol{a}=\boldsymbol{b}$.

方向相同或相反的向量称为**平行向量**，向量 $\boldsymbol{a}$ 平行向量 $\boldsymbol{b}$，记为 $\boldsymbol{a}\parallel\boldsymbol{b}$. 两向量平行，又称两向量共线.

8.2.2 向量的线性运算

1. 向量的加法

设有两个非零向量 $\boldsymbol{a}$ 和 $\boldsymbol{b}$，过空间一点 A，作 $\overrightarrow{AB}=\boldsymbol{a}$，$\overrightarrow{AD}=\boldsymbol{b}$，以 AB、AD 为邻边作平行四边形 $ABCD$，称向量 $\overrightarrow{AC}$ 为向量 $\boldsymbol{a}$ 与 $\boldsymbol{b}$ 的**和**，记为 $\boldsymbol{a}+\boldsymbol{b}$，如图 8.2.2(a)所示. 这种求两向量之和的方法称为向量相加的**平行四边形法则**.

由图 8.2.2(a)可见，$\overrightarrow{BC}=\overrightarrow{AD}=\boldsymbol{b}$，所以向量的加法还可用**三角形法则**来定义：作向量 $\overrightarrow{AB}=\boldsymbol{a}$，$\overrightarrow{BC}=\boldsymbol{b}$，在三角形 ABC 中，向量 $\overrightarrow{AC}$ 就是向量 $\boldsymbol{a}$ 与 $\boldsymbol{b}$ 的和 $\boldsymbol{a}+\boldsymbol{b}$，如图 8.2.2(b)所示.

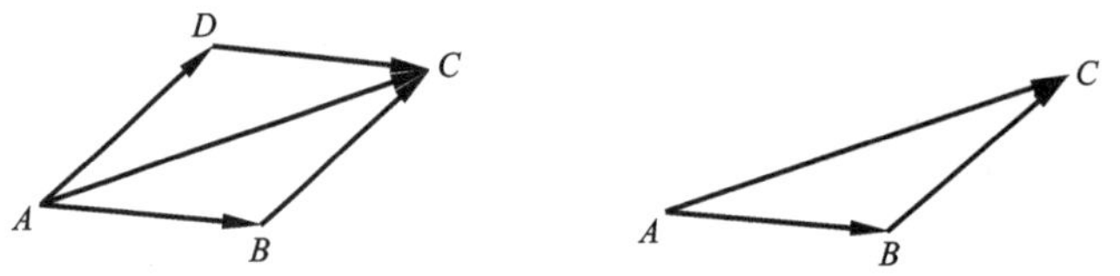

(a)　　(b)

图 8.2.2

由两个向量加法的三角形法则很容易推广到有限多个向量的加法，如图 8.2.3 所示，只要把这些向量依次首尾相连，以第一个向量的起点为起点，以最后一个向量终点为终点的向量，就是这些向量的和.

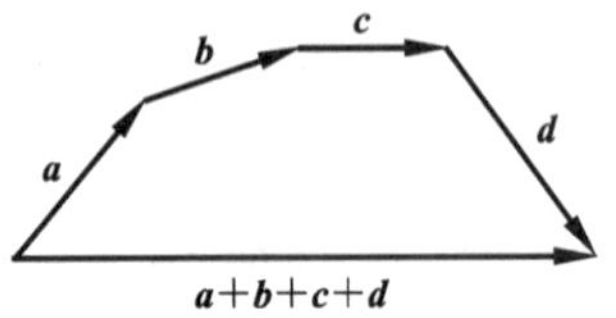

图 8.2.3

向量加法的物理意义是：如果 $\boldsymbol{a}$ 和 $\boldsymbol{b}$ 表示作用于某物体同一点处的两个力，则 $\boldsymbol{a}+\boldsymbol{b}$ 表示它们的合力.

由向量加法的定义可知，向量的加法满足：

交换律　$\boldsymbol{a}+\boldsymbol{b}=\boldsymbol{b}+\boldsymbol{a}$；

结合律　$(\boldsymbol{a}+\boldsymbol{b})+\boldsymbol{c}=\boldsymbol{a}+(\boldsymbol{b}+\boldsymbol{c})$.

2. 向量的减法

与向量 $\boldsymbol{a}$ 的模相等、方向相反的向量，称为向量 $\boldsymbol{a}$ 的**负向量**，记作 $-\boldsymbol{a}$.

任一向量与它的负向量的和是零向量，即

$$\boldsymbol{a}+(-\boldsymbol{a})=(-\boldsymbol{a})+\boldsymbol{a}=\boldsymbol{0}.$$

向量 $\boldsymbol{a}$ 与向量 $\boldsymbol{b}$ 的负向量的和，称为向量 $\boldsymbol{a}$ 与 $\boldsymbol{b}$ 的**差**，记作 $\boldsymbol{a}-\boldsymbol{b}$，即

$$\boldsymbol{a}+(-\boldsymbol{b})=\boldsymbol{a}-\boldsymbol{b}.$$

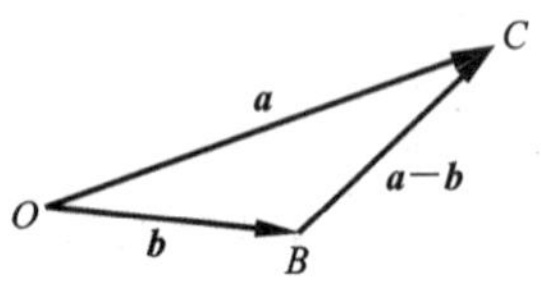

图 8.2.4

如图 8.2.4 所示，由向量的加法知 $\overrightarrow{OB}+\overrightarrow{BC}=\overrightarrow{OC}$，所以 $\overrightarrow{BC}=\overrightarrow{OC}-\overrightarrow{OB}$，因此向量的减法也可以按三角形法则进行：只要把 $\boldsymbol{a}$ 与 $\boldsymbol{b}$ 的起点放在一起，则两终点相连且方向指向 $\boldsymbol{a}$ 的向量，就是向量 $\boldsymbol{a}$ 与 $\boldsymbol{b}$ 的差 $\boldsymbol{a}-\boldsymbol{b}$.

【军事应用】

两向量的和或差的运算在军事上也有广泛的应用，例如舰艇在航行过程中，要考虑海流对舰艇航行的影响，其中就要分析研究航行速度向量、海流速度向量和舰艇在海流中实际航行速

度向量(它们分别被简称为航速向量、流速向量和流中向量)三个向量之间的和或差的关系,如图 8.2.5 所示.

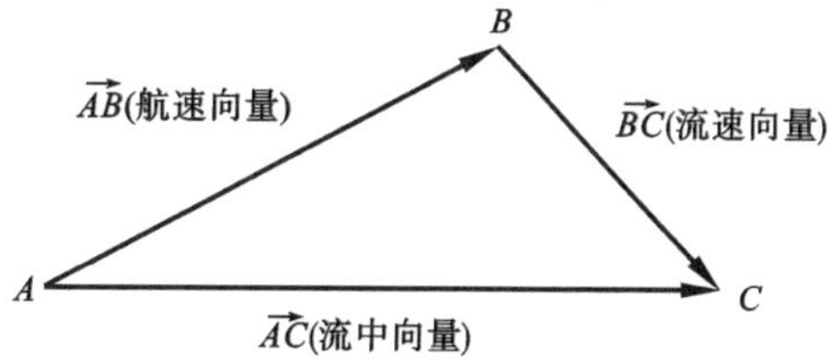

图 8.2.5

3. 向量的数乘运算

设 λ 为一实数,向量 $\boldsymbol{a}$ 与数 λ 的乘积是一个向量,记为 $\lambda\boldsymbol{a}$,它的模与方向规定如下:

(1) $|\lambda\boldsymbol{a}|=|\lambda||\boldsymbol{a}|$;

(2) 当 $\lambda>0$ 时,$\lambda\boldsymbol{a}$ 的方向与 $\boldsymbol{a}$ 的方向相同;当 $\lambda<0$ 时,$\lambda\boldsymbol{a}$ 的方向与 $\boldsymbol{a}$ 的方向相反;当 $\lambda=0$ 时,$\lambda\boldsymbol{a}=\boldsymbol{0}$.

向量的数乘运算有如下运算规律(其中 λ、μ 为实数):

交换律　$\lambda\boldsymbol{a}=\boldsymbol{a}\lambda$;

结合律　$\lambda(\mu\boldsymbol{a})=(\lambda\mu)\boldsymbol{a}=\mu(\lambda\boldsymbol{a})$;

分配律　$(\lambda+\mu)\boldsymbol{a}=\lambda\boldsymbol{a}+\mu\boldsymbol{a}$,$\lambda(\boldsymbol{a}+\boldsymbol{b})=\lambda\boldsymbol{a}+\lambda\boldsymbol{b}$.

由此可知,无论 λ 为正、负还是零,向量 $\lambda\boldsymbol{a}$ 与向量 $\boldsymbol{a}$ 都是平行的,于是有如下定理.

定理 8.2.1　向量 $\boldsymbol{a}/\!/\boldsymbol{b}$ 的充分必要条件是 $\boldsymbol{a}=\lambda\boldsymbol{b}$,其中 λ 为实数.

设 a 是一个非零向量,把与 $\boldsymbol{a}$ 同向的单位向量记为 $\boldsymbol{e}_a$,于是有 $\boldsymbol{a}=|\boldsymbol{a}|\boldsymbol{e}_a$. 所以,当 $|\boldsymbol{a}|\neq 0$ 时,$\boldsymbol{e}_a=\dfrac{\boldsymbol{a}}{|\boldsymbol{a}|}$.

向量的加减运算以及向量的数乘运算统称为**向量的线性运算**.

例 8.2.1　计算下列向量:

(1) $(-4)\times 5\boldsymbol{a}$;　(2) $3(\boldsymbol{a}-2\boldsymbol{b})-2(\boldsymbol{a}+\boldsymbol{b})$;　(3) $2(\boldsymbol{a}-5\boldsymbol{b}+\boldsymbol{c})+(2\boldsymbol{a}+\boldsymbol{b}-\boldsymbol{c})$.

解　(1) $(-4)\times 5\boldsymbol{a}=(-4\times 5)\boldsymbol{a}=-20\boldsymbol{a}$;

(2) $3(\boldsymbol{a}-2\boldsymbol{b})-2(\boldsymbol{a}+\boldsymbol{b})=3\boldsymbol{a}-6\boldsymbol{b}-2\boldsymbol{a}-2\boldsymbol{b}=\boldsymbol{a}-8\boldsymbol{b}$;

(3) $2(\boldsymbol{a}-5\boldsymbol{b}+\boldsymbol{c})+(2\boldsymbol{a}+\boldsymbol{b}-\boldsymbol{c})=2\boldsymbol{a}-10\boldsymbol{b}+2\boldsymbol{c}+2\boldsymbol{a}+\boldsymbol{b}-\boldsymbol{c}=4\boldsymbol{a}-9\boldsymbol{b}+\boldsymbol{c}$.

例 8.2.2　$\triangle ABC$ 中,边 BC 的三等分点为 D,E,记 $\overrightarrow{AB}=\boldsymbol{a}$,$\overrightarrow{AC}=\boldsymbol{b}$,试用 $\boldsymbol{a}$ 和 $\boldsymbol{b}$ 表示 $\overrightarrow{AD}$,$\overrightarrow{AE}$.

解　如图 8.2.6 所示,由向量的线性运算知

$$\overrightarrow{BC}=\boldsymbol{b}-\boldsymbol{a},\quad \overrightarrow{BD}=\frac{1}{3}\overrightarrow{BC}=\frac{1}{3}(\boldsymbol{b}-\boldsymbol{a}),$$

$$\overrightarrow{EC}=\frac{1}{3}\overrightarrow{BC}=\frac{1}{3}(\boldsymbol{b}-\boldsymbol{a}),$$

所以

$$\overrightarrow{AD}=\overrightarrow{AB}+\overrightarrow{BD}=\boldsymbol{a}+\frac{1}{3}(\boldsymbol{b}-\boldsymbol{a})=\frac{2}{3}\boldsymbol{a}+\frac{1}{3}\boldsymbol{b},$$

$$\overrightarrow{AE}=\overrightarrow{AC}-\overrightarrow{EC}=\boldsymbol{b}-\frac{1}{3}(\boldsymbol{b}-\boldsymbol{a})=\frac{1}{3}\boldsymbol{a}+\frac{2}{3}\boldsymbol{b}.$$

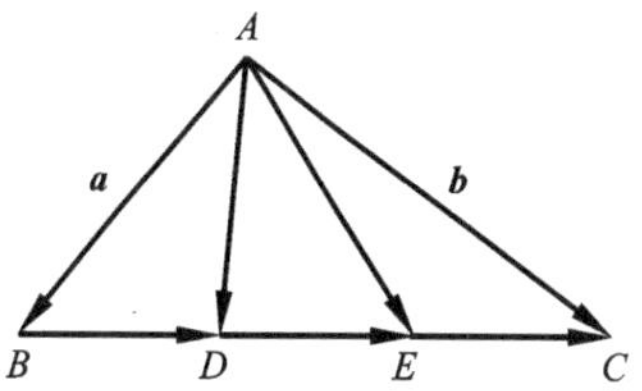

图 8.2.6

8.2.3 向量的坐标表示

1. 向径及其坐标表示

起点在坐标原点 O、终点为 M 的向量 $\overrightarrow{OM}$ 称为点 M 的**向径**(也称为点 M 的位置向量),记为 $\overrightarrow{OM}$.

如图 8.2.7 所示,在空间直角坐标系中,以原点 O 为起点,方向分别与 x,y,z 轴的正方向一致的三个单位向量叫做**基本单位向量**,分别记为 $\boldsymbol{i},\boldsymbol{j},\boldsymbol{k}$.

若点 M 的坐标为 (x,y,z),则向量 $\overrightarrow{OP}=x\boldsymbol{i}$, $\overrightarrow{OQ}=y\boldsymbol{j}$, $\overrightarrow{OR}=z\boldsymbol{k}$,由向量的加法法则得

$$\overrightarrow{OM}=\overrightarrow{ON}+\overrightarrow{NM}=\overrightarrow{OP}+\overrightarrow{OQ}+\overrightarrow{OR}=x\boldsymbol{i}+y\boldsymbol{j}+z\boldsymbol{k},$$

即点 $M(x,y,z)$ 的向径 $\overrightarrow{OM}$ 的坐标表达式为

$$\overrightarrow{OM}=x\boldsymbol{i}+y\boldsymbol{j}+z\boldsymbol{k},$$

可简记为 (x,y,z),即

$$\overrightarrow{OM}=(x,y,z).$$

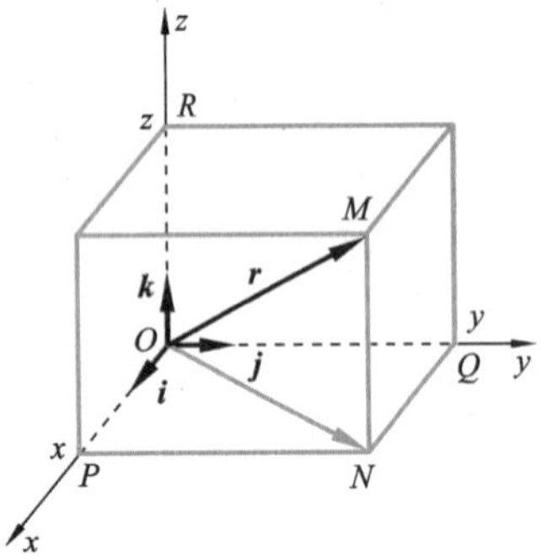

图 8.2.7

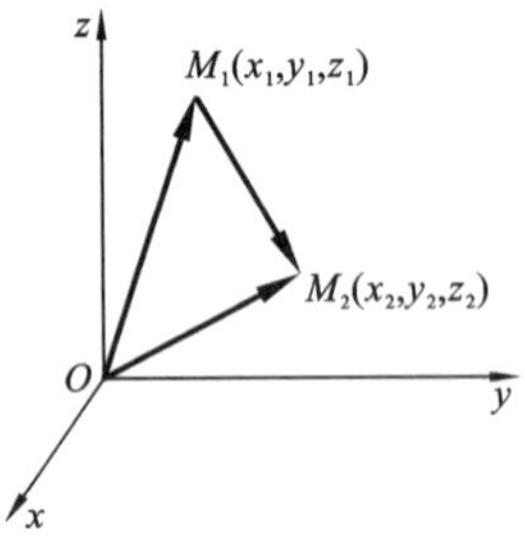

图 8.2.8

2. 向量的坐标表达式

设有点 $M_1(x_1,y_1,z_1)$, $M_2(x_2,y_2,z_2)$,则以 M_1 为起点、M_2 为终点的向量

$$\overrightarrow{M_1M_2}=\overrightarrow{OM_2}-\overrightarrow{OM_1},$$

如图 8.2.8 所示,O 为坐标原点.

又因为 $\overrightarrow{OM_1}$, $\overrightarrow{OM_2}$ 均为向径,所以

$$\overrightarrow{OM_1}=x_1\boldsymbol{i}+y_1\boldsymbol{j}+z_1\boldsymbol{k},$$

$$\overrightarrow{OM_2}=x_2\boldsymbol{i}+y_2\boldsymbol{j}+z_2\boldsymbol{k},$$

于是

$$\begin{aligned}\overrightarrow{M_1M_2}&=(x_2\boldsymbol{i}+y_2\boldsymbol{j}+z_2\boldsymbol{k})-(x_1\boldsymbol{i}+y_1\boldsymbol{j}+z_1\boldsymbol{k})\\&=(x_2-x_1)\boldsymbol{i}+(y_2-y_1)\boldsymbol{j}+(z_2-z_1)\boldsymbol{k}.\end{aligned}$$

这就是说,以 $M_1(x_1,y_1,z_1)$ 为起点、$M_2(x_2,y_2,z_2)$ 为终点的向量 $\overrightarrow{M_1M_2}$ 的坐标表达式为

$$\overrightarrow{M_1M_2}=(x_2-x_1)\boldsymbol{i}+(y_2-y_1)\boldsymbol{j}+(z_2-z_1)\boldsymbol{k},$$

简记为

$$\overrightarrow{M_1M_2}=(x_2-x_1,y_2-y_1,z_2-z_1).$$

3. 向量的模

任给一向量 $\boldsymbol{r}=x\boldsymbol{i}+y\boldsymbol{j}+z\boldsymbol{k}$，都可以将其视为以点 $M(x,y,z)$ 为终点的向径 $\overrightarrow{OM}$，由图8.2.7不难看出

$$|\overrightarrow{OM}|^2=\sqrt{|\overrightarrow{OP}|^2+|\overrightarrow{OQ}|^2+|\overrightarrow{OR}|^2}=\sqrt{x^2+y^2+z^2},$$

即

$$|\boldsymbol{r}|=\sqrt{x^2+y^2+z^2}.$$

例 8.2.3 (1) 写出点 $A(1,2,1)$ 的向径；(2) 写出起点为 $A(1,2,1)$、终点为 $B(3,3,0)$ 的向量的坐标表达式；(3) 已知 $\boldsymbol{r}=2\boldsymbol{i}+2\boldsymbol{j}-\boldsymbol{k}$，求 $|\boldsymbol{r}|$.

解 (1) $\overrightarrow{OA}=\boldsymbol{i}+2\boldsymbol{j}+\boldsymbol{k}$；

(2) $\overrightarrow{AB}=(3-1)\boldsymbol{i}+(3-2)\boldsymbol{j}+(0-1)\boldsymbol{k}=2\boldsymbol{i}+\boldsymbol{j}-\boldsymbol{k}$；

(3) $|\boldsymbol{r}|=\sqrt{2^2+2^2+(-1)^2}=3$.

4. 向量运算的坐标表示

设向量 $\boldsymbol{a}=x_1\boldsymbol{i}+y_1\boldsymbol{j}+z_1\boldsymbol{k}$，$\boldsymbol{b}=x_2\boldsymbol{i}+y_2\boldsymbol{j}+z_2\boldsymbol{k}$，则向量的线性运算可表示为

(1) $\boldsymbol{a}\pm\boldsymbol{b}=(x_1\pm x_2)\boldsymbol{i}+(y_1\pm y_2)\boldsymbol{j}+(z_1\pm z_2)\boldsymbol{k}=(x_1\pm x_2,y_1\pm y_2,z_1\pm z_2)$；

(2) $\lambda\boldsymbol{a}=\lambda x_1\boldsymbol{i}+\lambda y_1\boldsymbol{j}+\lambda z_1\boldsymbol{k}=(\lambda x_1,\lambda y_1,\lambda z_1)$.

同时可推得

$$\boldsymbol{a}=\boldsymbol{b}\Leftrightarrow x_1=x_2,y_1=y_2,z_1=z_2;$$

$$\boldsymbol{a}/\!/\boldsymbol{b}\Leftrightarrow\frac{x_1}{x_2}=\frac{y_1}{y_2}=\frac{z_1}{z_2}.$$

这里当分母为零时，可理解为分子也为零.

例 8.2.4 设 $\boldsymbol{a}=2\boldsymbol{i}-\boldsymbol{j}+3\boldsymbol{k}$，$\boldsymbol{b}=-\boldsymbol{i}-4\boldsymbol{j}-2\boldsymbol{k}$，求 $\boldsymbol{a}+\boldsymbol{b}$，$\boldsymbol{a}-\boldsymbol{b}$，$2\boldsymbol{a}-3\boldsymbol{b}$ 及 $|\boldsymbol{a}|$.

解 $\boldsymbol{a}+\boldsymbol{b}=(2-1)\boldsymbol{i}+(-1-4)\boldsymbol{j}+(3-2)\boldsymbol{k}=\boldsymbol{i}-5\boldsymbol{j}+\boldsymbol{k}$；

$\boldsymbol{a}-\boldsymbol{b}=(2-(-1))\boldsymbol{i}+(-1-(-4))\boldsymbol{j}+(3-(-2))\boldsymbol{k}=3\boldsymbol{i}+3\boldsymbol{j}+5\boldsymbol{k}$；

$2\boldsymbol{a}-3\boldsymbol{b}=2(2\boldsymbol{i}-\boldsymbol{j}+3\boldsymbol{k})-3(-\boldsymbol{i}-4\boldsymbol{j}-2\boldsymbol{k})=7\boldsymbol{i}+10\boldsymbol{j}+12\boldsymbol{k}$；

$|\boldsymbol{a}|=\sqrt{2^2+(-1)^2+3^2}=\sqrt{14}$.

例 8.2.5 已知向量 $\boldsymbol{a}=\beta\boldsymbol{i}+5\boldsymbol{j}-\boldsymbol{k}$ 与 $\boldsymbol{b}=3\boldsymbol{i}+\boldsymbol{j}+\gamma\boldsymbol{k}$ 平行，求 β,γ 的值.

解 由于 $\boldsymbol{a}/\!/\boldsymbol{b}$，于是有 $\frac{\beta}{3}=\frac{5}{1}=\frac{-1}{\gamma}$，所以 $\beta=15,\gamma=-\frac{1}{5}$.

例 8.2.6 设向量 $\boldsymbol{a}=2\boldsymbol{i}+\boldsymbol{j}-2\boldsymbol{k}$，求 $\boldsymbol{e}_a$.

解 因为

$$|\boldsymbol{a}|=\sqrt{2^2+1^2+(-2)^2}=3,$$

所以

$$\boldsymbol{e}_a=\frac{\boldsymbol{a}}{|\boldsymbol{a}|}=\frac{\boldsymbol{a}}{3}=\frac{2}{3}\boldsymbol{i}+\frac{1}{3}\boldsymbol{j}-\frac{2}{3}\boldsymbol{k}.$$

习　题

1. 设△ABC 中，M 为 BC 的中点，N 为 CA 的中点，P 为 AB 的中点，试用 $\boldsymbol{a}=\overrightarrow{BC}$，$\boldsymbol{b}=\overrightarrow{CA}$，$\boldsymbol{c}=\overrightarrow{AB}$ 表示向量 $\overrightarrow{AM}$，$\overrightarrow{BN}$，$\overrightarrow{CP}$.

2. 给定两点 $M_1(2,5,-3)$ 和 $M_2(3,-2,5)$，设在线段 M_1M_2 上的一点 M 满足 $\overrightarrow{M_1M_2}=3\overrightarrow{MM_2}$，求向量 $\overrightarrow{OM}$ 的坐标.

3. 令向量 $\boldsymbol{a}=2\boldsymbol{i}+3\boldsymbol{j}+4\boldsymbol{k}$，$\boldsymbol{b}=\boldsymbol{i}+\boldsymbol{j}-3\boldsymbol{k}$，求 $\boldsymbol{a}+\boldsymbol{b}$，$\boldsymbol{a}-\boldsymbol{b}$，$4\boldsymbol{a}-3\boldsymbol{b}$.

4. 已知两向量 $\boldsymbol{a}=2\boldsymbol{i}+3\boldsymbol{j}-2\boldsymbol{k}$，$\boldsymbol{b}=\boldsymbol{i}+3\boldsymbol{j}+2\boldsymbol{k}$，试求：

(1) $\boldsymbol{a}+2\boldsymbol{b}$；　　(2) $3\boldsymbol{a}-2\boldsymbol{b}$.

5. 已知两向量 $\boldsymbol{a}=6\boldsymbol{i}-4\boldsymbol{j}+10\boldsymbol{k}$，$\boldsymbol{b}=3\boldsymbol{i}+4\boldsymbol{j}-9\boldsymbol{k}$，试求：

(1) $\boldsymbol{a}+2\boldsymbol{b}$；　　(2) $3\boldsymbol{a}+2\boldsymbol{b}$.

6. 已知向量 $\boldsymbol{a}=2\boldsymbol{i}+3\boldsymbol{j}+4\boldsymbol{k}$ 的起点为 $(1,-1,5)$，求向量 $\boldsymbol{a}$ 的终点坐标.

7. 求出向量 $\boldsymbol{a}=\boldsymbol{i}+\boldsymbol{j}+\boldsymbol{k}$，$\boldsymbol{b}=2\boldsymbol{i}-3\boldsymbol{j}+5\boldsymbol{k}$ 及 $\boldsymbol{c}=-2\boldsymbol{i}-\boldsymbol{j}+2\boldsymbol{k}$ 的模，并分别用单位向量 $\boldsymbol{e}_a$，$\boldsymbol{e}_b$，$\boldsymbol{e}_c$ 表示向量 $\boldsymbol{a}$，$\boldsymbol{b}$，$\boldsymbol{c}$.

8. 已知向量 $\boldsymbol{a}=x\boldsymbol{i}+5\boldsymbol{j}-\boldsymbol{k}$ 与向量 $\boldsymbol{b}=3\boldsymbol{i}+\boldsymbol{j}+y\boldsymbol{k}$ 平行，求待定系数 x 和 y.

8.3　数量积与向量积

【学习要求】

1. 理解向量的数量积的定义，了解其运算规律，会用坐标求数量积.
2. 理解向量的向量积的定义，了解其运算规律，会用坐标求向量积.

8.3.1　向量的数量积

引例 1　设一物体在常力(大小和方向都不变) $\boldsymbol{F}$ 作用下的位移为 $\boldsymbol{s}$，若 $\boldsymbol{F}$ 的方向与 $\boldsymbol{s}$ 的方向的夹角为 θ(见图 8.3.1)，由物理学知识，力 $\boldsymbol{F}$ 所做的功为

$$W=|\boldsymbol{F}|\cdot|\boldsymbol{s}|\cdot\cos\theta,$$

即 $\boldsymbol{F}$ 所做的功为两向量 $\boldsymbol{F}$，$\boldsymbol{s}$ 的模与它们的夹角的余弦的乘积.

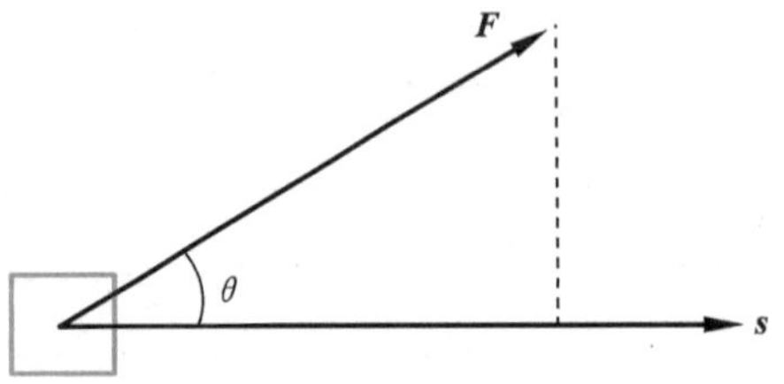

图 8.3.1

现实生活中，还有许多量可以表示成“两矢量之模与其夹角余弦之积”，为此引入向量的数量积的概念.

1. 两向量数量积的定义

定义 8.3.1　设向量 $\boldsymbol{a}$ 与 $\boldsymbol{b}$ 之间的夹角为 $\theta(0\leqslant\theta\leqslant180°)$，则 $|\boldsymbol{a}|\cdot|\boldsymbol{b}|\cdot\cos\theta$ 称为向量 $\boldsymbol{a}$ 与

$\boldsymbol{b}$ 的数量积，记作 $\boldsymbol{a}\cdot\boldsymbol{b}$，即

$$\boldsymbol{a}\cdot\boldsymbol{b}=|\boldsymbol{a}|\cdot|\boldsymbol{b}|\cdot\cos\theta.$$

规定：零向量与任一向量的数量积为 0. 由此可见，两个向量的数量积是一个数量，这个数量的大小与两个向量的模及其夹角有关.

由定义可知，对向量 $\boldsymbol{a}$，有

$$\boldsymbol{a}\cdot\boldsymbol{a}=\boldsymbol{a}^2.$$

根据定义，数量积有下列运算规律：

交换律　$\boldsymbol{a}\cdot\boldsymbol{b}=\boldsymbol{b}\cdot\boldsymbol{a}$；

分配律　$(\boldsymbol{a}+\boldsymbol{b})\cdot\boldsymbol{c}=\boldsymbol{a}\cdot\boldsymbol{c}+\boldsymbol{b}\cdot\boldsymbol{c}$；

结合律　$(\lambda\boldsymbol{a})\cdot\boldsymbol{b}=\lambda(\boldsymbol{a}\cdot\boldsymbol{b})=\boldsymbol{a}\cdot(\lambda\boldsymbol{b})$（$\lambda$ 为常数）.

2. 数量积的坐标表示

设向量 $\boldsymbol{a}=a_1\boldsymbol{i}+a_2\boldsymbol{j}+a_3\boldsymbol{k}$，$\boldsymbol{b}=b_1\boldsymbol{i}+b_2\boldsymbol{j}+b_3\boldsymbol{k}$，由数量积的运算性质有

$$\begin{aligned}\boldsymbol{a}\cdot\boldsymbol{b}&=(a_1\boldsymbol{i}+a_2\boldsymbol{j}+a_3\boldsymbol{k})\cdot(b_1\boldsymbol{i}+b_2\boldsymbol{j}+b_3\boldsymbol{k})\\&=a_1b_1(\boldsymbol{i}\cdot\boldsymbol{i})+a_2b_1(\boldsymbol{j}\cdot\boldsymbol{i})+a_3b_1(\boldsymbol{k}\cdot\boldsymbol{i})+a_1b_2(\boldsymbol{i}\cdot\boldsymbol{j})+a_2b_2(\boldsymbol{j}\cdot\boldsymbol{j})\\&\quad+a_3b_2(\boldsymbol{k}\cdot\boldsymbol{j})+a_1b_3(\boldsymbol{i}\cdot\boldsymbol{k})+a_2b_3(\boldsymbol{j}\cdot\boldsymbol{k})+a_3b_3(\boldsymbol{k}\cdot\boldsymbol{k}),\end{aligned}$$

因为　$\boldsymbol{i}\cdot\boldsymbol{i}=\boldsymbol{j}\cdot\boldsymbol{j}=\boldsymbol{k}\cdot\boldsymbol{k}=1,\quad \boldsymbol{i}\cdot\boldsymbol{j}=\boldsymbol{j}\cdot\boldsymbol{k}=\boldsymbol{k}\cdot\boldsymbol{i}=0,$

所以

$$\boldsymbol{a}\cdot\boldsymbol{b}=a_1b_1+a_2b_2+a_3b_3.$$

即两向量的数量积等于它们对应坐标的乘积之和.

3. 两向量的夹角

设非零向量 $\boldsymbol{a}=a_1\boldsymbol{i}+a_2\boldsymbol{j}+a_3\boldsymbol{k}$ 与 $\boldsymbol{b}=b_1\boldsymbol{i}+b_2\boldsymbol{j}+b_3\boldsymbol{k}$，由于

$$\boldsymbol{a}\cdot\boldsymbol{b}=|\boldsymbol{a}|\cdot|\boldsymbol{b}|\cdot\cos\theta,$$

所以，它们的夹角为 θ 的余弦

$$\cos\theta=\frac{\boldsymbol{a}\cdot\boldsymbol{b}}{|\boldsymbol{a}|\cdot|\boldsymbol{b}|}=\frac{a_1b_1+a_2b_2+a_3b_3}{\sqrt{a_1^2+a_2^2+a_3^2}\cdot\sqrt{b_1^2+b_2^2+b_3^2}}\quad(0\leqslant\theta\leqslant\pi).$$

这就是用坐标计算两向量夹角的余弦的公式.

若非零向量 $\boldsymbol{a}$ 与 $\boldsymbol{b}$ 的夹角为 $\frac{\pi}{2}$，则称向量 $\boldsymbol{a}$ 与 $\boldsymbol{b}$ 垂直，记为 $\boldsymbol{a}\perp\boldsymbol{b}$.

由上述公式可得如下定理.

定理 8.3.1　两个向量 $\boldsymbol{a}$，$\boldsymbol{b}$ 互相垂直的充分必要条件是

$$\boldsymbol{a}\cdot\boldsymbol{b}=0\quad\text{或}\quad a_1b_1+a_2b_2+a_3b_3=0.$$

例 8.3.1　设 $\boldsymbol{a}=\boldsymbol{i}-2\boldsymbol{k}$，$\boldsymbol{b}=-3\boldsymbol{i}+\boldsymbol{j}+\boldsymbol{k}$，求 $\boldsymbol{a}\cdot\boldsymbol{b}$.

解　$\boldsymbol{a}\cdot\boldsymbol{b}=1\times(-3)+0\times1+(-2)\times1=-5$.

例 8.3.2　讨论向量 $\boldsymbol{a}$ 与 $\boldsymbol{b}$ 之间的位置关系：

(1) $\boldsymbol{a}=-\boldsymbol{j}+3\boldsymbol{k}$，$\boldsymbol{b}=2\boldsymbol{j}-6\boldsymbol{k}$；　(2) $\boldsymbol{a}=\boldsymbol{i}+3\boldsymbol{j}-2\boldsymbol{k}$，$\boldsymbol{b}=4\boldsymbol{i}-2\boldsymbol{j}-\boldsymbol{k}$.

解　(1) 因为 $\boldsymbol{a}$ 与 $\boldsymbol{b}$ 的对应坐标成比例，即 $\boldsymbol{b}=-2\boldsymbol{a}$，所以 $\boldsymbol{b}/\!/\boldsymbol{a}$，且由 $\lambda=-2<0$ 知，$\boldsymbol{b}$ 与 $\boldsymbol{a}$ 反向.

(2) 因为 $\boldsymbol{a}\cdot\boldsymbol{b}=1\times4+3\times(-2)+(-2)\times(-1)=0$，所以 $\boldsymbol{a}\perp\boldsymbol{b}$.

例 8.3.3 求向量 $\boldsymbol{a}=\boldsymbol{i}+\sqrt{2}\boldsymbol{j}-\boldsymbol{k}$ 与 $\boldsymbol{b}=-\boldsymbol{i}+\boldsymbol{k}$ 的夹角 θ.

解 因为

$$\boldsymbol{a}\cdot\boldsymbol{b}=-2,\quad |\boldsymbol{a}|=\sqrt{1^2+(\sqrt{2})^2+1^2}=2,\quad |\boldsymbol{b}|=\sqrt{(-1)^2+1^2}=\sqrt{2},$$

根据两向量夹角的余弦的公式,有

$$\cos\theta=\frac{\boldsymbol{a}\cdot\boldsymbol{b}}{|\boldsymbol{a}|\cdot|\boldsymbol{b}|}=\frac{-2}{2\sqrt{2}}=-\frac{\sqrt{2}}{2},$$

所以 $\theta=\frac{3\pi}{4}$.

8.3.2 向量的向量积

引例 2 如图 8.3.2 所示,设 O 点为一杠杆的支点,力 $\boldsymbol{F}$ 作用于杠杆 L 上点 P 处,力 $\boldsymbol{F}$ 与杠杆 L 的夹角为 θ,求力 $\boldsymbol{F}$ 对支点 O 的力矩.

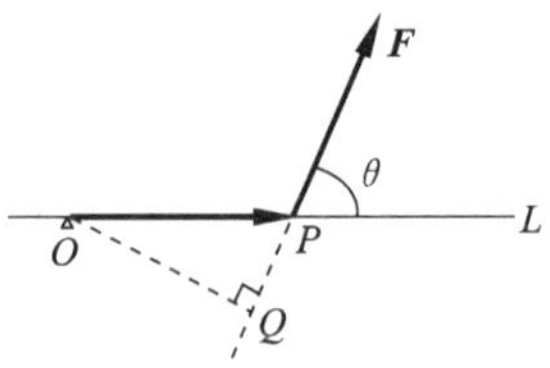

图 8.3.2

解 根据物理学知识,力 $\boldsymbol{F}$ 对点 O 的力矩是向量 $\boldsymbol{M}$,其大小为

$$|\boldsymbol{M}|=|\boldsymbol{F}||\overrightarrow{OP}|\sin\theta,$$

向量 $\boldsymbol{M}$ 的方向垂直于 $\overrightarrow{OP}$ 和 $\boldsymbol{F}$ 所在的平面,按右手法则从 $\overrightarrow{OP}$ 以不超过 π 的角度转向 $\boldsymbol{F}$ 来确定的.

在工程技术领域,有许多向量具有上述特征. 由此我们引入向量积的定义.

1. 向量积的定义

定义 8.3.2 两向量 $\boldsymbol{a}$ 和 $\boldsymbol{b}$ 的向量积是一个新的向量,记作 $\boldsymbol{a}\times\boldsymbol{b}$,它的模为 $|\boldsymbol{a}\times\boldsymbol{b}|=|\boldsymbol{a}|\cdot|\boldsymbol{b}|\cdot\sin\theta$,$\theta$ 为 $\boldsymbol{a}$ 与 $\boldsymbol{b}$ 的夹角($0\leqslant\theta\leqslant\pi$),$\boldsymbol{a}\times\boldsymbol{b}$ 的方向垂直于 $\boldsymbol{a}$ 和 $\boldsymbol{b}$ 所确定的平面,且按右手法则由 $\boldsymbol{a}$ 转向 $\boldsymbol{b}$ 而定(见图 8.3.3).

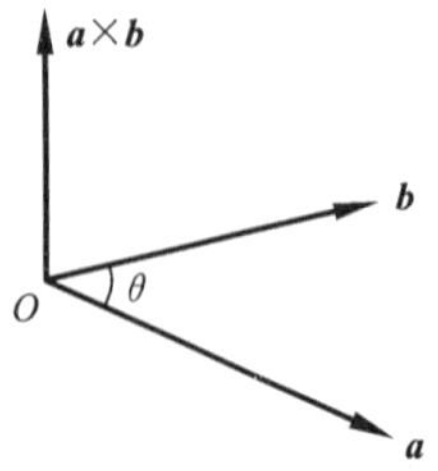

图 8.3.3

由向量积的定义可知,$\boldsymbol{a}\times\boldsymbol{a}=\boldsymbol{0}$.

基本单位向量之间的向量积有

$\boldsymbol{i}\times\boldsymbol{i}=\boldsymbol{j}\times\boldsymbol{j}=\boldsymbol{k}\times\boldsymbol{k}=\boldsymbol{0}$; $\boldsymbol{i}\times\boldsymbol{j}=\boldsymbol{k},\boldsymbol{j}\times\boldsymbol{k}=\boldsymbol{i},\boldsymbol{k}\times\boldsymbol{i}=\boldsymbol{j}$; $\boldsymbol{j}\times\boldsymbol{i}=-\boldsymbol{k},\boldsymbol{k}\times\boldsymbol{j}=-\boldsymbol{i},\boldsymbol{i}\times\boldsymbol{k}=-\boldsymbol{j}$.

根据向量积的定义,向量积有如下运算规律:

反交换律 $\boldsymbol{a}\times\boldsymbol{b}=-\boldsymbol{b}\times\boldsymbol{a}$;

结合律 $\lambda(\boldsymbol{a}\times\boldsymbol{b})=(\lambda\boldsymbol{a})\times\boldsymbol{b}=\boldsymbol{a}\times(\lambda\boldsymbol{b})$($\lambda$ 为实数);

分配律 $(\boldsymbol{a}+\boldsymbol{b})\times\boldsymbol{c}=(\boldsymbol{a}\times\boldsymbol{c})+(\boldsymbol{b}\times\boldsymbol{c})$.

而且,还有下面定理成立.

定理 8.3.2 两向量 $\boldsymbol{a}$ 与 $\boldsymbol{b}$ 平行的充分必要条件是 $\boldsymbol{a}\times\boldsymbol{b}=\boldsymbol{0}$.

2. 向量积的坐标表示

设向量 $\boldsymbol{a}=a_1\boldsymbol{i}+a_2\boldsymbol{j}+a_3\boldsymbol{k}$ 与 $\boldsymbol{b}=b_1\boldsymbol{i}+b_2\boldsymbol{j}+b_3\boldsymbol{k}$,由向量积的运算性质有

$$\begin{aligned}\boldsymbol{a}\times\boldsymbol{b}&=(a_1\boldsymbol{i}+a_2\boldsymbol{j}+a_3\boldsymbol{k})\times(b_1\boldsymbol{i}+b_2\boldsymbol{j}+b_3\boldsymbol{k})\\&=a_1b_1(\boldsymbol{i}\times\boldsymbol{i})+a_2b_1(\boldsymbol{j}\times\boldsymbol{i})+a_3b_1(\boldsymbol{k}\times\boldsymbol{i})+a_1b_2(\boldsymbol{i}\times\boldsymbol{j})+a_2b_2(\boldsymbol{j}\times\boldsymbol{j})+a_3b_2(\boldsymbol{k}\times\boldsymbol{j})\\&\quad+a_1b_3(\boldsymbol{i}\times\boldsymbol{k})+a_2b_3(\boldsymbol{j}\times\boldsymbol{k})+a_3b_3(\boldsymbol{k}\times\boldsymbol{k})\\&=(a_2b_3-a_3b_2)\boldsymbol{i}-(a_1b_3-a_3b_1)\boldsymbol{j}+(a_1b_2-a_2b_1)\boldsymbol{k},\end{aligned}$$

即为**向量积的坐标表式**. 为便于记忆,借用行列式的记号,将上式表示为

$$\boldsymbol{a}\times\boldsymbol{b}=\begin{vmatrix}\boldsymbol{i}&\boldsymbol{j}&\boldsymbol{k}\\a_1&a_2&a_3\\b_1&b_2&b_3\end{vmatrix}.$$

例 8.3.4 求 $\boldsymbol{a}=\boldsymbol{i}+2\boldsymbol{j}+3\boldsymbol{k}$ 和 $\boldsymbol{b}=-\boldsymbol{i}+\boldsymbol{j}-2\boldsymbol{k}$ 的向量积.

解 $$\boldsymbol{a}\times\boldsymbol{b}=\begin{vmatrix}\boldsymbol{i}&\boldsymbol{j}&\boldsymbol{k}\\1&2&3\\-1&1&-2\end{vmatrix}=\begin{vmatrix}2&3\\1&-2\end{vmatrix}\boldsymbol{i}-\begin{vmatrix}1&3\\-1&-2\end{vmatrix}\boldsymbol{j}+\begin{vmatrix}1&2\\-1&1\end{vmatrix}\boldsymbol{k}=-7\boldsymbol{i}-\boldsymbol{j}+3\boldsymbol{k}.$$

习 题

1. 设给定向量 $\boldsymbol{a}=\boldsymbol{i}+\boldsymbol{j}-4\boldsymbol{k}$,$\boldsymbol{b}=2\boldsymbol{i}-2\boldsymbol{j}+\boldsymbol{k}$.

(1) 计算 $\boldsymbol{a}\cdot\boldsymbol{b}$; (2) 求 $|\boldsymbol{a}|$,$|\boldsymbol{b}|$ 及 $(\boldsymbol{a},\boldsymbol{b})$.

2. 设向量 $\boldsymbol{a}=3\boldsymbol{i}+2\boldsymbol{j}-\boldsymbol{k}$,$\boldsymbol{b}=\boldsymbol{i}-\boldsymbol{j}+2\boldsymbol{k}$,求:

(1) $\boldsymbol{a}\cdot\boldsymbol{b}$; (2) $5\boldsymbol{a}\cdot3\boldsymbol{b}$; (3) $\boldsymbol{a}\cdot\boldsymbol{i}$,$\boldsymbol{a}\cdot\boldsymbol{j}$,$\boldsymbol{a}\cdot\boldsymbol{k}$.

3. 一向量通过点 $(0,0,0)$ 和 $(10,5,10)$,而另一向量通过点 $(-2,1,3)$ 和 $(0,-1,2)$,求这两向量间的夹角.

4. 说明向量 $\boldsymbol{a}=2\boldsymbol{i}-\boldsymbol{j}+\boldsymbol{k}$ 和 $\boldsymbol{b}=4\boldsymbol{i}+9\boldsymbol{j}+\boldsymbol{k}$ 垂直.

5. 说明向量 $\boldsymbol{a}=2\boldsymbol{i}-\boldsymbol{j}+\boldsymbol{k}$ 和 $\boldsymbol{a}=4\boldsymbol{i}-2\boldsymbol{j}+2\boldsymbol{k}$ 平行.

6. 给定向量 $\boldsymbol{a}=2\boldsymbol{i}+\boldsymbol{j}-2\boldsymbol{k}$,$\boldsymbol{b}=4\boldsymbol{i}+3\boldsymbol{k}$,求 $|\boldsymbol{a}|$,$|\boldsymbol{b}|$,$\boldsymbol{a}\cdot\boldsymbol{b}$.

7. 给定向量 $\boldsymbol{a}=3\boldsymbol{i}+2\boldsymbol{j}-\boldsymbol{k}$,$\boldsymbol{b}=\boldsymbol{i}-\boldsymbol{j}+2\boldsymbol{k}$,求 $|\boldsymbol{a}|$,$|\boldsymbol{b}|$,$\boldsymbol{a}\cdot\boldsymbol{b}$.

8. 给定向量 $\boldsymbol{a}=3\boldsymbol{i}-2\boldsymbol{j}+\boldsymbol{k}$,$\boldsymbol{b}=4\boldsymbol{i}-\boldsymbol{j}-2\boldsymbol{k}$,求 $|\boldsymbol{a}|$,$|\boldsymbol{b}|$,$\boldsymbol{a}\cdot\boldsymbol{b}$.

9. 给定向量 $\boldsymbol{a}=\boldsymbol{i}+\boldsymbol{j}-4\boldsymbol{k}$,$\boldsymbol{b}=2\boldsymbol{i}-2\boldsymbol{j}+\boldsymbol{k}$,求 $|\boldsymbol{a}|$,$|\boldsymbol{b}|$,$\boldsymbol{a}\cdot\boldsymbol{b}$.

10. 已知向量 $\boldsymbol{a}=(1,1,2)$,$\boldsymbol{b}=(2,2,1)$,求 $\boldsymbol{a}\cdot\boldsymbol{b}$,$\boldsymbol{a}\times\boldsymbol{b}$.

11. 求下列向量 $\boldsymbol{a}$ 与 $\boldsymbol{b}$ 的向量积:

(1) $\boldsymbol{a}=\boldsymbol{i}+\boldsymbol{j}+\boldsymbol{k}$,$\boldsymbol{b}=3\boldsymbol{i}-2\boldsymbol{j}+\boldsymbol{k}$; (2) $\boldsymbol{a}=\boldsymbol{j}-\boldsymbol{k}$,$\boldsymbol{b}=\boldsymbol{i}-\boldsymbol{j}$;

(3) $\boldsymbol{a}=2\boldsymbol{i}-\boldsymbol{j}+\boldsymbol{k},\boldsymbol{b}=3\boldsymbol{j}-\boldsymbol{k}$.

12. 求垂直于向量 $\boldsymbol{a}=2\boldsymbol{i}+2\boldsymbol{j}+\boldsymbol{k}$ 和 x 轴的单位向量.

13. 已知向量 $\boldsymbol{a}=2\boldsymbol{i}+2\boldsymbol{j}+\boldsymbol{k}$ 和 $\boldsymbol{b}=4\boldsymbol{i}+5\boldsymbol{j}+3\boldsymbol{k}$,求向量 $\boldsymbol{c}$,使 $\boldsymbol{c}\perp\boldsymbol{a},\boldsymbol{c}\perp\boldsymbol{b}$.

8.4 空间平面及其方程

【学习要求】

1. 理解平面的点法式方程的由来,能求出法向量并写出点法式方程.

2. 知道平面的一般方程,知道几种特殊位置的平面方程,能利用条件求出一般方程.

3. 会求点到平面的距离.

8.4.1 平面的点法式方程

将垂直于平面的非零向量称为该平面的**法向量**. 因此,平面的法向量与平面内任一向量都垂直.

设平面 π 过点 $M_0(x_0,y_0,z_0)$,法向量 $\boldsymbol{n}=(A,B,C)$,如图 8.4.1 所示,下面建立其方程.

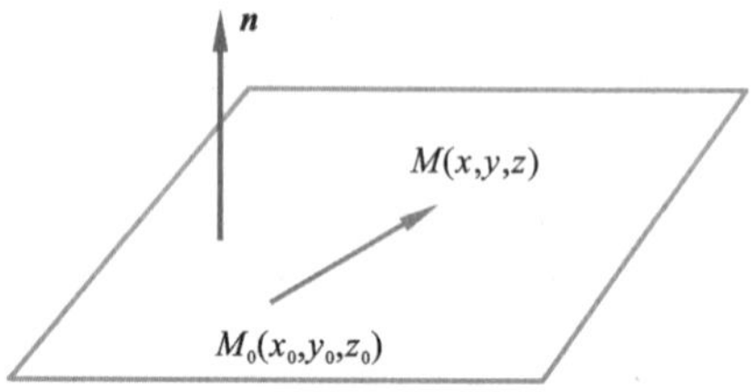

图 8.4.1

设 $M(x,y,z)$ 是平面 π 上的任意一点,于是 $\overrightarrow{M_0M}$ 是平面 π 内的向量,所以它与法向量 $\boldsymbol{n}$ 互相垂直,从而有

$$\boldsymbol{n}\cdot\overrightarrow{M_0M}=0.$$

由于 $\boldsymbol{n}=(A,B,C),\overrightarrow{M_0M}=(x-x_0,y-y_0,z-z_0)$,所以

$$A(x-x_0)+B(y-y_0)+C(z-z_0)=0.$$

这就是所求的平面方程,称为平面的**点法式方程**.

例 8.4.1 已知平面过点 $(1,-1,0)$ 且与向量 $2\boldsymbol{i}+\boldsymbol{j}+3\boldsymbol{k}$ 垂直,求此平面的方程.

解 依题意知,向量 $2\boldsymbol{i}+\boldsymbol{j}+3\boldsymbol{k}$ 即为所求平面的法向量,由平面的点法式方程得

$$2(x-1)+1(y+1)+3(z-0)=0,$$

即所求平面方程为 $2x+y+3z-1=0$.

8.4.2 平面的一般方程

由平面的点法式方程得

$$Ax+By+Cz-(Ax_0+By_0+Cz_0)=0,$$

令 $D=-(Ax_0+By_0+Cz_0)$,得平面的方程为

$$Ax+By+Cz+D=0.$$

该方程称为平面的**一般方程**.

由上可知，在空间直角坐标系中，平面方程是一个三元一次方程. 反过来，对任意一个三元一次方程

$$Ax+By+Cz+D=0(A,B,C\text{不同时为零}),$$

它所表示的图形一定是一个平面，且 $\boldsymbol{n}=(A,B,C)$ 为该平面的法向量.

【特殊情形】

对于平面的一般方程 $Ax+By+Cz+D=0$，若一般方程中缺少常数项 D，则平面通过原点；若一般方程中缺少 x,y,z 中的一项，则平面平行于该项对应的坐标轴.

例如，平面 $3x+5y-2z=0$ 缺少常数项，它通过原点；平面 $3x+5y=0$ 缺少 z 项，它平行于 z 轴；平面 $3x+2z-6=0$ 缺少 y 项，它平行于 y 轴；而平面 $3x-6=0$，缺少 y 项和 z 项，它既平行于 y 轴又平行于 z 轴，即平行于 yOz 坐标面.

特别地，方程 $x=0,y=0,z=0$ 分别表示 yOz 坐标面，zOx 坐标面，xOy 坐标面.

例 8.4.2 已知平面 π 过三点 $M_1(0,1,-1)$，$M_2(1,1,3)$，$M_3(-1,2,0)$，求平面的方程.

解 1 本题的关键是求出平面 π 的法向量. 通过三个已知点可得向量

$$\overrightarrow{M_1M_2}=\boldsymbol{i}+4\boldsymbol{k},\quad \overrightarrow{M_1M_3}=-\boldsymbol{i}+\boldsymbol{j}+\boldsymbol{k}.$$

它们的向量积即为平面 π 的法向量 $\boldsymbol{n}$，于是

$$\boldsymbol{n}=\overrightarrow{M_1M_2}\times\overrightarrow{M_1M_3}=\begin{vmatrix}\boldsymbol{i} & \boldsymbol{j} & \boldsymbol{k}\\ 1 & 0 & 4\\ -1 & 1 & 1\end{vmatrix}=-4\boldsymbol{i}-5\boldsymbol{j}+\boldsymbol{k},$$

所以所求的平面方程为 $$-4x-5(y-1)+(z+1)=0,$$

即 $$4x+5y-z-6=0.$$

解 2 设所求平面方程为

$$Ax+By+Cz+D=0,$$

由于点 M_1,M_2,M_3 在平面上，于是有

$$\begin{cases}B-C+D=0,\\ A+B+3C+D=0,\\ -A+2B+D=0,\end{cases}$$

解得 $$A=-4C,\quad B=-5C,\quad D=6C,$$

所以所求的平面方程为 $$4x+5y-z-6=0.$$

例 8.4.3 求通过 z 轴和点 $M(2,-1,2)$ 的平面方程.

解 平面通过 z 轴，可设它的方程为 $Ax+By=0$，

由于点 M 在平面内，故点 M 的坐标满足方程，即有 $2A-B=0$，得

$$B=2A,$$

代回方程得 $$Ax+2Ay=0,$$

即所求平面方程为 $$x+2y=0.$$

8.4.3 点到平面的距离

平面外一点 $P(x_1,y_1,z_1)$ 到平面 $\pi:Ax+By+Cz+D=0$ 的距离公式为

$$d=\frac{|Ax_1+By_1+Cz_1+D|}{\sqrt{A^2+B^2+C^2}}.$$

例 8.4.4 求点$(-1,-2,1)$到平面$x+2y-2z-5=0$的距离.

解 由点到平面的距离公式得

$$d=\frac{|1\times(-1)+2\times(-2)+(-2)\times1-5|}{\sqrt{1^2+2^2+(-2)^2}}=4.$$

习 题

1. 考察平面$4x-y+3z+1=0$是否经过下列各点:$A(-1,6,3)$,$B(0,1,0)$,$C(2,0,5)$.

2. 满足下列条件的平面方程$Ax+By+Cz+D=0$有什么特征:

(1) 过原点; (2) 平行于坐标轴; (3) 包含坐标轴; (4) 平行于坐标平面.

3. 求过点$P(1,1,1)$,且法向量分别为$\boldsymbol{i},\boldsymbol{j},\boldsymbol{k}$的平面的点法式方程.

4. 写出下列平面的方程:

(1) 平行于平面zOx,且过点$(2,-5,3)$;

(2) 过z轴和点$(3,1,-2)$;

(3) 平行于x轴且过点$(4,0,-2)$和$(5,1,7)$.

5. 求下列平面的方程:

(1) 过点$(-2,7,3)$且平行于平面$x-4y+5z-1=0$;

(2) 过原点且垂直于两平面$2x-y+5z+3=0$及$x+3y-z-7=0$.

6. 试求过三点$(2,3,0)$,$(-2,-3,4)$,$(0,6,0)$的平面方程.

7. 一平面过坐标原点和点$(6,3,2)$,且与平面$5x+y-3z=8$垂直,求其方程.

8. 计算:

(1) 点$(3,1,-1)$到平面$22x+4y-20z-45=0$的距离;

(2) 点$(4,3,-2)$到平面$3x-y+5z+1=0$的距离.

8.5 空间直线及其方程

【学习要求】

1. 理解直线的点向式方程的由来,能求出方向向量并写出点向式方程.

2. 知道直线的参数方程和一般方程,能由一般方程求出点向式方程和参数方程.

8.5.1 直线的点向式方程

平行于一直线的非零向量称为该直线的**方向向量**. 因此,直线上的任一向量都平行于该直线的方向向量.

已知直线过点 $M_0(x_0,y_0,z_0)$，它的方向向量为 $\boldsymbol{s}=(m,n,p)$，建立该直线的方程.

如图 8.5.1 所示，设 $M(x,y,z)$ 为直线上任意一点，显然，向量 $\overrightarrow{M_0M}$ 必与方向向量 $\boldsymbol{s}$ 平行，而

$$\overrightarrow{M_0M}=(x-x_0,y-y_0,z-z_0),$$

所以有

$$\frac{x-x_0}{m}=\frac{y-y_0}{n}=\frac{z-z_0}{p}.$$

称为直线的**点向式方程**(或**对称式方程**).

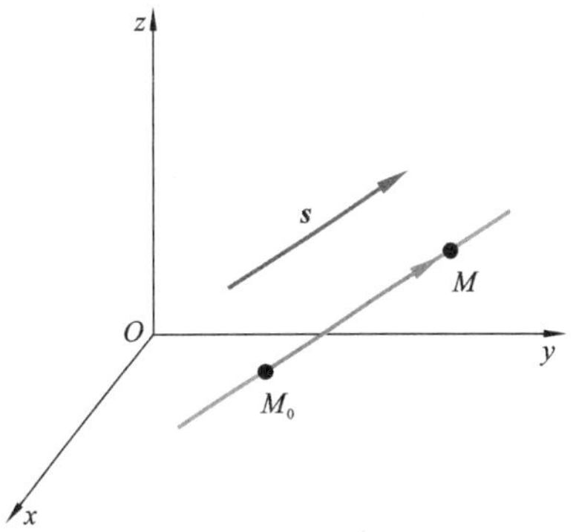

图 8.5.1

如果 m,n,p 中有一个为零时，应理解为相应的分子为零. 若 $m=0$，则直线方程为

$$\begin{cases}\dfrac{y-y_0}{n}=\dfrac{z-z_0}{p},\\ x-x_0=0.\end{cases}$$

例 8.5.1 求过点 $(-1,2,8)$，且以 $\boldsymbol{s}=(3,-2,10)$ 为方向向量的直线方程.

解 根据直线的点向式方程，所求直线的方程为

$$\frac{x+1}{3}=\frac{y-2}{-2}=\frac{z-8}{10}.$$

8.5.2 直线的参数方程

由直线的点向式方程，令 $\dfrac{x-x_0}{m}=\dfrac{y-y_0}{n}=\dfrac{z-z_0}{p}=t(-\infty<t<+\infty)$，则有

$$\begin{cases}x=x_0+mt,\\ y=y_0+nt,\\ z=z_0+pt,\end{cases}$$

称为直线的**参数方程**，t 称为参数. t 每取一确定的值，便对应于直线上的一个点.

例 8.5.2 一直线过点 $M(1,2,-1)$，且垂直于平面 $2y+z+3=0$，求此直线的点向式方程和参数方程.

解 根据题意知，平面 $2y+z+3=0$ 的法向量 $\boldsymbol{n}=(0,2,1)$，即为直线的方向向量，因此，所求直线的点向式方程为

$$\begin{cases}\dfrac{y-2}{2}=\dfrac{z+1}{1},\\ x-1=0.\end{cases}$$

直线的参数方程为

$$\begin{cases}x=1,\\ y=2+2t,\\ z=-1+t,\end{cases}\quad -\infty<t<+\infty.$$

例 8.5.3 求过点 $M_1(2,-1,0)$ 及 $M_2(-2,1,-4)$ 的直线方程.

解 直线的方向向量 $\boldsymbol{s}=\overrightarrow{M_1M_2}=(-4,2,-4)=-2(2,-1,2)$，故所求直线方程为

$$\frac{x-2}{2}=\frac{y+1}{-1}=\frac{z}{2}.$$

8.5.3 空间直线的一般方程

空间直线可以看成是两个空间平面的交线.

设 $\pi_1: A_1x+B_1y+C_1z+D_1=0$，$\pi_2: A_2x+B_2y+C_2z+D_2=0$，则联立方程组

$$\begin{cases}A_1x+B_1y+C_1z+D_1=0,\\A_2x+B_2y+C_2z+D_2=0,\end{cases}$$

即为两个平面的交线的方程，称为直线的**一般方程**.

这里要求两个平面的法向量 $\boldsymbol{n}_1=(A_1,B_1,C_1)$ 与 $\boldsymbol{n}_2=(A_2,B_2,C_2)$ 不平行，这时 $\boldsymbol{s}=\boldsymbol{n}_1\times\boldsymbol{n}_2$ 即为直线的方向向量.

以上几种直线方程是可以相互转换的，而点向式方程是最基本的直线方程.

例 8.5.4 将直线的一般方程 $\begin{cases}x-2y+2z+1=0\\4x-y+4z-3=0\end{cases}$ 化为点向式方程.

解 先求直线上的一个点，为此，可令 $z=0$ 得

$$\begin{cases}x-2y+1=0,\\4x-y-3=0,\end{cases}$$

解得 $x=1$，$y=1$，得直线上的一点 $(1,1,0)$.

然后求直线的方向向量

$$\boldsymbol{s}=\boldsymbol{n}_1\times\boldsymbol{n}_2=\begin{vmatrix}\boldsymbol{i}&\boldsymbol{j}&\boldsymbol{k}\\1&-2&2\\4&-1&4\end{vmatrix}=-6\boldsymbol{i}+4\boldsymbol{j}+7\boldsymbol{k}=(-6,4,7),$$

于是直线的点向式方程为

$$\frac{x-1}{-6}=\frac{y-1}{4}=\frac{z}{7}.$$

例 8.5.5 求过点 $M(1,2,1)$，且平行于直线 $\begin{cases}x-5y+2z=1\\z=2+5y\end{cases}$ 的直线方程.

解 所求直线的方向向量

$$\boldsymbol{s}=\boldsymbol{n}_1\times\boldsymbol{n}_2=\begin{vmatrix}\boldsymbol{i}&\boldsymbol{j}&\boldsymbol{k}\\1&-5&2\\0&5&-1\end{vmatrix}=-5\boldsymbol{i}+\boldsymbol{j}+5\boldsymbol{k}=(-5,1,5),$$

所以直线方程为

$$\frac{x-1}{-5}=\frac{y-2}{1}=\frac{z-1}{5}.$$

例 8.5.6 求过点 $M(1,2,-2)$ 和直线 L：$\frac{x-2}{3}=y+1=\frac{z-2}{-1}$ 的平面方程.

解 由直线 L 上的点 $M_0(2,-1,2)$ 与已知点 $M(1,2,-2)$ 所确定的向量 $\overrightarrow{M_0M}=(-1,3,-4)$，直线 L 的方向向量 $\boldsymbol{s}=(3,1,-1)$.

因此，所求平面的法向量 $\boldsymbol{n}$ 为

$$\boldsymbol{n}=\boldsymbol{s}\times\overrightarrow{M_0M}=\begin{vmatrix}\boldsymbol{i} & \boldsymbol{j} & \boldsymbol{k}\\ 3 & 1 & -1\\ -1 & 3 & -4\end{vmatrix}=-\boldsymbol{i}+13\boldsymbol{j}+10\boldsymbol{k}=(-1,13,10),$$

因此所求平面方程为

$$-(x-1)+13(y-2)+10(z+2)=0,$$

即

$$x-13y-10z+5=0.$$

习　题

1. 由下面给出的条件求直线的方程：

(1) 过两点$(3,-2,-1)$和$(5,4,5)$；

(2) 过两点$(1,2,1)$和$(1,2,3)$；

(3) 过点$(0,-3,2)$且与过两点$(3,4,-7)$和$(2,7,-6)$的连线平行.

2. 求直线$\begin{cases}x+2y-z-2=0\\ x+y-3z-7=0\end{cases}$的方向向量.

3. 证明平面 $x+4y+z=0$ 与下列两平面 $x+2y+z=3$，$2x-4y-2z=5$ 的交线是平行的.

4. 求直线方程，直线过点$(1,1,1)$且分别平行于：

(1) 向量 $\boldsymbol{s}=\boldsymbol{i}+2\boldsymbol{j}+3\boldsymbol{k}$；　　(2) x 轴；

(3) 直线$\dfrac{x}{3}=\dfrac{y}{2}=\dfrac{z}{1}$；　　(4) 直线 $x=t+1,y=t+1,z=t+1$.

5. 求出分别满足下列各组条件的直线的方程：

(1) 过点$(2,-3,4)$且与平面 $3x-y+2z=4$ 垂直；

(2) 过点$(0,2,4)$且与两平面 $x+2z=1$，$y-3z=3$ 平行；

(3) 过点$(-1,2,1)$且平行于直线$\begin{cases}x+y-2z-1=0,\\ x+2y-z+1=0.\end{cases}$

6. 求过点 $M_0(-1,2,1)$且与两平面 π_1：$x+y-2z=1$ 和 π_2：$x+2y-z=1$ 平行的直线方程.

7. 求过点$(1,-2,1)$且垂直于直线$\begin{cases}x-2y+z-3=0\\ x+y-z+2=0\end{cases}$的平面方程.

8. 当 A 为何值时，平面 $Ax+3y-5z+1=0$ 与直线$\dfrac{x-1}{4}=\dfrac{y+2}{3}=\dfrac{z}{1}$平行？

9. 当 A 和 B 为何值时，平面 $Ax+By+6z-7=0$ 与直线$\dfrac{x-2}{2}=\dfrac{y+5}{-4}=\dfrac{z+1}{3}$垂直？

参 考 文 献

[1] 廖毕文,蒋彦,孔凡田,等. 高等数学[M]. 北京:国防工业出版社,2010.
[2] 王志勇,柴春红. 高等数学及应用[M]. 武汉:华中科技大学出版社,2012.
[3] 蔡光兴,金裕红. 大学数学实验[M]. 北京:科学出版社,2007.
[4] 宋克金. 左讲右练(高中数学必修1)[M]. 桂林:广西师范大学出版社,2012.
[5] 邱荣军,殷爱萍. 左讲右练(高中数学必修4)[M]. 桂林:广西师范大学出版社,2012.
[6] 李建平. 电工无线电[M]. 武汉:空军预警学院,2012.(内部教材,未出版)
[7] 马宁. 电工技术与实验[M]. 武汉:空军预警学院,2011.(内部教材,未出版)
[8] 胡方. 模拟电子技术[M]. 武汉:空军预警学院,2012.(内部教材,未出版)
[9] 朱元清. 雷达对抗技术与实验[M]. 武汉:空军预警学院,2011.(内部教材,未出版)
[10] 闫抒升. 雷达基础与操作教程[M]. 武汉:空军雷达学院,2007.(内部教材,未出版)
[11] 董文峰. 雷达天馈技术与实验教程(第一分册)[M]. 武汉:空军预警学院,2008.(内部教材,未出版)
[12] 王蒙云. 高等数学(上)[M]. 北京:科学出版社,2011.
[13] 斯彩英. 应用高等数学(上册)[M]. 北京:人民交通出版社,2012.
[14] 胡强国. 高等数学(上册)[M]. 合肥:合肥工业大学出版社,2006.
[15] 吴赣昌. 高等数学(上册)[M]. 北京:中国人民大学出版社,2009.
[16] 吴赣昌. 实用高等数学学习辅导与习题解答[M]. 北京:中国人民大学出版社,2012.